应用型高等院校改革创新示范教材

土木工程CAD教程

主　编　董　强　刘　勇

副主编　王　留　赵晓华　张春娥

主　审　王保群

中国水利水电出版社
www.waterpub.com.cn
·北京·

内 容 提 要

随着社会经济发展对应用型人才的需求不断增加，土木工程 CAD 已成为土木工程专业学生的必修课程。本书是针对高等院校土木工程专业学生和广大工程技术人员对土木工程计算机辅助设计学习和工作的需要而编写的。本书共 14 章，主要介绍 AutoCAD 2014 的基本操作和高级技能，特别推荐了当前土木工程学科常用的一系列设计软件，如快速三维建模软件——SketchUp、建筑绘图 CAD 软件——天正建筑 TArch、BIM 通用软件——Revit、道路线路工程辅助设计软件——纬地 HintCAD。

本书通俗易懂、图文并茂，方便自学，可作为高等院校土木工程专业的本、专科学生的教材，也可作为道路工程、铁道工程、市政工程、建筑工程等行业从业人员的参考用书。

图书在版编目（CIP）数据

土木工程CAD教程 / 董强，刘勇主编. -- 北京 : 中国水利水电出版社，2019.6（2023.1 重印）
应用型高等院校改革创新示范教材
ISBN 978-7-5170-7820-3

Ⅰ. ①土… Ⅱ. ①董… ②刘… Ⅲ. ①土木工程－建筑制图－计算机制图－AutoCAD软件－高等学校－教材 Ⅳ. ①TU204-39

中国版本图书馆CIP数据核字(2019)第145014号

策划编辑：杜　威　　责任编辑：王玉梅　　封面设计：李　佳

书　　名	应用型高等院校改革创新示范教材 土木工程 CAD 教程 TUMU GONGCHENG CAD JIAOCHENG
作　　者	主　编　董　强　刘　勇 副主编　王　留　赵晓华　张春娥 主　审　王保群
出版发行	中国水利水电出版社 （北京市海淀区玉渊潭南路 1 号 D 座　100038） 网址：www.waterpub.com.cn E-mail：mchannel@263.net（答疑） sales@mwr.gov.cn 电话：（010）68545888（营销中心）、82562819（组稿）
经　　售	北京科水图书销售有限公司 电话：（010）68545874、63202643 全国各地新华书店和相关出版物销售网点
排　　版	北京万水电子信息有限公司
印　　刷	三河市鑫金马印装有限公司
规　　格	184mm×260mm　16 开本　18.25 印张　448 千字
版　　次	2019 年 6 月第 1 版　2023 年 1 月第 2 次印刷
印　　数	3001—5000 册
定　　价	46.00 元

编 委 会

主 编 董 强 刘 勇

副主编 王 留 赵晓华 张春娥

主 审 王保群

参 编 赵之仲 董丽娜

前　言

本书根据《房屋建筑制图统一标准》（GB/T 50001－2010）的要求、结合典型工程应用实例，系统地介绍了土木工程计算机辅助制图的方法和技巧，是一本全面介绍土木工程领域计算机辅助设计的教材。土木工程涵盖了道路、铁路、建筑、水利、地下工程等多个学科，本书主要介绍道路工程、铁道工程和建筑工程三个学科的 CAD 与 BIM 的知识和技术。

本书是针对高等院校土木工程专业学生和广大工程技术人员对土木工程计算机辅助设计学习和工作的需要而编写的。本书共 14 章，主要介绍 AutoCAD 2014 的基本操作和高级技能，特别推荐了当前土木工程学科常用的一系列设计软件，如快速三维建模软件——SketchUp、建筑绘图 CAD 软件——天正建筑 TArch、BIM 通用软件——Revit、道路线路工程辅助设计软件——纬地 HintCAD。

本书可作为高等院校建筑工程、道路与桥梁工程、地下工程、铁道工程等专业的本、专科学生的教材，也可供从事道路工程、市政工程、建筑工程等行业的设计、施工、科研及教学人员应用和参考。

本书由董强、刘勇任主编，王留、赵晓华、张春娥任副主编。具体编写分工如下：第 3、5、11 章由山东交通学院董强编写，第 1、7、8 章由山东交通学院刘勇编写，第 13 章由山东省公路设计咨询有限公司王留编写，第 14 章由山东交通学院赵晓华编写，第 4、9、10 章由山东交通学院张春娥编写，第 12 章由山东交通学院赵之仲编写，第 2、6 章由山东交通学院董丽娜编写。

本书由山东交通学院王保群教授任主审。他对本书提出了若干建设性的修改意见，在此深表感谢！

本书参考了部分同类教材、使用手册等文献（详见书后的“参考文献”），在此谨向文献的有关作者致以衷心的感谢。

由于时间仓促，错误在所难免，恳请广大读者及同行批评指正。

编　者

2019 年 4 月

目　　录

第 1 章　概述

计算机辅助设计（Computer Aided Design，CAD）是指工程技术人员以计算机为工具，用其专业知识，对产品进行总体设计、绘图、分析和编写技术文档等设计活动的总称。

1.1　CAD 的发展历史

自 1946 年第一台电子计算机 ENIAC（Electronic Numerical Integrator and Calculator）诞生以来，至今仅仅 70 多年，但计算机技术作为科技的先导技术得到了飞速的发展和广泛的应用，对人类社会产生了巨大影响，以至于改变了我们这个时代的生活方式，使人类文明进入了信息时代。目前，随着网络技术、多媒体技术、人工智能等技术的相互渗透，计算机成为更加得心应手、更加方便的工具，其踪影已无所不见，几乎渗透到人类生产、科研乃至生活的各个领域，改变着人们的生活方式及观察世界的方式，并成为人类离不开的帮手。

CAD 技术是伴随着计算机软、硬件技术和计算机图形学技术的进步而迅速发展成长起来的，是近代计算机科学、图形图像处理技术和现代工程设计技术的发展、交汇和融合的硕果。CAD 技术的发展大致经历了如下四个阶段。

（1）第一阶段是 20 世纪 40 年代末至 50 年代末，是孕育、形成阶段。这个阶段使用的是电子管式计算机，用户要用代码（机器语言）编写求解数学问题的程序，较难掌握，只有专家能够应用。计算机仅起解题中的数值计算作用。1950 年，第一台图形显示器作为美国麻省理工学院“旋风”1 号（Whirlwind l）计算机的附件诞生了。1958 年，美国 Calcomp 公司将联机的数字记录仪发展成为滚筒式绘图仪；GerBer 公司根据数控铣床原理研制出平板式绘图仪。20 世纪 50 年代末期，麻省理工学院在“旋风”计算机上开发的 SAGE 空防系统中，第一次使用了具有控制功能的 CRT 显示器和光笔。少数大公司开始实际使用，美国通用电气公司曾用于进行变压器、电动机等的设计计算。后来类似的技术也在工程设计与生产过程中得到使用。以上种种，可算作是最早的 CAD 输入/输出设备和“交互式图形系统”的雏形。

（2）第二阶段是 20 世纪 50 年代末至 60 年代中后期，是成长阶段。晶体管成为电子计算机的基本元件，计算机的运算与存储功能有较大提高，陆续开发出一批高级程序设计语言，如 FORTRAN Ⅱ（1958 年）、ALGOR-60（1960 年）、COBOL（1960 年）、FORTRAN Ⅳ（1960 年）以及 PL/I 语言（1965 年），能通用于科学计算与事务管理，且较易为广大工程技术人员掌握和使用。1962 年，麻省理工学院所属林肯实验室的学者 Ivan E. Sutherland 在其博士论文中提出并阐述了交互式图形生成技术的基本概念与原理，研制了第一个人机通信图形处理系统 SKETCH-PAD，采用与计算机连接的阴极射线管 CRT 和光笔，在屏幕上显示、定位与修改图形，实现人机交互式的工作，不久又出现了自动绘图机，解决了图形输出问题。在数据处理方面，由于直接访问设备——磁鼓和磁盘的出现及性能改进，出现了文件系统，到 20 世纪 60 年代中后期得到较大的完善，形成数据管理方法的雏形。在这个阶段后期，由于计算机软、硬件的迅速进展，CAD 技术有很大飞跃，从简单的零部构件的设计计算，推广应用于大型电站锅炉、核反应堆热交换器等成套设备的设计。其中美国通用汽车公司开发的 DAC-I（Design Augmented by Computer）系统被用于汽车车身外形和结构设计，是这方面的先驱。此后几年，美国麻省理工学院、贝尔实验室、洛克希德公司和英国剑桥大学等先后展开了对计算机图形学和 CAD 理论与技术的大规模研究，从而使计算机图形学和 CAD 进入了迅速发展并逐步得到广泛应用的新时期。

（3）第三阶段是 20 世纪 70 年代以后，进入开发应用阶段。此时计算机已采用集成电路，计算速度与内存容量均有极大的增长，发展了“分时系统”，使大型机可与几十个终端连接。图形输入/输出设备也获得了进一步发展，质量不断提高，从 CRT 显示器发展出光栅扫描图形显示器、彩色图形终端等，使图形更加形象逼真，全电子式坐标数字化仪及其他图形输入设备（如 Xerox 公司的数字化鼠标器）取代了光笔并得到广泛应用，机控精密绘图机能高速、高质量地绘制实用图纸。图形信息处理技术问题已基本解决。数据处理也从文件系统发展成为数据库系统，使数据管理更趋完善。与此同时，各种数值分析技术（偏微分方程的数值解法、数值模拟、数值积分、离散数学、有限元等）和现代设计方法（如优化算法、可靠性设计）、系统工程等也在计算机应用的刺激下有了很大的发展。它们反过来又推动 CAD 的应用，逐步开发出一批应用于工程和产品设计的完整的 CAD 系统，涌现出了诸如美国 CV 公司的 CADDS、美国 SDRC 公司的 I-DEAS、美国 M-D 公司的 UGⅡ、美国 CDC 公司的 ICEM、英国剑桥 CIS 公司的 Medusa 等一大批优秀的 CAD 软件。这些软件被广泛地应用于工程领域的产品和工程设计中，大大提高了设计效率，使工程设计质量与设计深度达到一个崭新的水平。

（4）第四阶段是进入 20 世纪 80 年代以来，电子器件的集成度迅速提高。随着芯片技术的发展，使小型机与微型机的性能日益完善，专门的图形处理与数据库处理机的出现，软件方面虚拟存储操作系统、分布式数据库技术与网络技术的应用，这些都使 CAD 技术有了长足的进展。过去因设备价格过于昂贵，只有大型企业与公司才能使用的 CAD，现在移植到小型机与微型机上，已能为中、小企业甚至个人广泛使用。其应用部门也从航空、汽车、机械制造行业扩展到电子电器、化工、土木、水利、交通、纺织服装、资源勘探、医疗保健等各行各业。CAD 步入广泛实用阶段。

CAD 技术的进步与普及，大大促进了社会生产力的发展，正如美国科学基金中心指出的那样：对直接提高生产力而言，CAD 技术比电气化以来的任何发展，具有更大的潜力，它触发了新的产业革命。现时的 CAD 技术几乎已经到了“无所不能、无所不包”的程度，投资数十亿美元的全世界第一架无图样生产的波音 777 飞机，采用了现代先进的 CAD 技术才成为当时的世界之最，是现代 CAD 技术应用的硕果。

1.2 CAD 的主要应用领域

目前 CAD 应用的领域非常广泛，主要有航空航天工业、汽车工业、机械设计、建筑设计、工程结构设计、集成电路设计等。在这里仅作一些简单的介绍。

（1）在航空和汽车工业中的应用。在机械加工、制造过程中，与 CAD 技术相对应的技术是 CAM，即计算机辅助制造技术。通常把 CAD 与 CAM 结合起来使用，称为 CAD/CAM 技术。利用它，可以将设计过程和制造过程通过计算机统一起来。飞机制造和汽车制造是最早应用 CAD/CAM 技术的两个行业。在飞机制造业中，利用 CAD/CAM 技术除了进行机械设计、加工外，还进行机体表面形状的定义，并根据定义进行数控制造。在汽车制造业中，CAD/CAM技术也为外观造型设计、制图等方面提供了经济而有效的途径。

（2）在电子工业中的应用。CAD 技术在电子工业中的应用最早始于印制电路板的设计。现在，设计半导体的逻辑电路及其布局，由于其复杂性的增加，已经到了非利用 CAD 技术不可的地步。据统计，现在 75%的 CAD 设备应用于电子工业的设计与生产。

（3）在机械制造行业中的应用。目前，在发达国家的机械制造行业主要生产环节中已应用了 CAD 技术。近几年，在 CAD/CAM 技术的基础上又产生了 CIMS 技术，它使多品种、中小批量生产，实现总体利益的智能化制造成为可能。

（4）在土木工程中的应用。在土木工程中，CAD 技术是发展最快的技术之一。传统的设计方法、设计手段、设计速度和设计质量已远不能适应土木工程的各种新的需要，现代 CAD 技术应用到土木工程的各个领域是必然的。土木工程 CAD 技术也不再只是局限于建筑设计、结构计算和绘制施工图，而是扩展到了包括从工程项目招投标到施工管理在内的几乎全部领域；土木工程 CAD 软件也从各分散功能程序进步到大型的集成化多功能建筑 CAD 软件系统。使用 CAD 的水平已成为企业技术水平的象征，也是对外竞争投标的重要手段。

（5）在其他行业中的应用。在模具行业，进行模具的自动设计和加工过程的仿真；在服装制作行业，根据体形自动设计剪裁形状、尺寸等；在化工行业，进行分子模型的表示等。

我国 CAD 技术的应用与研究始于 20 世纪 60 年代末。经过 40 多年的努力，我国目前在机械、电子、航天、化工、建筑、服装等行业，已广泛应用了 CAD 技术，取得了较好的发展并达到了较高的水平，特别是微机 CAD 技术在社会上的普及。

1.3　CAD 在土木工程中的应用

在 CAD 技术出现以前，工程设计的全过程都是借助铅笔、尺子、图板、计算器等工具来完成的。当然，在工程设计中包含着需要由人来完成的创造性的工作，但是也确实包含了很多重复性高、劳动量大以及某些单纯靠人难以完成的工作，如单调的绘图、烦琐的计算等。这些重复性的工作现在可以由计算机更快、更好地去完成，这就是 CAD 技术的意义所在。

计算机的主要特点是运算速度快、存储数据多、精确度高、具有记忆和逻辑判断能力，可以处理图形。所有这些特点都可被用于辅助设计过程。一般地，利用 CAD 技术可以收到以下效果。

首先，可以缩短设计工期。由于计算机处理速度快，并能不间断地工作，因此可以大大地提高设计效率，缩短设计工期。缩短设计工期就意味着能早日推出新产品，可以产生更多的设计方案，以便进行方案比较，选出最佳设计方案，从而更好地达到预期的目的。

其次，可以提高设计质量。使用自动化程度较高的 CAD 系统进行设计时，设计者只需输入一些有关设计初始条件的数据，由计算机调用结构分析程序进行分析计算，就可得到设计结果。此外，利用计算机可以得到清晰、整齐、美观的设计图和文档，便于校核和修改，从而有效地防止手工绘图过程中尺寸标注错误、不同图纸在表达同一构件时的不一致等错误的产生，提高了设计质量。

最后，可以降低设计成本。应用 CAD 技术可以帮助设计者提高设计效率，当设计劳务费较高而 CAD 系统的费用较低时，就会降低设计成本。工程设计中应用了 CAD 技术以后，已取得明显的经济效益。

目前，CAD 技术在土木工程中的应用非常广泛，已经延伸到工程项目建设的各个阶段：从建设项目的规划、设计、施工几个阶段，到建成以后的维护管理阶段。

1. 在规划中的应用

对任何工程项目，规划工作都是十分重要的。一般土木建筑工程的规划都需要考虑众多的因素，如土地利用、经济、交通、法律、景观等有关社会经济的因素，气象、地质、地形、水等有关自然的因素，以及水质、噪声、土地污染、绿化等生活环境的因素。任何一项规划都是一项决策，其中人始终是主体。

对应于该阶段的 CAD 系统主要有以下三类：

第一类是有关规划信息的存储和查询系统，如土质数据库系统、地域信息系统、地理信息系统、城市政策信息系统等。这一类系统多采用数据库系统的形式。

第二类为信息分析系统，如规划信息分析系统等。

第三类为规划的辅助表现及作图系统，如景观表现系统、交通规划辅助系统等。

这里特别说明如下两点。首先，有关规划信息的数据库，由于其公共性高，应由政府或公共部门建立并提供服务。这类数据库是否健全，反映了一个国家的文明发展程度。其次，通过利用景观表现系统，可以在建造前就看到实物的形象及其和周围的协调情况，对于做出优秀的规划具有重要意义。

2. 在设计中的应用

一般土木建筑结构的设计都包含结构形式的选定、形状尺寸的假定、模型化、结构分析、验算、图面绘制、材料计算等过程。CAD 技术在土木建筑领域中最早就是应用在结构设计中的。所以，设计 CAD 系统的历史较长，发展比较成熟。据有关资料显示，目前我国土木建筑领域各部级设计院 CAD 出图率为 100%。运用计算机进行分析计算达 98%以上，进行方案设计已达 80%以上。采用 CAD 技术进行设计，设计的出错率由手工设计的 5%降低到 1%，提高工效一般为 6～8 倍，有的可达 20 倍。由于多方案优化，节省工程投资一般为 2%～5%，个别专业可达 10%以上。

对应于设计的 CAD 系统也可分为以下三类：

第一类为对应于各个设计过程的系统，如结构形式选择系统、结构分析系统、设计系统、绘图系统、材料计算系统等。其中每个系统都可以处理多种结构形式。其缺点是为完成一项设计需使用多个系统，不但需要掌握每个系统的使用方法，还导致大量数据的重复输入。

第二类系统为通用 CAD 系统，如 AutoCAD。这类系统只提供基本的图形处理功能，可用来绘制各个工程领域的设计图纸。

第三类系统为集成化设计系统。这类系统的自动化程度一般较高，只要输入少量的数据，即可完成设计的全过程。设计时，只需输入基本的参数，如结构尺寸、截面尺寸、材料性质等，系统即可自动进行结构分析，直至生成施工图。这类系统虽可减轻人们学习新系统的负担并避免数据的重复输入，但一般在使用时有一定的限制，是面向特定对象的专用软件，或是根据专业要求进行二次开发的软件。与前面的两类系统相比，使用这类系统具有作业效率较高，专用性高，相关专业数据可共享等特点。例如目前在我国建筑工程设计中应用最广泛的系统，由中国建筑科学研究院研制开发的具有自主版权的集成化 PKPM 系列软件系统。

3. 在施工中的应用

一般的土木建筑工程的施工包含以下过程，即投标报价－施工调查－施工组织设计－人员、器材和资金的调配－具体施工及项目工程管理－验收等。目前，CAD 技术在每个过程中均有应用，如投标报价与合同管理、工程项目管理、网络计划、质量和安全的评价与分析、劳动人事工资、材料物资、机械设备、财务会计和行政管理、施工图的绘制等系统。其中，应用计算机编绘网络计划图已成为参与国际投标的必要条件之一。CAD 技术的应用有效地提高了施工企业的工作效率和管理水平。

现在国外已开发出一些建筑物和构筑物的集成化施工系统，例如，隧道的集成化施工系统。在该系统中，包含隧道设计子系统、施工图及施工平面图绘制子系统、施工管理子系统、材料表生成子系统以及施工组织设计书生成子系统等。虽然开发这种集成化系统都伴随着极其庞大的工作量，但使用它极大地提高了工作效率。

4. 在维护管理中的应用

像人有生老病死一样，土木建筑结构物在使用期内也会出现老化、功能下降等情况，因此，对其必须进行适当的维护和管理。一般地，对土木建筑结构物的维护和管理包括定期检查、维修和加固等。

CAD 技术在维护管理中最早的应用是煤气、上下水管线图的计算机管理，其中包含管线的位置以及管线的埋设条件，如管线的材质、管径、埋深等。这样的系统无疑对管路的分析、检查等提供了极大的方便。近年来，出现了以数据库为中心的道路设施维护管理 CAD 系统。这种系统具有两种作用：一种是用于保存定期检查结果等信息，另一种是用于辅助维修和加固的规划设计。

当前，土木建筑“向空间要面积、向地下要根基”的势头日盛，而施工技术和建筑新材料的不断创新、智能型建筑的兴起等更是对土木工程设计提出了新的挑战。随着计算机技术和土木工程技术的飞速发展，现代 CAD 技术在土木工程中的应用也必将得到进一步的发展。

1.4 土木工程 CAD 的发展趋势

20 世纪 80 年代中期以后是 CAD 向标准化、集成化、网络化、智能化方向发展的时期。标准化指研究开发符合国际标准化组织颁布的产品数据转换标准、制定网络多媒体环境下数据信息的表示和传输标准、制定统一的国家 CAD 技术标准体系。集成化包括软件硬件的集成、不同系统之间的集成以及通过网络多媒体数据库实现异地系统协同共享信息资源等。网络化指充分发挥网络系统的优势，共享昂贵的设备；借助现有的网络，用高性能的 PC 代替昂贵的工作站；在网络上方便地交换设计数据。智能化指将领域专家的知识和经验归纳成必要的规则形成知识库，再利用知识的推理机制进行推理和判断，以获得设计专家水平的设计结果。当今计算机技术及相应支撑软件系统的发展日新月异、更新迅速，大大促进了 CAD 技术的发展。土木工程 CAD 技术在软件、系统方面的发展集中在可视化技术、集成化技术、智能化技术、网络化技术、虚拟现实技术和 3S（GIS、GPS、RS）技术等方面。

（1）可视化技术。随着 CAD 系统的深入发展其功能越来越多，而 CAD 系统的操作过程就越复杂，成果也越丰富，如何将工程设计和结果清晰直观地表现出来是 CAD 系统能否实用化的关键所在。科学计算可视化（Visualization In Scientiric Computing，VISC）技术正是基于上述需求，于 20 世纪 80 年代末期提出并发展起来的一门新技术。它是运用人的视觉对颜色、动作和几何关系等直观模式的识别能力，将科学计算过程、算法及计算结果通过图形、图表、动画等手段直观地表现出来的一门技术。可视化技术作为实现操作过程与功能对接的工具，不仅可以改进传统设计手段，还可以改变设计环境，如 CAD 虚拟环境，使设计者处于虚拟的三维空间进行工程设计，提高设计质量。可视化技术应包括良好的数据输入输出界面、中间数据的实时查询、人机交互的设计过程、可引导可控制的设计流程、设计结果自动处理等内容。

（2）集成化技术。集成化技术主要是实现对系统中各应用程序所需要的信息及所产生的信息进行统一的管理，达到软件资源和信息的高度共享和交换，避免不必要的重复和冗余，充分提高计算机资源的利用率。国外发达国家在工程设计领域集成化技术的研究与应用已日趋成熟，能够构成从市场分析、招标投标、工程规划、工程设计到计划进度、质量成本控制、施工与管理等一体的计算机辅助系统。发展集成化技术是当今 CAD 技术的主要趋势之一，与国外发达国家相比，我国工程设计领域在这一方面还存在很大差距，应加快研究、开发、建设和应用集成系统的步伐。CAD 技术的集成化主要体现在系统构造由原来单一功能变成综合功能，出现由 CAD、CAM、CAE、MIS 构成的计算机集成制造系统（Computer Integrated Manufacturing System，CIMS）、计算机辅助制造（Computer Aided Manufacture，CAM）、计算机辅助工程（Computer Aided Engineering，CAE）、管理信息系统（Management Information System，MIS）。集成化还体现在下列几个方面：一是 CAD 中有关软件和算法不断地被固化，即用集成电路及其功能块来实现有关软件和算法的功能；二是多处理机、并行处理技术用于 CAD 中，使工作速度成百倍增加；三是网络技术在 CAD 中被采用，这样近程和远程资源及成果都能即时共享。当前人工智能和专家系统技术已在 CAD 中逐步被应用，把工程数据库及其管理系统、知识库及专家系统、用户接口管理系统和应用程序系统集于一体，形成智能计算机辅助设计（Intelligent CAD，ICAD），大大提高了设计的自动化程度。

（3）智能化技术。智能化 CAD 系统是把人工智能的思想、方法和技术引进到 CAD 领域而产生的，它是 CAD 发展的必然方向。传统 CAD 系统基本上都是采用基于算法的技术，这种方法比较简单，处理的费用比较低，但处理能力局限性较大，特别是缺乏综合和选择、判断的能力，系统在使用时常常需要具有较高的专业知识和较丰富的实践经验的设计人员，通过人机交互手段才能完成设计。智能化 CAD 系统是具有某种程度人工智能的 CAD 系统，是基于知识的技术，目前主要通过在 CAD 系统中运用专家系统、知识库系统和人工神经网络等人工智能技术来实现。知识库系统包括知识库的建立和知识库的管理。人工神经网络是以一种简单的方式从结构上来模拟人脑神经元，从而实现模拟人脑思维活动的功能。目前智能化技术已经在光谱分析与解释、疾病诊断、石油探测、市场分析、仪器故障分析、产品分级、图像识别、运动员训练优化、质量控制、语言教学、计算机辅助翻译、金属试验等方面得到了应用，在土木工程领域地基处理中布桩方案的确定也得到了应用。

（4）网络化技术。利用计算机网络资源共享的特点，可实现网络中的硬件、软件和数据共享，优化资源配置。利用网络信息快速传输、远程通信的特点，它可以将一个复杂的大型工程划分为若干个较小的子工程，分散在几个不同地点的终端上进行协同设计，通过网络将各子工程数据和设计结果进行传输、交换、更新和汇总，最后完成全部设计任务，从而可以加快设计速度，提高设计效率。计算机网络可分为局域网、城域网和广域网。局域网的地理范围一般在 10km 之内，如一个学校的校园网。广域网的地理范围可以很大，从几十千米到几万千米，即采用远程通信技术把局域网连接起来，如一个城市、国家或洲际网络。城域网介于局域网和广域网之间，一般覆盖一个城市或地区。

（5）虚拟现实技术。虚拟现实技术是一种逼真地模拟人在自然环境中视觉、听觉、运动等行为的人机界面技术。它将真实世界的各种媒体信息有机地融合进虚拟世界，构造用户能与之进行各个层次的交互处理的虚拟信息空间。一个虚拟现实系统主要由实时计算机图像生成系统、立体图形显示系统、三维交互式跟踪系统、三维数据库及相应的软件组成。虚拟技术的第一个特征是沉浸，让参与者有身临其境的真实感觉；第二个特征是交互，它主要通过使用虚拟交互接口设备实现人类利用自然技能对虚拟环境对象的交互考察与操作；第三个特征是构想，它强调的是三维图形的立体显示。运用虚拟现实技术，可以用狭小的空间代替广阔的空间，可以体验到由于危险、经济代价高昂等原因而达不到的地方，还可以体验到因大小关系而无法体验的事情。利用虚拟现实技术还可以检验设计的合理性，如建筑物的外观、道路线形等。虚拟现实技术在土木工程领域也有广阔的应用前景，如景观表现系统、交通规划系统等。

（6）3S 技术。3S 技术是地理信息系统（GIS）、全球定位系统（GPS）和遥感（RS）技术的一种简称。GIS、GPS、RS 三者紧密结合，共同构成一个对地进行观测、处理、分析、制图和工程应用的系统。GIS 是用于采集、模拟、处理、检索、分析和表达地理空间数据的计算机系统。它将现实世界表达成一系列的地理要素和地理现象等地理信息，通过对信息的处理、分析来提供多种空间和动态地理信息，为地理研究和地理决策服务。目前 GIS 技术在城市规划和管理、农作物规划与管理、地下管网规划与管理以及灾害风险预测等方面得到了广泛的应用。GPS 是通过卫星通信、测距和导航来获取地面上静止点和动态点的三维空间坐标。它是一种全新的测量手段，具有测量精度高、速度快、全天候作业、不受通视条件和点位限制等优点。如今 GPS 技术在测绘方面的应用范围越来越广阔，它被用于大地测量、海洋测绘、监测地球板块运动、工程测量等。此外，在军事、交通、通信、地矿、石油、建筑、气象、土地管理等部门也开展了 GPS 技术的研究和应用。RS 技术是在 20 世纪 60 年代发展起来的综合了空间技术、无线电技术、光学技术和计算机技术的一门新技术。它利用光学、电子学、电子光学传感器，不经与被测物体直接接触，远距离接收物体辐射或反射的电磁波信息，经过处理分析，从中提取对研究目标有用的信息。RS 技术促使摄影测量发生了革命性的变化，目前已经发展到比较成熟的阶段，在地理学和环境学方面有着广泛的应用。利用 RS 技术可以对灾害范围进行实时跟踪和监控。利用卫星照片或航片上含有的丰富信息，通过立体观察和照片判读来获取道路沿线的各种地质、地貌、水文、建材等资料。

第 2 章　AutoCAD 绘图系统

本章主要介绍 AutoCAD 绘图系统的基本概念，以及如何快速入门，包括如何打开、关闭并管理图形，利用 AutoCAD 窗口组件高效、快速地绘图和设计。

2.1　AutoCAD 概述

近年来，随着计算机技术、信息技术以及网络技术的成熟和飞速发展，计算机辅助设计技术得到了充分的发展和应用。计算机辅助设计已被越来越多的行业和领域（如机械、电子、航空、航天、轻工、纺织等）普遍接受。CAD 技术具有高效益、更新快等特点，它的发展和应用水平已成为衡量一个国家科技和工业现代化水平的重要标志之一。

AutoCAD 2014 是应当今技术的快速发展和用户的需求而开发的面向 21 世纪的 CAD 软件包，实现了向 Windows/Objects/Web 的战略性转移，体现了世界 CAD 技术的发展趋势。它的推出正迅速而深刻地影响着人们设计和绘图的基本方式。

AutoCAD 2014 从概念设计到草图和局部详图，提供了创建、展示、记录和共享构想所需的所有功能。AutoCAD 2014 将用户惯用的 AutoCAD 命令和熟悉的用户界面与更新的设计环境结合起来，能够以前所未有的方式实现并探索构想。

1. 概念设计

更新的概念设计环境使实体和曲面的创建、编辑和导航变得简单且直观。所有工具都集中在一个位置，因此可以方便地将构想转化为设计。改进的导航工具使设计人员可以在创建和编辑期间直接与其模型进行交互，从而可以更加有效地对备选设计进行筛选。

2. 可视化工具

无论处于项目生命周期中的哪个阶段，在 AutoCAD 2014 中用户都可以通过强大的可视化工具（例如漫游动画和真实渲染）来表达所构思的设计。通过新的动画工具，可以在设计过程早期发现设计缺陷，而不是在缺陷可能变得难以解决时才发现它们。

3. 文档

有时必须将设计付诸实现，在此情况下，AutoCAD 2014 可以方便快捷地将设计模型转化为一组构造文档，以便清晰准确地描绘要构建的内容。截面和展平工具使用户可以直接通过设计模型进行操作来创建截面和视图，随后可以将其集成到图形中。由于无需为设计文档包重新创建模型信息，因此，能够节省时间和资金，并避免在手动重新创建期间可能发生的任何错误。

4. 共享

AutoCAD 2014 扩展了已有的功能强大的共享工具（例如，可将当前 DWG 文件输出为旧版本的 DWG 文件，而且可以输出和输入具有红线圈阅和标记信息的 DWF 文件），并且改进了输入并将 DWF 文件作为图形参考底图进行操作的功能。

2.2　AutoCAD 的基本操作

本节主要介绍 AutoCAD 2014 的启动过程、绘图屏幕的各组成部分及其功能，并在此基础上介绍简单图形的绘制。

2.2.1　启动 AutoCAD

在“开始”菜单中选择“程序”，然后选择“AutoCAD 2014 中文版”，或在桌面双击 AutoCAD 2014 中文版图标，启动后首先出现欢迎屏幕窗口，如图 2-1 所示。关闭欢迎屏幕窗口，进入 AutoCAD 2014 操作窗口，如图 2-2 所示。

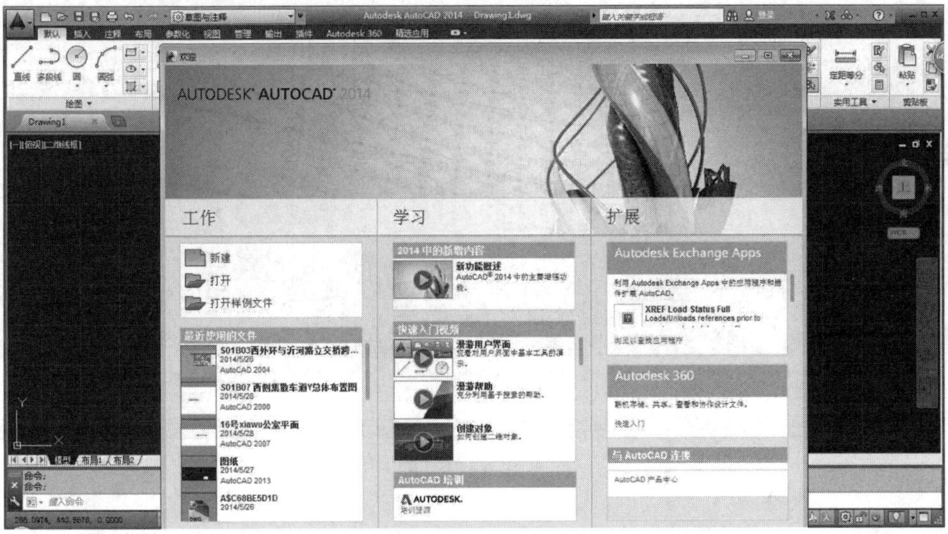

图 2-1　AutoCAD 欢迎屏幕窗口

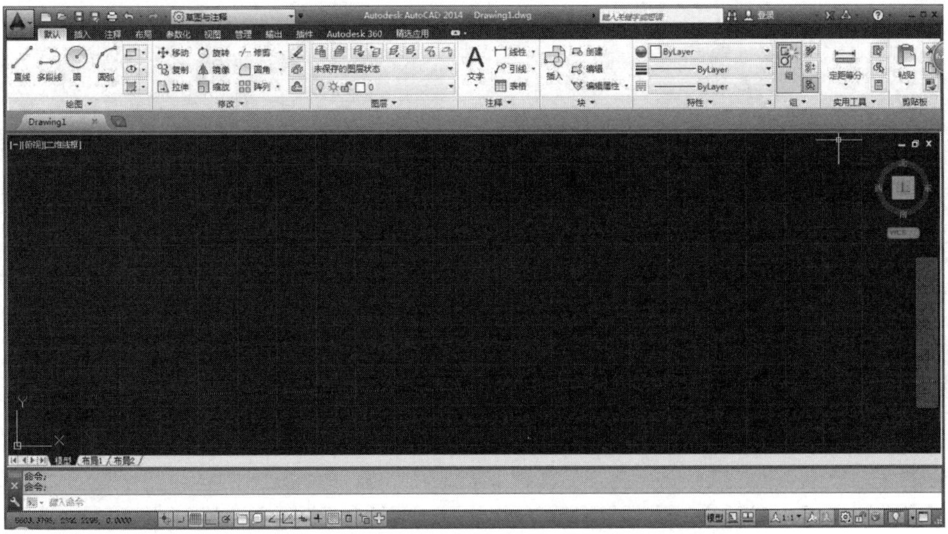

图 2-2　AutoCAD 二维草图与注释绘图窗口

2.2.2 AutoCAD 窗口操作

启动 AutoCAD 后，将会看到如图 2-2 所示的 AutoCAD 窗口。这一窗口是设计工作空间，包括用于设计和接收设计信息的基本组件。AutoCAD 2014 提供了“二维草图与注释”“三维基础”“三维建模”和“AutoCAD 经典”4 种工作空间模式，后 3 种分别如图 2-2 至图 2-5 所示。

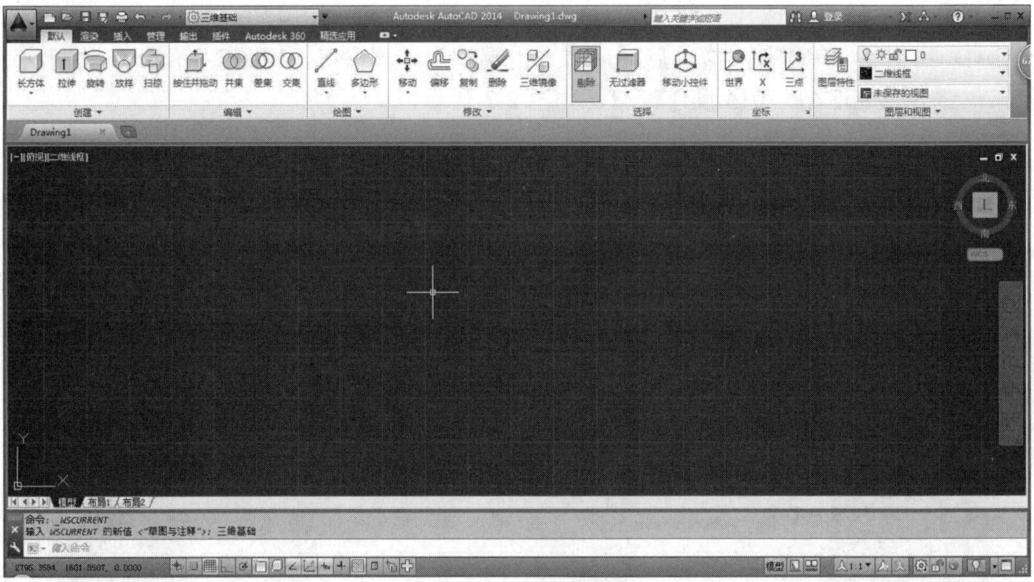

图 2-3 AutoCAD 三维基础绘图窗口（三维基础）

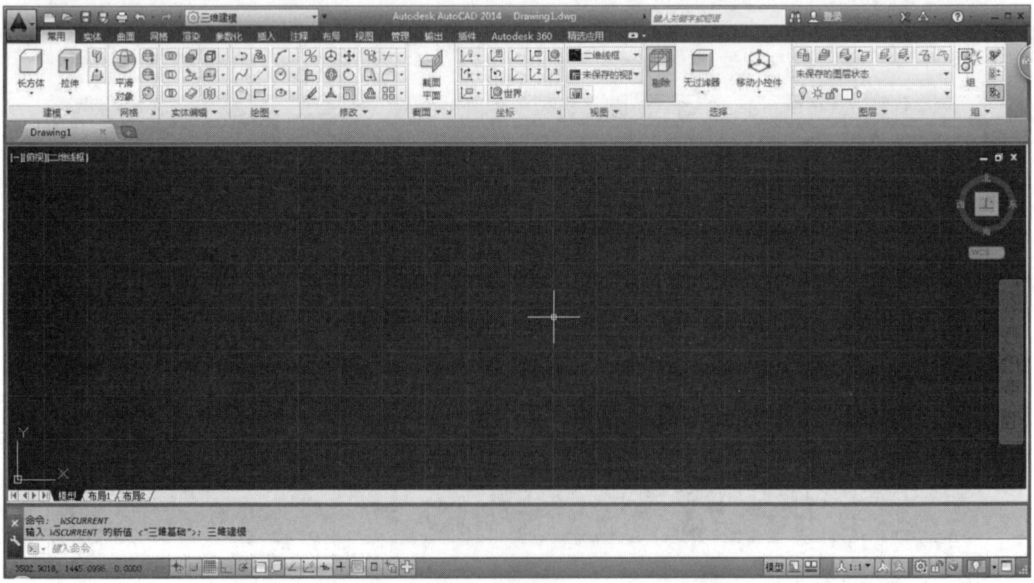

图 2-4 AutoCAD 三维建模绘图窗口（三维建模）

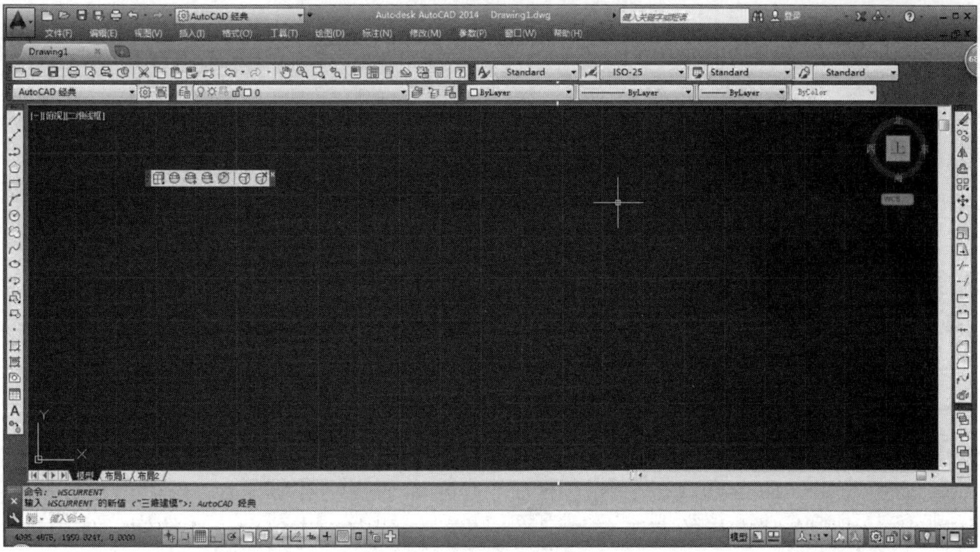

图 2-5 AutoCAD 经典绘图窗口（AutoCAD 经典）

1. 工作空间的转换和设置

AutoCAD 2014 默认显示的是二维草图与注释工作空间。要改变工作空间，在 AutoCAD 窗口的左上角单击工作空间转换下拉列表框三维建模，出现如图 2-6 所示的列表框，选择所需要的工作空间即可。单击工作空间设置按钮，出现如图 2-7 所示的“工作空间设置”对话框，可以对所需的工作空间进行设置。

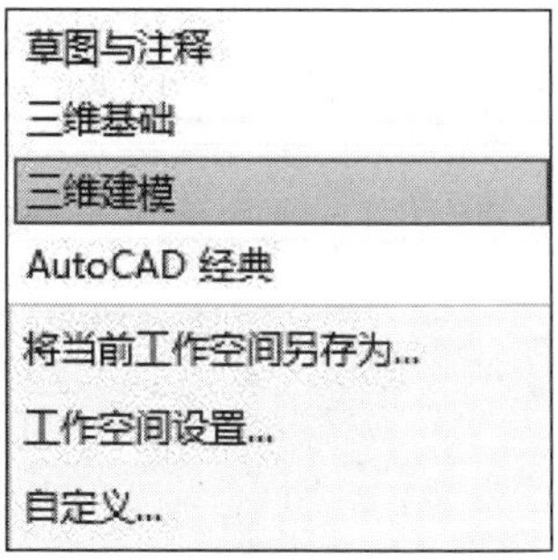

图 2-6 工作空间转换列表框

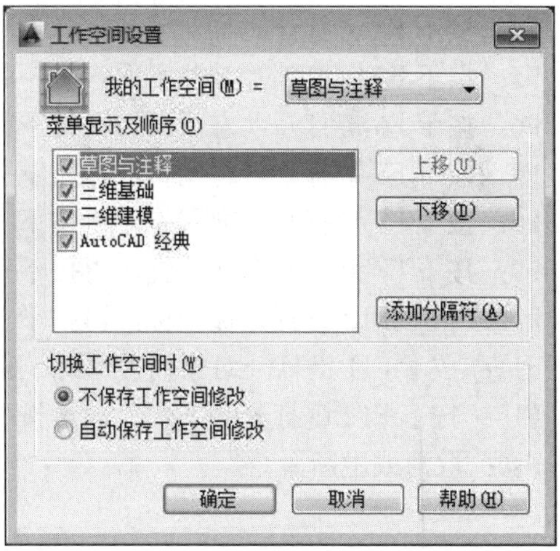

图 2-7 “工作空间设置”对话框

2. AutoCAD 操作窗口

AutoCAD 的各个工作空间都包含“菜单浏览器”按钮、标题栏、快速访问工具栏、命令提示行、绘图窗口、状态栏和功能选项板等。下面对 AutoCAD 经典绘图窗口的工作空间进行介绍，其包括以下主要部分。

（1）菜单栏（下拉菜单）。菜单由菜单文件定义。用户可以修改或设计自己的菜单文件。典型的下拉菜单包括文件(F)、编辑(E)、视图(V)、插入(I)、格式(O)、工具(T)、绘图(D)、标注

(N)、修改(M)、窗口(W)等。单击下拉菜单标题时，会在标题下出现菜单列表项，可以在表中拾取各命令项。

（2）工具栏。工具栏包括许多由图标表示的工具，单击这些图标按钮就可激活相应的命令。AutoCAD 2014 提供了 48 个工具栏，右击任何工具栏，屏幕都会出现工具栏菜单，然后在工具栏内单击某工具栏项目，在此可以打开、关闭某个工具栏。

（3）绘图区域。绘图区域用于显示图形。根据窗口大小和显示的其他组件（例如工具栏和对话框）数目，绘图区域的大小将有所不同。

（4）十字光标。十字光标用于在绘图区域标识拾取点和绘图点。十字光标由定点设备控制。可以使用十字光标定位点、选择和绘制对象。

（5）模型/布局选项卡。可以在模型（图形）空间和图纸（布局）空间来回切换。一般情况下，先在模型空间创建设计，然后创建布局以绘制和打印图纸空间中的图形。

（6）命令窗口。命令窗口在绘图区下方，显示命令提示和信息。

（7）状态栏。在状态栏的左下角显示光标坐标。状态栏还包含一些按钮，使用这些按钮可以打开常用的绘图辅助工具。这些工具包括“捕捉”“栅格”“正交”“极轴”“对象捕捉”“对象追踪”“线宽”（线宽显示）和“模型”（模型空间和图纸空间的切换）等。

2.2.3 常用功能键

- F1：按下 F1 键打开 AutoCAD 帮助。
- F2：按下 F2 键打开 AutoCAD 文本窗口，再按下关闭。
- F3：按下 F3 键打开对象捕捉，再按下关闭。
- F4：按下 F4 键打开三维对象捕捉，再按下关闭。
- F5：按下 F5 键绘制等轴测平面。
- F6：按下 F6 键打开动态显示，再按下关闭。
- F7：按下 F7 键打开屏幕栅格，再按下关闭。
- F8：按下 F8 键打开正交状态，再按下关闭。
- F9：按下 F9 键打开栅格捕捉，再按下关闭。
- F10：按下 F10 键打开极坐标，再按下关闭。
- F11：按下 F11 键打开对象捕捉追踪，再按下关闭。
- F12：按下 F12 键打开动态输入，再按下关闭。
- Esc：取消或中断命令。

2.3 图形文件的使用

2.3.1 建立一幅新图形

用“新建”（NEW）命令可以开始一幅新图形。可以从标准工具栏单击“新建”图标或在下拉菜单中选择“文件”→“新建”命令，出现“选择样板”对话框，如图 2-8 所示，在对话框中进行绘图设置后，单击“确定”按钮即可开始绘图。

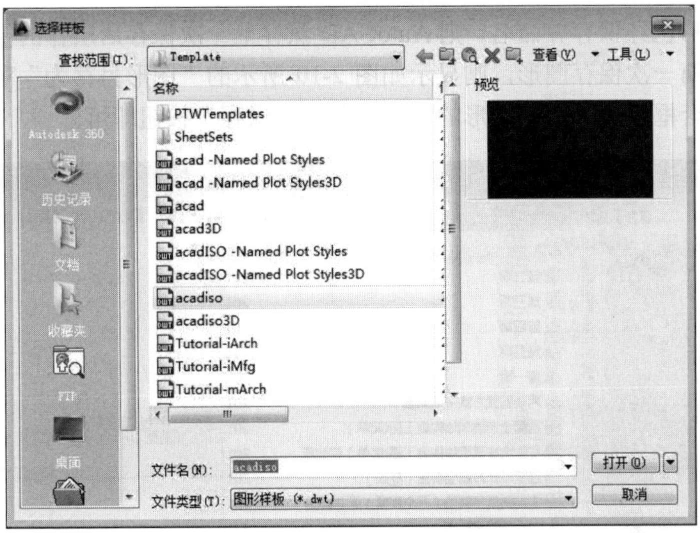

图 2-8　“选择样板”对话框

2.3.2　打开一幅已有的图形

在 AutoCAD 中打开一幅已有的图形，可以使用“打开”(OPEN）命令。从标准工具栏中单击“打开”图标或在下拉菜单中选择“文件”→“打开”命令，出现如图 2-9 所示的“选择文件”对话框，在对话框中可以从不同路径下查找已有的图形，选中后单击“打开”按钮即可。

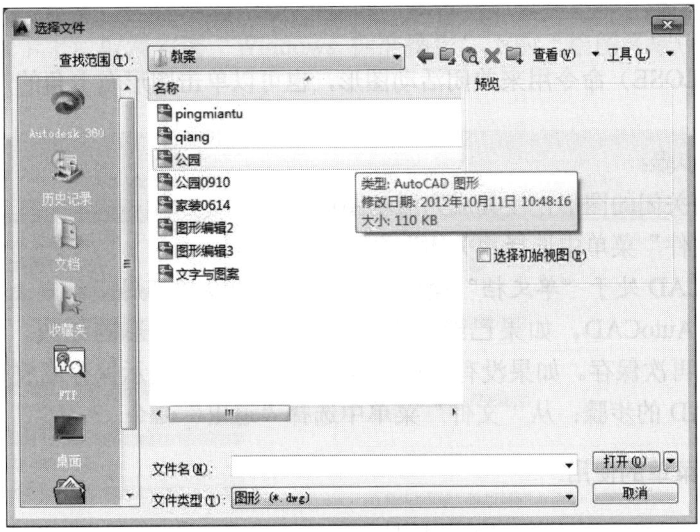

图 2-9　“选择文件”对话框

2.3.3　保存图形

绘制图形时应该经常保存文件。如果要绘制新图形或修改旧图形而又不影响原图形，可以用一个新名称保存它。

保存图形的步骤：从“文件”菜单中选择“保存”命令或从标准工具栏单击“保存”图标。

要单独控制“默认”“编辑”和“命令”快捷菜单时，勾选“绘图区域中使用快捷菜单”复选框，然后选择“自定义右键单击”，出现如图 2-14 所示的“自定义右键单击”对话框。

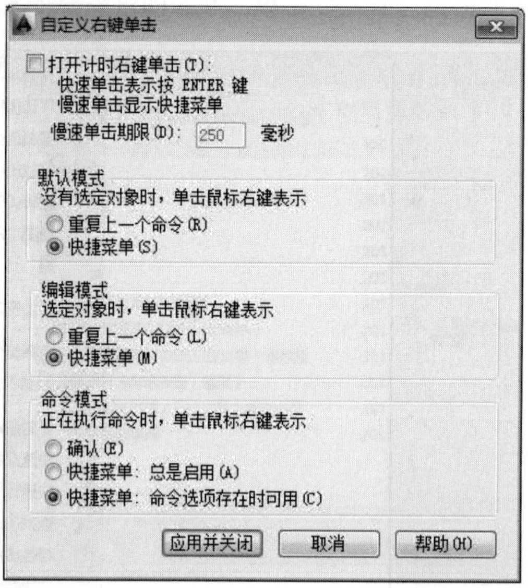

图 2-14　“自定义右键单击”对话框

在“自定义右键单击”对话框的“默认模式”或“编辑模式”下，选择相应选项，以控制在没有执行任何命令时在绘图区域上单击鼠标右键所产生的结果。单击鼠标右键与按 Enter 键的效果一样。

除了关闭和打开“默认”“编辑”和“命令”快捷菜单外，还可自定义这些菜单上所显示的选项。例如，可以在“编辑”快捷菜单中添加只在选择了圆时才显示的选项。

（3）在绘图区域外使用快捷菜单。在绘图区域之外，在 AutoCAD 窗口的其他区域右击也能显示快捷菜单。

第 3 章　绘图入门

通过前一章的学习，我们对 AutoCAD 绘图系统有了进一步的了解，同时对绘图屏幕和图形文件操作有了初步的认识。本章主要介绍初次绘图时常用到的一些命令。

3.1　《房屋建筑制图统一标准》(GB/T 50001－2010)的有关规定设置

为了使绘出的图样符合《房屋建筑制图统一标准》(GB/T 50001－2010)的基本规定，本节主要介绍在绘图过程中常用的此国家标准的设置。

3.1.1　图纸幅面的设置

1. 设置绘图单位

绘图单位的设置包括坐标、距离和角度的记数制和精度。

命令的执行：选择下拉菜单“格式→单位”命令，弹出如图 3-1 所示的“图形单位”对话框。此对话框分长度和角度两项，可以各自设置类型和精度。

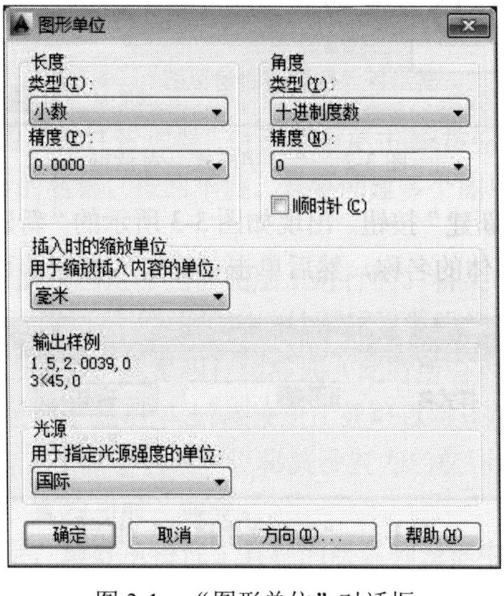

图 3-1　“图形单位”对话框

2. 设置图形界限

“图形界限”命令用于设置当前图形的绘图界限。

命令的执行：选择下拉菜单“格式→图形界限”命令，命令行提示：

命令：′_limits
重新设置模型空间界限：
指定左下角点或[开(ON)/关(OFF)]<0.0,0.0>:　　(输入左下角坐标)
指定右上角点<420.0,297.0>:　(输入右上角坐标)

3.2.1　直线（LINE）命令

功能：用直线命令能绘制一系列相连的线段，也可以让起点和端点闭合，形成一个封闭的图形，如图 3-12 所示。

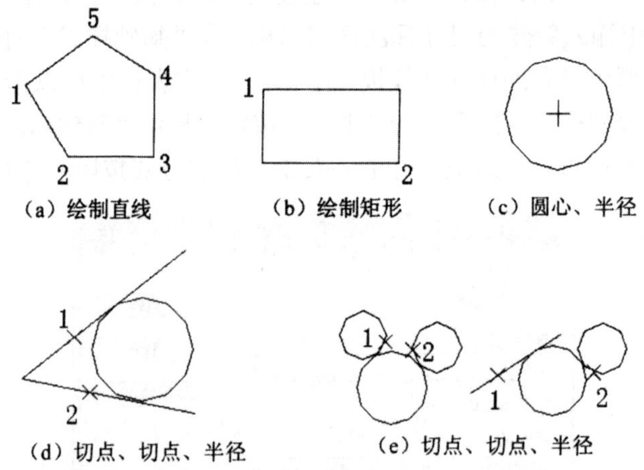

图 3-12　绘制直线、圆弧和圆

绘制直线的步骤：选择下拉菜单“绘图→直线”命令或单击绘图工具栏的图标。

命令行提示：

命令：_line

指定第一点：点取 1（指定一点时可用鼠标在屏幕点取，也可在命令行输入点的坐标，如图 3-12（a）所示的 1 点）

指定下一点或[放弃(U)]：2

指定下一点或[放弃(U)]：<正交开>3

（按 F8 键表示进入正交模式，此时只能画水平、垂直线）

指定下一点或[闭合(C)/放弃(U)]：4

指定下一点或[闭合(C)/放弃(U)]：5

指定下一点或[闭合(C)/放弃(U)]：c

说明：

（1）画完一条独立直线段或连续几段直线段的末端时，在命令提示行下，按回车键或空格键，结束此直线的绘制。

（2）如画封闭多边形时，在最后命令提示行下输入 C，可以将所画线框封闭。

（3）在画线过程中要取消刚刚所画的线段，在命令提示行下输入 U（Undo 取消），可以将最后画的线段取消。

（4）若要画水平和垂直方向的线段，应按下 F8 键或激活图标，进入正交模式（ORTHO）。

使用输入线段端点坐标值的方法画线时有四种方式。

（1）用绝对 X、Y 坐标值，如 80，60。

（2）用极坐标（@距离<方向），如@100<90，表示长度为 100，方向为 90°。

（3）用相对坐标（@△X，△Y），如@50，40，表示相对参考点△X=50，△Y=40。

（4）用鼠标移动光标在屏幕中点取，如图 3-13 所示。

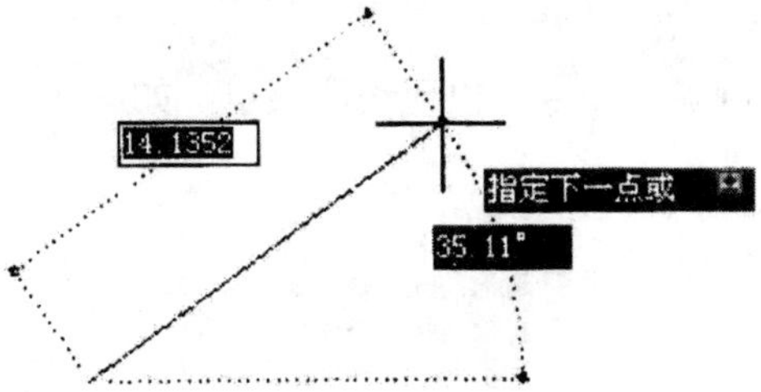

图 3-13　绘制直线

3.2.2　矩形（RECTANGLE）命令

功能：在任意位置指定两对角点画出矩形，如图 3-12（b）所示。

绘制矩形的步骤：选择下拉菜单“绘图→矩形”命令或单击绘图工具栏的图标。

命令行提示：

命令：_rectangle
指定第一个角点或[倒角(C)/标高(E)/圆角(F)/厚度(T)/宽度(W)]：1（如图 3-12（b）所示的 1 点）
指定另一个角点：2

3.2.3　画圆（CIRCLE）命令

功能：在任意位置画任意直径的圆。绘制圆的方法有多种，默认方法是指定圆心和半径，如图 3-12（c）所示。

1. 绘制圆命令的拾取

（1）单击绘图工具栏的图标（为默认项，即圆心、半径画圆）。

（2）选择下拉菜单“绘图→圆”命令，出现级联菜单，有六种绘制圆的方法供选择：①给定圆心、半径画圆；②给定圆心、直径画圆；③给定两点画圆；④给定三点画圆；⑤给定两切线、半径画圆；⑥给定三切点画圆。

2. 绘制圆的步骤

（1）圆心、半径画圆（该项为默认）。

命令：_circle
指定圆的圆心或[三点(3P)/两点(2P)/相切、相切、半径(T)]：(输入圆心坐标，如图 3-12（c）所示)
指定圆的半径或[直径(D)]：50　(输入半径值)

（2）给定两切线、半径画圆。

命令：_circle
指定圆的圆心或[三点(3P)/两点(2P)/相切、相切、半径(T)]：_ttr
在对象上指定一点作圆的第一条切线：1　　(拾取如图 3-12（d）所示的第 1 条线)
在对象上指定一点作圆的第二条切线：2　　(拾取如图 3-12（d）所示的第 2 条线)
指定圆的半径<56.0814>：50　　(输入半径值)

其他几种画圆方法按上述步骤自己练习，不再赘述。

3.2.4　圆弧（ARC）命令

功能：绘制任意半径和任意长度的圆弧。

画圆弧的方法共有四大类 10 种，最常用的默认方法是三点定弧法。

1. 绘制圆弧命令的拾取方式

选择下拉菜单“绘图→圆弧”命令，出现级联菜单，如图 3-14 所示。

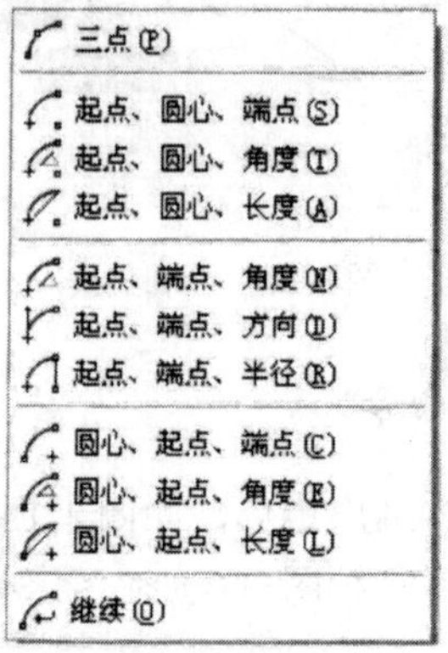

图 3-14 “圆弧”命令级联菜单

2. 绘制圆弧的步骤

作图过程如图 3-15 所示。

（1）给定三点画圆弧。

命令：_arc

指定圆弧的起点或[圆心(CE)]:

指定圆弧的第二点或[圆心(CE)/端点(EN)]:

指定圆弧的端点:

（2）给定起点、圆心、端点画圆弧。

命令：_arc

指定圆弧的起点或[圆心(CE)]:

指定圆弧的第二点或[圆心(CE)/端点(EN)]:

指定圆弧的圆心:

指定圆弧的端点或 [角度(A)/弦长(L)]:

其他几种画圆弧的方法按上述步骤自己练习，不再赘述。

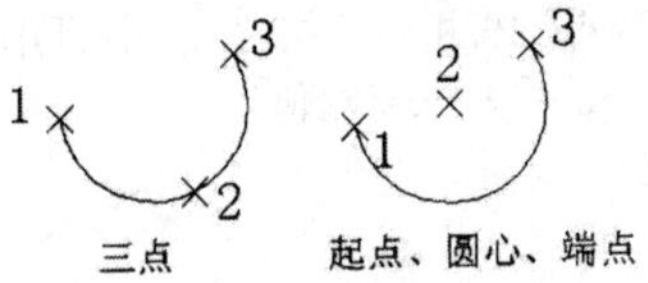

图 3-15 绘制圆弧

3.3 基本编辑命令

下面结合一些简单绘图实例来说明如何使用 AutoCAD 中最基本的编辑命令。

3.3.1 选择对象

对已绘制的图形进行编辑，先要创建对象的选择集。用鼠标选择对象，然后运行编辑命令。无论用哪一种方法，AutoCAD 都会提示选择对象并用拾取框代替十字光标。

（1）单选。选取编辑命令后，移动鼠标点取要编辑的对象，选中后对象变虚。

（2）用选择窗口来选择对象。选择窗口是绘图区域中的一个矩形区域，在“选择对象”提示下指定两个角点即可定义此区域。角点指定的次序不同，选择的结果也不同。指定了第一个角点以后，从左向右拖动（窗口选择）仅选择完全包含在选择区域内的对象，如图 3-16 所示，从右向左拖动（交叉选择）可选择包含在选择区域内以及与选择区域的边框相交叉的对象，如图 3-17 所示。

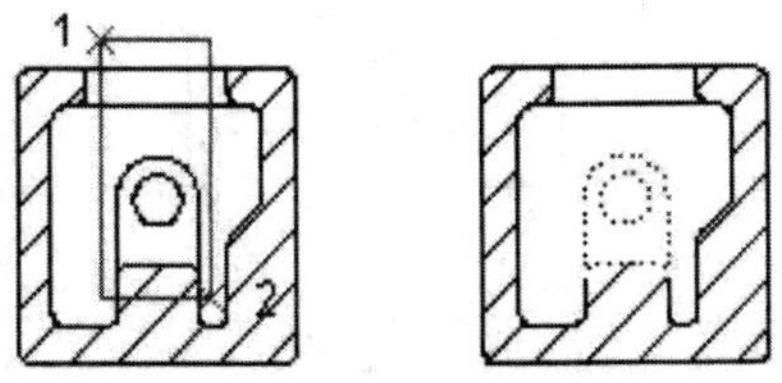

图 3-16　窗口选择对象

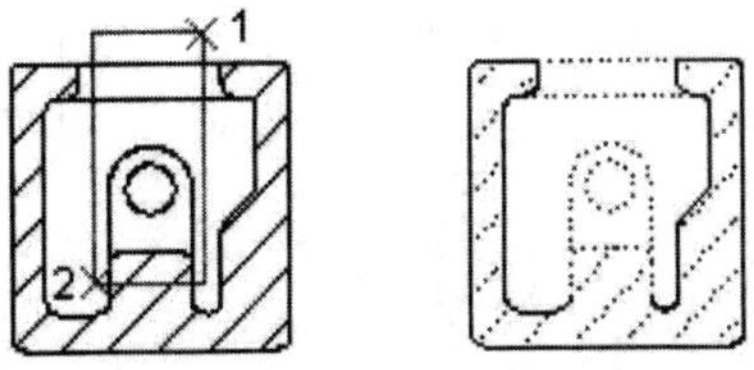

图 3-17　交叉窗口选择

（3）用不规则形状的区域来选择对象。选择窗口是绘图区域中的一个多边形区域。窗口多边形只选择它完全包含的对象，而交叉多边形可选择包含或相交的对象。通过指定点来划定区域，从而创建选择窗口。指定点的次序决定了定义的是窗口多边形还是交叉多边形。

选择不规则形状区域中的对象的步骤：

1）在“选择对象”提示下输入 CP（多边形）。

2）从左至右指定点，定义一块区域，该区域完全包含要选择的线条（窗口多边形）。

3）按回车键闭合多边形并完成选择。

在如图 3-18 所示的图例中，是使用窗口多边形选择完全被包含在不规则形状区域内的所有图形及选择结果。

（4）用选择栏选择对象。用选择栏可以很容易地从复杂图形中选择非相邻对象。选择栏是一条直线，可以选择它穿过的所有对象。

用选择栏选择非相邻对象的步骤如下：

1）在“选择对象”提示下输入 F（栏选）。

2）指定选择栏点。

3）按回车键完成选择。

如图 3-19 所示的图例显示的是用选择栏选择多个图形的结果。

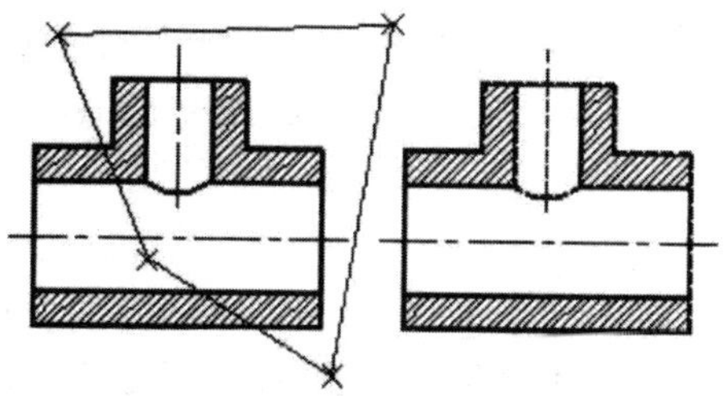

图 3-18　用窗口多边形选择对象

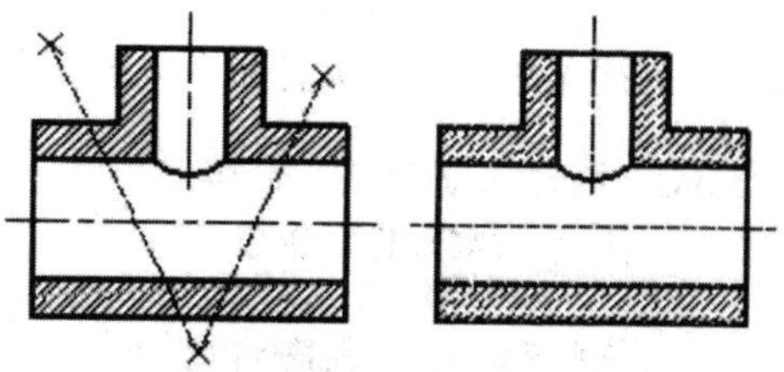

图 3-19　用选择栏选择对象

（5）选择相邻对象。选择相邻或重叠的对象通常是很困难的。当对象是相邻的时，可以一次次地单击以便在选择的对象间循环切换，直至切换到要选择的对象。

循环切换选择对象的步骤：

1）在“选择对象”提示下，按住 Ctrl 键并选择一个尽可能接近要选择的对象的点。

2）重复单击，直到要选择的对象被亮显。

3）按回车键选定对象。

如图 3-20 所示的图例中，有两条直线和一个圆位于选择拾取框的作用域内。

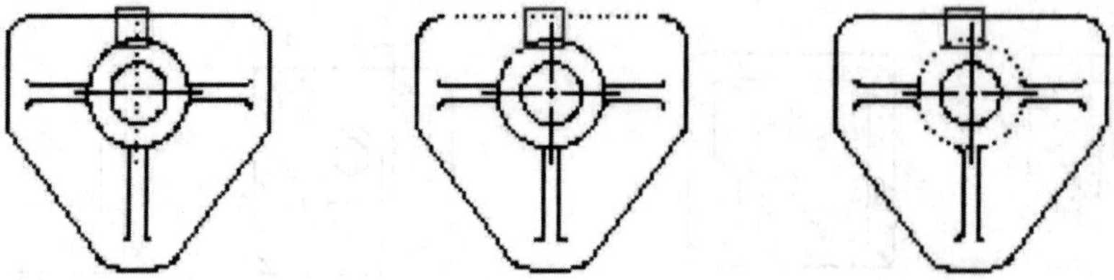

选择第一个对象　　选择第二个对象　　选择第三个对象

图 3-20　选择相邻对象

（6）从选择集中删除对象。创建一个选择集后，可从选择集中删除某个对象。例如，选择图形十分密集的对象，然后在所选择的对象内删除指定对象，只留下应该留的选择对象。

从选择集中删除对象的步骤：

1）选择一些对象。

2）在“选择对象”提示下输入 R（即 Remove）。

3）在“删除对象”提示下，从选择集中选择要删除的对象。

反之，要向选择集中添加对象，则输入 A（即 Add）。

也可以在选择对象时按 Shift 键从选择集中删除多个对象。

3.3.2　删除（ERASE）命令

功能：删除所选图形。

命令的执行：

（1）选择下拉菜单“修改→删除”命令或单击修改工具栏中的删除图标。命令行提示：

命令：_erase
选择对象：找到 1 个
选择对象：找到 1 个，总计 2 个
选择对象：回车即删除选取的对象

（2）快捷菜单：终止所有命令，选择要删除的对象，然后在绘图区域右击并选择“删除”命令。

3.3.3　移动（MOVE）命令

功能：将所选取的对象移动到其他位置。移动对象仅仅是位置平移，而不改变对象的方向和大小。要非常精确地移动对象，请使用坐标、夹点和对象捕捉模式。

命令的执行：

（1）选择下拉菜单“修改→移动”命令或单击修改工具栏中的移动图标。命令行提示：

命令：_move
选择对象：找到 1 个
选择对象：找到 1 个，总计 2 个
选择对象：（回车）
指定基点或位移：a 点（如图 3-21（a）所示的 A 点）
指定位移的第二点或<用第一点作位移>：B 点（如图 3-21（a）所示的 B 点）

（2）用夹点移动对象。

1）选择对象，夹点显示出来。

2）右击并选择“移动”命令。

3）拖动对象将其移动到新位置。

3.3.4　复制（Copy）命令

功能：可以在当前图形内复制单个或多个对象，而且可以在其他应用程序与图形之间复制。这包括图形内复制、利用夹点多次复制、利用剪贴板复制和粘贴对象。

1．图形内复制命令

功能：将在指定位置上复制所选图形，而不改变原图形。

命令的执行：

（1）选择下拉菜单“修改→复制”命令或单击修改工具栏中的复制图标。命令行提示：

命令：_copy
选择对象：找到 1 个
选择对象：（不选择，回车）
指定基点或位移，或者[重复(M)]：A （如图 3-21（b）所示的 A 点）
指定位移的第二点或<用第一点作位移>：B （如图 3-21（b）所示的 B 点）

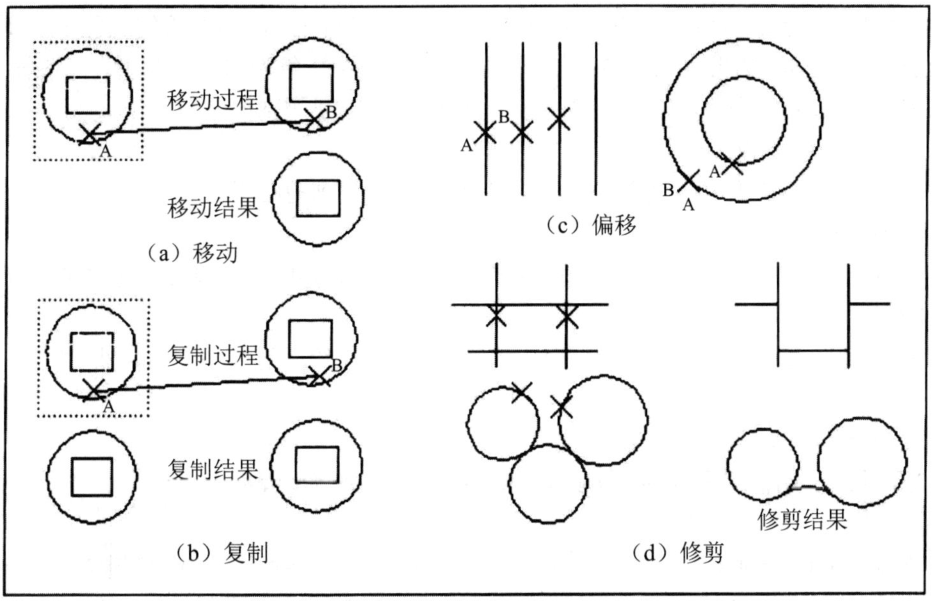

图 3-21　移动、复制、偏移与修剪

（2）快捷菜单。终止所有命令，选择要复制的对象，在绘图区域中右击，然后选择“复制”命令，按系统提示执行。

说明：

（1）在“指定基点或位移，或者[重复(M)]:”提示时，若输入 M，则为连续复制方式。

（2）复制命令与移动命令的不同之处在于原图形不动，而在新的位置上复制一个图形。

2. 利用夹点多次复制

功能：可以在任何夹点模式下复制多个对象。例如，可以通过偏移捕捉，以指定的间距复制多个对象。偏移距离由原始对象和第一个复制对象之间的距离定义。

利用夹点多次复制的步骤：

（1）选择要复制的对象。

（2）选择基夹点 1，如图 3-22 所示。

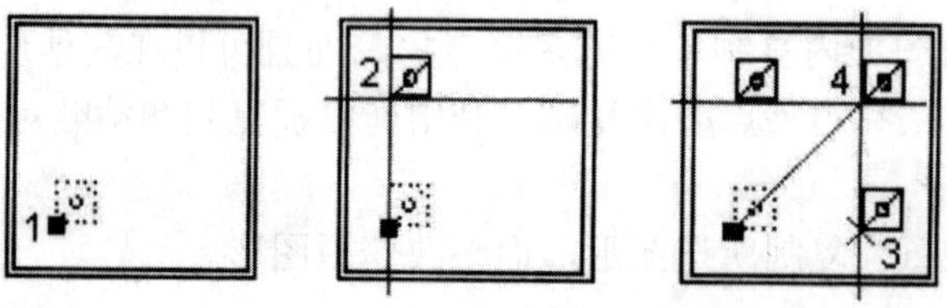

图 3-22　利用夹点多次复制

（3）单击复制图标或右击选择“复制”命令。

（4）确定第一个复制对象的偏移距离（2）。偏移距离是点 1 和点 2 之间的距离。

（5）按回车键退出夹点模式。

3. 利用剪贴板复制

使用另一个 AutoCAD 图形中的对象或另一个应用程序创建的文件中的对象时，可以先将这些对象剪切或复制到剪贴板，然后将它们从剪贴板粘贴到图形中。对象的颜色在复制到剪贴板时不会改变。例如，如果对象是白色的，并且被粘贴到背景色为白色的图形，将看不见对象。利用剪贴板复制包括剪切到剪贴板、复制到剪贴板和复制视图到剪贴板。

（1）剪切到剪贴板。

功能：剪切将从图形中删除选择的对象并将它们存储到剪贴板上。

命令的执行：

1）选择下拉菜单“编辑→剪切”命令或按 Ctrl+X 键或单击图标。选择要剪切的对象后，右击结束。

2）快捷菜单。终止所有命令，选择要剪切的对象，在绘图区域中右击，然后选择“剪切”命令。

（2）复制到剪贴板。

功能：使用剪贴板将图形的部分或全部复制到另一个应用程序。

命令的执行：

1）选择要复制的对象。选择下拉菜单“编辑→复制”命令或按 Ctrl+C 键或单击图标。

2）快捷菜单。终止所有命令，选择要复制的对象，在绘图区域中右击，然后选择“复制”命令。

（3）复制视图到剪贴板。

功能：将当前视图复制到剪贴板上，而不复制选定的对象。如果选定了一个视口，AutoCAD 将复制该视口中的内容。否则，它将复制绘图区域。

将视图复制到剪贴板的步骤：

1）选择一个视口或显示想复制的视图。

2）选择下拉菜单“编辑→复制链接”命令。

4. 从剪贴板粘贴对象

功能：当将对象复制到剪贴板时，AutoCAD 存储所有有效格式的信息。当将剪贴板中的内容粘贴到 AutoCAD 图形中时，AutoCAD 使用保留最多信息的格式。

命令的执行：

（1）选择下拉菜单“编辑→粘贴”，或者按 Ctrl+V 键或单击图标，当前剪贴板上的对象被粘贴到图形中。

（2）快捷菜单。终止所有命令，在绘图区域中右击，然后选择“粘贴”命令。

3.3.5 偏移（OFFSET）命令

偏移可以创建一个与原图形本身平行的对象，即创建一个与选定对象类似的新对象，并把它放在离原对象一定距离的位置。可以偏移直线、圆弧、圆、二维多段线、椭圆、椭圆弧、参照线、射线和平面样条曲线。

命令的执行：选择菜单“修改→偏移”命令或单击修改工具栏中偏移图标。

命令行提示：

命令：_offset
指定偏移距离或[通过(T)]<1.0000>：20（如图 3-21（c）所示）
选择要偏移的对象或<退出>：

3.3.6 修剪（TRIM）命令

修剪命令用指定的修剪边界可以将图形中不要的部分剪去。剪切边可以是直线、圆弧、圆、多段线、椭圆、样条曲线、构造线、射线和图纸空间中的视口。

命令的执行：选择菜单“修改→修剪”命令或单击修改工具栏中修剪图标。

命令行提示：

命令：_trim
当前设置：投影=UCS　边=无
选择剪切边…
选择对象：找到 1 个 （如图 3-21（d）所示）
选择对象：找到 1 个，总计 2 个
选择对象：（不选择回车）
选择要修剪的对象或[投影(P)/边(E)/放弃(U)]：（此时用鼠标点取要修剪的对象）

3.4 精确绘图

利用 AutoCAD 的追踪和对象捕捉工具能够快速、精确地绘图。利用这些工具，无须输入坐标或进行烦琐的计算就可以绘制精确的图形。在绘图过程中，为使绘图和设计过程更简便易行，AutoCAD 提供了栅格、捕捉、正交、对象捕捉及自动追踪等多个绘图工具。这些绘图工具有助于在快速绘图的同时保证绘图的精度。

3.4.1 调整捕捉和栅格对齐方式

捕捉和栅格设置有助于创建和对齐对象。可以调整捕捉和栅格间距，使之更适合进行特定的绘图任务。栅格是按指定间距显示的点，给用户提供直观的距离和位置参照。它类似于可自定义的坐标纸。捕捉使光标只能以指定的间距移动。打开捕捉模式时，光标只能在一定间距的坐标位置上移动。可以旋转捕捉和栅格方向，或将捕捉和栅格设置为等轴测模式，以便在二维空间中模拟三维视图。通常，捕捉和栅格有相同的基点和旋转角度，间距也一样。但间距可以设置为不同的值。包括修改捕捉角度和基点、与极轴追踪一起使用捕捉模式和将捕捉和栅格设置为等轴测模式。

1. 设置栅格、修改捕捉角度和基点

要沿着特定的方向或角度绘制对象，可以旋转捕捉角，调整十字光标和栅格。如果正交模式是打开的，AutoCAD 把光标的移动限制到新的捕捉角度和与之垂直的角度上。修改捕捉角度将同时改变栅格角度。

在如图 3-23 所示的例子中，捕捉角度调整为与固定支架的角度一致。通过这样的调整，就可以使用栅格非常方便地以 30° 方向绘制对象。

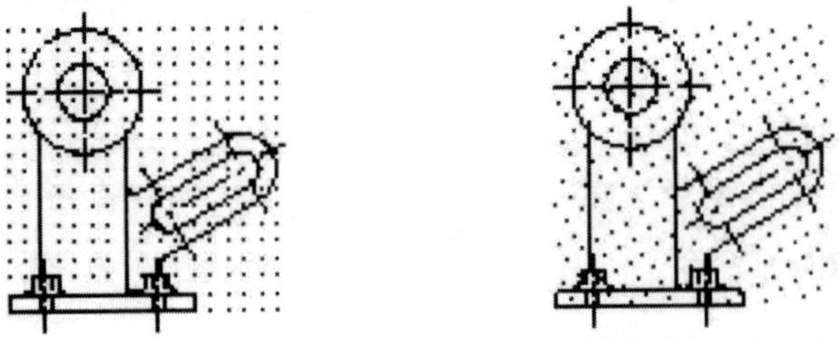

默认的捕捉角度为 0°　　　　旋转的捕捉角度为 30°

图 3-23　栅格

用于旋转捕捉角的原点称为基点。通过修改基点的 X 或 Y 坐标值（默认设置为 0.0000），可以偏移基点。

命令的执行：

（1）选择菜单“工具→草图设置”命令，弹出如图 3-24 所示的对话框。在“草图设置”对话框中，设置“捕捉 X 轴间距”“捕捉 Y 轴间距”“栅格 X 轴间距”“栅格 Y 轴间距”等参数，如图 3-24 所示。

（2）快捷菜单。在状态栏按钮或或或或上右击，然后选择“设置”，弹出如图 3-24 所示的“草图设置”对话框。

2. 与极轴追踪一起使用捕捉模式

如果使用极轴追踪，可以改变“捕捉”模式。这样，当在命令中指定点时，“捕捉”模式将沿极轴追踪角进行捕捉，而不是根据栅格进行捕捉。设置极轴追踪捕捉模式的步骤：在如图

3-24 所示的“草图设置”对话框的“捕捉和栅格”选项卡中，选择“捕捉类型”下的“PolarSnap（极轴捕捉）和设置“极轴间距”。

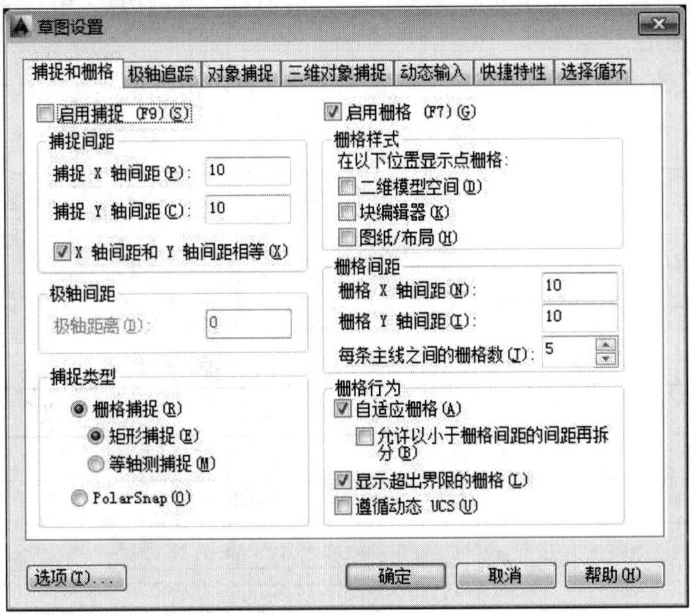

图 3-24　“草图设置”对话框

3. 将捕捉和栅格设置为等轴测模式

“等轴测捕捉/栅格”模式有助于建立表示三维对象的二维图形，如图 3-25 所示的立方体等轴测图。等轴测图形不是真正的三维图形，而且沿三根主轴进行对齐，它们可以模拟从特定视点观察到的三维对象。如果将“捕捉”模式设置为等轴测，可以使用 F5 键（或 Ctrl+E）将等轴测平面改变为左视、右视或俯视方向。

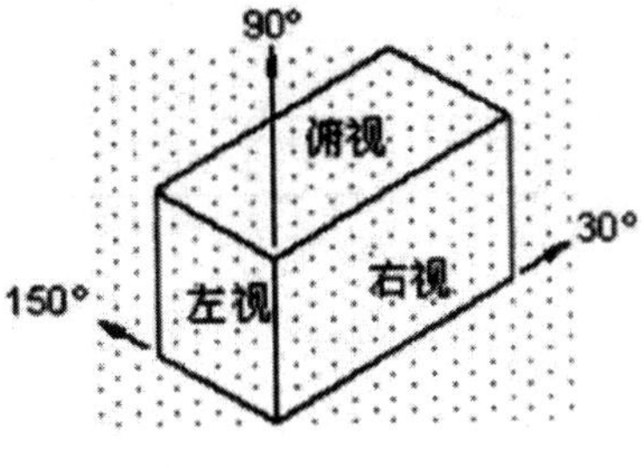

图 3-25　立方体等轴测图

左视：捕捉和栅格沿 90° 和 150° 轴对齐。

右视：捕捉和栅格沿 90° 和 30° 轴对齐。

俯视：捕捉和栅格沿 30° 和 150° 轴对齐。

打开等轴测平面的步骤：在如图 3-24 所示的“草图设置”对话框的“捕捉和栅格”选项卡中，选择“捕捉类型”下的“等轴测捕捉”。

注意：在正交模式下，可以绘制等轴测图。

3.4.2 捕捉对象上的几何点

在绘图命令运行期间，可用光标捕捉对象上的几何点，如端点、中点、圆心、交点等。

1. 单点对象捕捉

可以设置一次使用的对象捕捉，要求指定一个点时，在对象捕捉工具栏拾取相应的对象捕捉模式来响应。各项选择如图 3-26 所示。

图 3-26 对象捕捉工具栏

各选项的名称、按钮、命令缩写和含义见表 3-1。

表 3-1 各选项的名称、按钮、命令缩写和含义

对象捕捉的名称	工具栏按钮	命令缩写	含义
端点		END	对象端点
中点		MID	对象中点
交点		INT	对象交点
外观交点		APP	对象的外观交点
延伸		EXT	对象的延伸路径
中心点		CET	圆、圆弧及椭圆的中心点
节点		NOD	用 POINT 命令绘制的点对象
象限点		QUA	圆弧、圆或椭圆的最近象限
插入点		INS	块、形、文字、属性或属性定义的插入点
垂足		PER	对象上的点，构造垂足（法线）对齐
平行		PAR	对齐路径上一点，与选定对象平行
切点		TAN	捕捉到圆与圆弧上切点
最近点		NEA	与选择点最近的对象捕捉点
无		NON	下一次选择点是关闭对象捕捉

2. 运行中的对象捕捉

可以一直运行对象捕捉，直至将其关闭。

运行中的对象捕捉的设置：在“草图设置”对话框中，选取“对象捕捉”选项卡，在此对话框中可以设置自己需要的对象捕捉目标，如图 3-27 所示。

对象捕捉的快捷方式：

（1）按下功能键 F3。

（2）在状态栏单击“对象捕捉”按钮。

（3）按 Shift 键并在绘图区域中右击，然后从快捷菜单中选择一种对象捕捉，如图 3-28 所示。

（4）在命令行中输入一种对象捕捉的缩写。

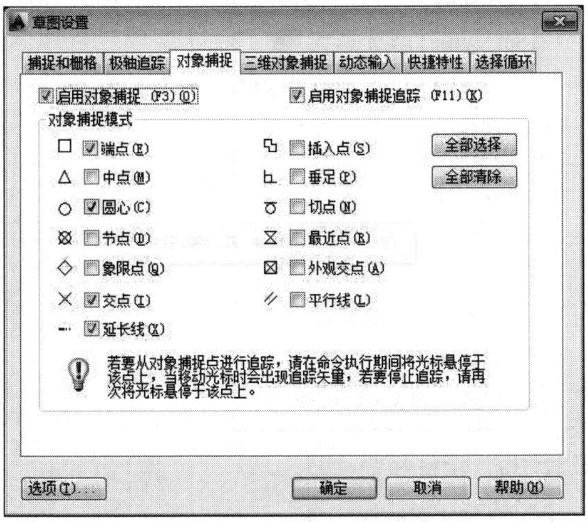

图 3-27　“对象捕捉”选项卡

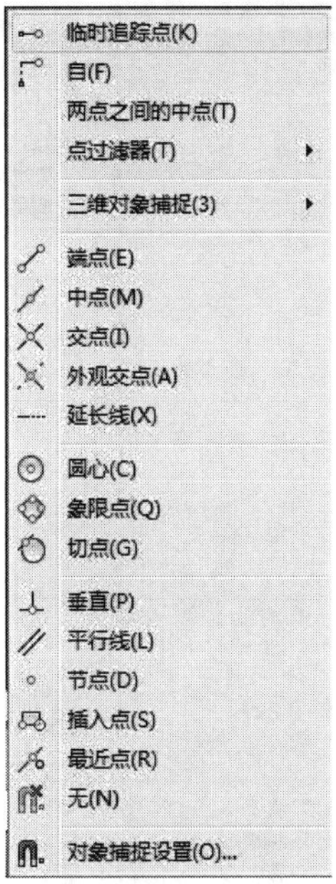

图 3-28　“对象捕捉”快捷菜单

3.4.3　使用自动追踪

“自动追踪”可以用指定的角度绘制对象，或者绘制与其他对象有特定关系的对象。当自动追踪打开时，临时的对齐路径有助于以精确的位置和角度创建对象。可以通过状态栏上的“极轴”或“对象追踪”按钮打开或关闭自动追踪。对象捕捉追踪应与对象捕捉配合使用，从对象的捕捉点开始追踪之前，必须先设置对象捕捉。自动追踪包含两种追踪选项：极轴追踪和对象捕捉追踪。

1. 极轴追踪

使用极轴追踪进行追踪时，对齐路径是由相对于命令起点和端点的极轴角定义的。例如，在如图 3-29 所示的图中绘制一条从点 1 到点 2 长 15 的直线，然后绘制一条点 2 到点 3 的长 15、角度 45° 的直线。如果打开了 45° 极轴角增量，当光标划过 0° 或 45° 时，AutoCAD 将显示对齐路径和工具栏提示。当光标从该角度移开时，对齐路径和工具栏提示消失。

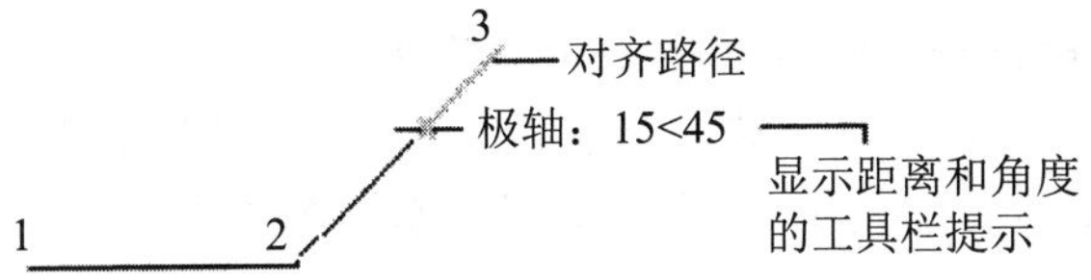

图 3-29　极轴追踪

一般使用极轴追踪沿着 90°、60°、45°、30° 和 15° 的极轴角增量进行追踪，也可以指定其他角度。

极轴追踪的参数设置：根据前面介绍的打开“草图设置”对话框，如图 3-30 所示，然后选取“极轴追踪”选项卡，在此对话框中可以设置自己需要的参数。

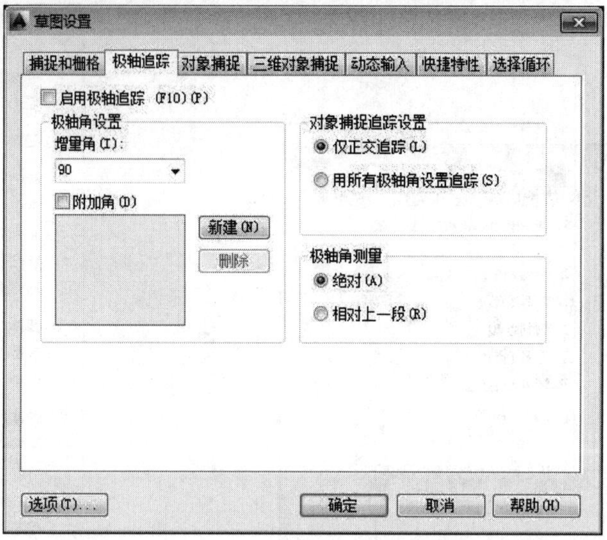

图 3-30 “极轴追踪”选项卡

打开极轴追踪的步骤：按 F10 键或单击状态栏上的按钮。

2. 正交模式

正交模式可以将光标限制在水平或垂直（正交）方向。由于不能同时打开正交模式和极轴追踪，因此在正交模式打开时，AutoCAD 会关闭极轴追踪。如果打开了极轴追踪，AutoCAD 将关闭正交模式。

打开正交模式的步骤：单击状态栏上的按钮或按 F8 键。

3. 追踪对象上的几何点

可以使用对象捕捉追踪沿着对齐路径进行追踪。对齐路径是基于对象捕捉点的。例如，可以基于对象端点、中点或者对象的交点，沿着某个路径选择一点。

打开对象捕捉追踪的步骤：按 F3 键，或单击状态栏上的按钮。

使用对象捕捉追踪的步骤：

（1）启动一个绘图命令（还可以将对象捕捉追踪与编辑命令一同使用，如 COPY 或 MOVE）。

（2）将光标移动到一个对象捕捉点处以临时获取点。不要单击它，只是暂时停顿即可获取。已获取的点显示一个小加号（+），可以获取多个点。获取点之后，当在绘图路径上移动光标时，相对点的水平、垂直或极轴对齐路径将显示出来。

在如图 3-31 所示的图例中，开启了端点对象捕捉。单击直线的起点 1 开始绘制直线，将光标移动到另一条直线的端点 2 处获取该点，然后沿着水平对齐路径移动光标，定位要绘制的直线的端点 3。

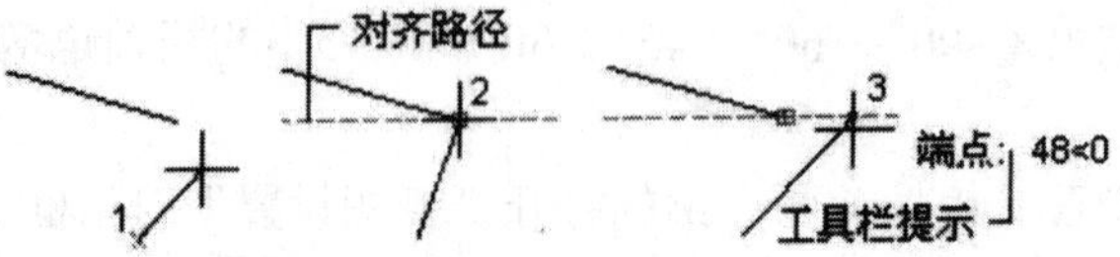

图 3-31 对象捕捉追踪

3.5 基本尺寸标注

在工程制图中，进行尺寸标注是必不可少的一项工作。由于图形只表示零部件的形状和位置关系，而零件和大小及各部分之间的相互位置是要靠尺寸确定的。因此，尺寸是制造、安装及检验的重要依据。AutoCAD 为此提供了一套完整、快速的尺寸标注方式和命令。本节简单介绍尺寸标注命令，具体详见 6.1 章节。

3.5.1 尺寸标注的组成及类型

1. 尺寸的组成

一个完整的尺寸由尺寸线、尺寸界线、尺寸箭头及尺寸文本组成，如图 3-32 所示。尺寸文本既包含基本尺寸，也包含尺寸公差，标注时根据要求而定。

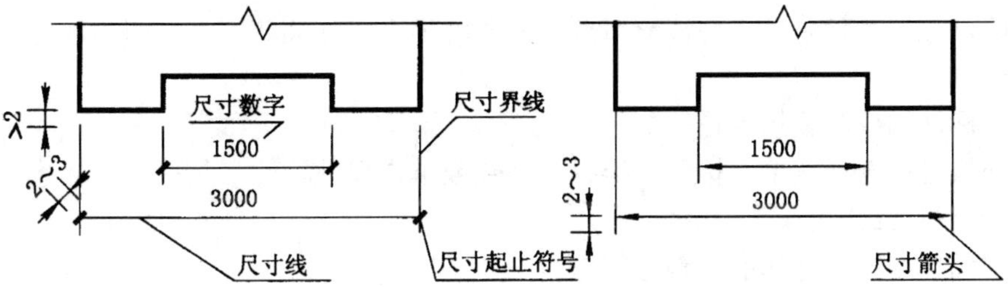

（a）建筑类图样　　（b）机械类图样

图 3-32 尺寸的组成

2. 尺寸标注的几种类型

（1）长度型如图 3-33（a）所示。

（2）角度型标注方式如图 3-33（b）所示。

（3）半径、直径型标注方式如图 3-33（c）所示。

（4）指引线标注方式如图 3-33（d）所示。

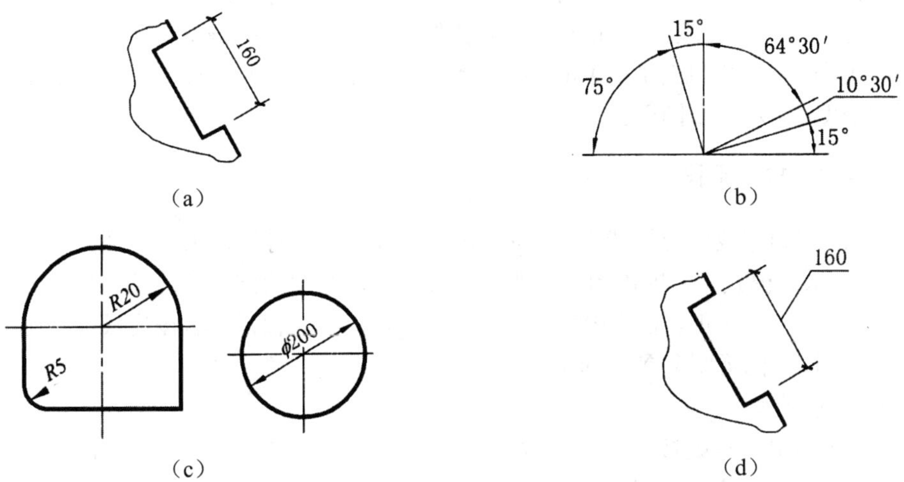

图 3-33 尺寸标注的类型

3.5.2 基本尺寸标注命令

命令的执行：选择菜单“标注”下的对应标注命令选项或单击尺寸标注工具栏中的尺寸标注按钮，如图 3-34 所示。

图 3-34　标注工具栏

1. 标注水平、垂直尺寸

功能：标注水平、垂直的长度型尺寸。

命令的执行：选择菜单“标注→线性”命令或单击尺寸标注工具栏的图标。

2. 倾斜标注方式

功能：标注倾斜的长度型尺寸。

命令的执行：选择菜单“标注→对齐”命令或单击尺寸标注工具栏的图标。

3. 半径标注方式

功能：标注圆或圆弧的半径。

命令的执行：选择菜单“标注→半径”命令或单击尺寸标注工具栏的图标。

4. 角度型标注方式

功能：标注两条线之间的夹角。

命令的执行：选择菜单“标注→角度”命令或单击尺寸标注工具栏的图标。

3.6 屏幕显示

AutoCAD 提供了多种显示图形视图的方式。在编辑图形时，如果想查看所作修改的整体效果，可以控制图形显示并快速移动到图形的不同区域。可以通过缩放图形显示来改变大小或通过平移重新定位视图在绘图区域中的位置。

按一定比例、观察位置和角度显示图形称为视图。增大图像以便更详细地查看细节称为放大。收缩图像以便在更大范围内查看图形称为缩小。缩放并没有改变图形的绝对大小。它仅仅改变了绘图区域中视图的大小。AutoCAD 提供了几种方法来改变视图：指定显示窗口、按指定比例缩放以及显示整个图形。

3.6.1 实时缩放和平移

为了提高平移和缩放图像的能力，AutoCAD 提供了“实时”选项来实现交互式缩放和平移。在“实时缩放”模式下，单击图像，然后在按住鼠标左键的同时，通过垂直向上或向下移动光标即可放大或缩小图形。在“实时平移”模式下，单击图像，然后按住鼠标左键的同时移动光标就可以将图形图像平移到新的位置。

1. 使用实时缩放

在绘图区域的中心点处按住鼠标左键然后垂直向上（正向）移动光标到窗口顶部，可以使窗口放大 100%（图形显示变为原来的两倍）。在图形中点处按住鼠标左键然后垂直向下（反向）移动光标到窗口底部，可以使窗口缩小 100%（图形显示变为原来的一半）。放开鼠标左键，缩放就会停止。移动光标到图形中的另一个位置，然后按下鼠标左键，仍以图形区中点为不动点继续进行缩放。

当放大到当前视图的最大极限时，加号（+）将会消失，表明不能再放大了。当缩小到当前视图的最小极限时，减号（-）将会消失，表明不能再缩小了。

在实时模式下缩放的步骤：

（1）从“视图”菜单中选择“缩放→实时”命令，或单击图标，或不选中任何对象，在绘图区域中右击，然后在快捷菜单中选择“缩放”命令。

（2）要放大或缩小到不同尺寸，按住鼠标的左键然后垂直移动光标。从绘图区域的中点向上移动光标可以放大图像，向下移动光标则可以缩小图像。

用快捷菜单还可退出“实时缩放”或“打印”，或进入“平移”模式、“三维动态观察器”模式、“窗口缩放”“缩放为上一个”或“范围缩放”。要退出“实时”模式，请按回车键或 Esc 键。

2. 使用实时平移

按住鼠标的左键并移动光标即可以平移图形。

在实时模式下平移的步骤：

（1）在“视图”菜单中选择“平移→实时”命令，或单击图标，或不选择任何对象，在绘图区域中右击，然后在快捷菜单中选择“平移”命令。

（2）按住鼠标左键并移动光标。如果正在使用智能鼠标，可用旋转滑轮移动图形。

用快捷菜单还可退出“实时平移”，或进入“实时缩放”“三维动态观察器”“窗口缩放”“缩放为上一个”或“范围缩放”等模式。要退出“实时”模式，请按回车键或 Esc 键。

3.6.2 定义缩放窗口

可以通过指定一个区域的两个角点来快速放大该区域。在新的屏幕视图中，所定义的区域居屏幕中心放置。

定义缩放窗口的步骤：

（1）从“视图”菜单中选择“缩放→窗口”命令或单击图标。

（2）指定要观察区域的一个角点 1，再指定要观察区域的另一个角点 2。

3.6.3 显示前一个视图

单击图标可以快速回到前一个视图。AutoCAD 能依次还原前 10 个视图。这些视图不仅包括缩放视图，而且包括平移视图、还原视图、透视视图或平面视图。

还原前一个视图的步骤：从“视图”菜单中选择“缩放→上一个”命令或单击图标。

如果正处于实时缩放模式，则右击，从快捷菜单中选择“缩放为上一个”命令，即可回到最近一次使用实时缩放过的视图。

3.6.4 按比例缩放视图

如果需要按精确的比例缩放图像，可以用三种方法指定缩放比例：相对图形界限、相对当前视图和相对图纸空间单位。

（1）要相对图形界限按比例缩放视图，只需输入一个比例值。例如，输入 1，将在绘图区域中以前一个视图的中点为中点来显示尽可能大的图形界限。要放大或缩小，只需输入大于 1 或小于 1 的数字。如输入 2，以完全尺寸的两倍显示图像；输入 0.5，以完全尺寸的一半显示图像。图形界限由栅格显示。

（2）要相对当前视图按比例缩放视图，只需在输入的比例值后加上 x。如输入 2x，则以两倍的尺寸显示当前视图；输入 0.5x，则以一半的尺寸显示当前视图；而输入 1x 则没有变化。

（3）要相对图纸空间单位按比例缩放视图，只需在输入的比例值后加上 xp。它指定了相对当前图纸空间按比例缩放视图，并且还可以用来在打印前缩放视口。

按比例缩放视图的步骤：

1）从“视图”菜单中选择“缩放→比例”命令或单击图标“→”。

2）输入相对于图形界限、当前视图或图纸空间视图的比例因子。

3.6.5 显示图形界限和范围

可以在图形边界或图形范围的基础上显示视图。“范围”以布满绘图区域或当前视口的最高缩放比例显示包含图形中所有对象的视图。“全部”显示一个包含在设置图形时所定义的图形界限和所有延伸到图形界限外的对象的视图。

显示整个图形或范围的步骤：从“视图”菜单中选择“缩放→全部”命令，或选择“缩放→范围”命令，或单击图标“→”或“→”。

3.7 实训

3.7.1 基本操作练习

下面以简单的几何作图为例，说明用 AutoCAD 绘图的主要操作过程，如图 3-35 所示。

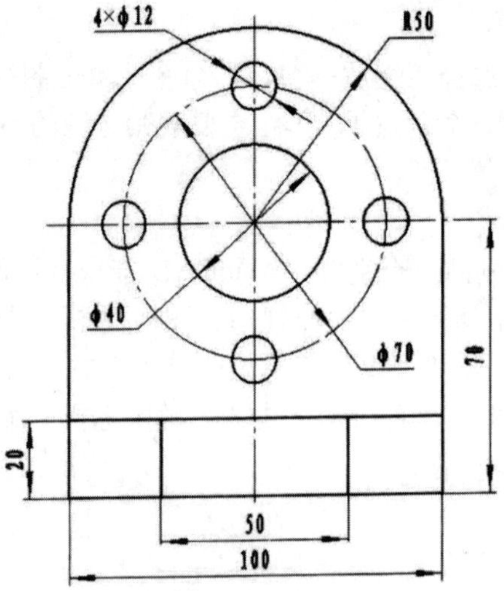

图 3-35　基本图例

（1）设置图层。单击图层工具栏的“图层特性管理器”按钮。建立图层 1 为粗实线，图层 2 为细实线，图层 3 点划线，图层 4 为虚线，图层 5 为尺寸标注，图层 6 为剖面线，如图 3-36 所示。

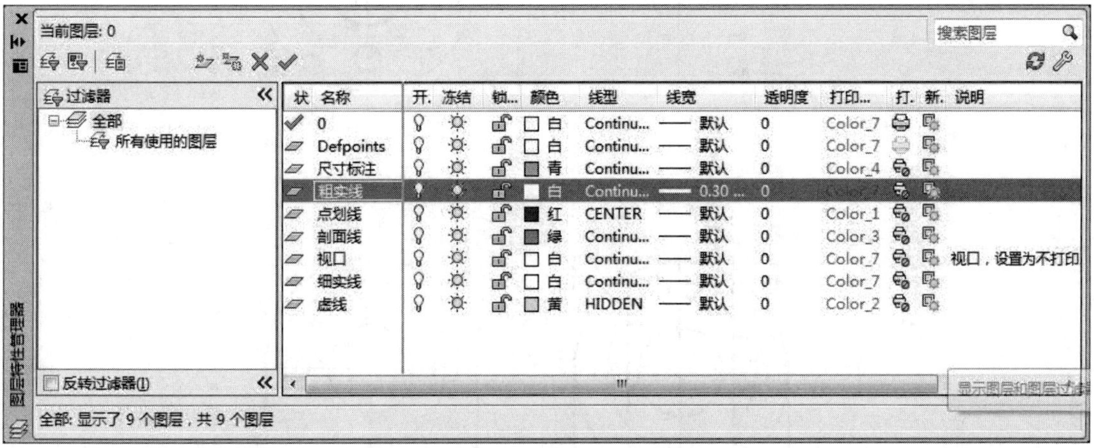

图 3-36　建立图层

（2）用直线命令绘制基准线（中心线），如图 3-37（a）所示。

1）改变图层：将属性工具条中的 0 层改为点划线层 点划线。

2）绘制直线：单击状态栏上的按钮或按一次 F8 键。绘制水平和垂直线，如图 3-36（a）所示。

（3）用圆命令绘制圆、圆弧，如图 3-37（b）、（c）所示。

1）单击按钮，捕捉“交点”，拾取圆心位置（交点），画直径 70 的圆。

2）改变图层：将属性工具条中的点划线层改为粗实线层 粗实线。

单击按钮，捕捉“交点”，拾取圆心位置（交点），输入半径 20，回车，画出直径为 40 的圆；用同样的方法绘制半径为 50 和直径为 12 的圆即可。

（4）绘制平行线，如图 3-37（c）所示。

1）单击偏移按钮，在命令提示行输入 70，回车，拾取圆中心线（水平直线）后，选择偏移方向（向下）。用同样的方法绘制相距为 20 的直线。

2）单击偏移按钮，在命令提示行输入 25，回车，拾取圆中心线（铅垂直线）后，选择偏移方向（左、右）。用同样的方法绘制相距为 100 的直线。

（5）裁剪多余的线段，如图 3-37（d）所示。选择菜单“修改→修剪”命令或在修改工具栏中单击按钮，拾取剪切到边，回车后拾取要裁剪的多余线段。

（6）尺寸标注。单击标注工具栏中的“线性标注”按钮，按系统提示分别拾取标注元素 50、100、20、70，单击“圆标注”按钮，标注ϕ40、ϕ70、4×ϕ12，再单击“圆弧标注”按钮，标注 R50。完成全图，如图 3-35 所示。

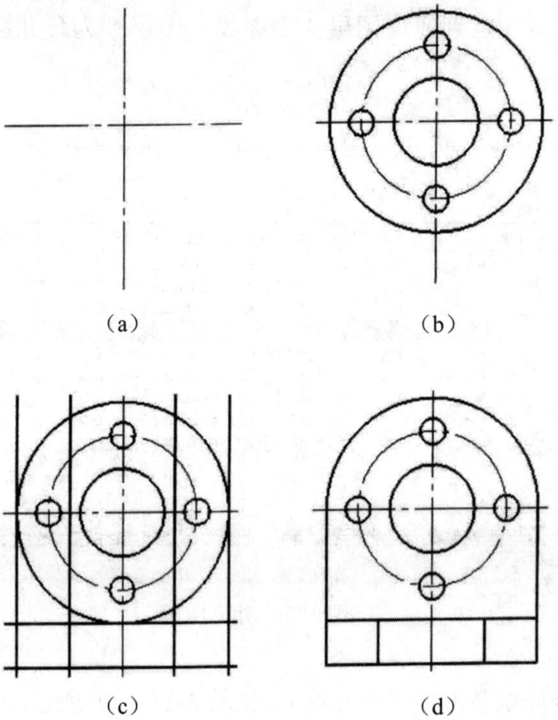

图 3-37　基本图例作图步骤

3.7.2　简单平面图形作图

绘制如图 3-38 所示的平面图形，作图步骤如下：

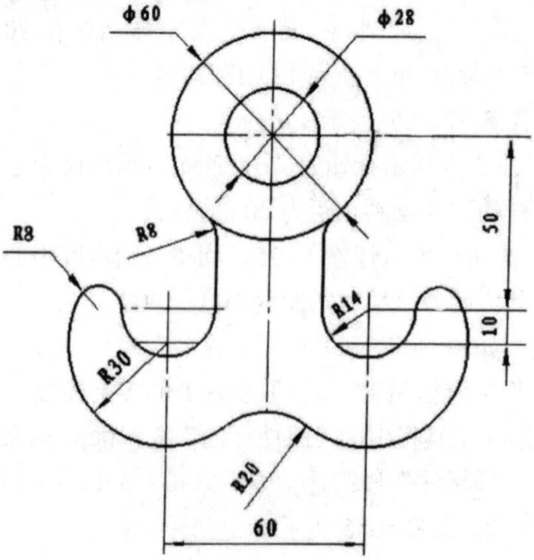

图 3-38　平面图形

（1）用直线命令绘制基准线（中心线），如图3-39（a）所示。

1）改变图层：将属性工具条中的0层改为点划线层。

2）绘制直线：单击状态栏上的按钮或按一次F8键。绘制水平和垂直线，如图3-39（a）所示。

3）单击偏移按钮，在命令提示行输入 30，回车，拾取圆中心线（铅垂直线）后，选择偏移方向（左、右）。用同样的方法绘制相距为50和10的直线。

（2）用圆命令绘制圆、圆弧，如图3-39（b）所示。

1）改变图层：将属性工具条中的点划线层改为粗实线层。

2）单击圆按钮，捕捉“交点”，拾取圆心位置（交点），输入半径 14，回车，画出直径为28的圆；用同样的方法绘制直径为60和半径为R8、R30、R14、R20的圆即可。

（3）用修剪命令剪去多余的线段，如图3-39（b）所示。标注尺寸，完成全图，如图3-38所示。

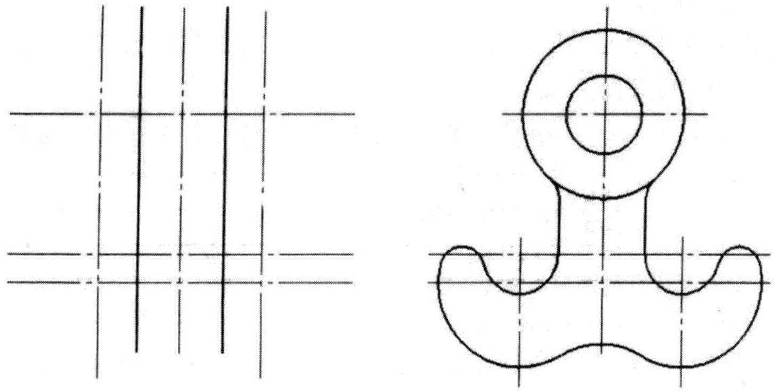

（a）　　　　（b）

图3-39　平面图形作图步骤

第 4 章　绘图命令

在第 3 章介绍了作图过程中常用的几个基本绘图命令，这里将分别介绍其他基本绘图命令的使用。

4.1　绘制椭圆和椭圆弧

4.1.1　绘制椭圆

命令：ELLIPSE
下拉菜单：绘图→椭圆
工具栏：绘图→椭圆
功能：绘制椭圆或椭圆弧。
（1）根据椭圆中心坐标、一根轴上的一个端点的位置以及一转角绘制椭圆。

命令：ELLIPSE
指定椭圆的轴端点或[圆弧(A)/中心点(C)]：C
指定椭圆的中心点：（输入椭圆中心点）
指定轴的端点：（输入椭圆某一轴上的任一端点）
指定另一条半轴长度或[旋转(R)]:

（2）根据椭圆某一轴上的两个端点的位置以及另一轴的半长绘制椭圆。
下拉菜单：绘图→椭圆→轴、端点

命令：ELLIPSE
指定椭圆的轴端点或[圆弧(A)/中心点(C)]:（输入椭圆某一轴上的端点）
指定轴的另一个端点:（输入该轴上的另一端点）
指定另一条半轴长度或[旋转(R)]:（输入另一轴的半长）

4.1.2　绘制椭圆弧

下拉菜单：绘图→椭圆→圆弧

命令：ELLIPSE
指定椭圆的轴端点或[圆弧(A)/中心点(C)]：A
指定椭圆弧的轴端点或[中心点(C)]:
指定轴的另一个端点:
指定另一条半轴长度或[旋转(R)]:
指定起始角度或[参数(P)]:

它的含义如下：起始角度——通过指定椭圆弧的起始角与终止角确定圆弧，为默认项。响应该选项，即输入椭圆弧的起始角，指令提示：

指定终止角度或[参数(P)/包含角度(I)]:

例 4.1　绘制椭圆与椭圆弧。

命令：ELLIPSE
指定椭圆的轴端点或[圆弧(A)/中心点(C)]：2，2.55
指定轴的另一个端点：6.5，2
指定另一条半轴长度或[旋转(R)]：5
命令：ELLIPSE
指定椭圆的轴端点或[圆弧(A)/中心点(C)]：A
指定椭圆弧的轴端点或[中心点(C)]：15，1.5
指定轴的另一个端点：10.5，4
指定另一条半轴长度或[旋转(R)]：2
指定起始角度或[参数(P)]：0
指定终止角度或[参数(P)/包含角度(I)]：180

执行结果如图 4-1 所示。

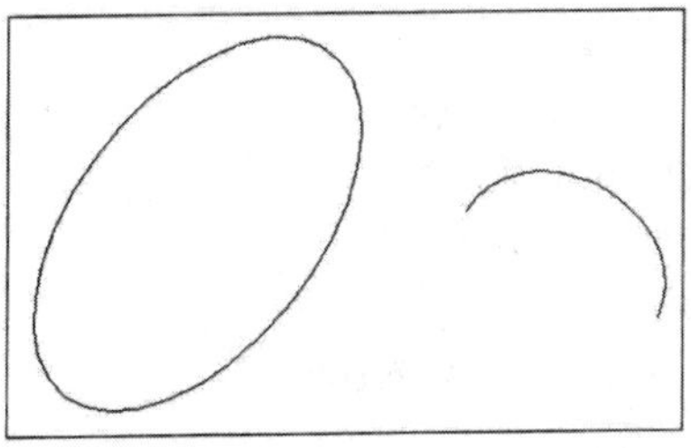

图 4-1　绘制椭圆和椭圆弧

说明：

（1）系统变量 PELLIPSE 决定椭圆的类型。当该变量为 0 时，即为默认值时，所绘椭圆是由 NURBS 曲线表示的真正的椭圆；当该变量为 1 时，所绘椭圆是由多段线近似表示的椭圆。

（2）当系统变量 PELLIPSE 为 1 时，执行 ELLIPSE 命令后没有“圆弧”选项。

4.2　绘制等边多边形

命令：POLYGON

下拉菜单：绘图→多边形

工具栏：绘制→多边形

功能：绘制指定格式的等边多边形。

操作：

命令：POLYGON
输入边的数目<4>：（输入多边形的边数）
指定多边形的中心点或[边(E)]：

如果输入 E，则系统提示：

边的第一个端点：（输入多边形上的某一条边的第一个端点位置）
边的第二个端点：（输入多边形上的同一条边的第二个端点位置）

这时就按要求绘出了多边形。

（1）用多边形的外接圆绘制等边多边形，如图 4-2 所示。

命令：POLYGON
输入边的数目<4>：（输入多边形的边数）

指定多边形的中心点或[边(E)]：（输入多边形的中心点）

输入选项[内接于圆(I)/外切于圆(C)]<I>：I

指定圆的半径：（输入圆的半径）

（2）用多边形的内切圆绘制等边多边形，如图 4-3 所示。

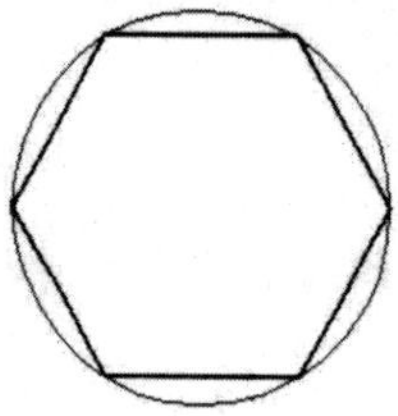

图 4-2　多边形的外接圆

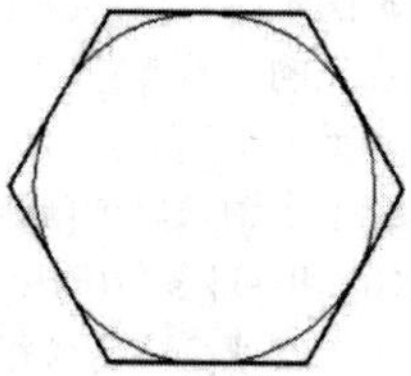

图 4-3　多边形的内切圆

命令：POLYGON

输入边的数目<4>：（输入多边形的边数）

指定多边形的中心点或[边(E)]：（输入多边形的中心点）

输入选项[内接于圆(I)/外切于圆(C)]<I>：C

指定圆的半径：（输入圆的半径）

例 4.2　绘制一个五边形，它的内切圆为$\phi 20$。

命令：POLYGON

输入边的数目<4>：5

指定多边形的中心点或[边(E)]：（用鼠标指定多边形的中心点）

输入选项[内接于圆(I)/外切于圆(C)]<I>：C

指定圆的半径：10

结果如图 4-4 所示。

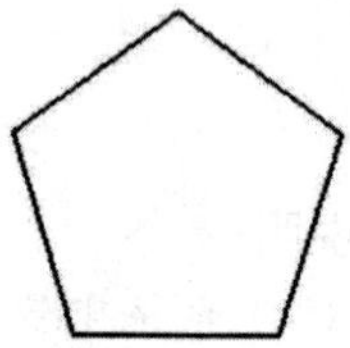

图 4-4　绘制五边形

4.3　绘制多段线和多线

4.3.1　绘制多段线（带宽度的实体）

由多个直线段和圆弧段相连接而构成的一个实体，称为多段线。各段线间共有相同的顶点（VERTEX）坐标，可将其宽度加大或缩小，可以构成一个封闭的多边形或椭圆，可对其进行编辑修改等。

画多段线的操作与画直线段和画弧线段的方法稍有不同，步骤如下：

（1）命令操作。在绘图工具栏或下拉式菜单“绘图”中选择“多段线(P)”命令。

命令：_pline

指定起点：　<输入或点取线段起点>

当前线宽为 0.0000

指定下一点或[圆弧(A)/闭合(C)/半宽(H)/长度(1)/放弃(U)/宽度(W)]:

各选项说明：

指定下一点：此选项为默认选项，输入或拾取一点完成该线段。

圆弧(A)：输入 A 后回车，开始画圆弧。

闭合(C)：输入 C 后回车，所画线段闭合。

半宽(H)：输入 H 后回车，设定线的半宽。

长度(L)：输入 L 后回车，开始画指定长度的线段。

放弃(U)：输入 U 后回车，取消上次操作。

宽度(W)：输入 W 后回车，设定线段的起始宽度。

（2）多段线的绘制。

命令：_pline

指定起点：1 点（输入或点取线段起点，如图 4-5 所示）

当前线宽为 0.0000

指定下一点或[圆弧(A)/闭合(C)/半宽(H)/长度(l)/放弃(U)/宽度(W)]．W

指定起点宽度<0.0000>：0.6

指定端点宽度<0.6000>：

指定下一点或[圆弧(A)/闭合(C)/半宽(H)/长度(l)/放弃(U)/宽度(W)]：2 点

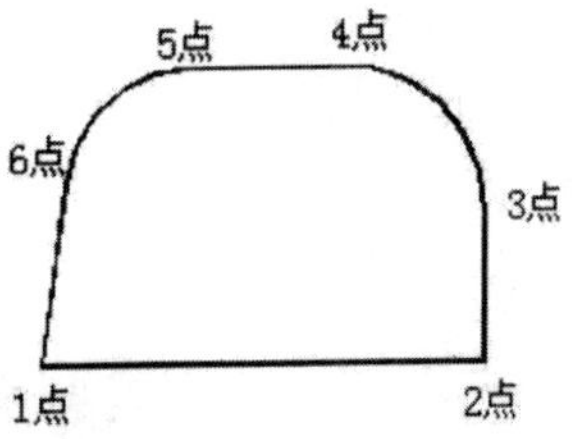

图 4-5　绘制多段线

指定下一点或[圆弧(A)/闭合(C)/半宽(H)/长度(l)/放弃(U)/宽度(W)]：3 点

指定下一点或[圆弧(A)/闭合(C)/半宽(H)/长度(l)/放弃(U)/宽度(W)]：A

指定圆弧的端点或[角度(A)/圆心(CE)/闭合(CL)/方向(D)/半宽(H)/直线(l)/半径(R)/第二点(S)/放弃(U)/宽度(W)]：R

指定圆弧的半径：

指定圆弧的端点或[角度(A)/圆心(CE)/闭合(CL)/方向(D)/半宽(H)/直线(l)/半径(R)/第二点(S)/放弃(U)/宽度(W)]：4 点

指定圆弧的端点或[角度(A)/圆心(CE)/闭合(CL)/方向(D)/半宽(H)/直线(l)/半径(R)/第二点(S)/放弃(U)/宽度(W)]：L

指定下一点或[圆弧(A)/闭合(C)/半宽(H)/长度(l)/放弃(U)/宽度(W)]：5 点

指定下一点或[圆弧(A)/闭合(C)/半宽(H)/长度(l)/放弃(U)/宽度(W)]：A

指定圆弧的端点或[角度(A)/圆心(CE)/闭合(CL)/方向(D)/半宽(H)/直线(l)/半径(R)/第二点(S)/放弃(U)/宽度(W)]：R

指定圆弧的端点或[角度(A)/圆心(CE)/闭合(CL)/方向(D)/半宽(H)/直线(l)/半径(R)/第二点(S)/放弃(U)/宽度(W)]：W

指定起点宽度<0.6000>：

指定端点宽度<0.6000>：0

指定圆弧的端点或[角度(A)/圆心(CE)/闭合(CL)/方向(D)/半宽(H)/直线(l)/半径(R)/第二点(S)/放弃(U)/宽度(W)]：CL

4.3.2　绘制多线

用多线（MLINE）命令可以绘制由多条平行线段组成的复合线，类似于将多段线偏移一次或多次。另外还可以用 MLEDIT 命令编辑多个多线的交点；用 MLSTYLE 命令创建新的多线样式或编辑已有的多线样式。在实际工作中最为典型的应用就是建筑制图中墙体线的绘制。除此以外，在一些电气、化工等涉及管线的行业也会使用复合线的样式表现各式各样的线槽、管道。由此不难看出，复合线的应用比多段线更专业一些。

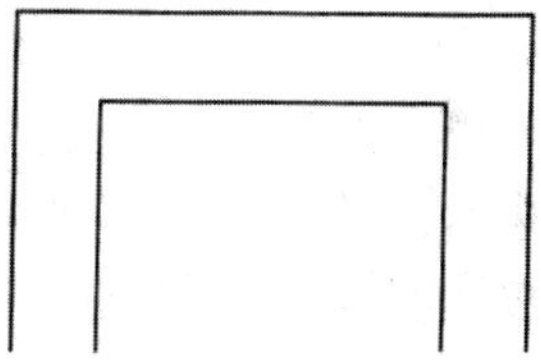

图 4-6　多线绘制

（1）多线命令的使用：绘制如图 4-6 所示图线。在绘图工具栏或下拉菜单“绘图”中选择“多线(M)”命令，命令提示行出现：

命令：mline
当前设置：对正=上，比例= 20.00，样式=STANDARD
指定起点或[对正(J)/比例(S)/样式(ST)]：
指定下一点或[放弃(U)]：
指定下一点或[闭合(C)/放弃(U)]：
指定下一点：

（2）设置多线的样式。选择菜单“格式”→“多线样式”命令或在命令行输入 MLSTYLE 命令，弹出“多线样式”对话框，如图 4-7 所示。在此对话框可以创建、修改、保存和加载多线样式。

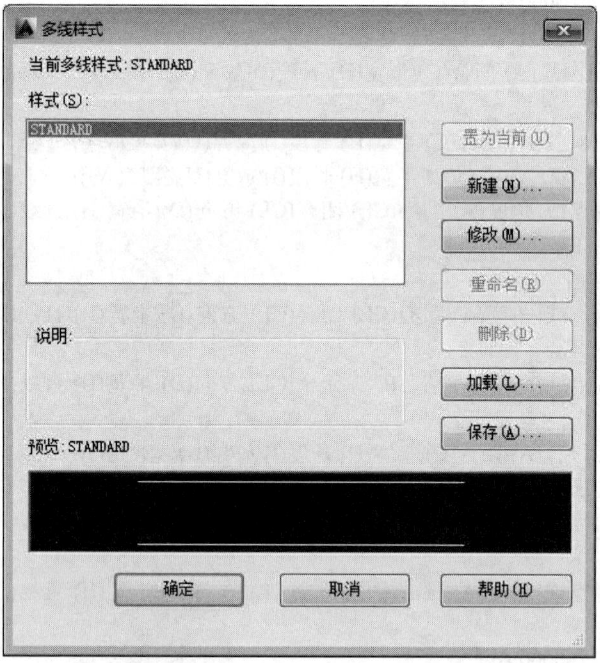

图 4-7　“多线样式”对话框

在“多线样式”对话框中，“样式”文本框用于显示当前多线样式的名称。“新建”“保存”按钮用于建立新的多线样式，然后保存在当前文件里。可以用“修改”按钮对多线样式进行修改。单击“加载”按钮，可将多线文件中的线型取出并加入到图形文件中。在“多线样式”对话框的下部是对当前多线样式的预览。

下面以新建一个多线样式——墙线——的完整过程为例，讲解设置多线样式的操作步骤。

要设置的墙厚为 240，该线由三条直线元素组成，它们分别代表外墙线、内墙线和墙线轴线。其中，轴线对中，内、外墙线与轴线对称分布。

单击“新建”按钮，出现如图 4-8 所示的“创建新的多线样式”对话框，在“新样式名”中输入“墙线”，单击“继续”按钮，弹出如图 4-9 所示的“新建多线样式：墙线”对话框。在对话框的“图元”选项组中，选择第一条线，将偏移改为 120，选择第二条线，将偏移改为 −120，再单击“添加”按钮，设置偏移为 0，单击“线型”按钮，在“线型”对话框中选择中心线，单击“确定”按钮，最终设置结果如图 4-10 所示。

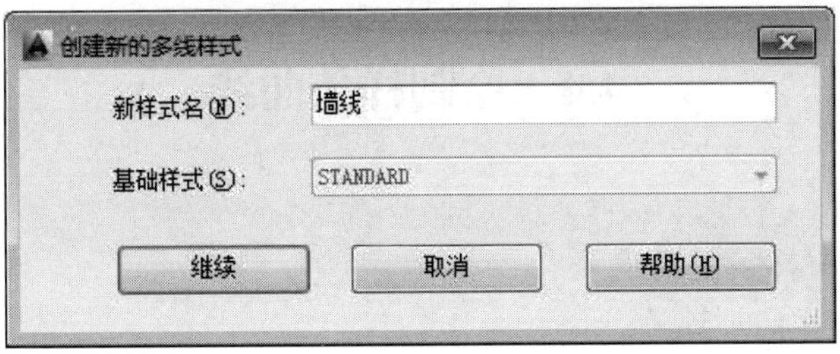

图 4-8 “创建新的多线样式”对话框

图 4-9 “新建多线样式：墙线”对话框

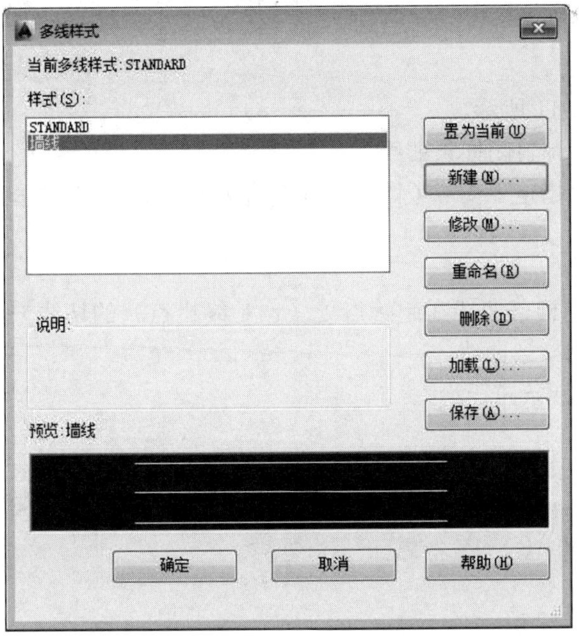

图 4-10 多线样式——墙线的设置结果

4.4 绘制样条曲线

命令：SPLINE

下拉菜单：绘图→样条曲线

工具栏：绘图→样条曲线

功能：绘二次或三次样条（NURBS）曲线。

操作：

命令：_spline
当前设置：方式=拟合　节点=弦
指定第一个点或[方式(M)/节点(K)/对象(O)]：
输入下一个点或[起点切向(T)/公差(L)]：
输入下一个点或[端点相切(T)/公差(L)/放弃(U)/闭合(C)]：

（1）输入第一点。输入样条曲线上的第一点，AutoCAD 提示：

输入下一个点或[起点切向(T)/公差(L)]：

这时用户有三种选择：输入点、输入起点切向或输入终点切线方向，操作完成。

例 4.3　绘制样条曲线。

命令：SPLINE
指定第一个点或[对象(O)]：3，5
指定下一点：7，9
指定下一点或[闭合(C)/拟合公差(F)]<起点切向>：4，7
指定下一点或[闭合(C)/拟合公差(F)]<起点切向>：13，6
指定下一点或[闭合(C)/拟合公差(F)]<起点切向>：14，7
指定下一点或[闭合(C)/拟合公差(F)]<起点切向>：
指定起点切向：
指定端点切向：

绘制完成，如图 4-11 所示。

图 4-11　样条曲线

（2）闭合(C)：绘制封闭样条曲线。

当用户选择提示“指定下一点或[闭合(C)/拟合公差(F)]<起点切向>：”中的“闭合(C)”后，AutoCAD 提示：

输入切向：

此时要求用户确定样条曲线在起始点处（也是终止点）的切线方向。确定切线方向后即可绘出指定条件的封闭样条曲线。

例 4.4　绘制封闭样条曲线。

命令：SPLINE
指定第一个点或[对象(O)]：22，156
指定下一点：134，89
指定下一点或[闭合(C)/拟合公差(F)]<起点切向>：c
指定切向：75

绘制完成，如图 4-12 所示。

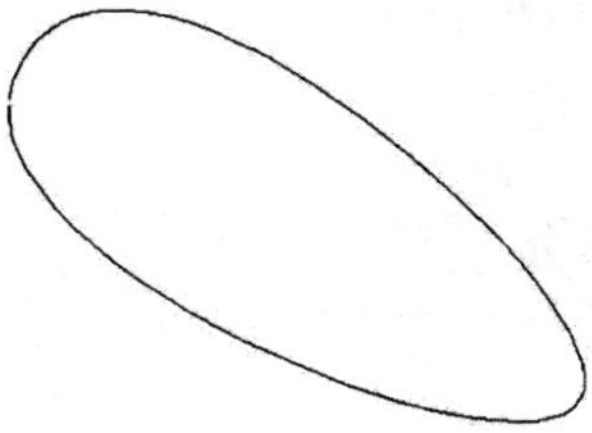

图 4-12　封闭样条曲线

4.5　绘制点

4.5.1　绘制单点或多点

命令：POINT

下拉菜单：绘图→点→单点；绘图→点→多点

工具栏：绘图→点

功能：在指定的位置绘点。

操作：

单击相应的菜单项、按钮或输入 POINT 命令后回车，提示如下：

　　当前点模式：　PDMODE=0　PDSIZE=0.0000

　　指定点：(输入点的位置)

此时会在屏幕上指定的位置绘出一点。

AutoCAD 提供了多种形式的点，用户可以根据需要进行设置，过程如下：单击下拉菜单“格式→点样式”选项，弹出如图 4-13 所示的“点样式”对话框。在该对话框中，可以选取自己所需要的点的形式，还可以利用“点大小”文本框调整点的大小，也可以进行其他的一些设置。

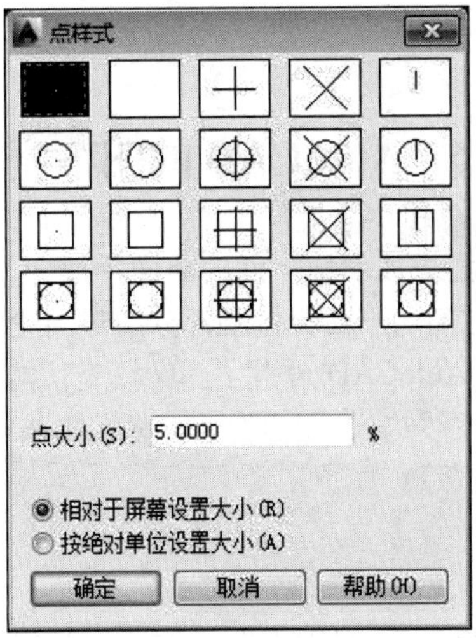

图 4-13　“点样式”对话框

4.5.2 绘制等分点

命令：DIVIDE
下拉菜单：绘图→点→定数等分
功能：在指定的对象上绘制等分点或在等分点处插入块。
操作：
单击相应的菜单项或输入 DIVIDE 命令后回车，提示如下：
　　选择要定数等分的对象：（选择要等分的对象）
　　输入线段数目或[块(B)]：（输入对象的等分数）
注意：执行完操作后好像对象并没有发生变化，这是因为没有对点进行设置。
如果执行“输入线段数目或[块(B)]：B”，则表示在等分点插入块，提示如下：
　　输入要插入的块名：（输入所插入块的名称）
　　将块与对象对齐？（“Y”或“N”）
　　输入线段数目：（输入对象的等分数）

4.5.3 绘制测量点

命令：MEASURE
下拉菜单：绘图→点→定距等分
功能：在指定的对象上按指定的长度在分点处用点做标记或插入块。
操作：
单击相应的菜单项或输入 MEASURE 命令后回车，提示如下：
　　选择要定距等分的对象：（选择对象）
　　指定线段长度或[块(B)]：（输入每段的长度值）
在选定的对象上，将用指定的长度在各个分点处做标记。
如果执行“指定线段长度或[块(B)]：B”，则表示在等分点插入块，提示如下：
　　要插入的块名称：（输入所插入块的名称）
　　将块与对象对齐？（“Y”或“N”）
　　指定线段长度：（输入线段长度）

4.6 AutoCAD 的图案填充

在工程制图中，为了表达假想被剖切零件的断面，使之与没剖到的部分区分开来，并表达出零件的材料特征，在零件与剖切平面相接触部分的封闭轮廓线内，填充由规律图线构成的图案，我们称之为“剖面线”。AutoCAD 设置了图案填充功能，完成剖面线的绘制。

填充图案一般由许多条图案线构成，AutoCAD 将它构成一个块，在应用时，将整个填充图案作为一个实体进行填充或删除。

4.6.1 定义图案填充边界

进行图案填充时，首先要确定填充的边界。边界可以是直线、圆弧、圆、二维多段线、椭圆、样条曲线、块或图纸空间视口的任意组合。每个边界的组成部分至少应该部分处于当前视图内。使用“拾取点”定义边界时，指定的边界集将决定 AutoCAD 通过指定点定义边界的方式，边界对象应为封闭轮廓线，不可以有任何间隙。重叠边界与其他边界相交处被当作终止端。

4.6.2 图案填充的操作

在绘图工具条单击“图案填充”按钮或在下拉菜单“绘图”下选择“图案填充(H)”命令，显示如图 4-14 所示的对话框。此对话框提供了“图案填充”和“渐变色”两个选项卡及其他命令的按钮，可以定义边界、图案类型、图案特性。

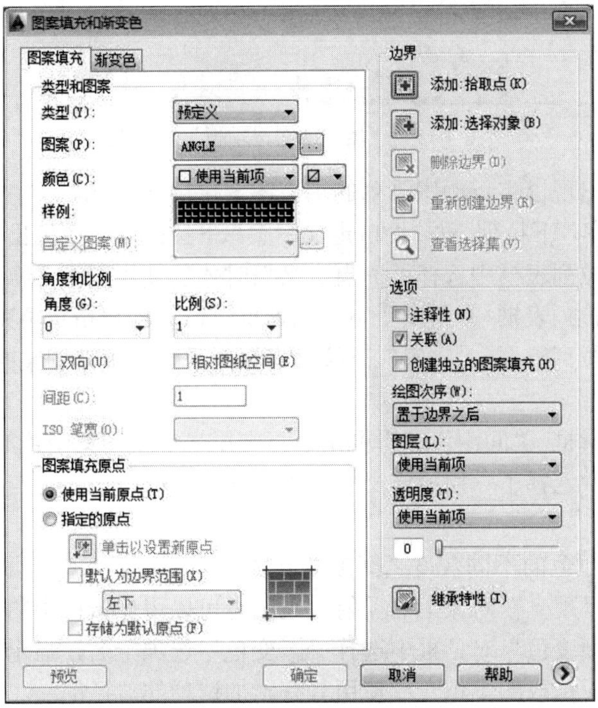

图 4-14 “图案填充和渐变色”对话框

1. 图案填充

使用“图案填充”选项卡可以处理图案填充并快速地创建图案填充，也可以定义填充图案的外观。它包括以下控制选项：

（1）“类型”下拉列表框。“类型”下拉列表框可以设置填充图案的类型，有三个选项：预定义、用户定义和自定义。

预定义：可以指定一个已定义好的填充图案，而且可以控制任何预定义图案的比例系数和角度。

用户定义：可以用当前线型定义一个简单的填充图案。

自定义：可用于将自己绘制的图案定制为.PAT 文件，不必再从 ACAD.PAT 文件中指定图案。

（2）“图案”下拉列表框。“图案”下拉列表框中列出了可用的预定义图案。单击“图案”下拉列表框后的[...]按钮或连击图样编辑框，将显示如图 4-15 所示的“填充图案调色板”对话框。在该对话框中共有 4 个选项：ANSI、ISO、其他预定义和自定义。

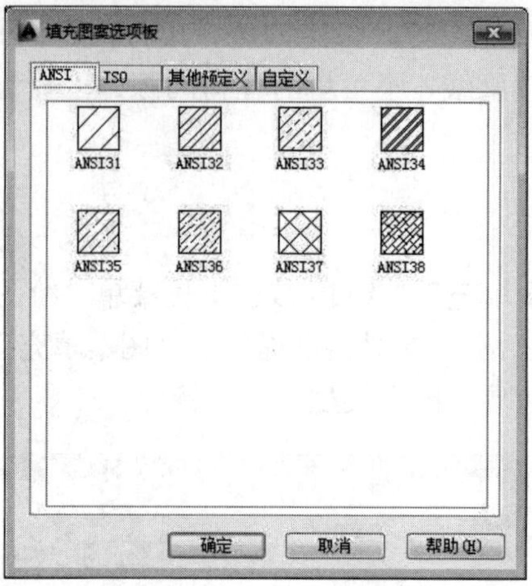

图 4-15 “填充图案选项板”对话框

单击每个选项将出现以字母顺序排列的填充图案供用户选择。

（3）“自定义图案”下拉列表框。“自定义图案”下拉列表框中列出了可用的自定义图案。但只有在“类型”下拉列表框中选择了“自定义”时才能使用。

（4）“角度”下拉列表框。“角度”下拉列表框可以让用户指定填充图案的角度。

（5）“比例”下拉列表框。“比例”下拉列表框用于设置填充图案的比例系数，控制图案的疏或密。

（6）“间距”编辑框。“间距”编辑框用于指定用户定义图案中线的间距。此选项只有在“类型”下拉列表框中选择了“用户定义”选项时才可用。

2. 渐变色

渐变填充在一种颜色的不同灰度之间或两种颜色之间使用过渡。渐变填充可用于增强演示图形的效果，使其呈现光在对象上的反射效果，也可以用作徽标中的背景。

在“图案填充和渐变色”对话框中选择“渐变色”选项卡后，显示如图 4-16 所示的对话框。可以从工具选项板拖放图案填充或使用具有附加选项的对话框。

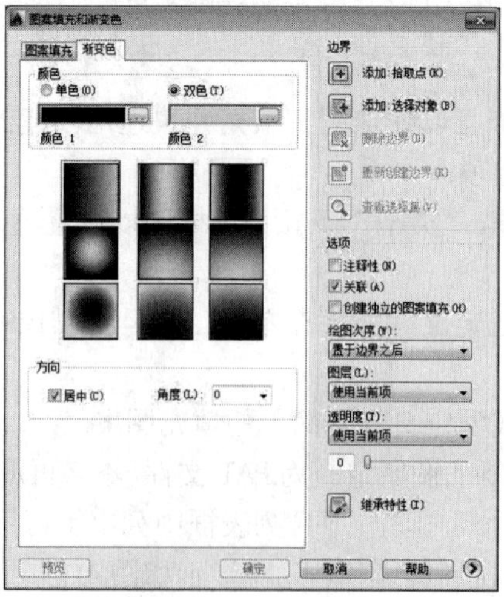

图 4-16 “渐变色”选项卡

在“填充图案和渐变色”对话框中，使用“预览”按钮将显示图案填充的结果。当预览完毕后，按回车键或右击重新显示“填充图案和渐变色”对话框，从而决定图案是否合适。

4.6.3 剖面线填充示例

（1）绘制如图 4-17 所示的图形。

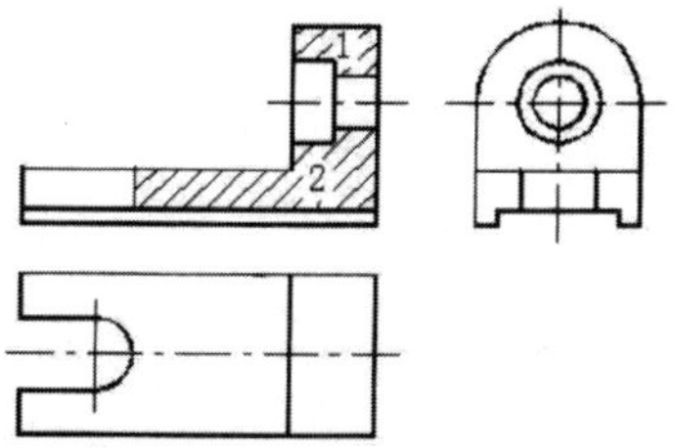

图 4-17 图案填充

（2）从绘图工具栏或菜单“绘图”下选择“图案填充”命令。

（3）单击“图案”下拉列表框右边[…]按钮，在“填充图案调色板”对话框中选择 ANSI，再选择 ANSI31。

（4）在“图案填充”选项卡中单击“添加：拾取点”按钮。

（5）在所绘制的图形中点取 1、2 两点后回车。

（6）在“图案填充”选项卡中单击“预览”按钮，看图案比例是否合适，并进行调整。

（7）单击“确定”按钮结束。

4.7 绘制圆环或填充圆

4.7.1 绘制圆环

命令：DONUT

下拉菜单：绘图→圆环

功能：在指定位置绘制指定内外径的圆环或填充圆。

操作：绘圆环。

单击相应的菜单项或输入 DONUT 命令后回车，提示：

指定圆环的内径<10.0000>：（输入圆环的内径）
指定圆环的外径<20.0000>：（输入圆环的外径）
指定圆环的中心点<退出>：（输入圆环的中心）

此时会在指定的中心，用指定的内、外径绘出圆环，同时 AutoCAD 会继续提示：

指定圆环的中心点<退出>：

继续输入中心点，会得到一系列的圆环。当在“指定圆环的中心点<退出>：”提示下输入空格或回车时结束本命令。

4.7.2 绘制填充圆

执行 DONUT 命令，当提示“指定圆环的内径”时输入 0，则可绘出填充圆。

例 4.5 在点(4,4.5)、(9.5,4.5)绘制内径为 3、外径为 4 的圆环，在点(15,4.5)处绘制半径是 4 的填充圆。

命令：DONUT
指定圆环的内径<10.0000>：3
指定圆环的外径<3.0000>：4
指定圆环的中心点<退出>：4,4.5
指定圆环的中心点<退出>：9.5,4.5
指定圆环的中心点<退出>：
命令：（回车表示重复执行 DONUT 命令）
指定圆环的内径<10.0000>：0
指定圆环的外径<0.0000>：4
指定圆环的中心点<退出>：15,4.5
指定圆环的中心点<退出>：

执行结果如图 4-18 所示。

图 4-18 绘制圆环（填充）

说明：利用命令 FILL 可控制绘出的圆环或圆填充与否。方法是：在“命令:”提示行输入 FILL 并回车，AutoCAD 提示“开（ON）或关（OFF）”。

在此提示下，执行“开”，即输入“ON”后回车，则表示执行 FILL 功能，进行填充；若执行“关”，即输入“OFF”后回车，则关闭 FILL 功能，不填充。当 FILL 为“关”时再执行，或对图 4-18 执行 REGEN 命令，得到如图 4-19 所示的结果。

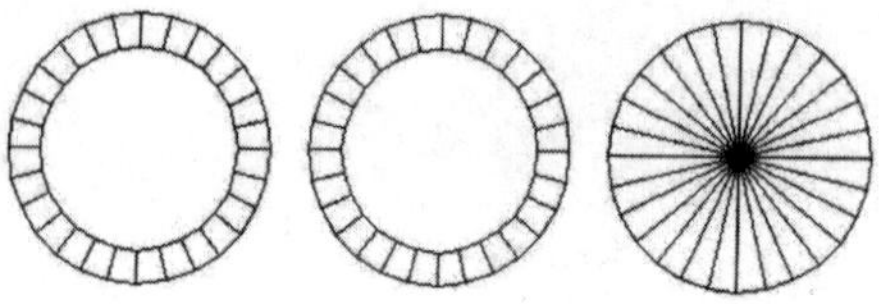

图 4-19 绘制圆环

4.8 文字标注

在进行设计时，不仅要绘出图形，而且要在图纸上标注一些文字说明。本节讨论如何在图纸上加入文本。

4.8.1 设置文字样式

文字样式指定义文字使用的字体，正确设置好文字样式才能得到想要的字体类型。不同名称的文字样式可设置成相同的或不相同的字体。

选择菜单“格式”→“文字样式”命令或单击“文字”工具栏上的“文字样式”按钮。打开“文字样式”对话框，如图 4-20 所示。

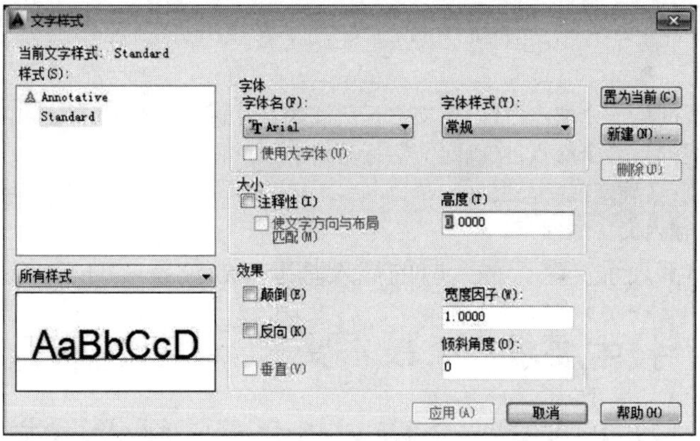

图 4-20 “文字样式”对话框

在该对话框中，“样式”列表框显示了当前使用的文字样式名称。“新建”按钮、“删除”按钮分别用于新建文字样式和删除已有文字样式。设置好文字样式后，单击“确定”按钮即可将设置内容应用于使用该样式的所有文字上。

4 8.2 单行文字的输入

命令：DTEXT 或 TEXT

下拉菜单：绘图→文字→单行文字

功能：在图中标注一行文字。

操作：

命令：DTEXT
当前文字样式：Standard 文字高度：2.5000
指定文字的起点或[对正(J)/样式(S)]:

其中各项含义如下：

1. 对正(J)

此选项用来确定所标注文字的排列方式。执行该选项后提示：

[对齐(A)/调整(F)/中心(C)/中间(M)/右(R)/左上(TL)/中上(TC)/右上(TR)/左中(ML)/正中(MC)/右中(MR)/左下(BL)/中下(BC)/右下(BR)]:

上面提示行各项的含义如下：

（1）对齐：此选项要求用户确定所标注文字行基线的始点位置与终点位置。执行该选项，提示：

指定文字基线的第一个端点：（确定文字行基线始点位置）
指定文字基线的第二个端点：（确定文字行基线终点位置）
输入文字：（输入文字后回车）

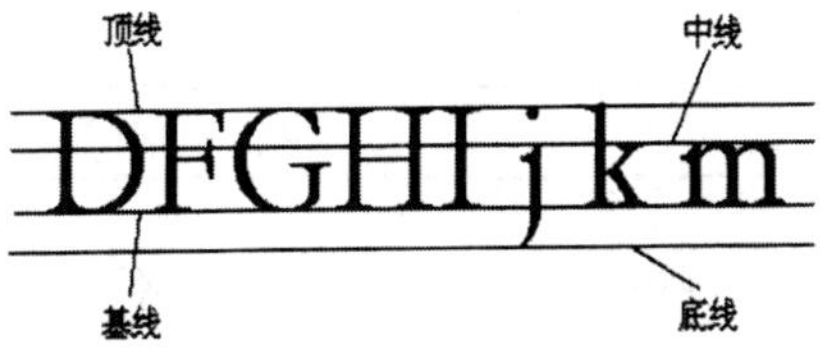

（2）调整：此选项要求用户确定所标注文字行基线的始点位置与终点位置及所标注文字的字高。执行该选项，提示：

指定文字基线的第一个端点：（确定文字行基线始点位置）
指定文字基线的第二个端点：（确定文字行基线终点位置）
输入文字高度：（确定文字高度）
输入文字：（输入文字后回车）

后面的那些选项都表示文字行插入时的插入基准点的位置，如下所示：

2. 样式(S)

此选项确定标注文字时所使用的字体样式。执行该选项，提示：

输入样式名或引<默认值>：

在提示下用户可以直接输入文字样式名称，也可以输入“?”查询已有的文字样式。

3. 起点

默认项，用户可以直接输入文字行的始点位置，输入后提示：

高度：（输入文字高度）
旋转角度：（输入文字行倾角）
文字：（输入文字）

4. 控制码和特殊字符

在用户实际绘图时，有时经常需要标注一些特殊字符。但是有些字符不能直接从键盘输入，为此 AutoCAD 提供了各种控制码，用来实现这些要求。AutoCAD 的控制码由两个百分号及在后面紧接的一个字符构成，用这种方法可以表示特殊字符。特殊字符及其功能见表 4-1。

表 4-1　特殊字符及其功能

特殊字符	功能
%%O	打开或关闭文字上划线
%%U	打开或关闭文字下划线
%%D	标注“度”符号（°）
%%P	标注“正负公差”符号（±）
%%C	标注“直径”（ϕ）

（1）当用户标注完一行文字后，如果再执行 DTEXT 命令，上一次标注的文字行会以高亮度方式显示。这时若在“对正(J)/样式(S)/<起点>：”提示下直接回车，AutoCAD 会根据上一

行文字的排列方式另起一行进行标注。

（2）执行 DTEXT 命令后，当提示“文字”时，屏幕上会出现一小方框，其反映将要输入的字符位置、大小以及倾斜角度等。当输入一个字符时，AutoCAD 会在屏幕上的原小方框内显示该字符，同时小方框向后移动一个字符的位置，其指明下一个字符的位置。

（3）在一个 DTEXT 命令下，可标注若干行文字。当输入完一行后，按回车键，系统自动移动到下一行的起始位置上。

（4）当输入控制符时，控制符也临时显示在屏幕上，结束 DTEXT 命令，重新生成后，控制符才从屏幕上消失。

TEXT 命令与 DTEXT 命令相比，有如下不同之处：

（1）TEXT 命令一次只能标注一行文字，即在标注过程中不能换行，也不能改变标注的位置。

（2）在“文字:”提示下输入文字时，屏幕上不会出现表示文字大小与方向的小方框。

（3）在用户输入文字内容时，所输入的内容不出现在屏幕上，而是出现在命令行中，只有输入完成后回车，所输入的内容才会显示在屏幕上。

4.8.3 多行文字的输入

利用“多行文字”（MTEXT）命令输入多行文字，可以以段落的方式处理所输入的文字，段落的宽度由用户指定的矩形框来决定。

多行文字 MTEXT 命令的操作方法：在绘图工具栏中单击“多行文字”按钮或在下拉菜单“绘图”中选择“文字”命令，出现级联菜单，再选择“多行文字”命令。

命令：_mtext
当前文字样式：“Standard”。文字高度：10
指定第一角点：
指定对角点或[高度(H)/对正(J)/行距(L)/旋转(R)/样式(S)/宽度(W)]:

指定对角点后出现如图 4-21 所示的“多行文字编辑器”对话框。在此对话框中输入要写的文字，可以对文字进行编辑。单击右边“输入文字”按钮可以打开其他文字文件。

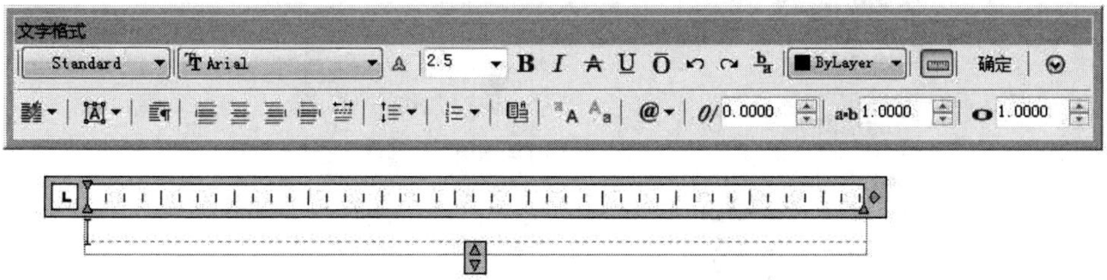

图 4-21 “多行文字编辑器”对话框

文字书写后，单击“确定”按钮即可。

4.9 表格

在实际工作中，往往需要在 AutoCAD 中制作各种表格，如工程数量表等。如何高效制作表格是一个很实用的问题。在图纸中插入表格与文字及属性，其目的是让图形附带文字数据。

4.9.1 创建表格样式

表格的外观由表格样式控制。可以使用默认表格样式 STANDARD，也可以创建自己的表格样式。

在 AutoCAD 的表格中，可以计算数学表达式，也可以快速跨行或列对值进行汇总或计算平均值，还可以在单元格中输入公式等。

创建表格样式的步骤：

（1）单击“常用”标签“注释”面板下的“表格样式”按钮，或在命令提示下，输入 tablestyle，系统出现如图 4-22 所示的“表格样式”对话框。

（2）在“表格样式”对话框中，单击“新建”按钮，出现如图 4-23 所示的“创建新的表格样式”对话框，输入新表格样式的名称。

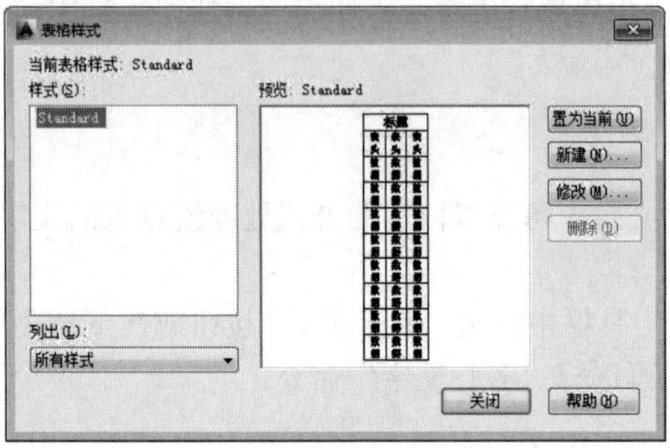

图 4-22 “表格样式”对话框

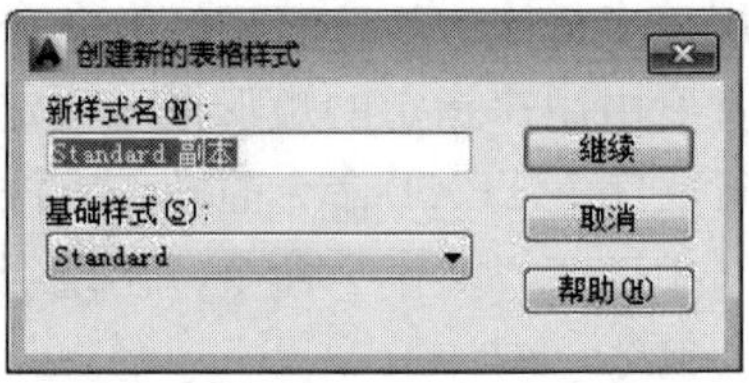

图 4-23 “创建新的表格样式”对话框

（3）在“基础样式”下拉列表中，选择一种表格样式作为新表格样式的默认设置。单击“继续”按钮，在如图 4-24 所示的“新建表格样式:Standard 副本”对话框中，单击“选择起始表格”按钮，可以在图形中选择一个要应用新表格样式的表格。

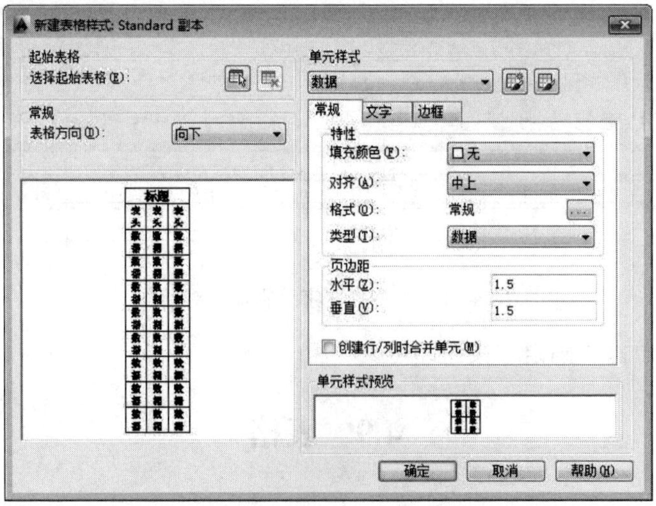

图 4-24 “新建表格样式:Standard 副本”对话框

（4）在“表格方向”下拉列表中，选择“向下”或“向上”。“向上”创建由下而上读取的表格；标题行和列标题行都在表格的底部。

（5）在“单元样式”下拉列表中，选择要应用到表格的单元样式，或通过单击该下拉列表右侧的按钮，创建一个新单元样式。单击按钮，出现如图 4-25 所示的“管理单元样式”对话框。

在“常规”选项卡中，可以选择或清除当前单元样式的以下选项：

- 填充颜色：指定填充颜色。选择“无”或选择一种背景色，或者单击“选择颜色”以显示“选择颜色”对话框。
- 对齐：为单元内容指定一种对齐方式。
- 格式：设置表格中各行的数据类型和格式。单击“...”按钮可以显示“表格单元格式”对话框，如图 4-26 所示，从中可以进一步定义格式选项。

图 4-25　“管理单元样式”对话框

图 4-26　“表格单元格式”对话框

- 类型：将单元样式指定为标签或数据，在包含起始表格的表格样式中插入默认文字时使用。也用于在工具选项板上创建表格工具的情况。
- 页边距：设置单元中的文字或块与左右、上下单元边界之间的距离。

在“文字”选项卡中，可以选择或清除当前单元样式的以下选项：文字样式、文字高度、文字颜色、文字角度。

使用“边框”选项卡，可以控制当前单元样式的表格网格线的外观。

（6）单击“确定”按钮即可。

4.9.2　插入表格

插入表格的步骤：单击“常用”标签的“注释”面板的“表格”按钮或单击绘图工具栏的按钮，出现如图 4-27 所示的“插入表格”对话框。

在“插入表格”对话框中，从“表格样式”列表中选择一个表格样式，或单击“表格样式”下拉列表右侧的按钮创建一个新的表格样式。

选择“从空表格开始”单选按钮，通过执行以下操作之一可以在图形中插入表格：

（1）指定表格的插入点。

（2）指定表格的窗口。

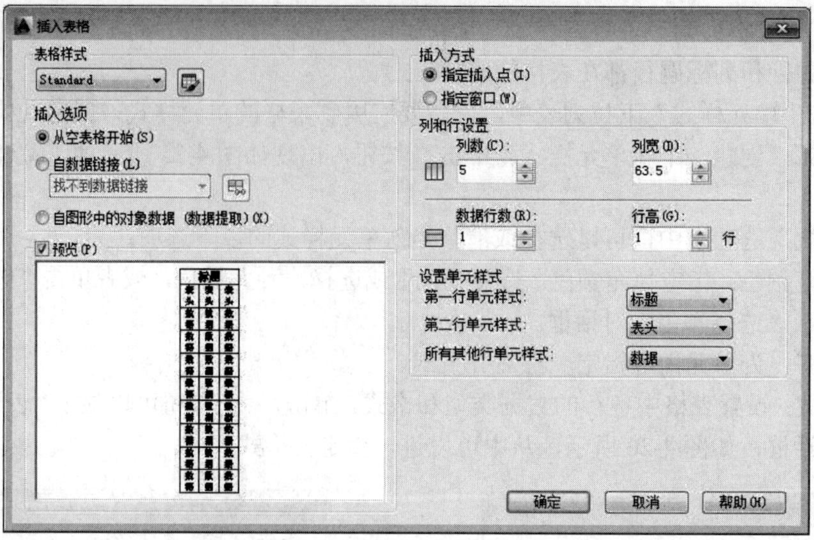

图 4-27 “插入表格”对话框

（3）设置列数和列宽。

（4）如果使用窗口插入方法，可以选择列数或列宽，但是不能同时选择两者。

（5）设置行数和行高。

（6）如果使用窗口插入方法，行数由用户指定的窗口尺寸和行高决定。

（7）单击“确定”按钮。

4.10 实训

4.10.1 平面图形作图

绘制如图 4-28 所示的平面图形，作图步骤如下：

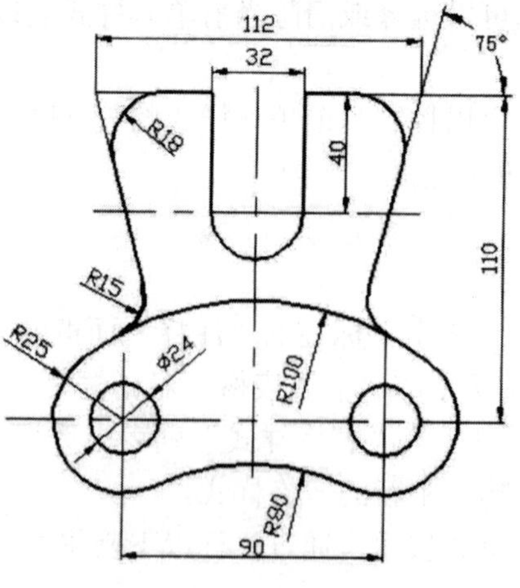

图 4-28 平面图形

（1）设置图层。单击图层工具栏的“图层特性管理器”按钮。建立图层 1 为粗实线，图层 2 为细实线，图层 3 为点划线，图层 4 为虚线，图层 5 为尺寸标注，图层 6 为剖面线，保存图名以便调用。

（2）用直线命令绘制基准线（中心线），如图 4-29（a）所示。拾取直线（正交）绘制水平和垂直线。

（3）用偏移命令绘制两个圆的中心线，相距 90，如图 4-29（a）所示。

（4）绘制圆和圆弧。

1）绘制圆：选择圆心、半径，捕捉“交点”，拾取圆心位置（交点），画直径为 24 和半径为 25 的同心圆，如图 4-29（b）所示。

2）绘制圆弧：选择切点、切点、半径，在适当位置拾取切点，画半径为 100 和半径为 80 的圆。用修剪命令修剪后，如图 4-29（c）所示。

（5）用偏移命令绘制相距 110 和 112 的平行直线，如图 4-29（d）所示。

1）选择偏移命令后，输入 110，选择偏移方向。

2）选择偏移命令后，输入 112，选择偏移方向。

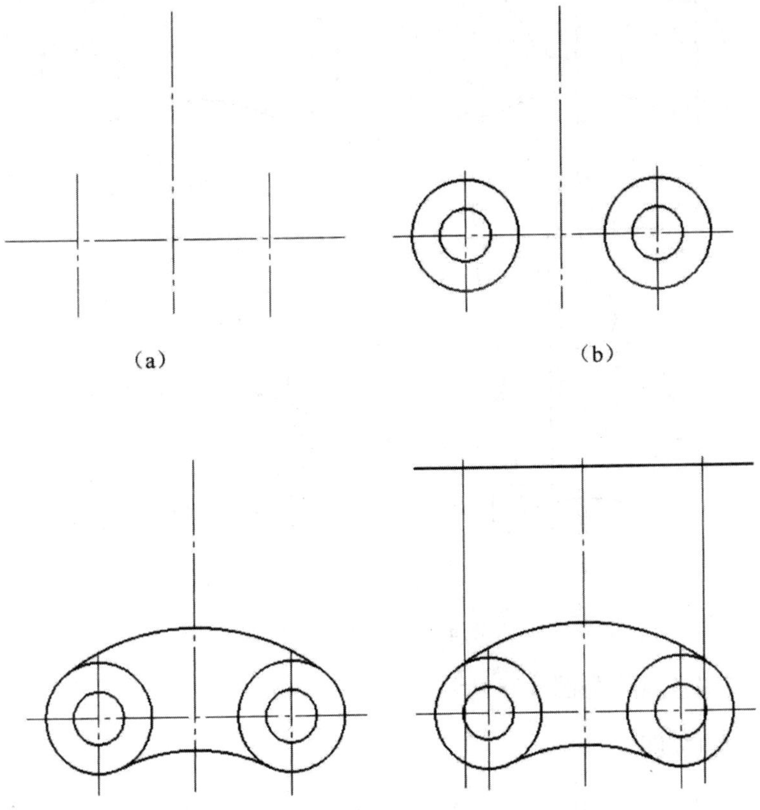

图 4-29　作图步骤 1

（6）用直线命令绘制角度为 75° 的倾斜直线，如图 4-30（a）所示。绘制倾斜线：选择直线命令，拾取交点后，输入@100<255 即可。

（7）绘制圆弧并修剪。

1）绘制圆弧：选择切点、切点、半径，在适当位置拾取切点，画半径为 18 和半径为 15 的圆弧，如图 4-30（b）所示。

2）用修剪命令修剪多余的线段。

（8）绘制相距为 32 的两条线段和圆弧，如图 4-30（c）所示。

1）绘制平行线：选择偏移命令，输入 40，拾取直线后，进行偏移；选择偏移命令，输入 16，拾取直线后，进行偏移。

2）绘制圆：选择圆心、半径，捕捉“交点”，拾取圆心位置（交点），画半径为 16 的圆。

3）用修剪命令修剪多余的线段，如图 4-30（d）所示。

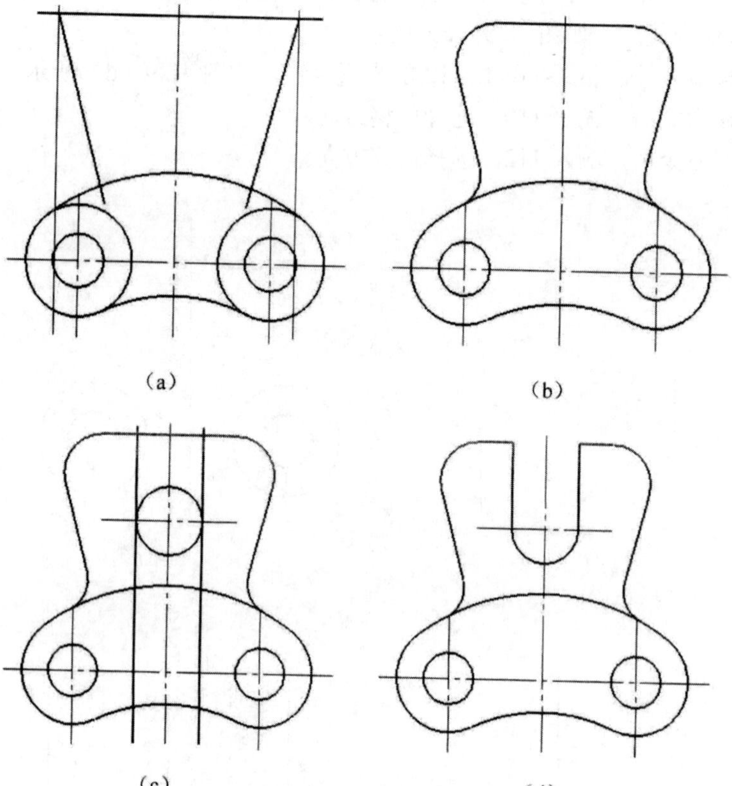

（a）（b）（c）（d）

图 4-30　作图步骤 2

标注尺寸，完成全图，如图 4-28 所示。

4.10.2　绘制剖视图

绘制如图 4-31 所示的图形，并将主视图改画为全剖视图。作图步骤如下：

（1）设置图纸幅面（打开前面已保存的图幅）。

（2）用直线和偏移命令绘制基准线（中心线），如图 4-32（a）所示。

（3）用圆命令绘制俯视图的各圆和圆弧，用直线（正交）或偏移命令绘制平行线，用修剪命令剪去多余的线，如图 4-32（b）所示。

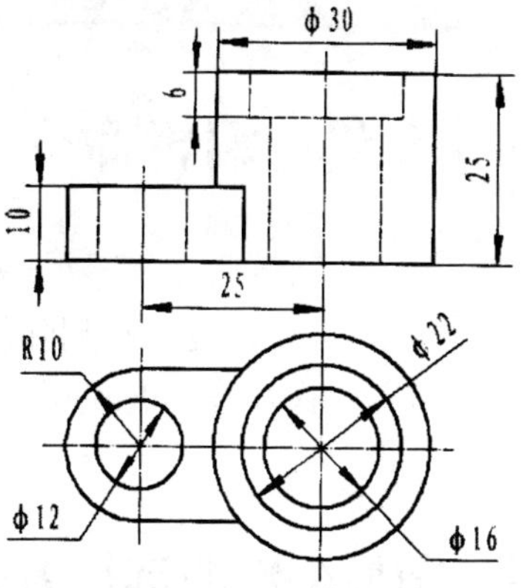

图 4-31　绘制图形

（4）用直线（正交）或偏移命令绘制主视图，用修剪命令剪去多余的线，如图 4-32（b）所示。

（5）用图案填充命令画剖面线，如图 4-32（c）所示。

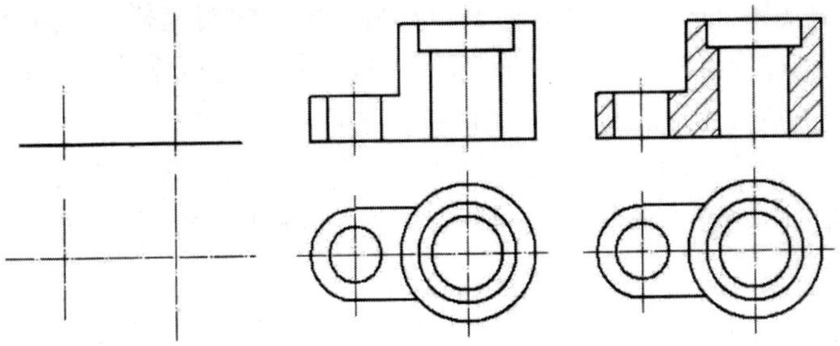

（a）　　　（b）　　　（c）

图 4-32　绘制步骤

第 5 章　编辑命令

图形编辑是指对已有图形进行修改、移动、复制和删除等操作。在实际绘图过程中需要经常对某些实体做这方面的操作，而且与绘图命令同时使用，保证作图准确，减少重复的绘图操作，从而提高设计绘图的效率。

5.1　图形编辑的选择方式

在编辑实体时，都是针对图形中的某一输入项，这就涉及如何选择编辑实体的问题，AutoCAD 图形系统中有两种选择方式。

5.1.1　对象选取方法

在对图形进行编辑之前，首先要选择编辑目标，在目标的选择上，当系统变量 PICKFIRST 设置为 1 时，用户可在命令提示下用光标选择目标，然后进行编辑。当系统变量 PICKFIRST 设置为 0 时，先选择编辑命令，而后选择目标方式。

AutoCAD 为用户提供了 16 种目标选择方法。现介绍几种常用的方法：

（1）直接选取（点选）：用光标点去拾取目标。选中目标后，目标变虚，即证明目标已被选中。

（2）窗口方式（Window）：可以选定一个矩形区域中所包含的对象。在选择目标提示下输入 W，然后输入窗口第一点、第二点确定窗口大小，窗口内的实体都是选择的目标。

（3）交叉窗口方式（Crossing）：与窗口方式类似，在选择目标提示下输入 C，与窗口边界相交和窗口内的实体都是选择的目标。

（4）全部方式（All）：选择图中所有实体，在选择目标提示下输入 ALL。

（5）移去方式（Remove）：可以把选中的目标移出，使之恢复原态。

（6）加入方式（Add）：在移去模式下，输入 A 则返回到选择目标方式，把选中实体加入。

5.1.2　对话框确定选择目标

在“选项”对话框的“选择集”选项卡中打开或关闭一种或多种对象选择模式。

在下拉菜单“工具”中单击“选项”按钮，出现“选项”对话框，在如图 5-1 所示的“显示”选项卡中可选择多种模式并可设置拾取框的大小。

5.2　图形编辑命令

绘图和编辑命令是 AutoCAD 绘图系统的两大重要部分，在使用过程只有灵活运用，才能节省大量的时间。在第 2 章已经介绍了部分编辑命令，接下来介绍其余的编辑命令。

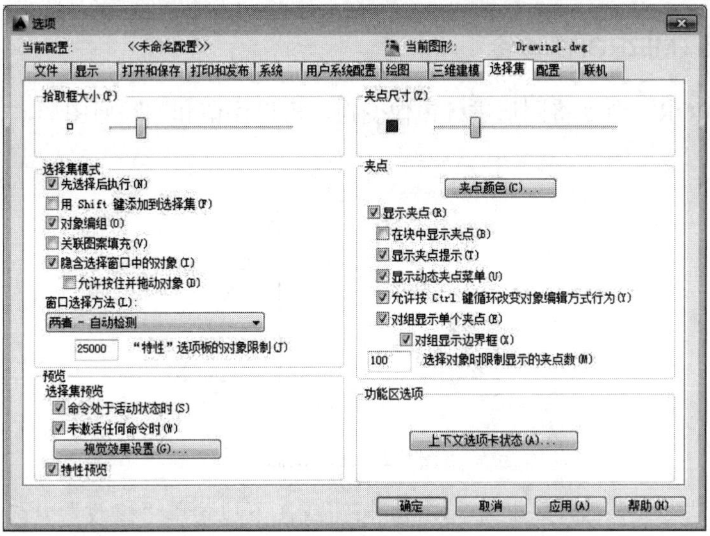

图 5-1　“选项”对话框

5.2.1　旋转（ROTATE）命令

旋转（ROTATE）命令通过设置的基准点旋转图形，如图 5-2 所示。

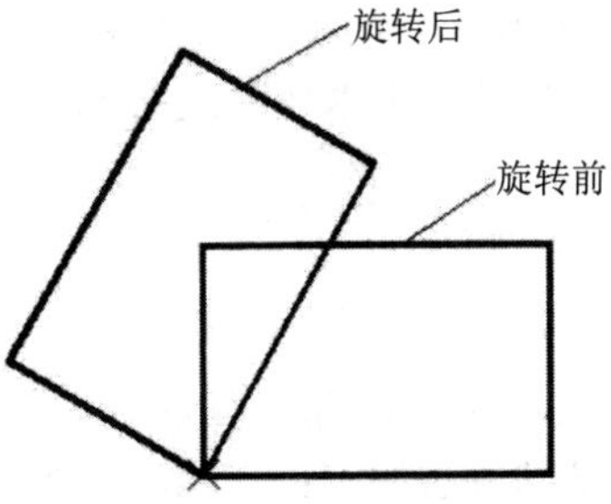

图 5-2　图形旋转

命令操作方法：在修改工具栏单击按钮或在下拉菜单“修改”中选择“旋转”命令。

命令行提示：

命令：_rotate
选择对象：找到 1 个
选择对象：
指定基点：如 A
指定旋转角度或[参照(R)]：60

说明：

（1）如果在“指定旋转角度或[参照(R)]:”提示中直接输入角度值，则图形绕基准点旋转，角度大于 0 时逆时针旋转，角度小于 0 时顺时针旋转。

（2）在“指定旋转角度或[参照(R)]:”提示中输入 R，系统进一步提示:

指定参考角<0>：参考角　<回车>
指定新角度：

5.2.2　镜像（MIRROR）命令

镜像（MIRROR）命令将图形进行镜像变换，可以保留和删除原图形，如图 5-3 所示。

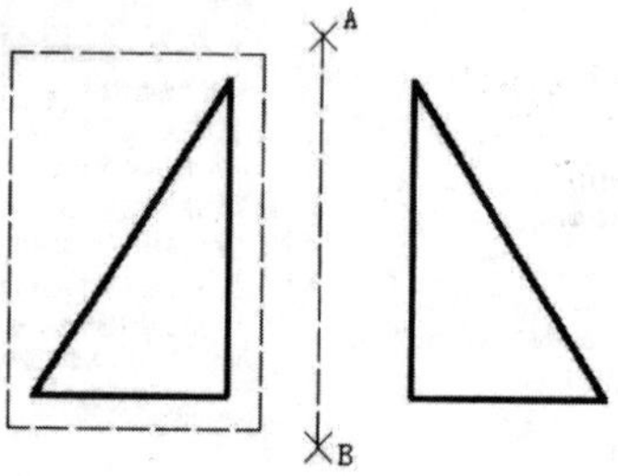

图 5-3　图形镜像

命令操作方法：在修改工具栏中单击按钮或在下拉菜单“修改”中选择“镜像”命令。
命令行提示：

选择对象：指定对角点：找到 3 个
选择对象：
指定镜像线的第一点：选择 A 点
指定镜像线的第二点：选择 B 点
是否删除源对象？[是(Y)/否(N)]<N>：（如图 5-3 所示）

说明：当选择目标包括文本及属性实体时，镜射后使之反向书写，对此可通过系统变量 MIRTEXT 的设置解决，该变量为 0 时，文本不作反向倒置（MIRTEXT 对插入块内的文本和固定属性不起作用）。

5.2.3　比例（SCALE）命令

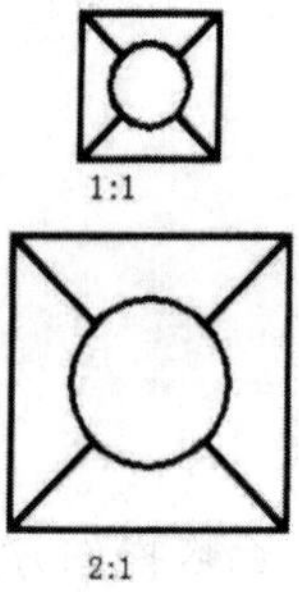

图 5-4　比例

比例（SCALE）命令按给定的值放大或缩小选定的对象。

放大如图 5-4 所示的图形，操作方法如下：在修改工具栏中单击按钮或在下拉菜单“修改”中选择“比例”命令。命令行提示：

命令：_scale
选择对象：指定对角点：找到 6 个
选择对象：
指定基点：
指定比例因子或[参照(R)]：2<回车>

说明：如果在“指定比例因子或[参照(R)]:”提示后输入 R，则输入参考长度值，而不是比例因子。

5.2.4　阵列（ARRAY）命令

阵列（ARRAY）命令将选定的图形复制成矩形阵列和环形阵列。

命令操作方法：在修改工具栏中单击按钮或在下拉菜单“修改”中选择“阵列”命令，出现如图 5-5 所示的对话框。在此对话框中选择阵列的类型：矩形阵列和环形阵列。

（1）矩形阵列如图 5-5（a）所示。选择矩形阵列后，设定行数、列数、行间距和列间距，然后单击“选择对象”按钮，拾取阵列对象，单击“确定”按钮即可。

（2）环形阵列如图 5-5（b）所示。在选择环形阵列后，选择阵列中心点，设定阵列个数、填充角度，然后单击“选择对象”按钮，拾取阵列对象，单击“确定”按钮即可。

（a）矩形阵列　　　　（b）环形阵列

图 5-5　“阵列”对话框

1. 环形阵列

在修改工具栏中单击按钮或在下拉菜单“修改”中选择“阵列”命令，在如图 5-5（b）所示的对话框中选择“环形阵列”，在“方法和值”选项组中，选择项目总数和填充角度后，“项目总数”输入 8，“填充角度”输入 360，指定环形阵列中心点位置，单击“选择对象”按钮，选择阵列对象，选择要阵列的圆。单击“预览”或“确定”按钮即可，阵列结果如图 5-6（a）所示。

2. 矩形阵列

在修改工具栏中单击按钮或在下拉菜单“修改”中选择“阵列”命令，在如图 5-5（a）所示的对话框中选择“矩形阵列”，输入阵列的行数和列数。

在“偏移距离和方向”选项组中，选择行间距和列间距，“行偏移”输入 60，“列偏移”输入 60，“阵列角度”输入 0。单击“选择对象”按钮，拾取阵列对象，选择要阵列的圆。单击“预览”或“确定”按钮即可，阵列结果如图 5-6 所示。

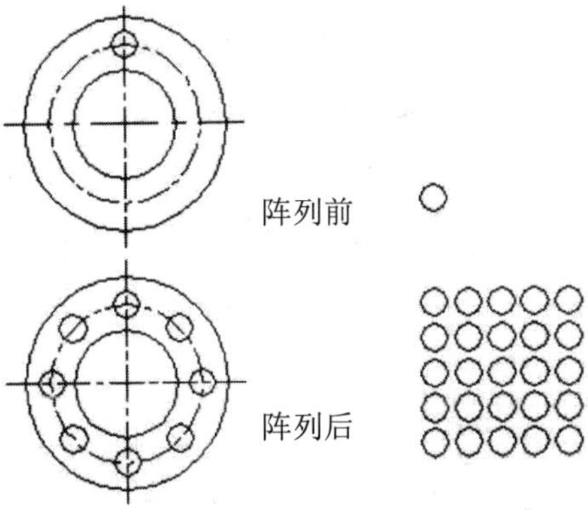

（a）环形阵列　　　　（b）矩形阵列

图 5-6　阵列

5.2.5 拉伸（STRETCH）命令

拉伸（STRETCH）命令将图形的一部分进行拉伸、移动、变形，其余不动。

命令操作方法：在修改工具栏中单击按钮或在下拉菜单“修改”中选择“拉伸”命令。

命令行提示：

命令：stretch
以交叉窗口或交叉多边形选择要拉伸的对象…
选择对象：指定对角点：找到 5 个
选择对象：
指定基点或位移：
指定位移的第二点：（如图 5-7 所示）

5.2.6 延伸（EXTEND）命令

延伸（EXTEND）命令将延长选定目标到达指定边界。

命令操作方法：在修改工具栏中单击按钮或在下拉菜单“修改”中选择“延伸”命令。

命令：_extend
选择边界的边…
选择对象：找到 1 个
选择对象：找到 1 个，总计 2 个
选择对象：
选择要延伸的对象或[投影(P)/边(E)/放弃(U)]：（如图 5.7 所示）

5.2.7 断开（BREAK）命令

断开（BREAK）命令可以将直线、圆、圆弧和多段线作部分删除或将它们断开成为两个实体。

命令操作方法：在修改工具栏中单击按钮或在下拉菜单“修改”中选择“断开”命令。

命令行提示：

选择对象：
指定第二个打断点或[第一点(F)]：

根据提示有如下操作：

（1）选择第二点，则从目标点到第二点之间的线段被删除。

（2）输入 F，重选断开的第一点，再选择第二点，实现线段删除，如图 5-7 所示。

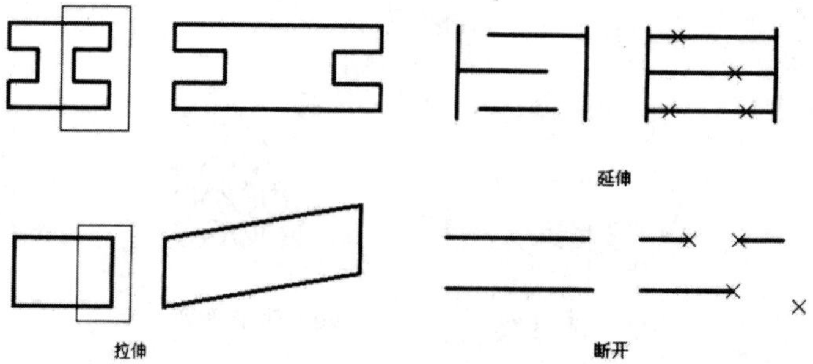

图 5-7　图形拉伸、延伸、断开图例

5.2.8 圆角（FILLET）命令

圆角（FILLET）命令是用指定半径的圆弧连接两直线或圆弧，如图 5-8 所示。

命令操作方法：在修改工具栏中单击按钮或在下拉菜单“修改”中选择“圆角”命令。

（1）设定倒圆角的半径。

命令：_fillet
当前设置：模式=修剪，半径= 0.0000
选择第一个对象或[放弃(U)/多段线(P)/半径(R)/修剪(T)/多个(M)]：r
指定圆角半径<0.0000>：输入倒圆角半径，如 10

（2）倒圆角，如图 5-8 所示。

命令：_fillet
当前设置：模式=修剪，半径= 10.0000
选择第一个对象或[放弃(U)/多段线(P)/半径(R)/修剪(T)/多个(M)]：
选择第二个对象：
命令：fllet
当前设置：模式=修剪，半径= 10.0000
选择第一个对象或[多段线(P)/半径(R)/修剪(T)]：p
选择二维多段线：

说明：①当设定半径 R=0 时，可使两线相交；②当设定半径太大无法连接时，出现错误信息提示；③当选用多段线倒圆角时，图形必须封闭才能全部倒圆角。

5.2.9 倒角（CHAMFER）命令

倒角（CHAMFER）命令是用指定的截距对两直线进行倒角，如图 5-8 所示。

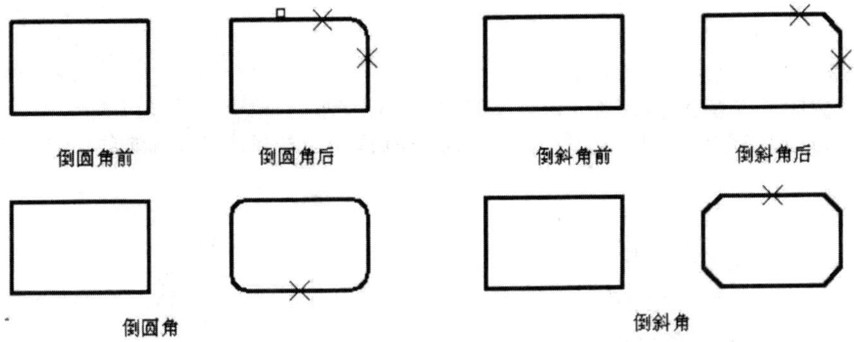

图 5-8 图形倒角

命令操作方法：在修改工具栏单击按钮或在下拉菜单“修改”中选择“倒角”命令。

（1）设定倒角的截距。

命令：_chamfer
选择第一条直线或[多段线(P)/距离(D)/角度(A)/修剪(T)/方法(M)]：d
指定第一个倒角距离<10.0000>：
指定第二个倒角距离<10.0000>：

（2）倒斜角。

命令：_chamfer

（“修剪”模式）当前倒角距离 1= 10.0000，距离 2=10.0000
选择第一条直线或[多段线(P)/距离(D)/角度(A)/修剪(T)/方法(M)]：
选择第二条直线：
命令：_CHAMFER
（“修剪”模式）当前倒角距离 1= 10.0000，距离 2=10.0000
选择第一条直线或[多段线(P)/距离(D)/角度(A)/修剪(T)/方法(M)]：p
选择二维多段线：

5.2.10　打散（EXPLODE）命令

打散（EXPLODE）命令把复杂的实体（插入的块、多段线、尺寸标注）分解成简单的单元体，以便于编辑。

命令操作方法：在修改工具栏或下拉菜单“修改”中选择“打散”命令。

命令行提示：

命令：_explode
选择对象：找到 1 个
选择对象：

5.2.11　多段线编辑（PEDIT）命令

多段线编辑（PEDIT）命令用来编辑多段线，根据操作不同，可以完成多种编辑工作。

命令操作方法：

下拉菜单：修改→对象→多段线

工具栏：修改 II→多段线

在下拉菜单“修改”中选择“多段线”命令。

命令行提示：

命令：_pedit
选择多段线：选择多段线目标
所选对象不是多段线是否将其转换为多段线？<Y>回车
输入选项[闭合(C)/合并(J)/宽度(W)/编辑顶点(E)/拟合(F)/样条曲线(S)/非曲线化(D)/线型生成(L)/放弃(U)]：j

各选项意义如下：

- 闭合(C)：使多段线封闭或开启。
- 合并(J)：用于多段线连接，两条线必须首尾相交。
- 宽度(W)：改变多段线的线宽。
- 编辑顶点(E)：编辑多段线顶点。
- 拟合(F)：将多段线拟合成光滑曲线（过顶点）。
- 样条曲线(S)：将多段线拟合成三次 B 样条曲线（不过顶点）。
- 非曲线化(D)：将光滑曲线还原成多段线。
- 线型生成(L)：设置非连续线的线型是否要配合线长显示。
- 放弃(U)：取消上次动作。

绘制如图 5-9 所示的图形，用多线编辑命令进行编辑，输入各选项观察线段的变化。

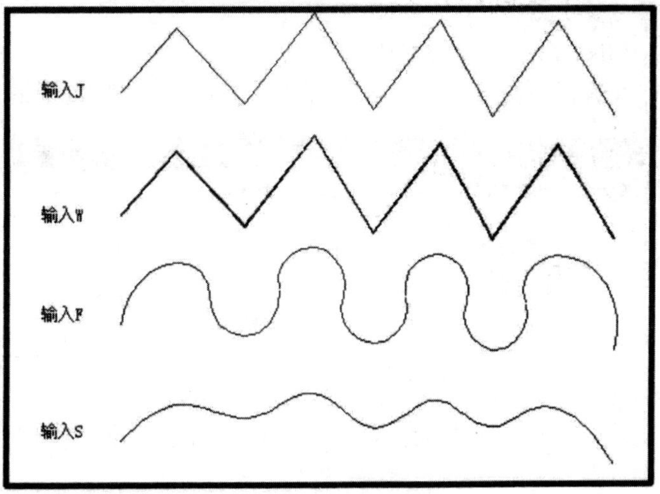

图 5-9　多线图例

在 AutoCAD 2014 中提供了丰富的图形编辑与修改功能，这些功能提高了绘图效率与质量。用 AutoCAD 2014 进行对象的编辑与修改，可以采用以下四种方法之一进行操作：

（1）通过输入命令实现编辑与修改（即在命令提示行输入响应的命令）。

（2）通过下拉菜单实现编辑与修改（“修改”菜单）。

（3）利用工具栏实现编辑与修改（工具栏“修改”和“修改 II”）。

（4）利用屏幕菜单实现编辑与修改（屏幕菜单中“修改”和“修改 II”）。

5.2.12　文字编辑（DDEDIT）命令

命令：DDEDIT

下拉菜单：修改→对象→文字

功能：修改文字。

操作格式：

命令：DDEDIT

<选择注释对象>/放弃(U)：（选取打算编辑的文字）

如果选取的文字是使用 TEXT 或 DTEXT 命令标注的，则会弹出如图 5-10 所示的工具栏，可以对所选取的文字进行修改。

图 5-10　编辑文字

5.2.13　多线编辑（MLEDIT）命令

命令：MLEDIT

下拉菜单：修改→对象→多线

工具栏：修改 II→多线

功能：修改由 MLINE 命令绘出的多线。

操作：选择“多线编辑”命令，系统将弹出“多线编辑工具”对话框，如图 5-11 所示。

图 5-11　“多线编辑工具”对话框

在这个对话框中，各个工具按钮形象地说明了 MLEDIT 所具有的功能，选择需要的接头形式，单击“确定”按钮，系统提示：

选择第一条多线：(拾取第一条多线)

选择第二条多线：(拾取第二条多线)

……

当全部修改完成后回车，编辑命令结束。

这里需要注意的是，如果选择的修改形式与原结构形式差距很大，则系统无法执行。

在编辑多线时应特别注意，MLEDIT 命令并不真正切断多线，只是禁止各个多线段的显示，这就使得用户可重显或修复切断部分。

由图 5-11 可以看出，MLEDIT 提供了 12 种工具，可以将它们分为四类，即十字形、T 形、直角以及切断工具。

三个十字形工具用于消除各种相交线，图 5-12 显示了运用这些工具后的各种效果。

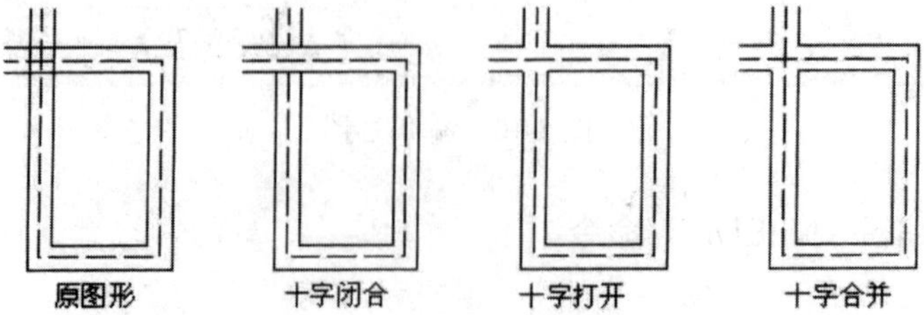

图 5-12　多线编辑（一）

一旦选择十字形中的工具，AutoCAD 提示用户选取两条多线，一般总是切断用户所选的第一条多线，并根据所选工具切断第二条多线。

对十字合并工具（merged cross），AutoCAD 生成配对元素的直角。若有不配对元素，它将不被切断。

T 形工具也用于消除交线，其编辑效果如图 5-13 所示。

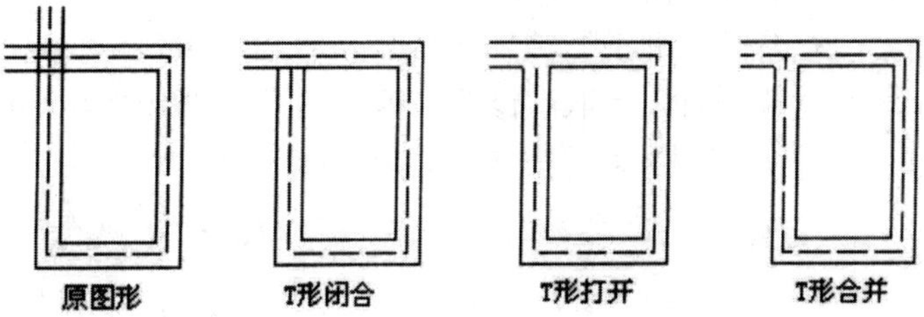

图 5-13 多线编辑（二）

直角工具同样消除相交线，它还可以消除多线一侧的延长线，从而形成直角。用户选用此工具时，AutoCAD 提示用户选取两条多线，用户只需在想保留的多线某部分上拾取点，AutoCAD 就会将多线剪裁或延长到它们的相交点。其效果如图 5-14 所示。

添加顶点工具（Add Vertex）可以为多线增加若干顶点，以便于处理（如简单的伸展）。删除顶点工具则从有三个或更多顶点的多线上删除顶点。若当前选取的多线只有两个顶点，则该工具无效。图 5-14 显示了添加顶点、删除顶点的效果。

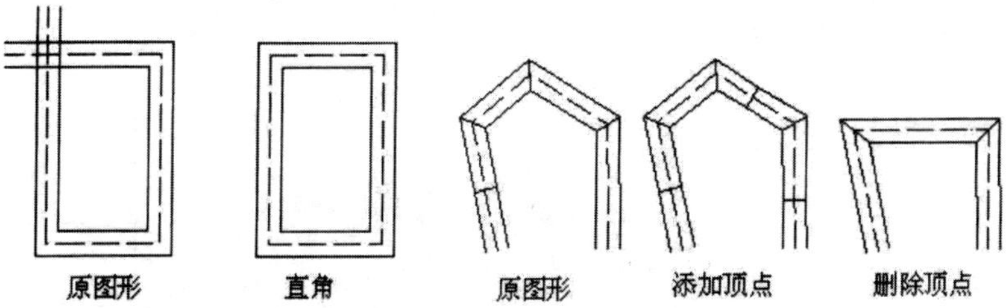

图 5-14 多线编辑（三）

切断工具用于切断多线。单个剪切工具（Cut Single）用于切断多线中一条，只需简单地拾取要切断的多线某一元素（某一条）上的两点，则两点中的连线即被删去（实际上是不显示）。同理，全部剪切工具（Cut All）用于切断整条多线。其效果如图 5-15 所示。

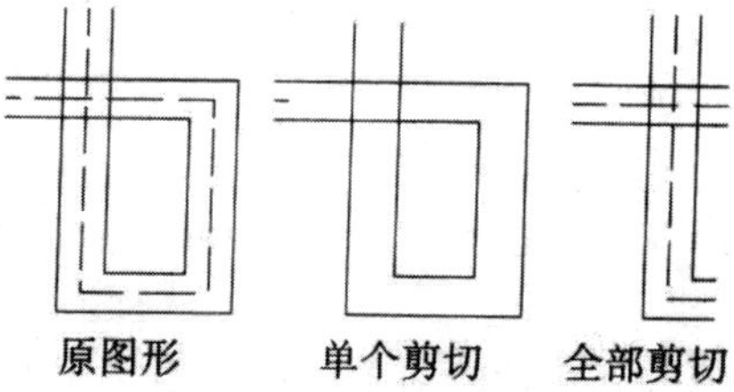

图 5-15 多线编辑（四）

5.2.14　图案填充编辑

功能：修改已填充的图案。

命令：HATCHEDIT

下拉菜单：修改→对象→图案填充

工具栏：修改Ⅱ→图案填充

操作：单击图案填充编辑按钮，或输入命令 HATCHEDIT。

在提示“选择填充对象”时，点取欲修改的填充图案，弹出“图案填充和渐变色”对话框，如图 5-16 所示。重新设定图案即可完成图案填充修改的操作。

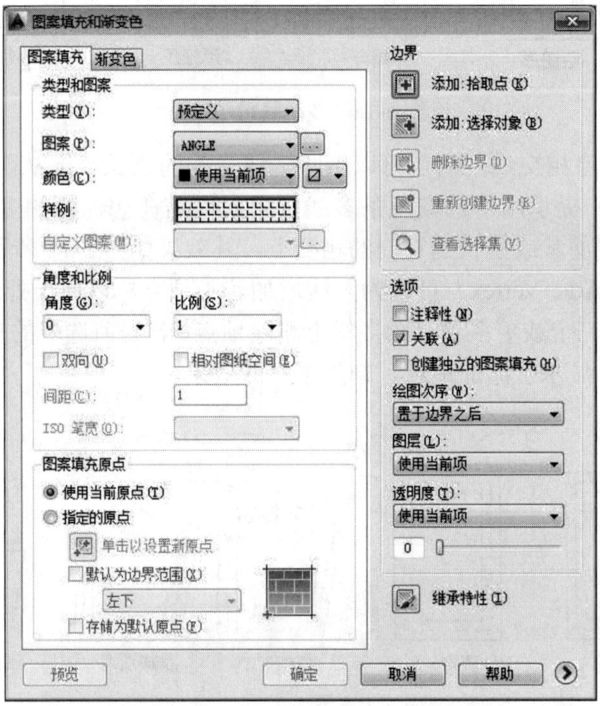

图 5-16　“图案填充和渐变色”对话框

5.2.15　对象特性

编辑图形就需要对其属性进行修改。在 AutoCAD 中编辑图形一般通过两种途径：一种是使用 AutoCAD 提供的复制、移动等基本或高级编辑命令；另一种是直接编辑图形实体的属性。两种途径各有利弊，本节主要介绍后者。

命令：PROPERTIES

下拉菜单：修改→对象特性

工具栏：标准→对象特性

快捷菜单：选择要查看或修改其特性的对象，在绘图区域右击，然后选择“特性”命令。

功能：AutoCAD 显示“特性”窗口，如图 5-17 所示。“特性”窗口是查看和修改 AutoCAD 对象特性的主要方式。

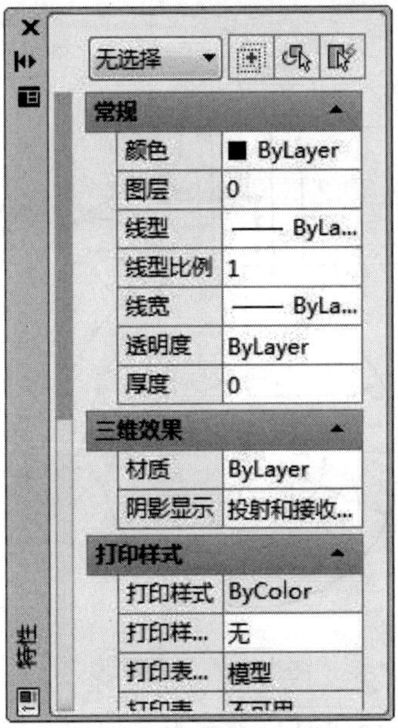

图 5-17 “特性”窗口

“特性”窗口较为简单，主要区域是一个列表框，下面分别加以介绍。

（1）“常规”下拉列表框。该下拉列表框位于对话框顶部，其中列出了选取目标实体的类别。当选取实体的单一类别时，该下拉列表框中显示出该实体的图形类别（如圆、矩形等）。

若一次选取两个以上实体，则该下拉列表框内将显示“全部（x）”，其中的 x 代表选取实体的总数。此时如打开此下拉列表框，将会看到 AutoCAD 已将图形实体自动分类，并归纳出每种实体的数目。

（2）“快速选择”按钮：快速过滤功能按钮，单击该按钮，将打开“快速选择”对话框。

（3）“按字母”选项卡：该选项卡内的核心内容是属性列表框，该列表框依照英文字母的顺序列出了被选图形实体的全部属性。

（4）“按分类”选项卡：该选项卡内也是属性列表框，与“按字母”选项卡所不同的只是排列顺序与分类方法，它是以属性所属范畴归类排序的。

5.3 实训

5.3.1 绘制平面图形

例 5.1 以图 5-18 所示的平面图形为例，说明平面图形的绘制方法和步骤。

（1）平面图形的绘制方法。

1）分析。平面图形通常由各种不同线段（包括直线段、圆弧和圆）组成。要先对平面图形的线段进行分析，弄清楚哪些是可以直接画出的已知线段；哪些是必须根据与相邻线段的连接关系才能画出来的中间线段；最后求出连接圆弧的切点和圆心确定连接线段。如图 5-18 所示，半径为 R18、R67 和直径为ϕ90、ϕ45 的尺寸为已知圆弧，半径为 R18、R9 的圆弧为中间圆弧，半径为 R20 的圆弧为连接圆弧。

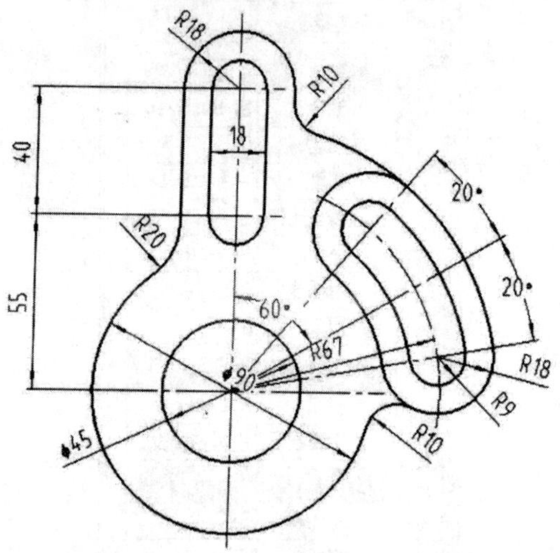

图 5-18　平面图形

2）方法。画图时，应先画已知线段，再画中间线段，最后画连接线段。

（2）平面图形的绘制步骤。绘制如图 5-18 所示的平面图形，作图步骤如下：

1）确定图幅：A4 竖放，绘制图框和标题栏并保存。

2）用直线命令绘制基准线（中心线），如图 5-19（a）所示。

A．改变图层：将属性工具栏中的 0 层改为中心线层。

B．绘制直线：选择直线命令，按下“(正交)”，绘制水平和垂直线。

C．选择偏移命令，绘制相距(55,40)的中心线。

3）用圆命令绘制圆、圆弧，如图 5-19（b）所示。

A．绘制圆：选择圆心、半径，捕捉“交点”，拾取圆心位置（交点），画ϕ45、ϕ90 同心圆和 R18、R67 的圆。

B．绘制角度为 20 的直线，用极坐标：@90<10、@90<30、@90<50。

C．绘制圆弧：选择切点、切点、半径或圆角命令，绘制 R18 和 R9、R10、R20 的圆弧，如图 5-19（c）所示。

4）用修剪命令剪切多余的线段，如图 5-19（c）所示。

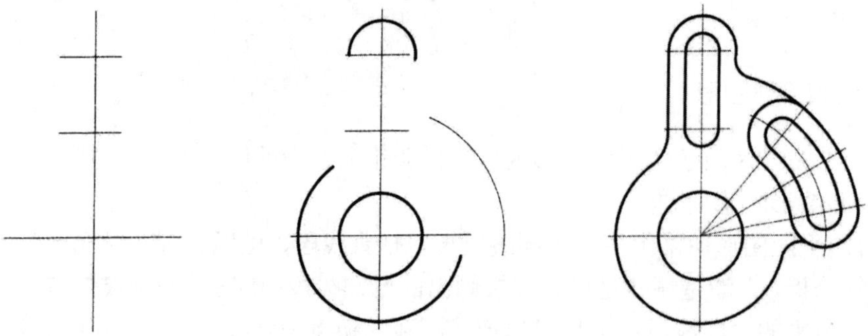

（a）　　（b）　　（c）

图 5-19　平面图形作图步骤

5）尺寸标注。在“标注”工具栏中单击“线性标注”“圆标注”和“圆弧标注”按钮，按系统提示分别拾取标注元素，如图 5-18 所示。

例 5.2　绘制如图 5-20 所示的平面图形。

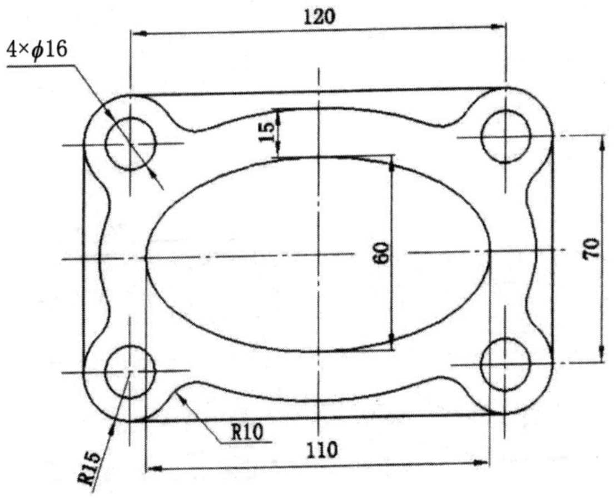

图 5-20　平面图形

作图步骤如下：

1）确定图幅：A4 竖放，绘制图框和标题栏并保存。

2）用“直线”命令绘制基准线（中心线），如图 5-21（a）所示。

A．改变图层：将属性工具栏中的 0 层改为中心线层。

B．绘制直线：选择“直线”命令并按下“正交”，绘制水平和垂直线。

C．选择“偏移”命令绘制相距(35,55)的中心线。

3）绘制椭圆和圆，将属性工具栏中的中心线层改为粗线层。

A．绘制椭圆：选择“椭圆”命令，选择中心，输入基准点（交点），长半轴为 55，短半轴为 30。将长半轴改为 70，短半轴改为 45，输入基准点（交点），如图 5-21（b）所示。

B．选择“圆”命令，捕捉圆心位置（交点），画半径为 8、15 的圆，如图 5-21（b）所示。也可以用“偏移”命令，输入偏移距离为 15。

4）用“阵列”命令绘制圆，如图 5-21（c）所示。在修改工具栏中单击▦按钮或在下拉菜单“修改”中选择“阵列”命令，在“阵列”对话框中选择“矩形阵列”，输入行数 2，行间距 70，列数 2，列间距 110，选择对象拾取两个同心圆，单击“确定”按钮即可，如图 5-21（c）所示。

注意：此项也可以用镜像命令进行操作。

5）用“圆角”命令绘制 R10 圆弧。在修改工具栏中单击◜按钮或在下拉菜单“修改”中选择“圆角”命令。设定圆角半径为 10，再设定为不修剪，然后拾取要倒圆角的线段，用“修剪”命令剪去多余的线段，如图 5-21（d）所示。

6）用“直线”命令绘制切线。选择“直线”命令，然后在辅助工具栏中拾取“切点”，再拾取第二个“切点”即可，如图 5-21（d）所示。

7）尺寸标注。在“标注”工具栏中单击“线性标注”“圆标注”和“圆弧标注”按钮，按系统提示分别拾取标注元素，如图 5-20 所示。

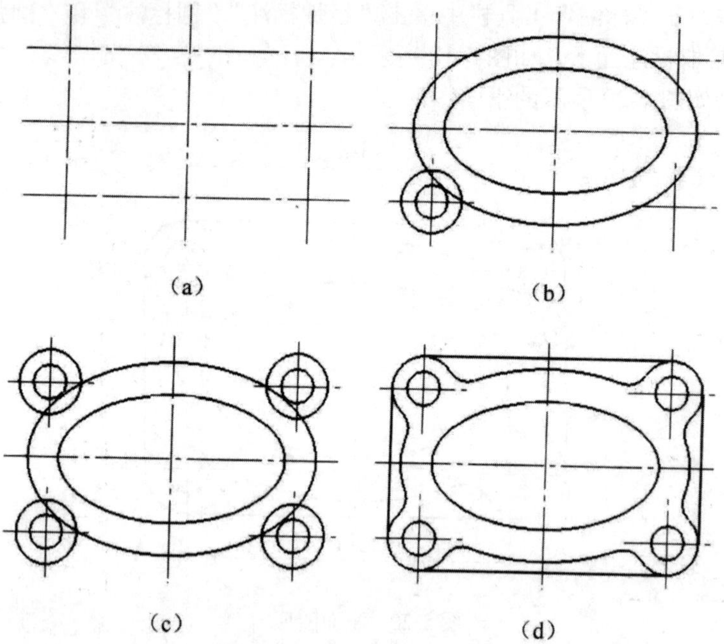

图 5-21　平面图形作图步骤

5.3.2　三视图的绘制方法和步骤

例 5.3　以图 5-22 为例，说明三视图的绘制方法和步骤。

（1）三视图的绘制方法。

1）分析。该组合体可以分解为三个基本形体：底板、立板、肋板，如图 5-22 所示。底板前面挖切了两个圆角及两个圆柱孔；底板上叠放着立板与肋板，立板与底板后面平齐且上面带一直径为 20 的圆柱形孔。

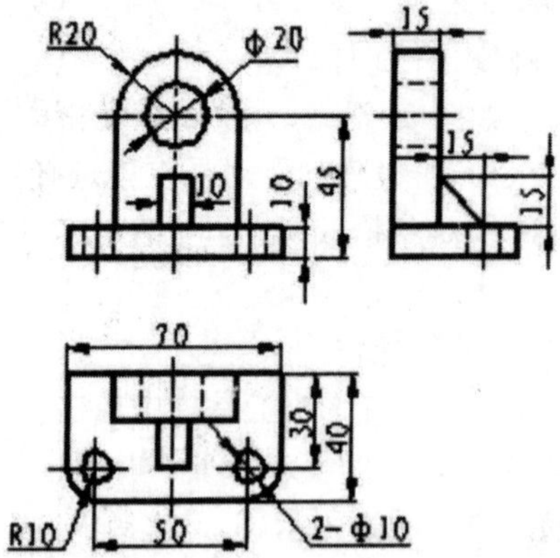

图 5-22　三视图

2）方法。该组合体是由三个基本体组合而成的。应利用形体分析法将组合体分解为各个基本形体，弄清各基本形体的组合形式、相对位置，以及关联表面的连接关系，最后逐个画图。

（2）三视图的绘制步骤。绘制图 5-22 所示的三视图，作图步骤如下：

1）确定图幅：A4 竖放，绘制图框和标题栏。

2）画底板的三视图：用“直线”和“偏移”命令画出底板的主视图和左视图，如图 5-23（a）所示。

3）作 45° 辅助线，如图 5-23（a）所示。然后，确定俯视图起点，如图 5-23（a）所示。

4）利用上面的方法，画出立板及肋板的三视图，如图 5-23（b）所示。

5）画出圆柱孔的三视图，如图 5-23（c）所示。

6）标注尺寸，如图 5-23（d）所示。

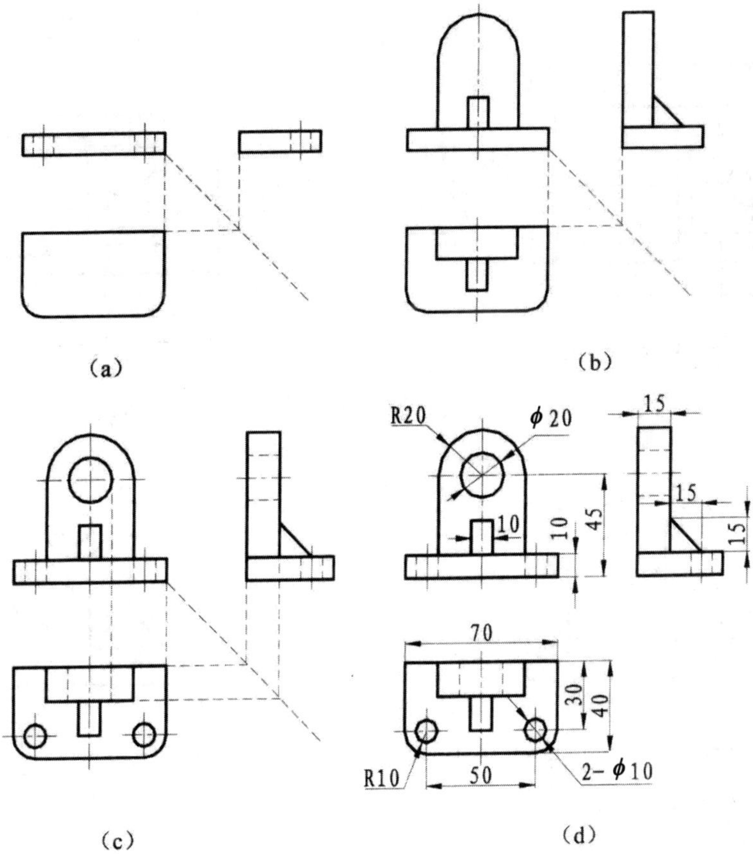

图 5-23　三视图绘制过程

例 5.4　将图 5-24 中的主视图改画成全剖视图。

（1）形体分析。该形体内部结构复杂且左右不对称，故主视图采用全剖表达内形。它前后对称，所以剖切面就是俯视图的对称中心线。由于剖切面通过形体的对称平面，而剖视图按投影关系配置，中间无图形隔开，可省略剖视图的标注。

主视图中的虚线分别表示如下形体：距底面高度为 8 的八边(T)形水平面（其上有一ϕ10 的通孔）、22×24×33 的矩形上下通孔、半径为 6、深为 28 的半圆柱槽孔。这三部分均被剖切面对称地剖开，虚线变成了实线。ϕ14 的孔有两个，前面被剖切移走，后面的留下成为可见，故要以实线画出。

（2）绘图步骤。

1）按图 5-24 所注尺寸，抄画俯视图。画出剖视图（主视图）的定位基准线，如图 5-25 所示。

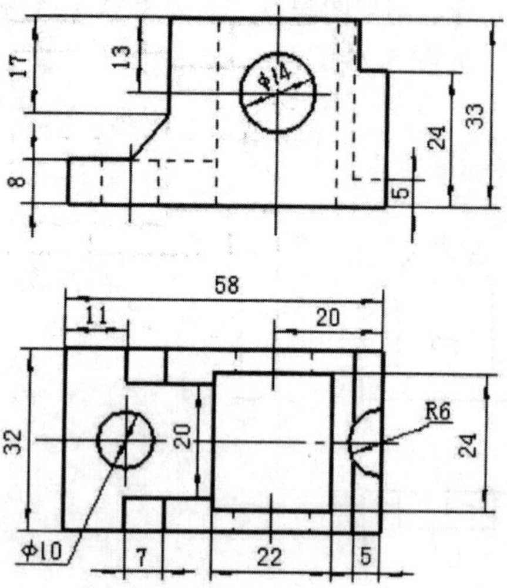

图 5-24　组合体视图

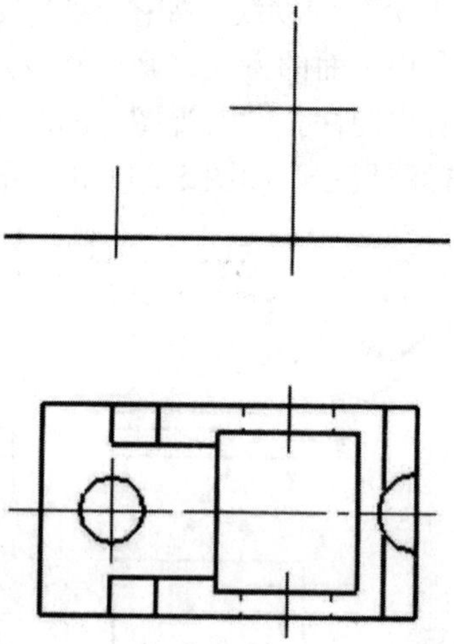

图 5-25　作图步骤 1

2）画出主视图的外轮廓并根据分析将原主视图中的虚线改画成粗实线，如图 5-26 所示。

3）用粗实线画出后半个形体中留下的ϕ14 孔，如图 5-27 所示。

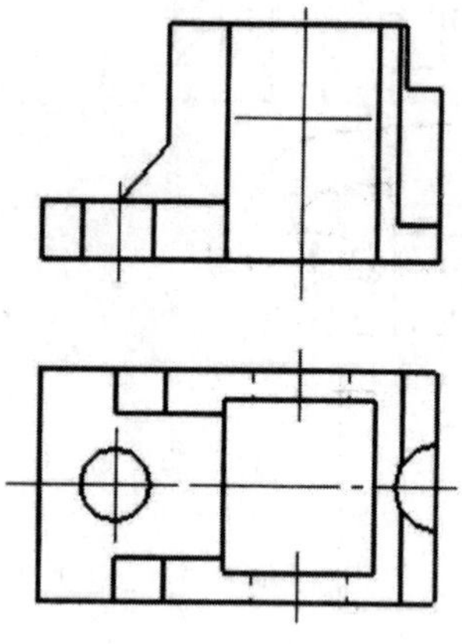

图 5-26　作图步骤 2

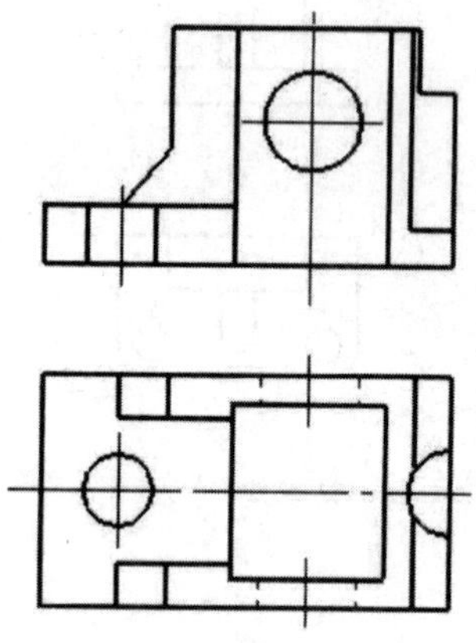

图 5-27　作图步骤 3

4）选择“剖面线”命令，将剖切面与物体的接触部分填充上剖面线，如图 5-28 所示。

5）图 5-28 中的剖面线间隔太大，可对剖面线进行编辑。选中已填充的剖面线，右击，弹出快捷菜单，选择“图案填充编辑”命令，弹出“图案填充和渐变色”对话框，如图 5-16 所示。在“角度和比例”中，把“比例”改成 0.8，单击“确定”按钮即可。最后完成的图形如图 5-29 所示。

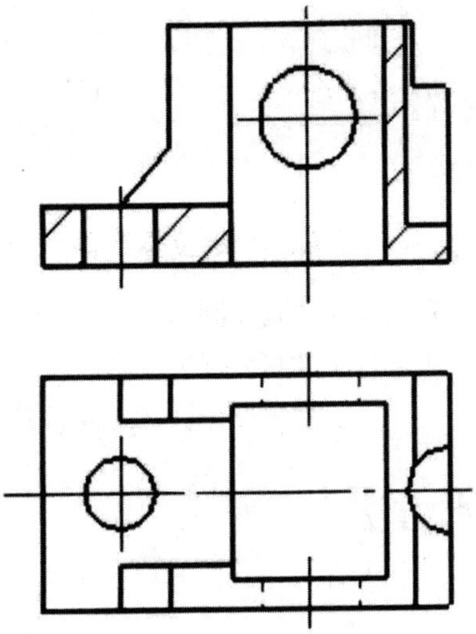

图 5-28　作图步骤 4

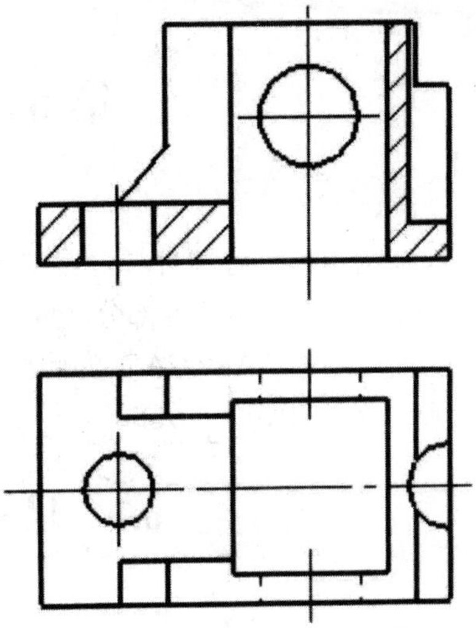

图 5-29　作图步骤 5

第 6 章　尺寸标注

在工程制图中，进行尺寸标注是必不可少的一项工作。因为图形只表示零部件的形状和位置关系，而零件和大小及各部分之间的相互位置是要靠尺寸确定的。因此，尺寸是制造、安装及检验的重要依据。AutoCAD 为此提供了一套完整、快速的尺寸标注方式和命令。本章将介绍尺寸标注命令的使用方法。

6.1　尺寸标注的基本方法

6.1.1　尺寸标注的组成及类型

（1）尺寸的组成。一个完整的尺寸由尺寸线（Dimension Line）、尺寸界线（Extension Line）、尺寸箭头（Arrows）及尺寸文本组成。尺寸文本既包含基本尺寸，也包含尺寸公差（Tolerances），标注时根据要求而定。

（2）尺寸标注的几种类型。AutoCAD 系统提供了以下四种基本类型的尺寸标注方法，每种尺寸标注的命令可用前三个字符输入。

1）长度型（Linear），如图 6-1（a）所示。

A．水平（Horizontal）、垂直（Vertical）标注方式。

B．对齐标注方式（Aligned）。

C．基准线标注方式（Baseline）。

D．连续标注方式（Continue）。

2）角度型标注方式（Angular），如图 6-1（b）所示。

3）半径、直径型标注方式，如图 6-1（b）所示。

4）指引线标注方式（Leader），如图 6-1（b）所示。

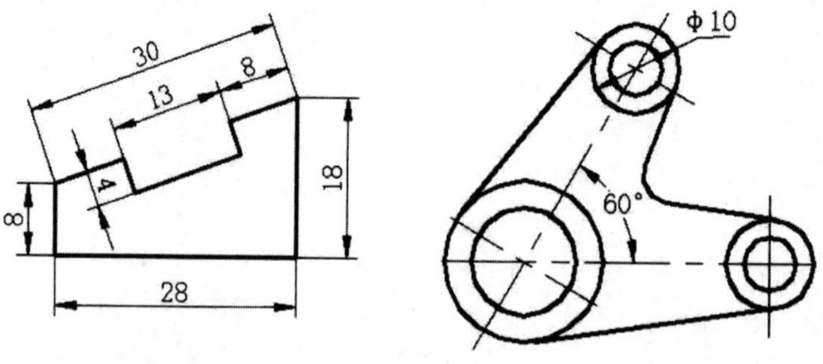

（a）长度型　　（b）角度型

图 6-1　尺寸标注的形式

6.1.2　尺寸标注（DIM）命令

在 AutoCAD 中，有多种方法进入到尺寸标注状态中。在 Command 提示符输入 DIM，或从下拉菜单或尺寸标注工具栏中选择。

（1）线性尺寸标注命令。

1）标注水平、垂直尺寸。

功能：标注水平、垂直的长度型尺寸。

指令操作：在下拉菜单“标注”下选择“线性”命令，或在标注工具栏选择。

命令：_dimlinear
指定第一条尺寸界线起点或<选择对象>：（A 点，如图 6-2（a）所示）
指定第二条尺寸界线起点：（B 点）
指定尺寸线位置或[多行文字(M)/文字(T)/角度(A)/水平(H)/垂直(V)/旋转(R)]：（C 点）
命令：dimlinear（第二种标注方法，如图 6-2（a）所示）
指定第一条尺寸界线起点或<选择对象>：　回车
选择标注对象：　选择线、圆弧或圆（1 点）
指定尺寸线位置或[多行文字(M)/文字(T)/角度(A)/水平(H)/垂直(V)/旋转(R)]：（2 点）

2）倾斜标注方式（Aligned）命令。

功能：标注倾斜的长度型尺寸。

指令操作：在下拉菜单“标注”下选择“对齐”命令或在标注工具栏选择。

命令：_dimaligned（第一种标注方法，如图 6-2（b）所示）
指定第一条尺寸界线起点或<选择对象>：（A 点）
指定第二条尺寸界线起点：（B 点）
指定尺寸线位置或[多行文字(M)/文字(T)/角度(A)]：（C 点）
命令：_dimaligned
指定第一条尺寸界线起点或<选择对象>：回车
选择标注对象：（选择线、圆弧或圆）
指定尺寸线位置或[多行文字(M)/文字(T)/角度(A)]：
标注文字=86

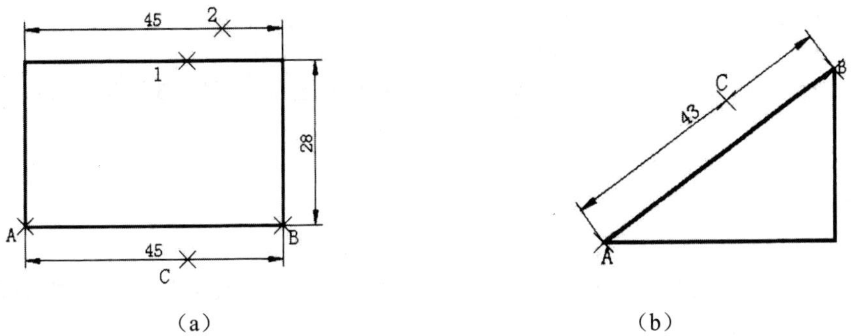

（a）　　　　（b）

图 6-2　线性标注

3）基准线标注方式（Baseline）命令。

功能：以基准线为起点标注尺寸。

指令操作：在下拉菜单“标注”下选择“基准”命令或在尺寸标注工具栏选择。

命令：_Dimbaseline（如图 6-3 所示）
指定第二条尺寸界线起点或[放弃(U)/选择(S)]<选择>：
指定第二条尺寸界线起点或[放弃(U)/选择(S)]<选择>：

说明：基准线标注命令不能单独应用，在使用前必须用过线性或对齐命令才能进行基准标注。

4）连续标注方式（Continue）命令。

功能：采用连续的链式标注尺寸，如图 6-3 所示。

指令操作：在下拉菜单“标注”下选择“连续”命令或在尺寸标注工具栏选择。

命令：_dimcontinue
指定第二条尺寸界线起点或[放弃(U)/选择(S)]<选择>：
指定第二条尺寸界线起点或[放弃(U)/选择(S)]<选择>：

说明：连续标注命令不能单独应用，在使用前必须用过线性或对齐命令才能进行连续标注。

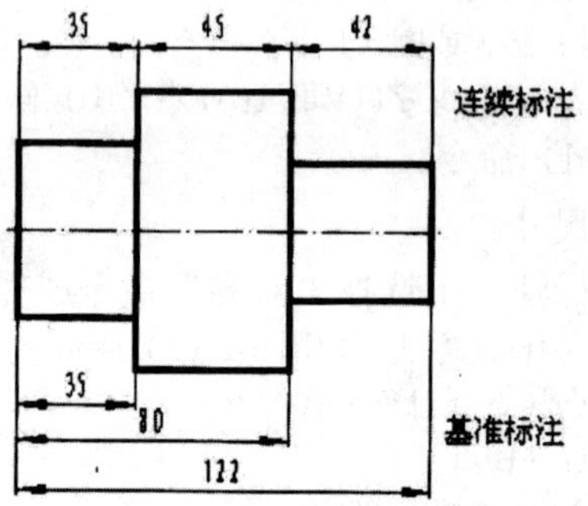

图 6-3　基准和连续标注

（2）角度型标注方式（Angular）命令。

功能：标注两条线之间的夹角。

指令操作：在下拉菜单“标注”下选择“角度”命令或在尺寸标注工具栏选择。

命令：_dimangular
选择圆弧、圆、直线或<指定顶点>：（如选取一条直线 A）
选择第二条直线：（选取第二条直线 B）
指定标注弧线位置或[多行文字(M)/文字(T)/角度(A)]：选择尺寸圆弧线位置（C 点）
标注文字=55（如图 6-4 所示）

（3）半径、直径型标注方式。

1）半径标注方式（Radius）命令。

功能：标注圆或圆弧的半径。

指令操作：在下拉菜单“标注”下选择“半径”命令或在尺寸标注工具栏选择。

命令：_dimradius
选择圆弧或圆：
标注文字=38
指定尺寸线位置或[多行文字(M)/文字(T)/角度(A)]：（如图 6-4 所示）

2）直径标注方式（Diameter）命令。

功能：标注圆或圆弧的直径。

指令操作：在下拉菜单“标注”下选择“直径”命令或在尺寸标注工具栏选择。

命令：_dimradius

选择圆弧或圆：

标注文字=80

指定尺寸线位置或[多行文字(M)/文字(T)/角度(A)]：

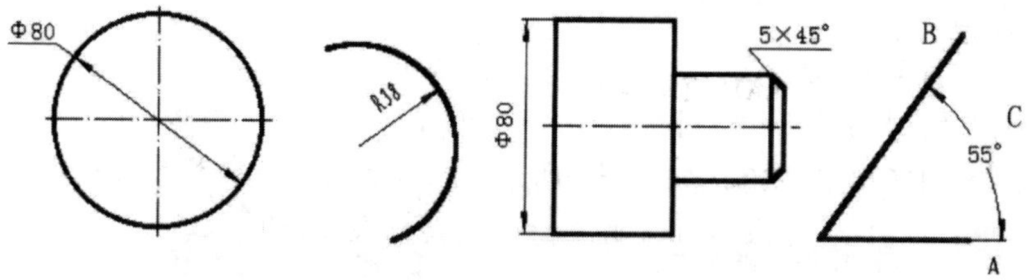

图 6-4　直径、半径、角度标注

（4）指引线标注方式（Leader）。

功能：单箭头标注指向物体。

指令操作：下拉菜单“标注”下选择“直径”命令或在尺寸标注工具栏选择。

命令：MLEADER

指定引线箭头的位置或[引线基线优先(L)/内容优先(C)/选项(O)]<选项>：

指定引线基线的位置：

在需要的位置单击后，出现如图 6-5 所示“文字格式”对话框，在对话框中设置文字格式，然后输入文字，单击“确定”按钮即可。

图 6-5　“文字格式”对话框

6.2　尺寸变量

尺寸变量是控制尺寸标注的参量，它的设置直接影响尺寸标注的方式。通过对尺寸变量的设置，可以对确定组成尺寸的尺寸线、尺寸界线、尺寸文本以及箭头的样式、大小和它们之间的相对位置等进行修改，以满足尺寸标注的使用要求，

6.2.1　尺寸变量显示（STATUS）命令

尺寸变量是 AutoCAD 系统变量的一部分，AutoCAD 提供了众多的尺寸变量。在 Dim 命令的状态下，利用 STATUS 命令可以了解这些尺寸变量的当前值。

命令：DIM

DIM: STATUS

回车后屏幕显示尺寸变量的信息。

6.2.2 尺寸变量的改变

在标注尺寸时，根据要标注尺寸的类型和方式的不同，有时需要对尺寸变量的设置进行修改。改变某一尺寸变量的值时，有如下两种方法：

（1）在“Command:”或“DIM:”状态下，输入尺寸变量名，然后根据提示操作即可。例如，当希望把箭头的值改为 4 时，可按下面方式操作：

Command: DIMASZ

New value for DIMAS2<2.50>:4

（2）利用“标注样式管理器”设置尺寸标注形式。AutoCAD 还提供了利用“标注样式管理器”设置尺寸标注方式的功能，如图 6-6 所示。

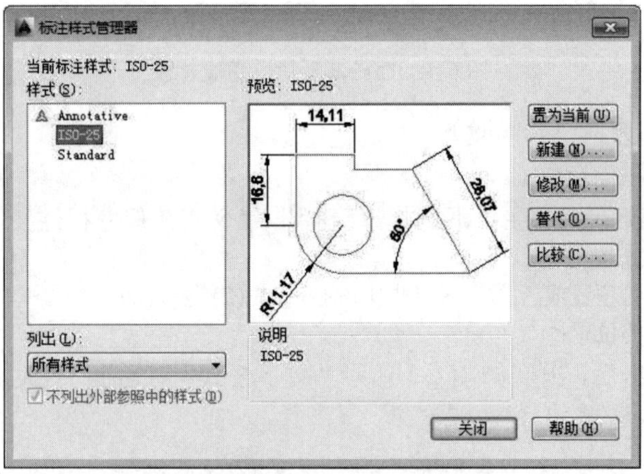

图 6-6　“标注样式管理器”对话框

在 AutoCAD 中，可在命令行中输入 DimStyle 或 DDIM 来打开“标注样式管理器”对话框。也可以从下拉菜单“格式”下或“标注”下选择“标注样式”命令或在标注工具栏中单击“标注样式”图标。利用该“标注样式管理器”，用户可以形象直观地设置尺寸变量，建立尺寸标注样式。

（3）形位公差的标注。形位公差将用一个特征控制框并根据标注形位公差的要求进行设置。

标注形位公差的操作：在下拉菜单“标注”下选择“公差”命令或从标注工具栏单击“公差”图标，出现“形位公差”对话框，如图 6-7 所示。单击符号栏黑框，显示形位公差“特征符号”对话框，如图 6-8 所示，在此对话框内选取所需符号。

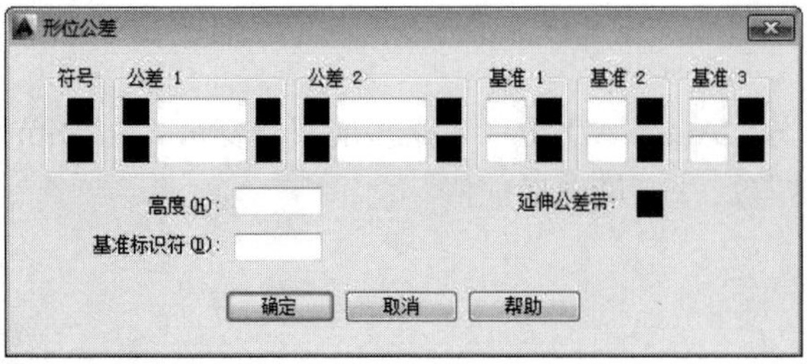

图 6-7　“形位公差”对话框

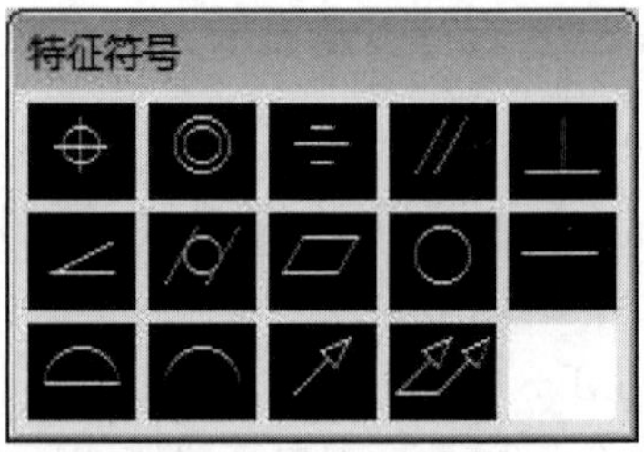

图 6-8　“特征符号”对话框

6.3　尺寸的标注编辑

对图形中已标注好的尺寸，也可以进行编辑。尺寸标注的编辑命令是用来编辑或管理有关尺寸标注方式及其尺寸变量的命令。

在 AutoCAD 中，可以用特性管理器和相应的编辑命令对尺寸进行编辑。

6.3.1　用特性管理器修改尺寸特性

利用特性管理器可以非常方便地管理、编辑尺寸的各组成要素。在特性管理器中可以进行编辑的特性有常规特性、尺寸线及箭头、标注文字、各组成要素的位置、公差等。

6.3.2　编辑尺寸（DIMEDIT）命令

编辑尺寸（DIMEDIT）命令的主要功能是对已标注的尺寸进行文字更新、文字旋转和调整尺寸界线的倾斜角。

编辑尺寸（DIMEDIT）命令的操作：在标注工具栏选择“编辑标注”图标即可。

6.3.3　尺寸标注的编辑

命令：DIMEDIT

工具栏：标注→编辑标注文字

操作格式：

命令：dimedit

输入标注编辑类型[默认(H)/新建(N)/旋转(R)/倾斜(0)]<默认>：

各选项含义如下：

（1）默认：按默认位置、方向放置尺寸文字。执行该选项，提示：

选择对象：(在此提示下选择尺寸对象即可)

（2）新建：修改指定尺寸对象的尺寸文字。执行该选项，弹出“多行文字编辑器”对话框，可在该对话框中输入新尺寸值，输入后单击对话框中的“确定”按钮，提示：

选择标注：(在此提示下选择尺寸对象即可)

（3）旋转：将尺寸文字按指定的角度旋转（图 6-9）。执行该选项，提示：

输入文字角度：(输入角度值)

选择对象：(选择尺寸对象)

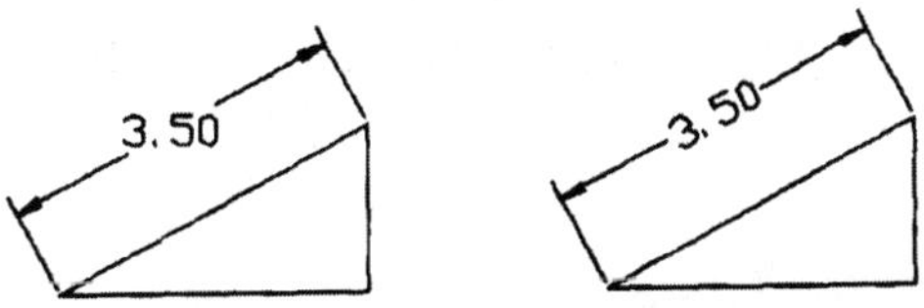

（a）旋转前　　（b）旋转后

图 6-9　旋转尺寸文字

（4）倾斜：修改长度型尺寸标注，使尺寸界线旋转一角度，与标注线不垂直（图 6-10）。执行该选项，提示：

输入文字角度：(输入新角度）
选择对象：(选择尺寸对象，之后可继续选择尺寸对象）

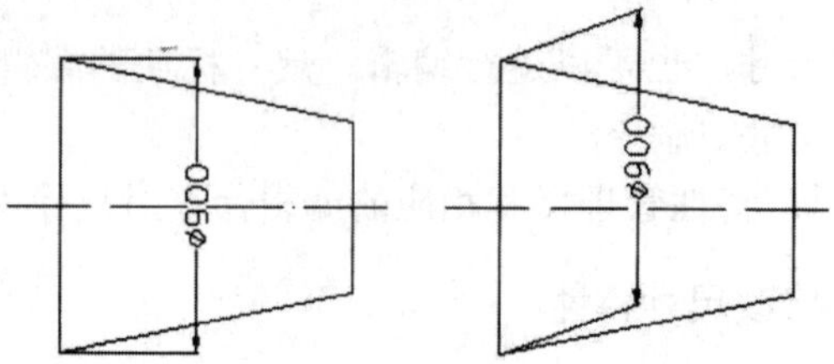

修改前　　　　　　修改后

图 6-10　修改尺寸界线

6.3.4　修改尺寸文本的位置

修改尺寸文本（DIMTEDIT）命令主要用于改变尺寸文本沿尺寸线的位置和角度。该命令的操作：

命令：DIMTEDIT

下拉菜单：标注→对齐文字

工具栏：标注→编辑标注文字

操作格式：

命令：DIMTEDIT
选择标注：(选择尺寸对象）
指定标注文字的新位置或[左(L)/右(R)/中心(C)/默认(H)/角度(A)]:

各选项含义如下：

（1）左、右：这两个选项仅对长度型、半径型、直径型尺寸标注起作用。它们分别决定尺寸文字是沿标注线左对齐还是右对齐。

（2）默认：按默认位置、方向放置尺寸文字。

（3）角度：使尺寸文字旋转一角度。执行该选项，AutoCAD 提示：

输入文字角度：(输入角度值即可）

6.3.5　更新标注（UPDATE）命令

更新尺寸标注（UPDATE）命令可使已有的尺寸标注与当前尺寸标注一致。

更新尺寸标注（UPDATE）命令的操作：在标注工具栏选择“标注更新”或在下拉菜单“标注”下选择“更新标注”命令。这样，所选的尺寸标注对象将按当前的尺寸标注样式来更新。

命令：DIM

下拉菜单：标注→更新

工具栏：标注→更新

功能：用户可以使某个已标注的尺寸按当前尺寸标注样式所定义的形式进行更新。AutoCAD 提供“标注”→“更新”命令来实现这一功能。

操作格式：

选择对象：(选择要更新的尺寸标注）

选择对象：(继续选择尺寸标注或按回车键结束操作，回到“标注”提示符下)

在“标注”提示符后，输入 E 并回车，返回到“命令”提示符状态。

通过上述操作，AutoCAD 将自动把所选择的尺寸标注更新为当前尺寸标注样式所设置的形式。

6.4　实训

绘制如图 6-11 所示的零件图。

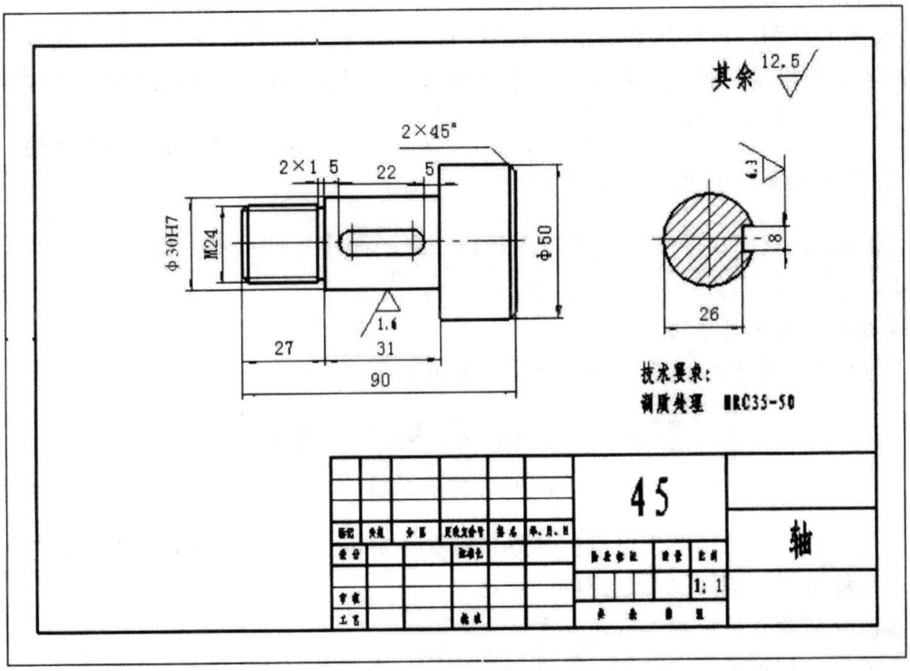

图 6-11　轴的零件图

1. 零件分析

该零件表达采用了一个轴线水平放置的主视图和一个剖面图。主视图由同轴圆柱体组成，两端有倒角，左端带有螺纹，中间有键槽，还有表面粗糙度要求和文字标注。

2. 设定图纸、布置视图

图幅 A4，比例 1:1，横放，填写好标题栏。

3. 绘图步骤

(1) 绘制视图。将当前层设置为中心线层，用“直线”命令绘制各轴段，用“倒角”命令画两端倒角；用“圆”和“直线”命令画键槽；编辑、修改、画剖面线，完成绘图。

(2) 标注尺寸。将当前层设置为尺寸线层，注出 27、90、31、5、2×1、M24 等尺寸。

选择“标注”菜单下的“公差”命令，弹出“形位公差”对话框，标注同轴度，标注出 ϕ30H7。

(3) 填写技术要求：用“多行文字标注”命令在标题栏的上方写出技术要求。

第 7 章　图形的显示与图层

7.1　图形显示

在使用 AutoCAD 绘图时，一个重要的方面是控制图形窗口的显示。AutoCAD 提供了多种显示命令来改变视图，可以从不同角度观看图形，从而使用户在绘图和读图时更方便。

AutoCAD 提供了一组查询命令，利用这些命令可以了解系统的运行状态、查询图形对象的数据信息等，是计算机辅助设计的重要工具。

7.1.1　图形缩放（ZOOM）命令

缩放命令如同摄像机的变焦镜头。它可以增大或减小视图区域，使图形放大或缩小，但对象的真实尺寸保持不变。

1. 缩放命令的使用方法

（1）从缩放工具栏中选择各项，如图 7-1 所示。

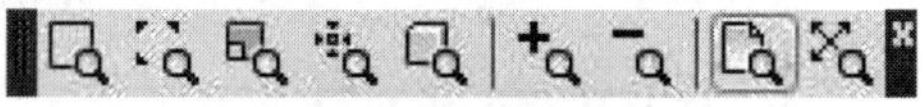

图 7-1　缩放工具栏

（2）从下拉菜单“视图”下选择“缩放”命令后，再选取各选项。

（3）从标准工具条中选择常用的四项命令。

2. 各选项的意义

（1）窗口：把矩形窗口范围内的图形放大到整个屏幕。

（2）实时缩放：选取该项，屏幕光标就变为放大镜符号。按住鼠标左键向上移动放大图形，向下移动缩小图形。

（3）动态缩放：该选项提供了一种转换到另一个图形的简便、快捷的方法，使用它可以看到整个图形，然后确定新视图的位置和大小。

（4）前一视图：选取该项可使屏幕显示上一次的视图。

（5）全部视图：选取该项可以使绘制的图形在屏幕上全部显示，看到整个图形。

7.1.2　平移（PAN）命令

使用“平移”命令可以观看当前视图中图形的不同部分，而不改变缩放比例。该命令有两种模式：实时模式和定点模式，一般用实时模式。

平移命令的操作：在标准工具栏单击“平移”按钮，即进入实时平移状态，光标变成一只小手。按住鼠标左键向任何方向移动，窗口内的图形就可按光标移动的方向移动。

7.1.3 重画（REDRAW）与重生成（REGEN）命令

（1）重画命令。重画命令用于重画屏幕上的图像。当所看到的图形不完整时，可以使用此命令。在下拉菜单“视图”下选择“重画”命令或按两次F7键即可。

（2）重生成命令。重生成命令用于新生成屏幕上图形的数据。

7.1.4 图形信息的查询

AutoCAD提供了一组查询命令，利用这些命令可以了解当前运行状态、查询图形对象的数据信息、计算距离和面积等。使用时在下拉菜单“工具”下选择“查询”命令，再选择各项即可。

7.2 图层、线型和颜色命令

本节着重介绍在绘图过程中如何设置、建立和使用图层，并且给每个图层赋线型及颜色。

7.2.1 图层

图层是开展结构化设计的不可缺少的软件环境。众所周知，一幅机械工程图纸包含各种各样的信息，有确定图形形状的几何信息，也有表示线型、颜色等属性的非几何信息，还有各种尺寸和符号。这么多的内容集中在一张图纸上，必然会给设计绘图工作造成很大的负担。如果能把相关的信息集中在一起，或把某个零件、组件集中在一起单独绘制或编辑，当需要时又能够组合或单独提取，将使绘图设计工作进一步简化。

图层可以看作是一张张透明的薄片，图形和各种信息就绘制与存放在这些透明薄片上，但每一个图层必须有唯一的层名。不同的层上可以设置不同的线型、颜色和线宽，所有的图层由系统统一定位，且坐标系相同，因此在不同图层上绘制的图形不会发生位置上的混乱，图7-2形象地说明了图层的概念。

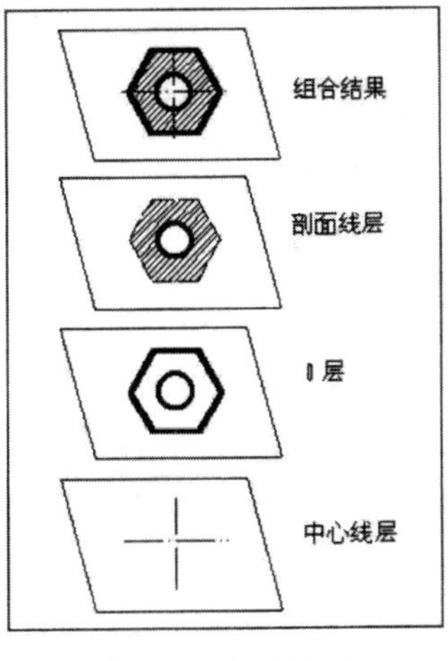

图7-2 图层的概念

图层是有状态的，而且状态可以改变。图层的状态包括层名、颜色、线型、打开或关闭以及是否为当前层。每一个图层都对应一组事先确定好的层名、颜色、线型和打开与否的状态。根据作图需要可以随时将某一图层设置为当前层，初始层的层名为 0，颜色为白色，线型为连续线。当前层状态始终为打开状态，既不能关闭当前层，也不能删除当前层。绘图时各种实体可以放在一个图层上，也可以放在多个图层上，并给每个图层设置不同的颜色和线型。这样便于对所有实体的可见性、颜色、线型和线宽进行全面控制。

1. 图层在使用过程中的特性

（1）图层名。每个图层都有一个名字，其中 0 层是 AutoCAD 自动定义的，其余由用户自己定义，不超过 31 个字符。

（2）在一幅图中使用的层数不限，每层容纳的实体数量不受限制。

（3）在绘制图形时，只有当前层起作用，也就是绘制图形时均画在当前层上。

（4）同一图层上的实体处于同一状态，如可见或不可见。

2. 图层的设置和使用

在 AutoCAD 中，可以用“图层特性管理器”对话框方便地设置和控制图层。利用对话框可以直接设置及改变图层的参数和状态，即设置层的颜色、线型、可见性，建立新层，设置当前层，冻结或解冻图层，锁定或解锁图层以及列出所有存在的层名等操作。

从下拉菜单“格式”下选择“图层”命令或在特性工具栏单击“图层”图标，出现如图 7-3 所示的“图层特性管理器”对话框。

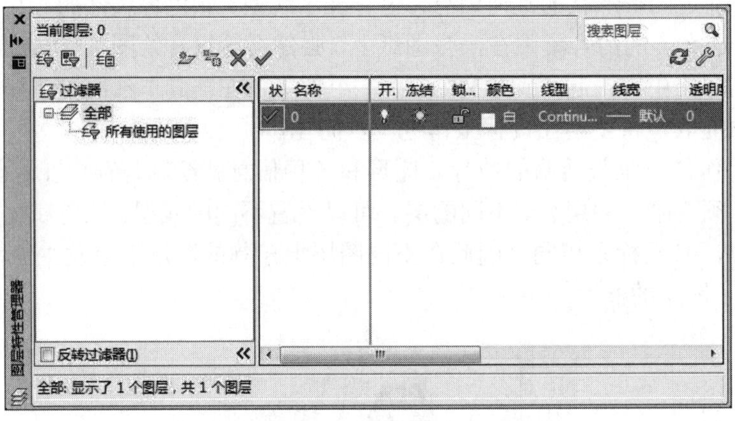

图 7-3 “图层特性管理器”对话框

（1）建立新图层。在“图层特性管理器”对话框中单击“新建”按钮，建立一个名为 Layer1 的新图层，也可以将此名称重命名。

（2）设置当前层。在对话框中选择一个图层名，然后单击“当前”按钮，就可以将该层设置为当前层。在绘图过程中改变当前层最好从特性工具栏的层名列表框中选取。

（3）设定图层颜色。图层中的每一层都有一个颜色号，该编号是 1～255 之间的一个整数。为了便于在不同计算机系统之间交换图形，在 1～255 中常使用前七个标准色，它们是：

1．Red：红色。

2．Yellow：黄色。

3．Green：绿色。

4．Cyan：青色。

5．Blue：蓝色。

6．Magenta：洋红色。

7．White：白色。

如果要改变图层的颜色，在对话框中选择一个图层名后单击颜色，出现如图 7-4 所示的“选择颜色”对话框，在此对话框中选取需要的颜色，单击“确定”按钮，就可以将该层设置为所需要的颜色。

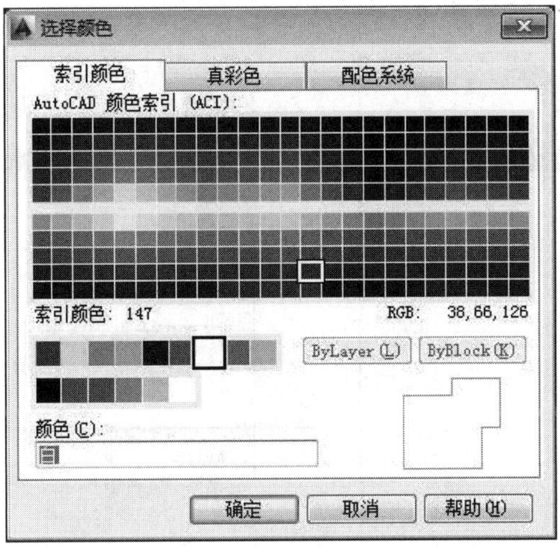

图 7-4 “选择颜色”对话框

（4）设定图层的线型。每一个图层可以设置一个具体的线型，不同的图层的线型可以相同，也可以不同。每一种线型都有自己的名字，线型名最长不超过 31 个字符。所有新生成的层上的线型都按默认方式定为 Continuous。

如果要改变图层的线型，在对话框中选择一个图层名后单击“线型”，出现如图 7-5 所示的“选择线型”对话框，在此对话框中选取需要的线型，单击“确定”按钮，就可以将该层设置为所需要的线型。如果在“选择线型”对话框中没有所需要的线型，则单击“加载”按钮，出现如图 7-6 所示的“加载或重载线型”对话框，在“可用线型”列表框中选取所需线型，单击“确定”按钮即可。

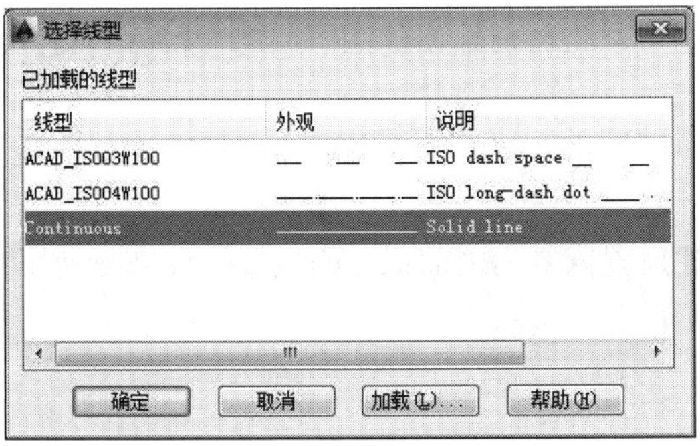

图 7-5 “选择线型”对话框

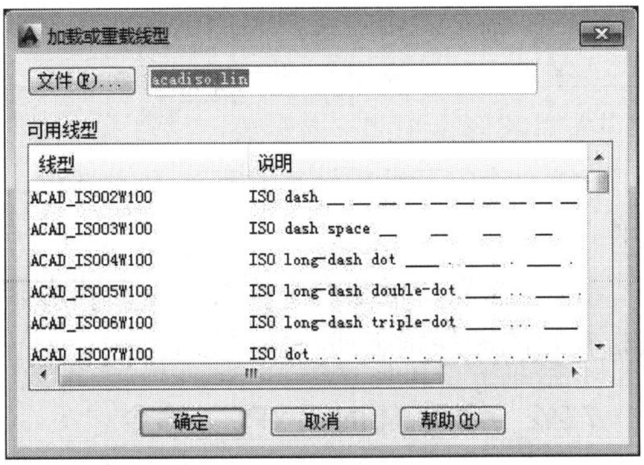

图 7-6 “加载或重载线型”对话框

（5）图层线宽的设置。图层线宽是 AutoCAD 新增的特性，通过线宽特性，可以使绘制出的图形更直观。图层线宽的设置是在对话框中选择一个图层名，然后单击“线宽”按钮，出现如图 7-7 所示的“线宽”对话框，在此对话框中选取所需线宽后，单击“确定”按钮，就可以将该层设置为所需线宽。

3. “图层状态管理器”的使用

利用“图层状态管理器”可以创建或编辑图层状态。

选择下拉菜单“格式→图层状态管理器”命令或单击特性工具栏的“图层”图标，弹出如图 7-8 所示的“图层状态管理器”对话框。

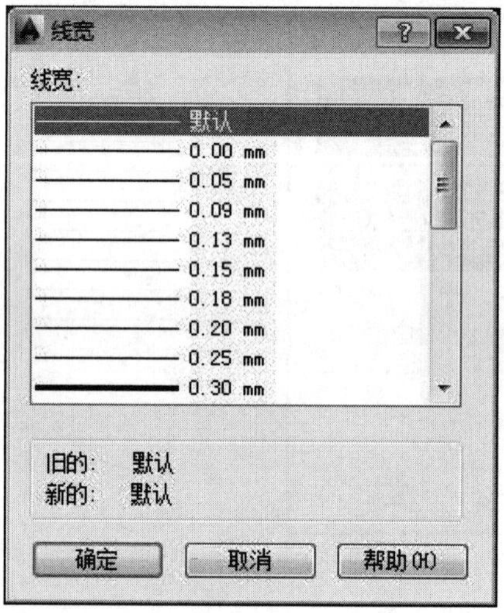

图 7-7 “线宽”对话框

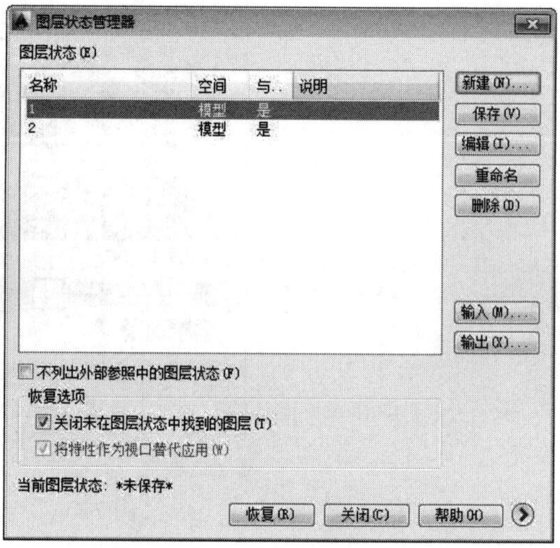

图 7-8 “图层状态管理器”对话框

在“图层状态管理器”对话框中列出已保存在图形中的命名图层状态、保存它们的空间（模型空间、布局或外部参照）、图层列表是否与图形中的图层列表相同以及可选说明。

（1）新建：显示“要保存的新图层状态”对话框，从中可以提供新命名图层状态的名称和说明。

（2）保存：保存选定的命名图层状态。

（3）编辑：显示“编辑图层状态”对话框，从中可以修改选定的命名图层状态。

（4）重命名：允许编辑图层状态名。

（5）删除：删除选定的命名图层状态。

（6）输入：显示标准文件选择对话框，从中可以将之前输出的图层状态（LAS）文件加载到当前图形。

（7）输出：显示标准文件选择对话框，从中可以将选定的命名图层状态保存到图层状态文件中。

（8）恢复：将图形中所有图层的状态和特性设置恢复为之前保存的设置。仅恢复使用复选框指定的图层状态和特性设置。

7.2.2 线型（LINETYPE）命令

线型命令列出、加载及设置当前图形允许使用的线型。

1. 线型定义

线型是由虚线、点和空格组成的重复图案，显示为直线或曲线。可以通过图层将线型指定给对象，也可以不依赖图层而明确指定线型。除选择线型外，还可以将线型比例设定为控制虚线和空格的大小，也可以创建自己的自定义线型。

在一个或多个扩展名为.lin 的线型定义文件中定义了线型。

线型名及其定义确定了特定的点划线序列、划线和空格的相对长度以及所包含的任何文字或形的特征。可以使用 AutoCAD 提供的任意标准线型，也可以创建自己的线型。

一个 LIN 文件可以包含许多简单线型和复杂线型的定义。可以将新线型添加到现有 LIN 文件中，也可以创建自己的 LIN 文件。要创建或修改线型定义，使用文本编辑器或字处理器编辑 LIN 文件，或者在命令提示下使用 LINETYPE 命令编辑 LIN 文件。

创建线型后，必须先加载该线型，然后才能使用它。AutoCAD 中包含的 LIN 文件为 acad.lin（英制）和 acadiso.lin（公制）。具体选择哪个线型文件取决于使用英制测量系统还是公制测量系统。

线型命令的使用：在下拉菜单“格式”下选择“线型”命令，出现如图 7-5 所示的“选择线型”对话框，在此对话框中可以加载和设置线型。

2. 加载线型

在每次开始绘图时加载所需线型，以便随时使用。

加载线型的步骤：在图 7-5 所示的“选择线型”对话框中，单击“加载”按钮，出现如图 7-6 所示的“加载或重载线型”对话框，在此对话框中选择可以加载的线型，单击“确定”按钮。

如果没有列出所需的线型，请单击“文件”按钮，出现如图 7-9 所示的“选择线型文件”对话框。在“选择线型文件”对话框中选择一个要列出其线型的 LIN 文件，然后单击“打开”按钮，之后打开的对话框显示了存储在选定 LIN 文件中的线型定义，选择线型，单击“确定”按钮。

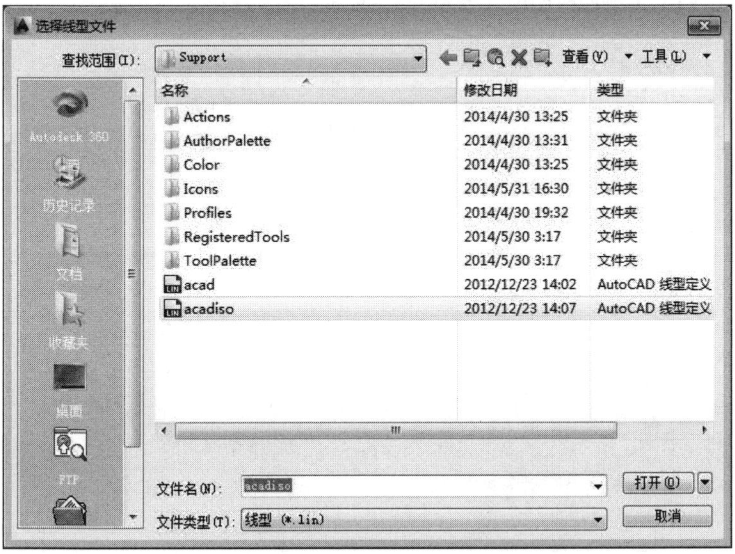

图 7-9 “选择线型文件”对话框

3. 设置当前线型和更改对象的线型

（1）设置当前线型。在绘图时所有对象都是使用当前线型，也可以使用“线型”控件设定当前的线型。如果将当前线型设定为 ByLayer（随层），将使用指定给当前图层的线型来创建对象。如果将当前线型设定为 ByBlock（随块），则将对象编组到块中之前，将使用 Continuous 线型来创建对象。将块插入到图形中时，此类对象将采用当前线型设置。如果不希望当前线型成为指定给当前图层的线型，则可以明确指定其他线型。

如果要为随后创建的所有对象设置特定的线型，可将“特性”工具栏上的当前线型设置从“随层”改为特定的线型。

（2）更改对象的线型。更改对象的线型有三个选择：

1）将对象重新指定给具有不同线型的其他图层。如果将对象的线型设置为“随层”，并将该对象重新指定给了其他图层，则该对象将采用新图层的线型。

2）修改指定给该对象所在图层的线型。如果对象的线型设置为“随层”，则该对象将采用其图层的线型。如果更改了指定给图层的线型，则该图层上被指定为“随层”线型的所有对象都将自动更新。

3）为对象指定一种线型以替代图层的线型。可以明确指定每个对象的线型。如果要使用其他线型来替代对象的由图层决定的线型，请将现有对象线型从“随层”改为特定的线型，例如 DASHED。

4. 线型比例

通过全局更改或分别更改每个对象的线型比例因子，可以以不同的比例使用同一种线型。

默认情况下，全局线型和独立线型的比例均设定为 1.0。比例越小，每个绘图单位中生成的重复图案数越多。例如，设定为 0.5 时，每个图形单位在线型定义中显示两个重复图案。不能显示一个完整线型图案的短直线段显示为连续线段。对于太短甚至不能显示一条虚线的直线，可以使用更小的线型比例。

要改变线型比例因子，可在如图 7-10 所示的“线型管理器”对话框中，将显示的“全局比例因子”和“当前对象缩放比例”进行更改即可。

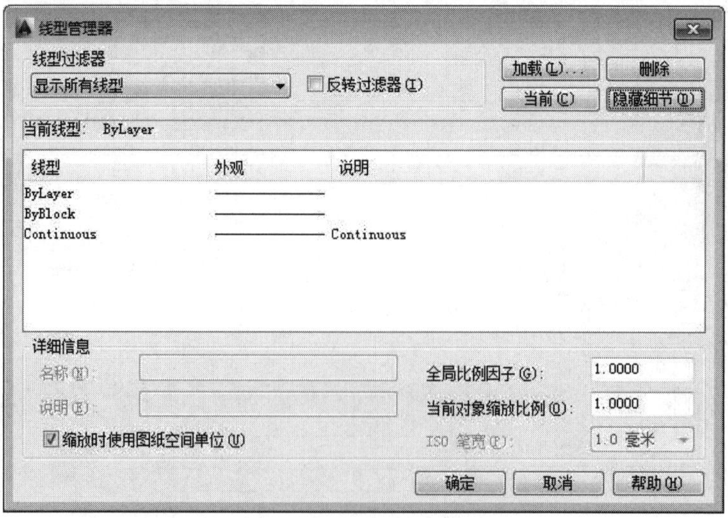

图 7-10 “线型管理器”对话框

7.2.3 颜色（COLOR）命令

该命令用以设置新对象的颜色。可以从255种AutoCAD颜色索引（ACI）颜色、真彩色和配色系统颜色中选择颜色。

选择下拉菜单“格式”→“颜色”命令，出现如图7-4所示的“选择颜色”对话框。在此对话框中进行颜色的设置。

1. 当前颜色的设置

可以使用颜色直观地标识对象。既可以随图层指定对象的颜色，也可以不依赖图层明确指定对象的颜色。

随图层指定颜色可以轻松地识别图形中的每个图层。明确指定颜色会使同一图层的对象之间产生差别。可以利用颜色作为相关打印指示线宽的方法。

在图7-4所示的“选择颜色”对话框中可以使用多种调色板。

（1）AutoCAD颜色索引（ACI）。ACI颜色是AutoCAD中使用的标准颜色。每种颜色均通过ACI编号（1～255之间的整数）标识。标准颜色名称仅用于颜色1～7。颜色指定如下：1红、2黄、3绿、4青、5蓝、6洋红、7白/黑。

（2）真彩色。在图7-4所示的“选择颜色”对话框中，单击“真彩色”选项卡，出现如图7-11所示的“选择颜色（真彩色）”对话框，在此对话框中进行颜色的设置。

真彩色使用24位颜色定义显示1600多万种颜色。指定真彩色时，可以使用RGB或HSL颜色模式。通过RGB颜色模式，可以指定颜色的红、绿、蓝组合；通过HSL颜色模式，可以指定颜色的色调、饱和度和亮度要素。

（3）配色系统。选择配色系统后，“配色系统”选项卡将显示选定配色系统的名称。

在图7-4所示的“选择颜色”对话框中，单击“配色系统”选项卡，出现如图7-12所示的“选择颜色（配色系统）”对话框，在此对话框中指定用于选择颜色的配色系统。

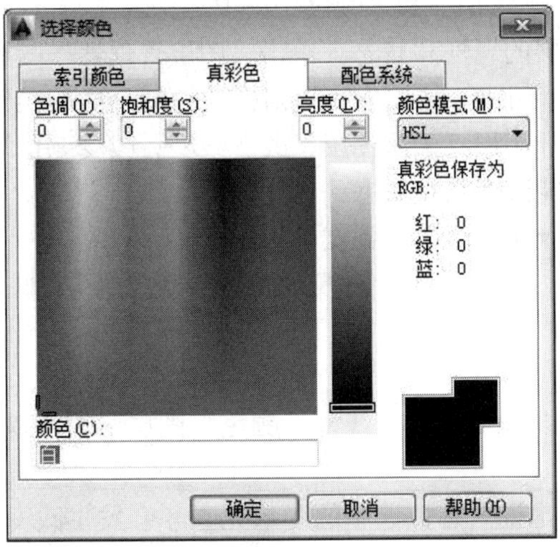

图7-11 “选择颜色（真色彩）”对话框

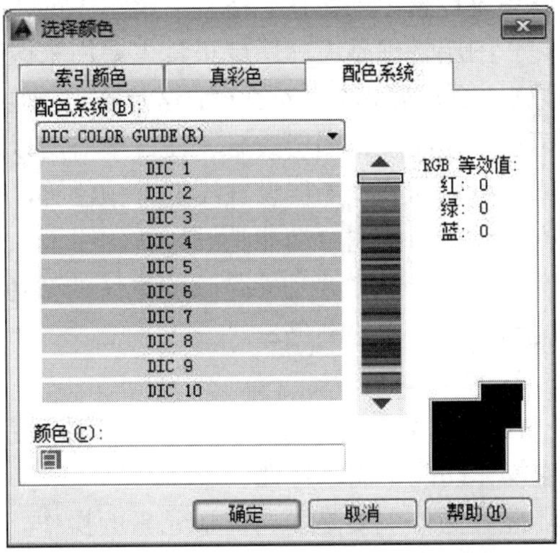

图7-12 “选择颜色（配色系统）”对话框

列表中包括在“配色系统位置”找到的所有配色系统，显示选定配色系统的页以及每页上的颜色和颜色名称。程序支持每页最多包含10种颜色的配色系统。如果配色系统没有分页，程序将按每页 7 种颜色的方式将颜色分页。要查看配色系统页，请在颜色滑块上选择一个区域或用上下箭头进行浏览。

通过使用“选项”对话框中的“文件”选项卡，可以在系统中安装配色系统。加载配色系统后，可以从配色系统中选择颜色，并将其应用到图形中的对象。

2. 修改对象的颜色

通过将对象重新指定到其他图层、修改对象所在图层的颜色或者为对象明确指定颜色，可以修改对象的颜色。

可以使用以下几种选择修改对象的颜色：

（1）将对象重新指定给具有不同颜色的其他图层。如果将对象的颜色设置为“随层”，并将该对象重新指定给其他图层，则该对象将采用新图层的颜色。

（2）选择对象所在层的颜色，可以改变对象的颜色。

（3）给对象指定一种颜色以替代图层的颜色。

如果要为随后创建的所有对象设置特定的颜色，请将“特性”工具栏上的当前颜色设置从“随层”改为特定的颜色。

7.3 实训

7.3.1 图层、线型、颜色综合应用

在前面几节对图层、线型和颜色进行了全面的介绍，但是，由于图层、线型和颜色的操作在几个不同的位置都可以进行，彼此之间又有一定的联系，而各自的侧重点又有所不同，为了便于正确操作，对图层、线型和颜色的控制分以下三类进行。

1. 系统设置

系统设置主要包括“格式”菜单中的“图层”“线型”和“颜色”选项。

“图层管理器”和图层工具主要用来改变图层的属性和状态。单击“图层管理器”图标，可弹出“图层管理器”对话框，这是实现对层控制的主要途径，它可以对图层进行全面的操作，即可以创建图层、图层改名、设置当前层以及打开图层、关闭图层、改变线型、改变颜色等。例如，可以为某个图层设置线型、颜色等，但不能改变系统状态。

“线型”的主要功能是设计新的线型，并将操作结果保存到文件中。

“颜色”的主要功能是改变系统的颜色状态，将已画出的图线、此后所有图层中的图线均变为用户选定的颜色。

2. 图形编辑

在绘图区选中要编辑的对象，出现对话框，在此可以改变线型、颜色、图层选项，以及右键操作功能中的“特性”选项。

此类操作主要是面向图形元素的操作，也就是说只有被选中的图形元素才会发生改变，它们不会改变系统状态，也不会改变图层属性，它们的使用范围最窄，但另一方面，它们使用起来非常灵活方便，可以根据需要对任一图层上的图形元素进行修改。

3. 属性工具栏

在属性工具栏中包含图层、颜色、线型设置三个按钮和当前层选择、线型选择两个下拉

列表框。

常用操作如下：

（1）单击“图层”按钮，弹出“图层特性管理器”对话框，它的作用与“系统设置”菜单中的层控制选项的作用一样。

（2）“当前层”下拉列表框中的选择：“当前层”下拉列表框中列出了当前图形文件中的所有图层，使用时可从中选择一个作为当前层。用该方法改变当前层方便、快捷。

（3）设置颜色：单击“颜色”按钮，可弹出“选择颜色”对话框，它的作用和功能与“设置”菜单中的颜色选项的作用一样。用该方法改变当前颜色方便、快捷。

（4）线型设置：在属性工具栏中的“线型选择”下拉列表框中，列出了当前图形文件中的所有线型，需要时可从中选择一个线型。用该方法选择线型方便、快捷。

上述这三类控制方式，它们是相互联系、相辅相成的，在使用中如能熟练掌握、灵活运用，将大大提高绘图效率和质量。

7.3.2　房屋平面图的绘制方法和步骤

设计住宅的“首层平面图”，如图 7-13 所示。具体绘图步骤如下：

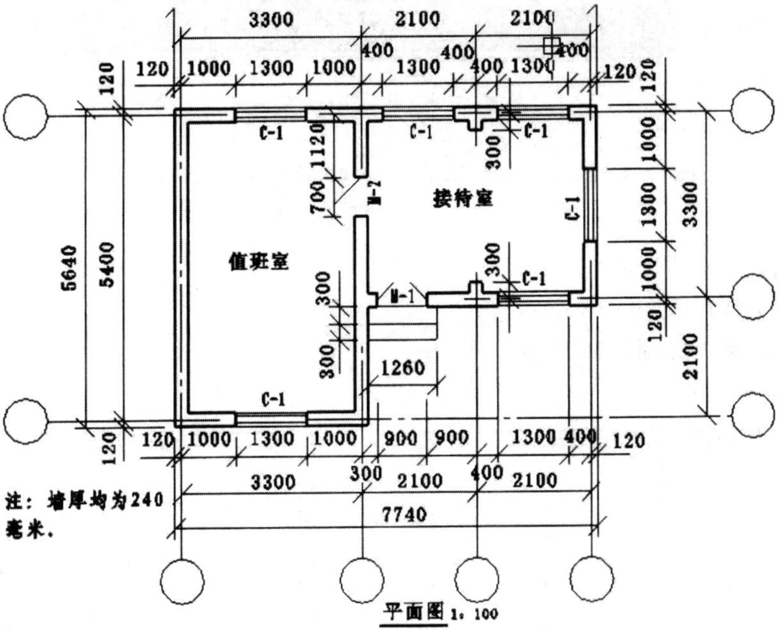

图 7-13　房屋平面图

1. 设置图幅及比例

图幅 A3，比例 1:100，插入图框及标题栏。

2. 画墙线

（1）设置墙线。由图 7-13 可知，墙厚为 240，轴线对中，内、外墙线与轴线对称分布。

选择菜单“格式”下的“多线样式”命令，弹出如图 7-14 所示的“多线样式”对话框。单击“新建”按钮，在“新新多线样式:墙线”对话框中，选择第一条线，将偏移改为 120，选择第二条线，将偏移改为-120，再单击“添加”按钮，设置偏移为 0，单击“线型”按钮，在“线型”对框中选择中心线，单击“确定”按钮即可。

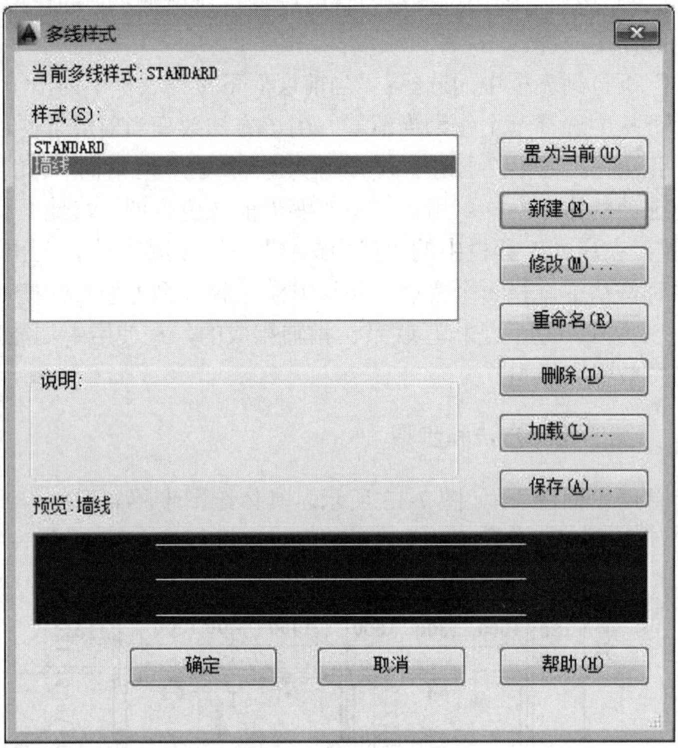

图 7-14 “多线样式”对话框

（2）选择“多线”命令绘制墙线和门窗。

1）绘制外墙，如图 7-15 所示。

2）绘制内墙，如图 7-16 所示。

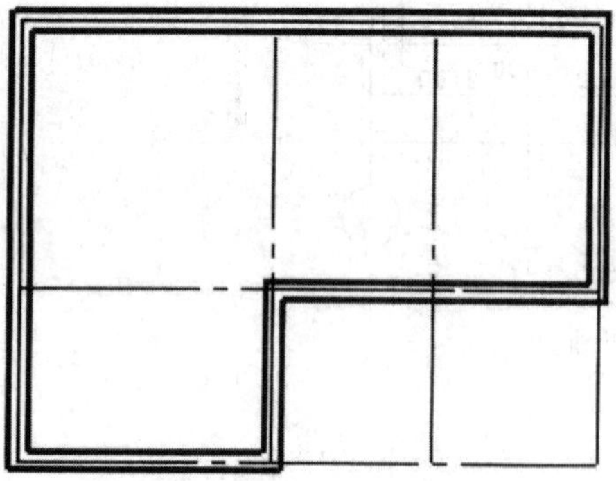

图 7-15 绘制外墙

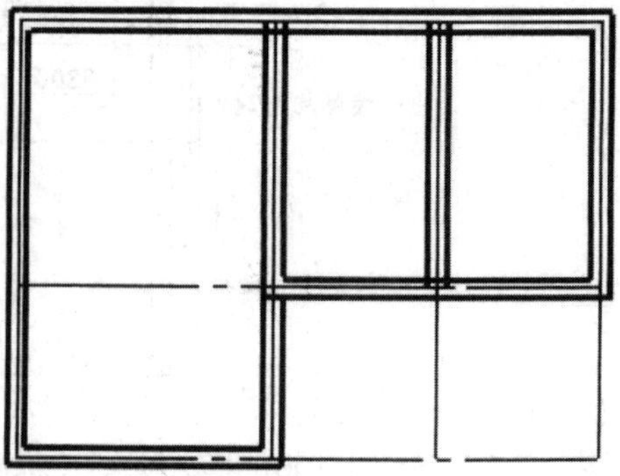

图 7-16 绘制内墙

3）编辑墙线，如图 7-17 所示。

4）绘制“门”，如图 7-18 所示。

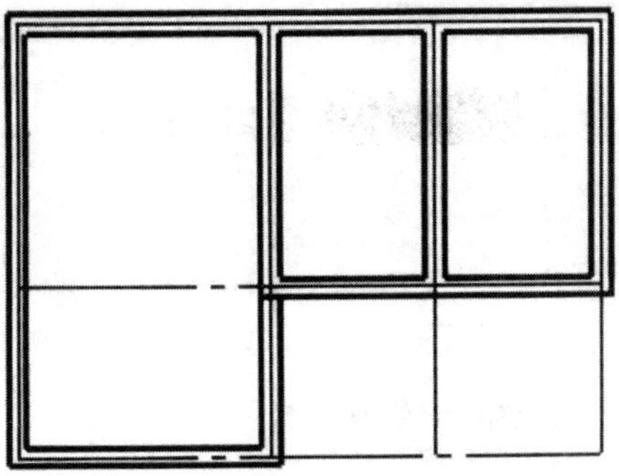

图 7-17　编辑墙线

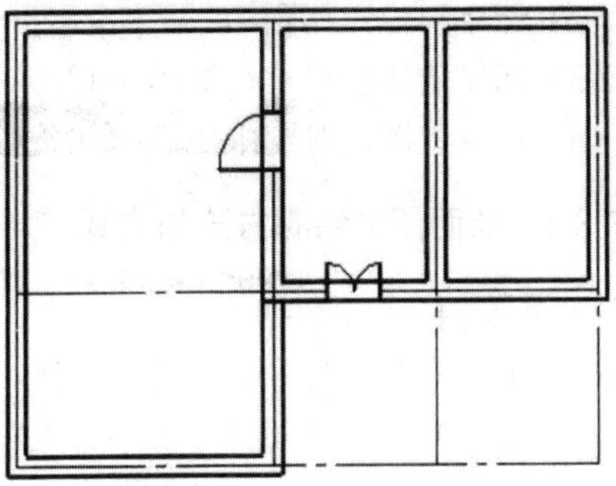

图 7-18　绘制“门”

5）绘制“窗”，如图 7-19 所示。

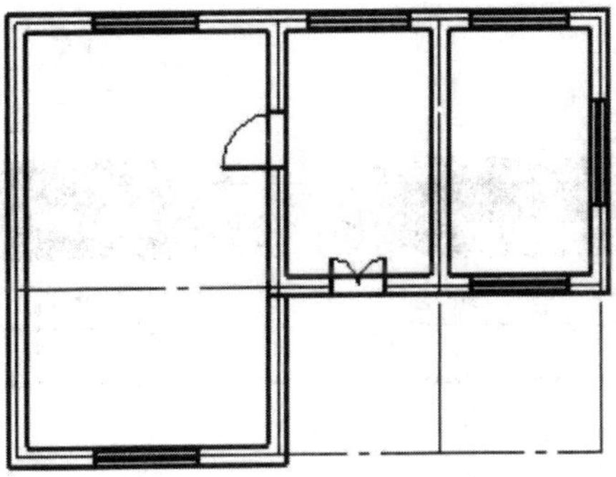

图 7-19　绘制“窗”

3. 标注尺寸

选择“尺寸标注”的“建筑标注设置”，然后对各个部分进行标注。

（1）标注平行轴网尺寸，如图 7-20 所示。

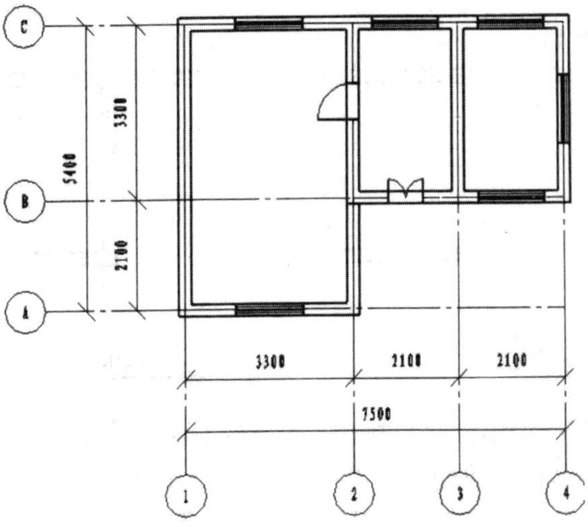

图 7-20　标注平行轴网尺寸

（2）标注门窗，如图 7-20 所示。
（3）标注墙体总尺寸，如图 7-13 所示。
（4）修改全图。对图中多余的线条进行必要的修改，完成全图，如图 7-13 所示。

7.3.3 断面图的绘制方法和步骤

绘制断面图的一般步骤：
（1）画图前首先要分析、看懂形体。
（2）根据视图数量和尺寸大小布置图面，画出各视图的定位基准线。
（3）逐一画出各视图并进行编辑修改。
（4）标注剖切符号，绘制剖面线，标注断面图名称。
（5）检查、修改、存盘。
已知组合体的平面图和正立面图，试作 1-1 断面图，如图 7-21 所示。

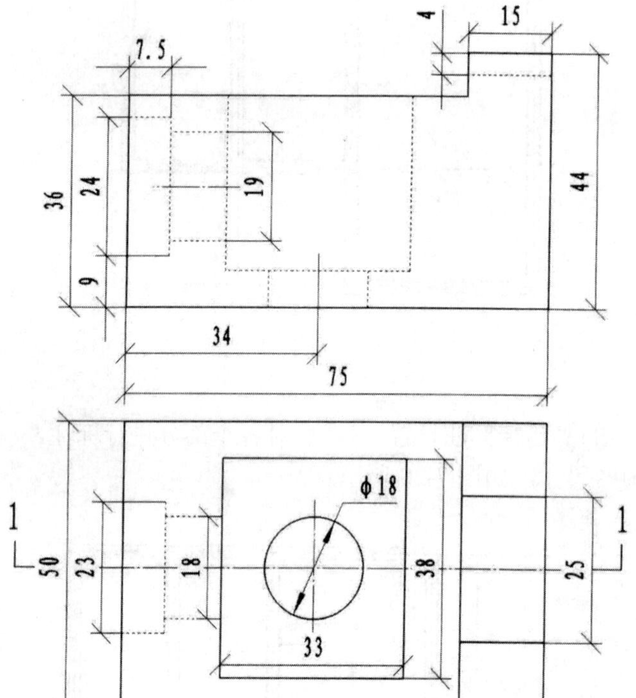

图 7-21　绘制断面图

1. 形体分析
该形体左右不对称，故正立面图采用全剖表达内形。
2. 绘图步骤
（1）按图 7-19 抄画平面图，并绘制立面图外轮廓线，如图 7-22（a）所示。
（2）将原立面图中的虚线改画成粗实线，如图 7-22（b）所示。
（3）将剖切面与物体的接触部分填充剖面线，如图 7-22（c）所示。
（4）在平面图上标注两个剖切位置 1-1 和尺寸，如图 7-22（d）所示。

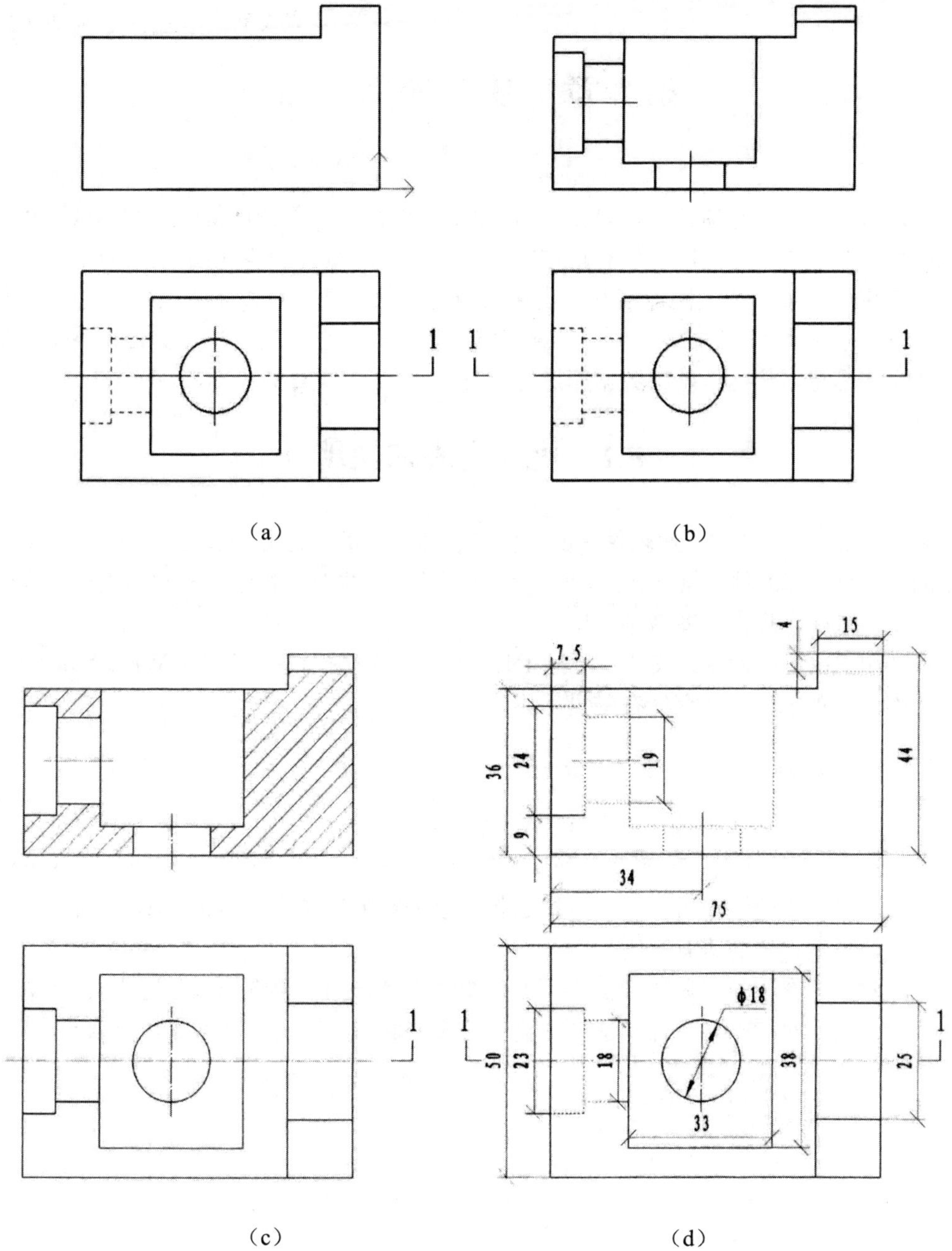

图 7-22　剖面图绘制

第 8 章　块与外部参照

块是以特定的名称存储起来，以便在 AutoCAD 图形中重复使用的一个实体或一组实体。块可以根据作图需要插入到图中任意指定的位置，且在插入时，可以指定不同的比例因子和旋转角度，使用块可以加快绘图速度和少占用磁盘空间等。块还可以带入文字信息，称为属性（attribute）。这些信息可在插入块时带入或者重新输入，可以设置它的可见性，还能从图形中提取这些文字信息，传送给外部数据库进行管理。

8.1　块的生成和使用

在利用 AutoCAD 开发专业软件（如在机械、建筑、道路、电子等方面）时，可将一些经常使用的常用件、标准件及符号作成图块，使之成为一个图库，在绘图时可以随时调用，这样会减少重复性工作，提高绘图效率。

可以使用 BLOCK 命令定义块；利用 INSERT 命令在图形中引用块；WBLOCK 命令则可以将块作为一个单独的文件存储在磁盘上。

8.1.1　块的定义

块是一个或多个对象形成的对象集合。这个对象集合也可看成是一个单一的对象（被称为块）。可以对块进行插入、比例缩放和旋转等操作。有时需要修改块，可以先将块分解为组成块的独立对象，修改这些对象后，再把这些对象重新定义成块。AutoCAD 会自动根据块修改后的定义，更新该块的所有引用。

图块的建立：在下拉菜单“绘图”下选择“块”命令后，再选取“创建”，出现如图 8-1 所示的“块定义”对话框，在此对话框中输入定义的块名、图块的基准点，选取对象即可。

图 8-1　“块定义”对话框

使用块时必须确定块名、块的组成对象和在插入块时要使用的插入基点。块名称及块的定义保存在当前图形中。

在“块定义”对话框的“基点”选项组提示输入基点。可以输入基点的坐标，也可以在屏幕上直接拾取。在插入一个块时，AutoCAD 需要指定“块”在图形中的“插入点”，这样被插入的块将以“基点”为基准，放在图形中指定的插入点位置。

在“对象”选项组，AutoCAD 提示用户选择组成块的对象。“选择对象”按钮供选择组成块的对象。选择对象时，系统将临时关闭“块定义”对话框，完成后系统将重新显示该对话框。

“保留”：创建块以后，将选定的对象保留在图形中。

“转换为块”：创建块以后，将选定对象转换成图形中的一个块引用。

“删除”：创建块以后，从图形中删除选定的对象。

选好对象并单击“确定”按钮后，系统便把选好的对象转换成一个块。

图 8-2 是一个机械图中常用到的螺栓、螺母及垫圈图，我们希望能在不同的图形文件中使用它。要想在不同的图形文件中使用该图，可以使用两种方法：一种就是使用现在介绍的块方法，即将每个图形定义为一个块，然后将其保存为一个文件，以后其他图形文件便可以调用它。另一种方法是使用本章后面要介绍的外部参照方法。下面运用块命令将每个图形定义为一个块。

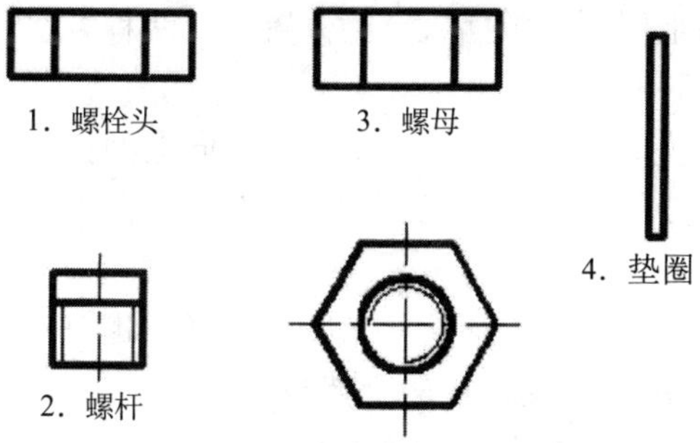

图 8-2　螺栓、螺母及垫圈图

在绘图工具栏单击“块”按钮或选择下拉菜单“绘图”→“块”→“创建”命令，系统出现如图 8-1 所示的“块定义”对话框，在“名称”中输入 LST（定义块螺栓头）。单击“拾取点”按钮，指定插入点（一般将基点选择在块的中心、左下角或其他有特征的位置上），选择“转换为块”单选按钮，单击“选择对象”按钮，选择对象：可用窗选拾取图形，右击结束对象选择，回到“块定义”对话框，单击“确定”按钮，关闭“块定义”对话框。

用同样的操作步骤，定义螺杆、螺母及垫圈的图形块。

8.1.2　块的使用

生成块的目的是在图形中使用块。当需要在图形中加入一个块时，使用插入块（INSERT）命令插入。无论块的复杂程度如何，AutoCAD 均将该块作为一个对象。如果需要编辑一个块中的对象，必须首先分解这个块。

1．插入图块

插入图块命令可将定义好的图块插入到当前图形文件中。

单击绘图工具栏的按钮或选择下拉菜单“插入”→“块”命令，打开如图 8-3 所示的“插入”对话框。可利用该对话框确定插入图形文件中的块名或图形文件名，也可使用该对话框确定插入点、比例因子和旋转角。

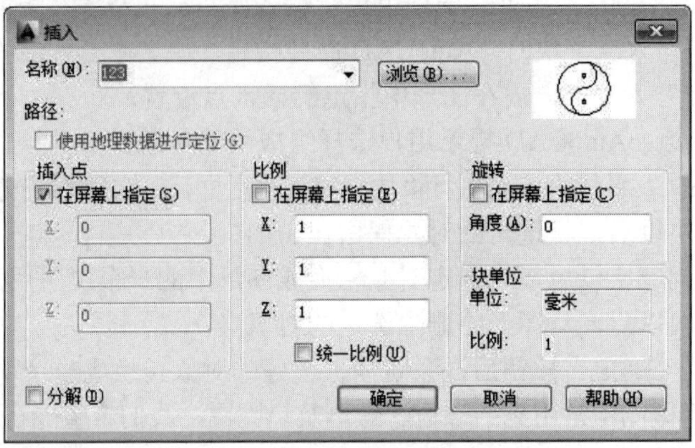

图 8-3　“插入”对话框

下面介绍“插入”对话框中几个部分的意义。

（1）名称：指定要插入块的名称，或指定要作为块的图形文件名。

（2）插入点：该选项组用于决定插入点的位置。有两种方法：在屏幕上使用鼠标指定插入点或直接输入插入点坐标。

（3）比例：该选项组决定块在 X、Y、Z 三个方向上的比例。也有两种方法决定缩放比例：在屏幕上使用鼠标指定或直接输入缩放比例。“统一比例”指 X、Y、和 Z 三个方向上的比例因子是相同的。

（4）旋转：该选项组决定插入块的旋转角度。同样，也有两种方法决定块的旋转角度：在屏幕上指定块的旋转角度或直接输入块的旋转角度。

（5）分解：决定插入块时是作为单个对象还是分成若干对象。此时，只能指定 X 比例因子。

下面看一看如何在图形中使用块，其操作步骤如下：在绘图工具栏单击或选择下拉菜单“插入”→“块”命令，在图 8-3 所示的对话框中单击“名称”框右边的下拉按钮，选择块的名称，将图 8-2 中的螺栓、螺母及垫圈的图块依次插入到图 8-4 的图形中，结果如图 8-5 所示。

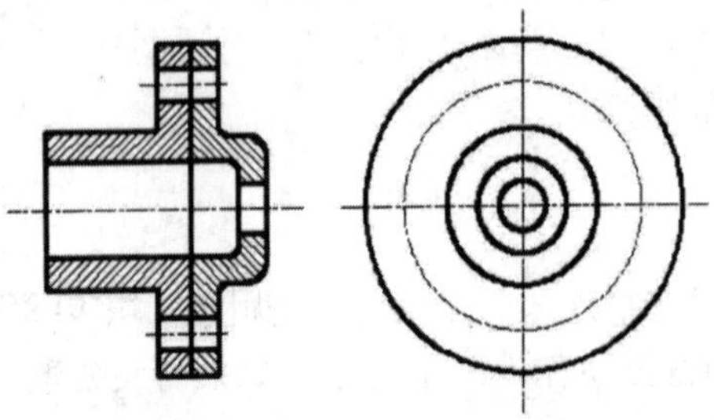

图 8-4　插入块前的图形

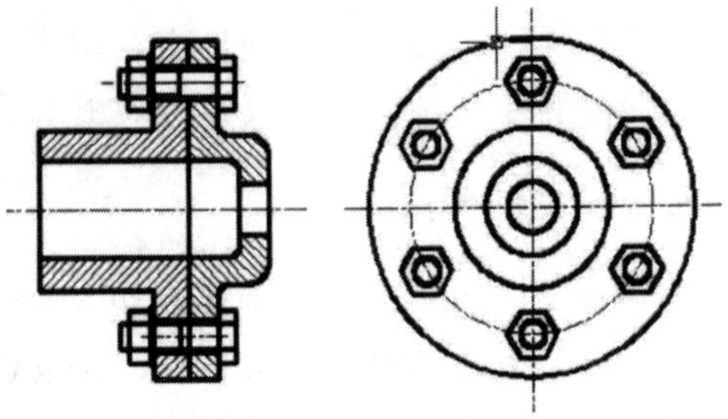

图 8-5　插入块后的图形

插入点：勾选“在屏幕上指定”复选框。

各图块的缩放比例如下：

螺栓头：X、Y 方向比例因子等于 12。

螺杆：X、Y 方向比例因子等于 12，Z 方向比例因子等于 46。

螺母：X、Y 方向比例因子等于 12。

垫圈：X、Y 方向比例因子等于 12。

2. 使用 MINSERT 命令插入多个块

MINSERT（多重插入）命令可用于以矩形阵列形式插入多个图块。实际上是将阵列命令和块插入命令合二而一的命令。尽管表面上 MINSERT 的效果同 ARRAY 命令一样，但它们本质上是不同的。ARRAY 命令产生的每一个目标都是图形文件中的单一对象，而 MINSERT 产生的多个块是一个整体，用户不能单独编辑一个组成阵列的块。

下面通过一个实例来说明块的生成和使用方法，如图 8-6 所示。

命令：MINSERT
输入块名[?]:（指定一个块名，或输入“？”列出当前图形中的所有块名）TU4
指定插入点或[比例(S)/X/Y/Z/旋转(R)/比例(PS)/PX/PY/PZ/预览旋转(PR)]：100，100（输入一个数，或拾取一点）
输入 X 比例因子，指定对角线，或者[角点(C)/XYZl:（输入一个数、拾取一点或空响应）
输入 Y 比例因子，<使用 X 比例因子>:（输入一个数、拾取一点或空响应）
指定旋转角度:（输入一个数、拾取一点或空响应）
输入行数（———）<1>：3（3 行）
输入列数（|||）<1>：4（4 列）
输入行间距或指定单位单元（———）：100（行间距为 100）
输入列间距（|||）：100（列间距为 100）

3. 使用 WBLOCK 命令存储块

使用 BLOCK 命令定义一个块时，该块只能在存储该块定义的图形文件中使用。因此，为了能在别的图形文件中再次引用，就必须使用另外的办法，WBLOCK 命令能满足这一要求。

WBLOCK 命令可将块、对象选择集成一个完整文件写入一个图形文件中。该图形文件便可被其他图形文件调用。执行 WBLOCK 命令后，打开“写块”对话框，“写块”对话框如图 8-7 所示。主要分为两个区：源区和目标区。

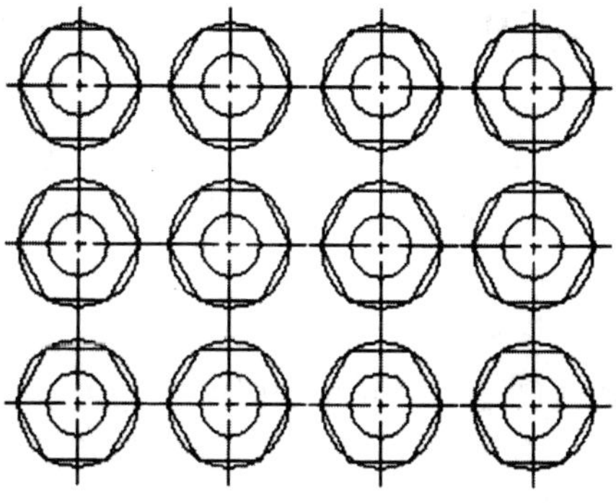

图 8-6　使用 MINSERT 命令插入多个块

图 8-7　“写块”对话框

（1）源区。在该区中，用户可以指定要输出的对象或图块以及插入点。其主要选项为：

1）“块”单选按钮：指定要保存到文件中的图块。可从块名下拉列表框中选择一个图块名称。

2）“整个图形”单选按钮：选择当前图形作为一个图块。

3）“对象”单选按钮：指定要保存到文件中的对象。

（2）目标区。在该区域中，用户可以指定输出的文件名、位置以及文件的单位。

1）“文件名和路径”文本框：指定块或对象要输出的文件的名称和保存的路径。

2）“…”按钮：单击此按钮，将显示如图 8-8 所示“浏览图形文件”对话框。

图 8-8　“浏览图形文件”对话框

3）“插入单位”下拉列表框：指定当新文件作为块插入时的单位。下面利用 WBLOCK 命令将上面定义的 CZD 块保存为 CZD.DWG 图形文件。操作步骤如下：

命令：WBLOCK

系统打开如图 8-7 所示的“写块”对话框，选择“块”单选按钮，在“块”下拉列表框中选中 CZD 块名称，单击“确定”按钮，将 CZD 块保存为 CZD.DWG 图形文件。

8.2　块属性及其应用

属性是指从属于图块的非图形信息，它是特定的且可包含在块定义中的文字对象，并且在定义一个块时，属性必须预先定义而后被选定。下面讨论属性的生成、插入及使用方法。

8.2.1　建立块属性

图块的属性可以理解为对图块对象的文字注释。在创建一个新块的时候附加关于这个图块的属性定义。属性必须依赖于块存在才有意义，没有附加到块上的属性定义顶多算是特殊的文本。如果一个图块中不含任何图形对象，只有属性定义存在也是可以的。

选择下拉菜单“绘图”→“块”→“定义属性”命令，出现如图 8-9 所示“属性定义”对话框。该对话框主要包括“模式”“属性”“插入点”和“文字设置”等几个部分。其中“模式”区可以设置属性为不可见、固定、验证或预设等；“属性”区则提供了三个文本框，在此文本框中输入属性标记、提示和默认值；“插入点”用于定义插入点坐标；“文字设置”用于定义文本的对齐、类型、高度及旋转角等。

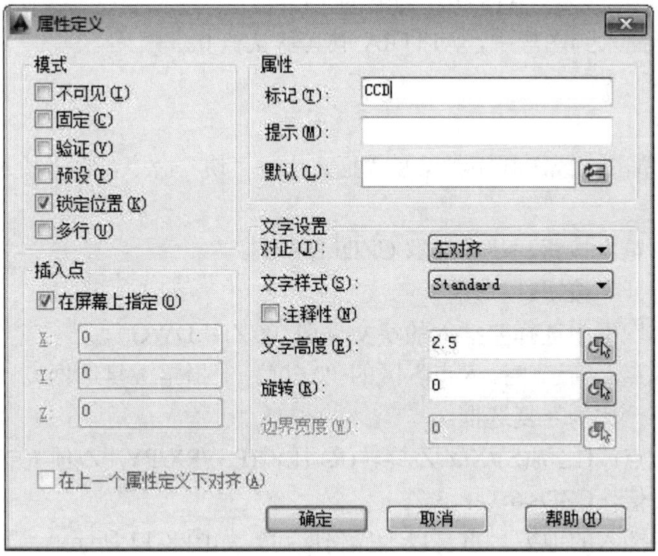

图 8-9　“属性定义”对话框

下面举例说明块属性的定义方法：首先打开前面用 WBLOCK 存储的 CZD 图形文件，如图 8-10 所示。

命令：ATTDEF

下拉菜单：“绘图”→“块”→“定义属性”

（1）在“标记”框中输入“CZD”。

（2）在“提示”框中输入“粗糙度”。

（3）在“默认”框中输入“6.3”。

（4）在“插入点”区单击“拾取点”按钮。

（5）起点：单击图 8-11 中的点。

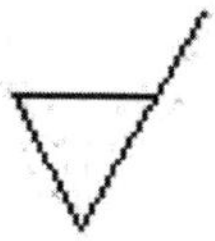

图 8-10　未带属性

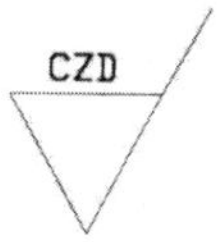

图 8-11　设置属性

（6）单击“确定”按钮。

（7）完成属性定义。

（8）将完成属性定义的图形创建成图块，如图 8-11 所示。

8.2.2 插入带有属性的块

当插入带有属性的块或图形时，前面的提示与插入一个不带属性的块完全相同，只是在后面增加了属性输入提示。可在属性提示下输入属性值或接受默认值。可用系统变量 ATTDIA 控制 AutoCAD 在提示用户输入属性时，是在命令行上显示属性提示（ATTDIA 的值为 0），还是在对话框中发出属性提示（ATTDIA 的值为 1）。

下面将图 8-10 插入到图形中，ATTDIA 取其默认值 0。

操作步骤如下：

命令：INSERT

在绘图工具栏单击或选择下拉菜单“插入”→“块”命令，在“插入”对话框（图 8-3）中选取各项。

（1）选择“浏览”按钮，从中选取 CZDl.DWG。

（2）选择“打开”按钮。

（3）在“名称”框中选择要插入的块文件名（CZDl.DWG）。

（4）指定插入点（勾选“插入点”区的“在屏幕上指定”复选框）。

（5）勾选“统一比例”复选框。

（6）指定插入点或[比例(S)/X/Y/Z/旋转(R)/比例(PS)/PX/PY/PZ/预览旋转(PR)]。

（7）输入属性值，CZD<6.3>：3.2。

（8）在需要块插入的地方，重复以上操作即可，如图 8-12 所示。

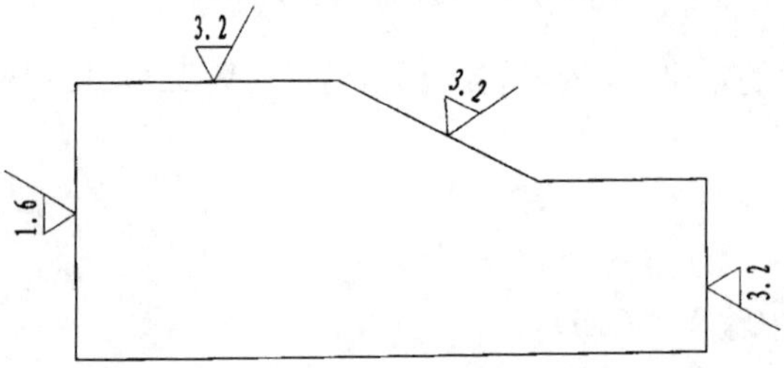

图 8-12 图形中插入带属性的块

8.2.3 抽取属性数据

大部分属件用于文本的自动生成和控制，极小部分用于数据。可将提取的属性数据列表打印或在其他程序中使用这些数据，例如数据库管理系统、电子表格和字处理程序。

在 AutoCAD 2014 中，ATTEXT 或 DDATTEXT 被合并为一个功能相同的命令，可使用 ATTEXT 和 DDATTEXT 两个命令之一来抽取数据，所采用的格式可以是 CDF、SDF 或 DXF。当从命令行执行 ATTEXT 命令时，系统将打开“属性提取”对话框，如图 8-13 所示。

下面介绍该对话框中几个部分的含义。

（1）CDF（逗号分隔文件）格式通常用于 BASIC 语言或 dBASE 的 APPEND FROM_DELIMITED 操作。

（2）SDF（空格分隔文件）格式通常用于 FORTRAN 语言或 dBASE 的 COPY_SDF 及 APPEND FORM.....SDF 操作。

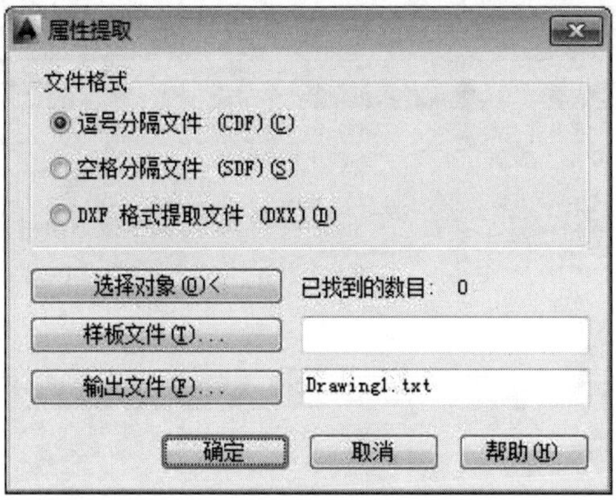

图 8-13　“属性提取”对话框

（3）DXF（图形交换文件）格式是 AutoCAD 全部 DXF 文件格式的子集，它被许多第三方程序使用。

样板文件：该项指定 CDF 和 SDF 格式的样板文件，实际上它是一个格式化说明的列表。它告知 AutoCAD 在提取数据时什么东西应放在什么地方。

当有了样板文件后，就可从所有或一些属性中提取数据。请注意，不要让样板文件与用户提取文件重名，否则提取文件将覆盖样板文件。

8.3　外部参照

在 AutoCAD 中将图形文件调入当前图形中有两种方法，一是前面讲到的“插入块”命令，将一个图形文件插入到另一个文件中。插入到当前图形中的图形变成了当前图形的一部分。一旦图形被插入，插入的图形和其原来的图形文件便不再有任何联系，这被称为“嵌入”方法。二是用 XREF 命令从外部引入图形。它是将一个图形与另一个图形连接起来，这被称为“链接”方法。

块与外部参照的主要区别是：一旦插入了某个块，这些块就永久地插入到了当前图形中。如果原始图形发生了改变，插入的块并不反映这种改变；而以外部参照的方式插入某个图形后，被插入图形的数据并不直接加入到当前图形中，而只是记录参照的关系。如果原始图形发生了变化，插入的外部参照将相应地改变。因此，包含外部参照的图形总是反映出每个外部参照文件最新的编辑情况。不能在当前图形中编辑一个外部参照图形。如果想编辑它们，必须编辑原始的外部图形文件。而且也不能像对块那样在当前图形文件中对外部参照图形进行分解。外部参照可以附加、覆盖、连接或更新外部参照图形。

8.3.1　外部参照概述

选择菜单“插入”→“外部参照”命令或单击“参照”工具栏中的按钮，系统将显示如图 8-14 所示的“外部参照”对话框。

“外部参照”对话框中各选项的说明如下：

（1）“参照名”栏：外部参照文件的参照名不必和原文件相同。要改变它，可单击这一名称两次或按 F2 键，对文件重命名。

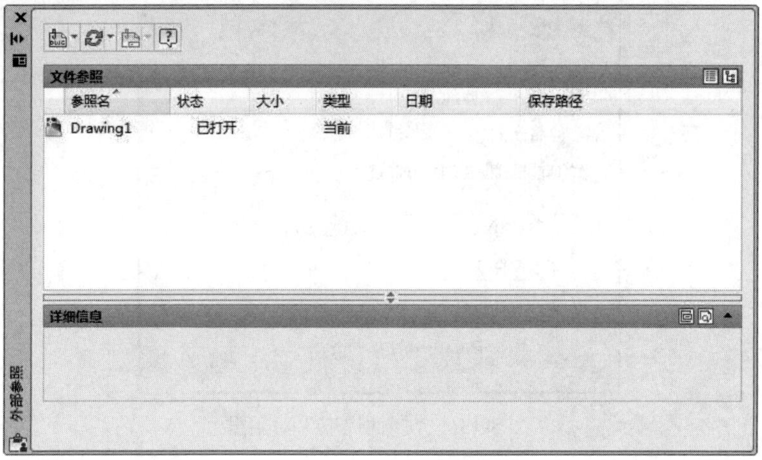

图 8-14 “外部参照”对话框

（2）“状态”栏：显示外部参照文件的状态，可以是 Loaded、Unloaded、Unreferenced、Unresolved、Orphaned 或 Not Found。

（3）“大小”栏：显示外部参照文件的大小。

（4）“类型”栏：表明外部参照文件是采用绑定方式还是覆盖方式。

（5）“日期”栏：表明外部参照图形最后修改的时间。

（6）“保存路径”栏：显示关联的外部参照文件的保存路径。

单击“附着”下拉列表框，选择附着文件的类型，则系统显示图 8-15 所示的“选择参照文件”对话框，可通过该对话框选择要参照的文件。

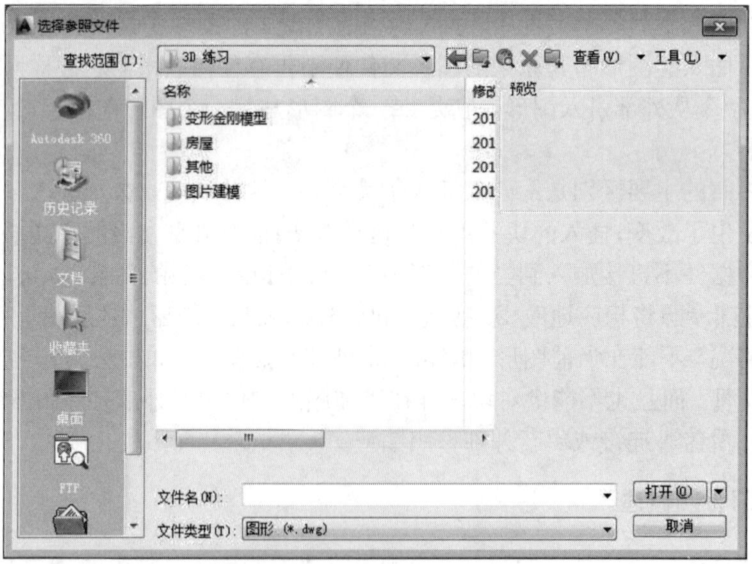

图 8-15 “选择参照文件”对话框

选定文件后，单击“打开”按钮，则系统将显示图 8-16 所示的“附着外部参照”对话框。可由该对话框选择引用类型（附加或覆盖），加入图形时的插入点、比例旋转角度以及是否包含路径。

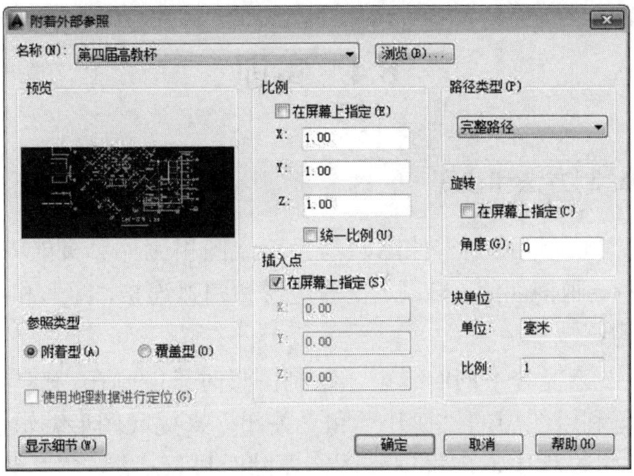

图 8-16　“附着外部参照”对话框

8.3.2　附着外部参照

要附加外部参照，可在“附着外部参照”对话框中的“参照类型”选项组中选择“附着型”单选按钮，可利用该选项在当前图形中加入任何外部参照，然后输入插入点、比例等。

在参照工具栏中单击“附着外部参照”按钮，打开如图 8-15 所示的“选择参照文件”对话框，选择一个新图形，单击“打开”按钮，出现如图 8-16 所示的“附着外部参照”对话框。在对话框中设置各项内容后，单击“确定”按钮即可。

8.3.3　绑定外部参照

把外部参照绑定到图形上可使外部参照成为图形中的固有部分，不再是外部参照文件。可以使该外部参照图形变成当前图形的一个普通的图块，同时也向图形中加入了从属符号，可以和其他命名对象一样处理它们。

单击“参照”工具栏中的“外部参照绑定”按钮，打开如图 8-17 所示的“外部参照绑定”对话框。

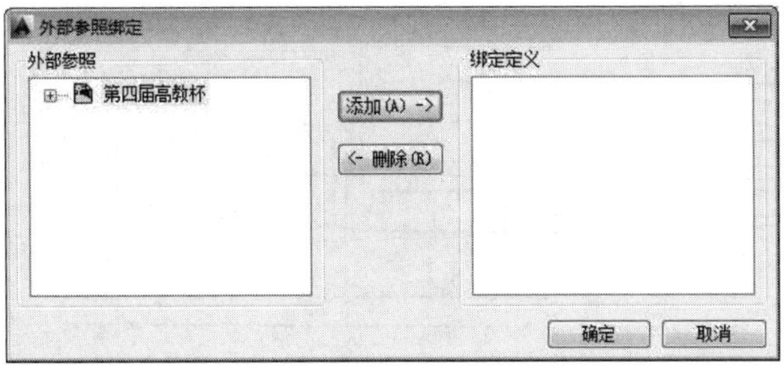

图 8-17　“外部参照绑定”对话框

单击外部参照名称前的“+”号，系统将展开其中所包含的项目，如图 8-17 所示。指定所需连接的符号类型，然后单击“添加”按钮，即可将选项加入“绑定定义”列表框中。但是必须注意，只有前面带有手型符号的项才能被加入到“绑定定义”列表框中。如未出现这些项目，可通过单击“+”号操作。

8.4 实训

8.4.1 工程图的绘制方法和步骤

用计算机能快速、准确地绘制零件图，与手工绘图相比计算机能将复杂的问题简单化。例如画边框线和标题栏，画剖面线、椭圆、正多边形和圆弧连接，图形和尺寸的修改与编辑等。绘图时应注意以下问题：

（1）利用“图层”来区分不同的线型。绘制图形时只能画在当前层上，因此应根据线型及时变换当前层。还可利用图层的“打开”和“关闭”来提高图形编辑速度。

（2）在画图和编辑过程中，应根据作图需要随时进行“缩放”“平移”“镜像”“复制”以简化作图。

（3）注意利用“对象捕捉”保证作图的准确性。

（4）要养成及时存盘的好习惯，以防因意外原因造成所画图形丢失。

绘制零件图的一般步骤：

（1）画图前首先要分析、看懂零件图，根据视图数量和尺寸大小选择图幅和比例。

（2）设置图幅、调入已保存的图框和标题栏。

（3）根据视图数量和尺寸大小布置图面，画出各视图的定位基准线。

（4）逐一画出各视图并进行编辑修改。

（5）标注尺寸和工程符号，填写标题栏，注写文字说明。

（6）检查、修改、存盘。

例 8.1 绘制如图 8-18 所示的轴类零件图。

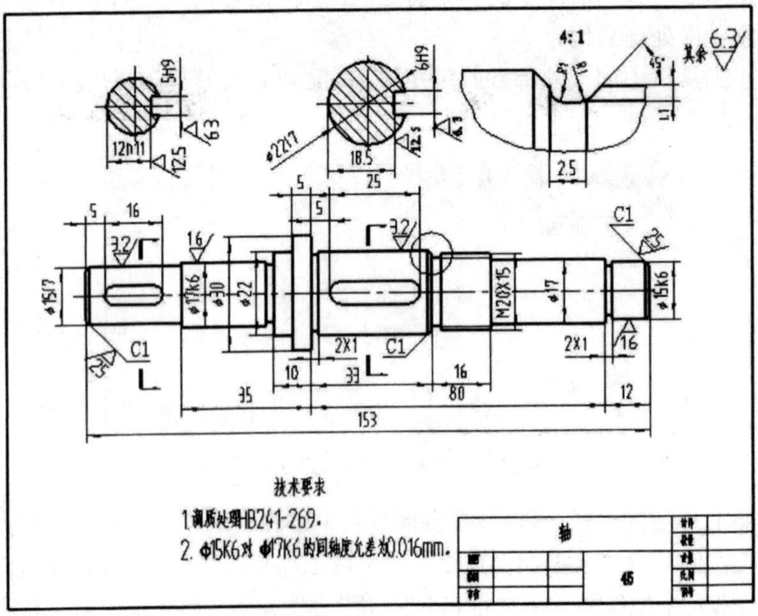

图 8-18　轴类零件图

（1）零件分析。该零件属轴套类零件，用一个轴线水平放置的主视图和移出断面图及局部放大图表达。

（2）绘图步骤。

1）设置图幅。图幅 A3、比例 1:1、横放。

2）绘制视图。由于轴类零件多为同轴回转体，可用“直线”命令绘制各轴段的一半，然后用“镜像”命令，或用“偏移”命令绘制各段，如图 8-19（a）所示；用“倒角”命令进行倒角（CI），如图 8-19（b）所示；用“圆”和“直线”命令绘制键槽，如图 8-19（b）所示。

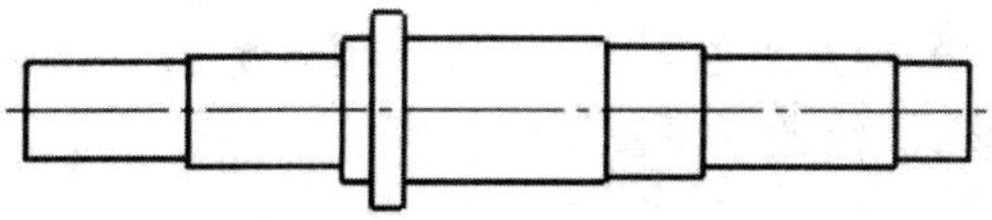

（a）绘制轴段

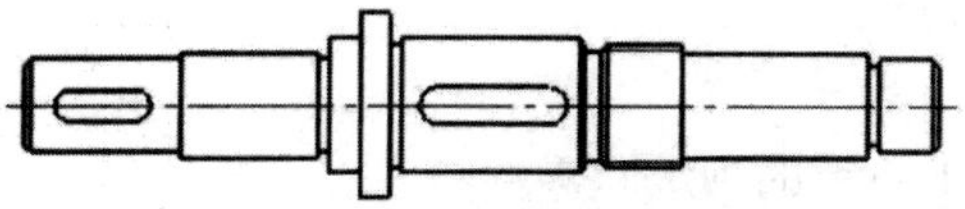

（b）绘制倒角、退刀槽和键槽

图 8-19　绘制轴类零件步骤

3）标注尺寸，如图 8-18 所示。

4）标注表面粗糙度。利用“块”命令制作带属性的粗糙度块，标注粗糙度符号。用文字标注在其左边标注出“其余”。

A．绘制轴段。

B．绘制倒角、退刀槽和键槽。

5）填写技术要求。

例 8.2　绘制如图 8-20 所示的滑轮零件图。

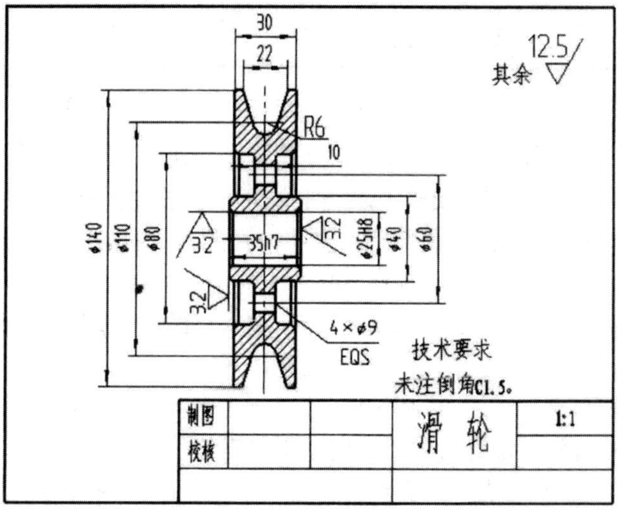

图 8-20　滑轮零件图

（1）零件分析。该零件属于盘盖类零件，用一个轴线水平放置的主视图来表达。轮毂左右凸出，有内外倒角；轮辐上有ϕ40 和ϕ80 组成的环形槽，在其上均匀分布着四个ϕ9 孔；轮缘上有装绳索的沟槽。零件图有表面粗糙度和技术要求文字标注。

（2）设定图纸：图幅 A4、比例 1:1、横放，调入已绘制的图框，填写标题栏。

（3）布置视图：只有一个视图，在合适位置放置即可。

（4）绘图步骤。

1）绘制视图。将当前层设置为中心线层，用“直线”命令绘制基准线，即滑轮的轴线和左右对称中心线。切换当前层为粗实线层，用“偏移”命令绘制上下对称的轮毂、轮辐、轮缘。用“圆”命令和“直线”命令绘制轮缘上的沟槽。用“倒角”“圆角”和“裁剪”命令绘制、编辑轮毂及轮缘形状。编辑、修改、画剖面线，完成绘图。

2）标注尺寸。

3）标注表面粗糙度。利用“块”命令制作带属性的粗糙度块，标注粗糙度符号。用文字标注在其左边标注出“其余”。

4）填写技术要求。

例 8.3　绘制如图 8-21 所示的轴承座零件图。

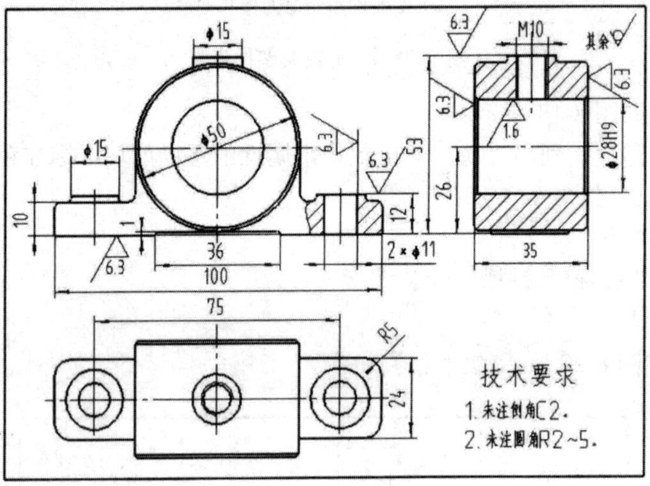

图 8-21 轴承座零件图

（1）零件分析。该零件属箱壳类零件，结构复杂，用局部剖的主视图、俯视图和全剖的左视图来表达。主视图的局部剖视反映了底座上的两个安装孔带有上凸缘，ϕ50 的圆柱面上有外倒角，ϕ28H9 的孔也有内倒角。顶部有一安装油杯的 M10 螺孔。零件图有表面粗糙度和技术要求文字标注。

（2）设定图纸：图幅 A4、比例 1:1、横放，调入已绘制的图框，填写标题栏。

（3）布置视图：共有三个视图，在合适位置放置。

（4）绘图步骤。

1）绘制视图。将当前层设置为中心线层，用“直线”命令绘制三个视图的基准线，即轴承座的底面线、左右对称中心线和前后对称中心线，绘制ϕ28H9 孔的轴线及对称中心线。切换当前层为粗实线层，用“直线”“偏移”“圆”命令绘制三视图。切换当前层为细实线层，绘制左视图中 M10 螺孔的大径。用“倒角”和“圆角”命令以及“裁剪”命令绘制和编辑。画剖面线，完成绘图。

2）标注尺寸和表面粗糙度。

3）填写技术要求。

8.4.2　标准件的绘制方法和步骤

完成螺栓连接，如图 8-22（a）所示。

已知：螺栓 GB/T 7582－2000-M20×L，螺母 GB/T 6170－2000-M20；垫圈 GB/T 97.1－2002-20，δ_1=20mm，δ_2=25mm。

作图步骤如下：

（1）选择适当图幅，绘制两连接板δ_1=20mm，δ_2=25mm，如图 8-22（b）所示。

（2）用比例画法绘制螺栓、螺母、垫圈，并制作图块。

（3）确定螺栓长度，插入螺栓并修剪，如图 8-22（c）所示。

（4）插入垫圈并修剪，如图 8-22（d）所示。

（5）插入螺母并修剪，如图 8-22（e）所示。

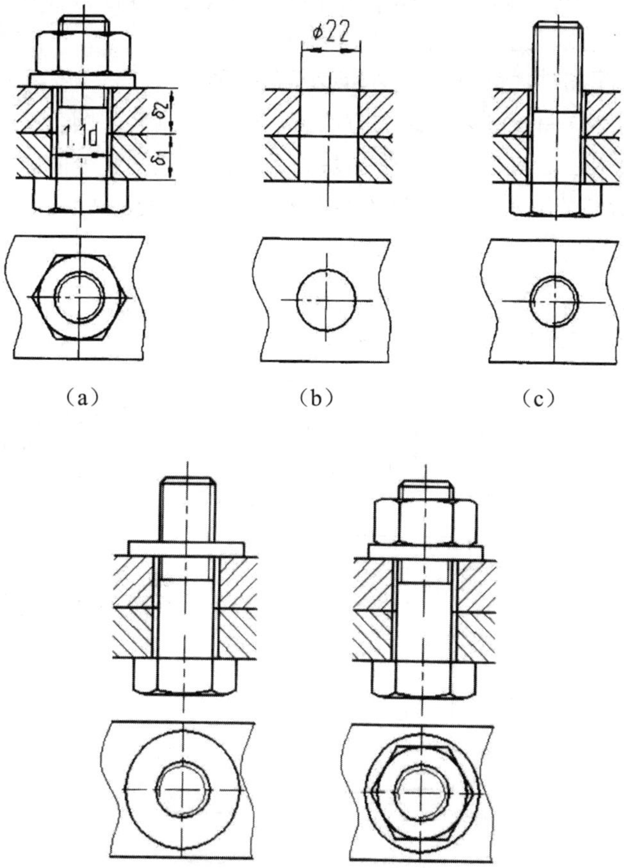

（a）　（b）　（c）

（d）　（e）

图 8-22　螺栓连接

8.4.3 由零件图拼画装配图

根据装配示意图和所有零件草图、标准件的标记，就可以画出部件的装配图。

1. 拟定表达方案

对现有资料进行整理、分析，进一步了解部件的性能及结构特点，对部件的完整形状做到心中有数。然后，拟定部件的表达方案，选择主视图，确定表达方法和视图数量。

2. 画装配图的方法与步骤

（1）选比例，定图幅，调标题栏。

（2）合理布图，画出视图的基准线，留出明细表的位置。

（3）画装配图时，通常从表达主要装配干线的视图开始画，一般从主视图开始，几个视图同时配合作图。画剖视图时以装配干线为准由内向外画，可避免画出被遮挡的不必要的图线，也可由外向内画，如先画外边主体大件。

无论采用哪种画法，都必须遵循以下原则：画完第一件后，必须找到与此相邻的件及它们的接触面，将此接触面作为画下一件时的定位面，开始画第二件，按装配关系一件接一件依次顺序画出下一件，切勿随意乱画。

（4）完成装配图。检查改错后，标注尺寸及配合代号，编注零件序号，最后填写明细表、标题栏和技术要求，校核，完成全图。

由零件图拼画装配图时，其作图方法和步骤有两种。

作图方法一：由零件图按画装配图的方法和步骤直接画装配图。

作图方法二：根据给定的零件图，使用块和并入的方法画装配图。

根据图 8-23 所给的装配示意图和图 8-24 所给零件图画装配图。

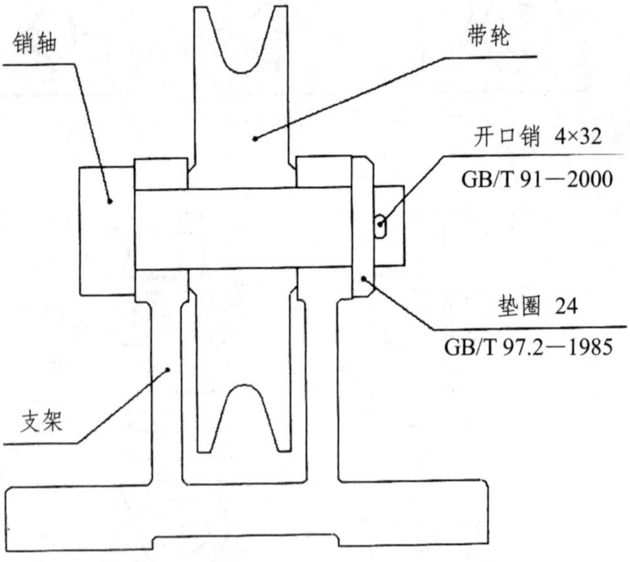

图 8-23　支架装配示意图

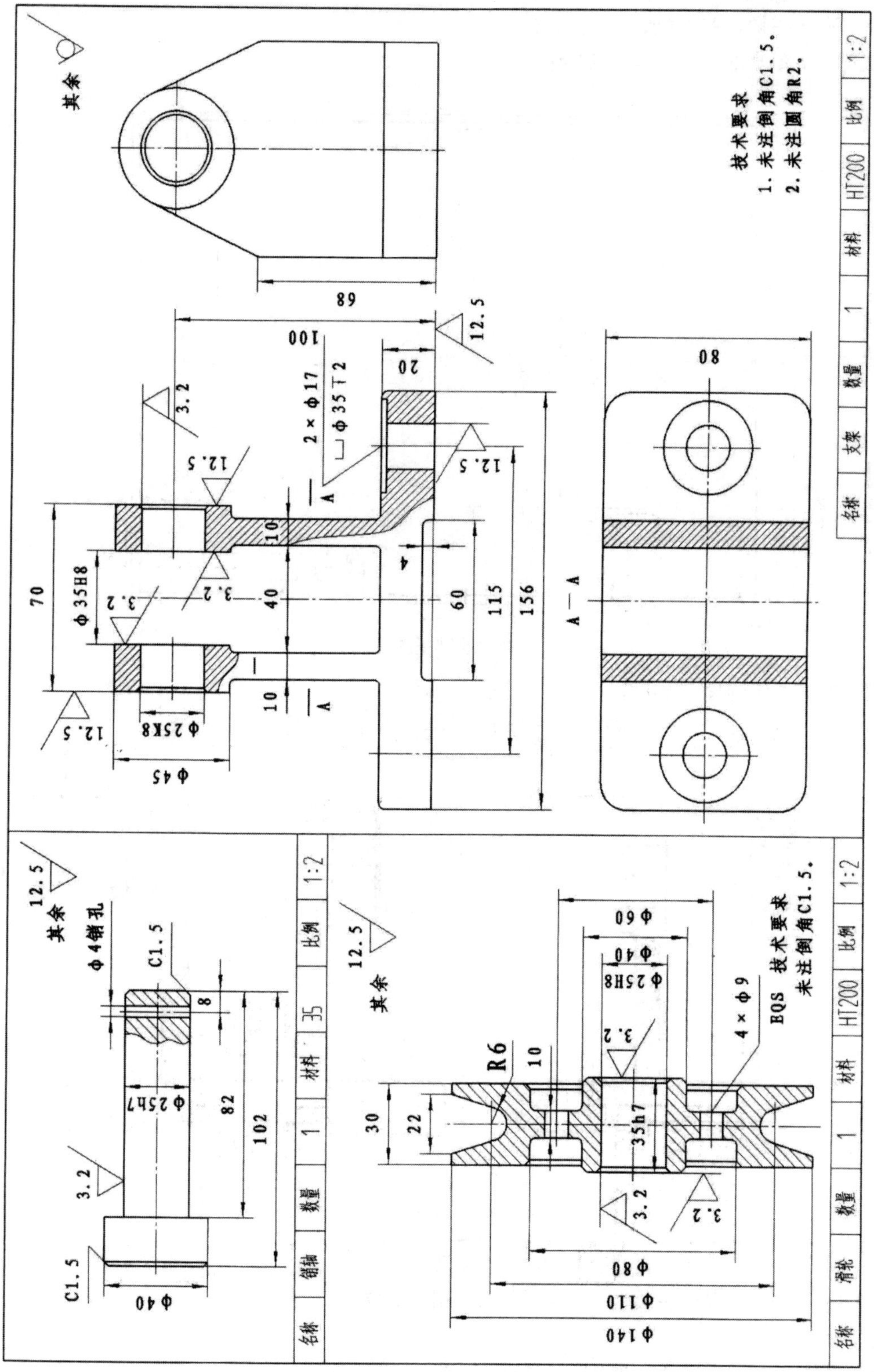

图 8-24 支架装配零件图

作图步骤如下：

（1）确定图幅，A3 横放，比例 2:1。

（2）画作图基准线，如图 8-25 所示。

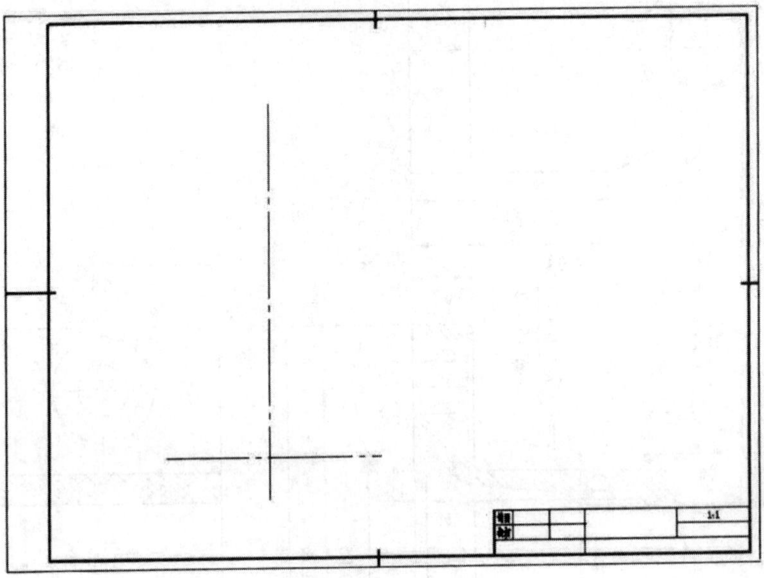

图 8-25　绘制基准线

（3）画底座主视图，如图 8-26（a）所示。

（4）画销轴主视图，处理图线，如图 8-26（b）所示。

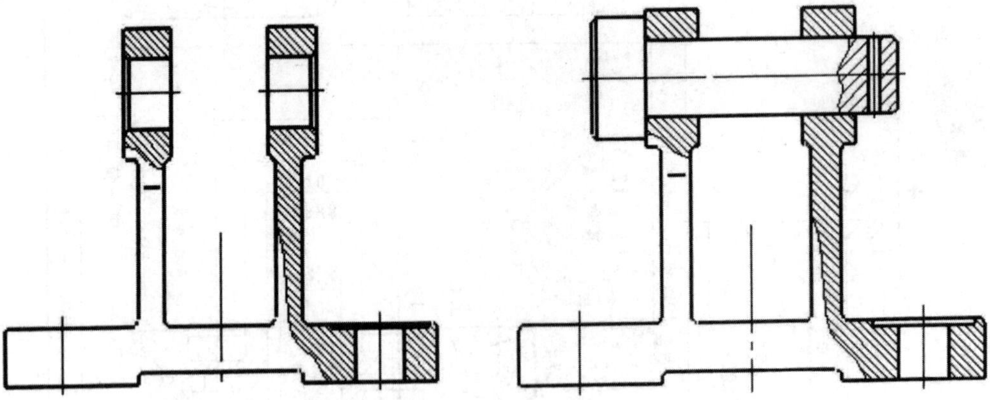

（a）　　（b）

图 8-26　绘制支架座、销轴

（5）画皮带轮主视图，处理图线，如图 8-27（a）所示。

（6）画垫圈、开口销主视图，处理图线，如图 8-27（b）所示。

（7）标注尺寸。

（8）标注“序号”并填写明细表。完成全图，如图 8-28 所示。

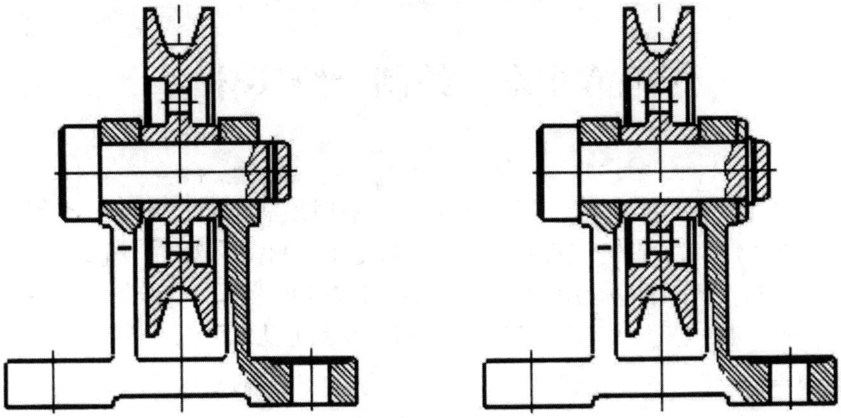

（a）　　　　（b）

图 8-27　绘制皮带轮、垫圈、开口销

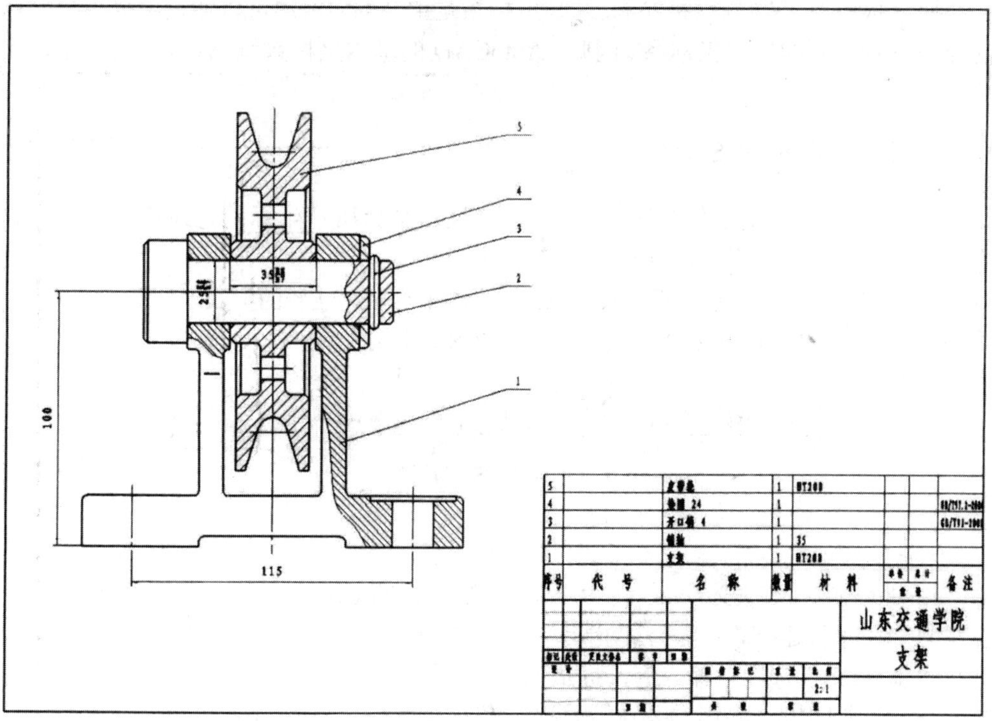

图 8-28　支架装配图

第 9 章　绘制三维实体

在实际作图过程中，我们不仅应用二维图形，有时还需要绘制轴测图、透视图。

AutoCAD 2014 具有较强的三维功能，可以满足工程制图的需要。例如它可以生成轴测图和透视图，并可进行表面着色与阴影处理。AutoCAD 2014 提供了较多的绘制三维图形的命令，本章将结合实例着重介绍绘制三维图形的基本命令及其方法。

9.1　坐标系的建立

AutoCAD 提供的世界坐标系（WCS 坐标系）和用户坐标系（UCS 坐标系）都是笛卡尔坐标系。在通常状态下，WCS 坐标系和 UCS 坐标系是重合的。用户可以通过改变用户坐标原点及坐标轴方向设立新的用户坐标系。因此，AutoCAD 的基本坐标系统 WCS 只有一个，而 UCS 可以定义多个。

9.1.1　用户坐标系 UCS 命令

这是一个管理坐标系统的基本工具，可以定义一个新用户坐标，允许将绘图所用的坐标系移到三维空间的任意平面，以便绘制三维图形。

在 AutoCAD 中，用户可以使用 UCS 命令以多种方式建立新的 UCS。

在命令行输入 UCS 或从 UCS 工具栏单击 UCS 图标，如图 9-1 所示。

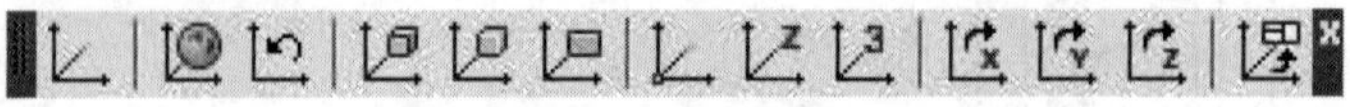

图 9-1　UCS 工具栏

命令：ucs
当前 UCS 名称：*世界*
[新建(N)/移动(M)/正交(G)/上一个(P)/恢复(R)/保存(S)/删除(D)/应用(A)/?/世界(W)]<世界>：

这里只介绍“新建(N)”和“移动(M)”两个常用的选项。

（1）“新建(N)”选项。输入 N，提示如下：

指定新 UCS 的原点或[Z 轴(ZA)/三点(3)/对象(OB)/面(F)/视图(V)/X/Y/Z]<0,0,0>：

- 指定新 UCS 的原点：改变当前用户坐标系统原点的位置，如图 9-2 所示。
- Z 轴(ZA)：指定一个新原点和位于 Z 轴上的一点，将用户坐标系设置到特定方式。
- 三点(3)：选择 3 点构成新坐标系 X、Y、Z。
- 对象(OB)：通过指定一个对象来定义新的 UCS 坐标系。
- 面(F)：将当前用户坐标系置于三维实体的一个面上。
- 视图(V)：将新的用户坐标的 XY 平面设为与屏幕平行，Z 轴与其正交，原点不变。
- X/Y/Z：通过独立地分别旋转 X、Y、Z 轴生成新的 UCS。

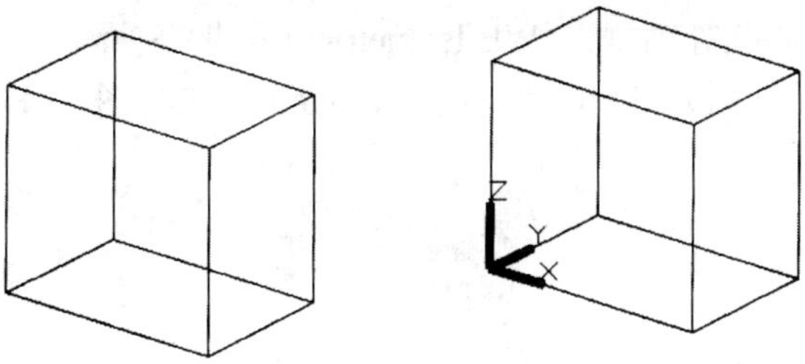

图 9-2　指定或移动坐标原点

（2）“移动(M)”选项。输入 M，提示如下：

指定新原点或[Z 向深度(z)]<0,0,0>:

在 AutoCAD 2014 中，可以在“坐标功能”选项卡下进行更方便的设置。

9.1.2　管理已定义的 UCS

在 AutoCAD 2014 中，可以使用 UCSMAN 命令通过对话框的形式来管理已定义的用户坐标系，包括恢复已保存的 UCS 或正交 UCS、指定窗口中的 UCS 图标和 UCS 设置、命名和重命名当前 UCS。

操作方式：在“坐标”功能选项卡下，单击图标，出现如图 9-3 所示的 UCS 对话框。在此对话框中进行命名 UCS、正交 UCS、设置的操作。

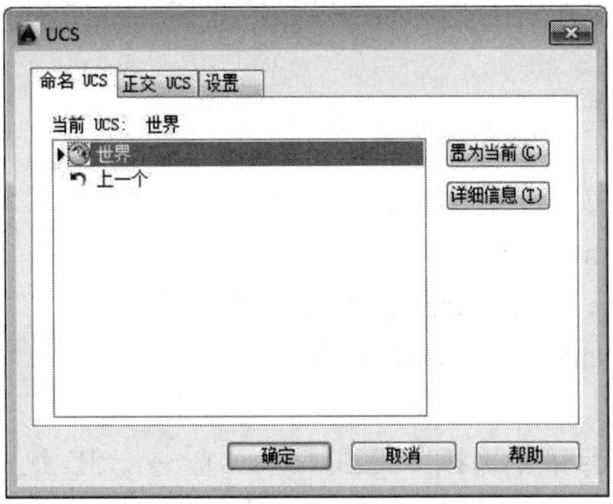

图 9-3　UCS 对话框

9.2　三维图形显示

由于屏幕本身是二维的，我们看到的三维视图是在不同视线方向上观察得到的投影视图。AutoCAD 默认视图为 XY 平面视图，同时提供了“视点”（VPOINT）命令允许用户设定任意视线方向，也可通过选择菜单项和工具栏选取特定的三维视图。

9.2.1　轴测视图和正交视图

在三维建模工作空间下，在“视图”功能选项卡中单击“视图”图标，出现级联菜单，如图 9-4 所示，共有四个等轴测图，包括 SW Isometric（西南等轴测）、SE Isometric（东南等轴测）、NW Isometric（西北等轴测）、WE Isometric（东北等轴测）；六个正交视图，包括 Top（俯视图）、Bottom（仰视图）、Left（左视图）、Right（右视图）、Front（前视图）Back（后视图），以供选择。

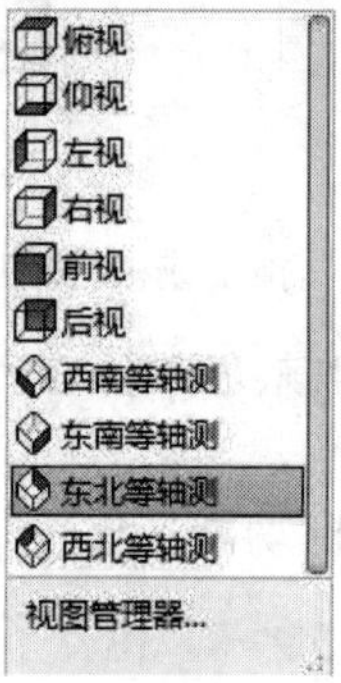

图 9-4　视窗工具条

9.2.2　视点（VPOINT）

功能：设置不同的视点观察物体，使平面图转化为立体图，选择视点不同可得到不同的轴测图。

操作：在“视图”下拉菜单中选择“三维视图”命令，出现级联菜单，再选择“视点”命令即可。

Command：VPOINT

Rotate/<View Point>：

（1）默认值即为当前视点。也可以输入新视点坐标 X，Y，Z。

（2）Rotate/<View Point>：R

Enter angle in X-Y plane from X axis <270>：　输入角度

Enter angle from X-Y plane：　输入角度

说明：

（1）设置视点可从下拉菜单选择“视图（View）”→“3D 视点”→“VPOINT”命令。

（2）VPOINT 命令只指定观测方向，而不指定观测距离。

9.2.3　动态观察（3D orbit）

在三维建模工作空间下，在“导航”功能选项卡中单击“动态观察”图标，出现级联菜单，如图 9-5 所示，在菜单下可以选择三种不同的动态观察。

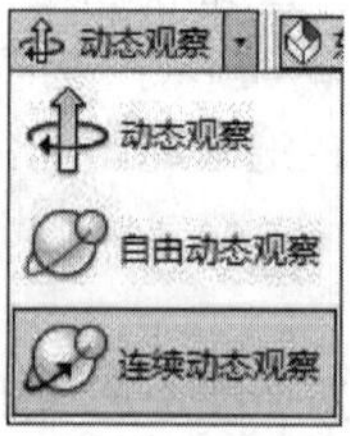

图 9-5　三维动态观察

动态观察可以从不同的视点观察物体，选择视点不同可得到不同的轴测图，并且可以自动动态旋转。

9.3　三维图形绘制

9.3.1　等轴测图绘制

AutoCAD 提供的等轴测图的绘制，实际上是绘制等轴测投影图，在绘制前应在下拉菜单“工具”下选择“草图设置”命令后，选择相应的模式，如图 9-6 所示。

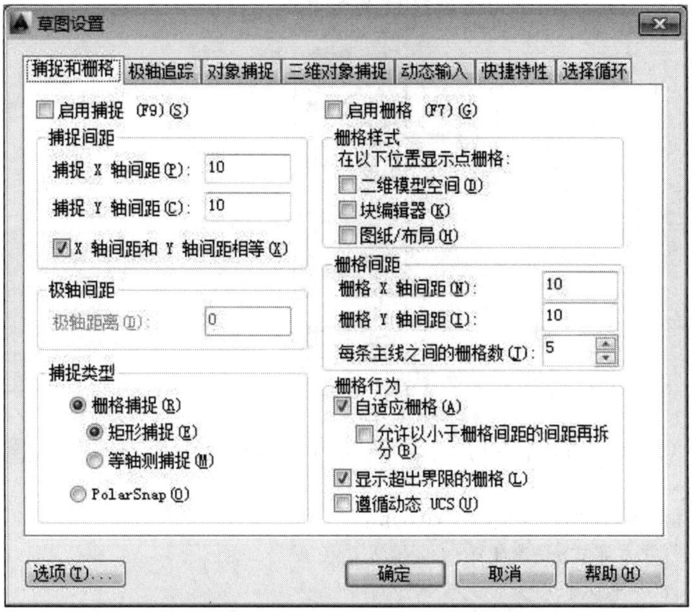

图 9-6　“草图设置”对话框

1. 设置等轴测平面（ISOPIANE）

   命令：ISOPLANE

   Left(左平面)/Top(上平面)/Right(右)/<Toggle>：（选定等轴测平面）

2. 等轴测圆的绘制

   命令：ELLIPSE

   Arc/Centerflsocircle/<axis　endpoint l>：I （输入 I 画等轴测圆）

   Center of Circle：（指定圆心位置）

   <Center radius>/diameter：（输入半径或直径）

9.3.2　三维实体绘制

AutoCAD 三维建模可使用实体、曲面和网格对象创建图形。

实体、曲面和网格对象提供不同的功能，这些功能综合使用时可提供强大的三维建模工具套件。例如，可以将图元实体转换为网格，以使网格锐化和进行平滑处理。然后，可以将模型转换为曲面，以使用关联性和 NURBS 建模。

1. 基本三维实体

使用 AutoCAD 可绘制的基本三维实体有六面体、球、圆柱体、圆锥体、三棱柱、圆环。在绘制基本实体时，可以从下拉菜单“绘制”下的“实体”中或在“实体”工具栏（图 9-7）中选取。也可以在三维基础或三维建模工作空间“常用”菜单下的“建模”功能选项卡下单击图标，出现级联菜单，如图 9-8 所示。

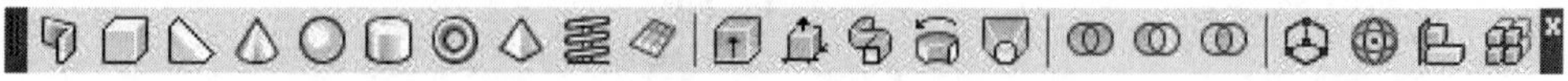

图 9-7 实体工具栏

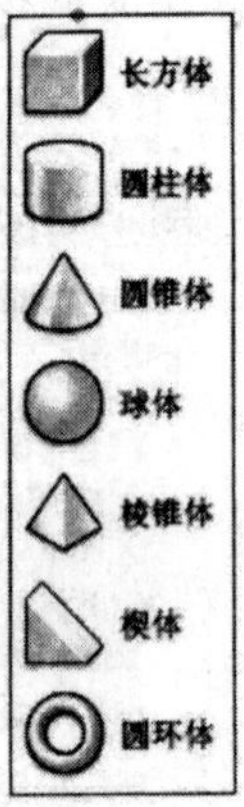

图 9-8 实体工具栏

（1）长方体（Box），如图 9-9 所示。在实体工具栏单击长方体图标。

命令：_box

指定长方体的角点或[中心点(CE)]<0,0,0>：

指定角点或[立方体(C)/长度(L)]：L（输入边长）

指定长度：80（输入长度）

指定宽度：60（输入宽度）

指定高度：30（输入高度）

（2）球体（SPHERE）如图 9-9 所示。在实体工具栏单击球体图标。

命令：_sphere

当前线框密度：ISOLINES=4

指定球体球心<0,0,0>:

指定球体半径或[直径(D)]：30

（3）圆柱体（CYLINDER）如图 9-9 所示。在实体工具栏单击圆柱体图标。

命令：_cylinder

指定底面的中心点或[三点(3P)/两点(2P)/切点、切点、半径(T)/椭圆(E)]：

指定底面半径或[直径(D)]<1 8.78>：

指定高度或[两点(2P)/轴端点(A)]<20.8496>：

（4）圆锥体（CONE）如图 9-9 所示。在实体工具栏单击圆锥体图标。

命令：_cone

指定底面的中心点或[三点(3P)/两点(2P)/切点、切点、半径(T)/椭圆(E)]：

指定底面半径或[直径(D)]<0.3958>：

指定高度或[两点(2P)/轴端点(A)/顶面半径(T)]<1.1926>：

（5）三棱柱，即楔形（Wedge），如图 9-9 所示。在实体工具栏单击楔形图标。

命令：_wedge
指定楔体的第一个角点或[中心点(CE)]<0,0,0>：
指定角点或[立方体(C)/长度(L)]：L
指定长度：50
指定宽度：40
指定高度：3

（6）环体（Torus）如图 9-9 所示。在实体工具栏单击环体图标。

命令：_torus
指定圆环体中心<0,0,0>：　（指定圆环中心位置）
指定圆环体半径或[直径(D)]：40　（输入圆环半径或直径）
指定圆管半径或[直径(D)]：15　（输入圆管半径或直径）

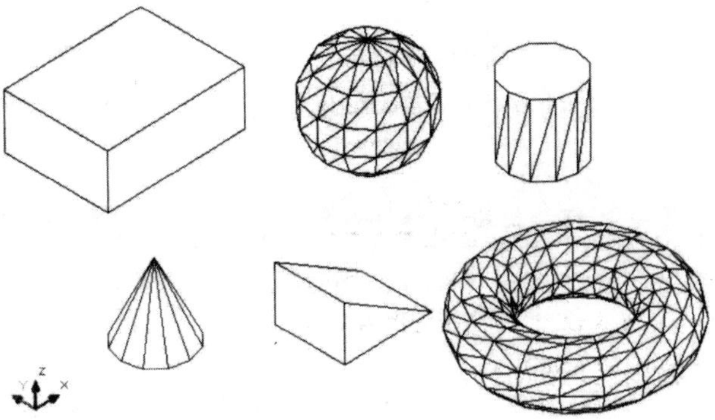

图 9-9　实体的绘制

2. 由二维生成三维实体

在立体的组合中，有的立体只靠上述六种基本立体的组合有时无法满足实际需要，AutoCAD 的实体功能内提供了拉伸和旋转功能以扩大对实体形状的要求。先定义任意形状的二维平面图形，经过拉伸和旋转而形成满足需要的实心体，

（1）拉伸（EXTRUDE）形成实心体。运用拉伸的方法建立实体是要先画一个二维的封闭图形，但这个二维图形必须是用复合线生成，建立如图 9-10 所示的实体。

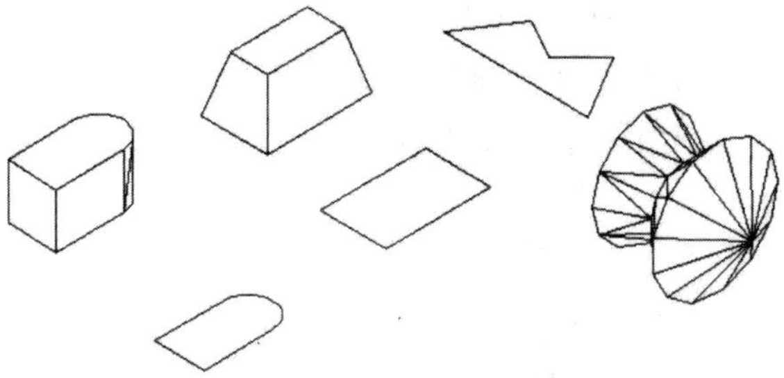

图 9-10　拉伸和旋转的实体

在实体工具栏单击拉伸图标。

命令：_extrude
选择对象：找到 1 个

指定拉伸高度或[路径(P)]：60
指定拉伸的倾斜角度<0>：

（2）旋转（REVOIVE）形成实心体。运用旋转的方法建立实体是要先画一个二维的封闭图形，但这个二维图形必须是用多段线生成，建立如图 9-10 所示的实体。

在实体工具栏单击旋转图标。

命令：_revolve
选择对象：找到 1 个
指定旋转轴的起点或定义轴依照[对象(O)X 轴(X)/Y 轴(Y)]：
指定轴端点：
指定旋转角度<360>：

9.4　三维实体的编辑

在 AutoCAD 中，利用布尔运算中的联集（相加）、相减和交集，可以对基本体进行叠加、挖切等，更方便地得到所需要的立体，同时可以对立体进行剖切和倒角。实体编辑工具栏如图 9-11 所示。

图 9-11　实体编辑工具栏

9.4.1　三维实体的剖切与圆滑

1. 剖切实体（SLICE）

剖切命令是用一个指定的平面将实体对象切为两半，从而生成一个新的实体。切开后的两部分可保留一部分，也可以两部分都保留。

在实体工具栏单击剖切图标，如图 9-11 所示。

命令：_slice
选择对象：找到 1 个
指定切面上的第一个点，依照[对象(O)/Z 轴(Z)/视图(V)/XY 平面(XY)/YZ 平面(YZ)/ZX 平面(ZX)]：（在此输入剖切面）
在要保留的一侧指定点或[保留两侧(B)]：b

2. 倒圆角

FILLET 命令可以对 3D 实体进行倒圆角处理。

在实体编辑工具条单击圆角图标，如图 9-11 所示。

命令：_FILLETEDGE
半径= 1.0000
选择边或[链(C)/半径(R)]：
选择边或[链(C)/半径(R)]：r
输入圆角半径或[表达式(E)]<1.0000>：2
选择边或[链(C)/半径(R)]：

已选定 1 个边用于圆角。选择其他要倒圆角的边。

3. 倒角

在实体编辑工具条单击倒角图标，如图 9-11 所示。

命令：CHAMFEREDGE 距离 1= 1.0000，距离 2=1.0000
选择一条边或[环(L)/距离(D)]：
选择属于同一个面的边或[环(L)/距离(D)]：
按 Enter 键接受倒角或[距离(D)]：

9.4.2 布尔运算

在下拉菜单“编辑”下选择“实体编辑”命令，出现级联菜单，再单击布尔运算各项或从实体编辑工具栏中单击选择，如图 9-11 所示。

例如，绘制如图 9-12 所示的三维图形。

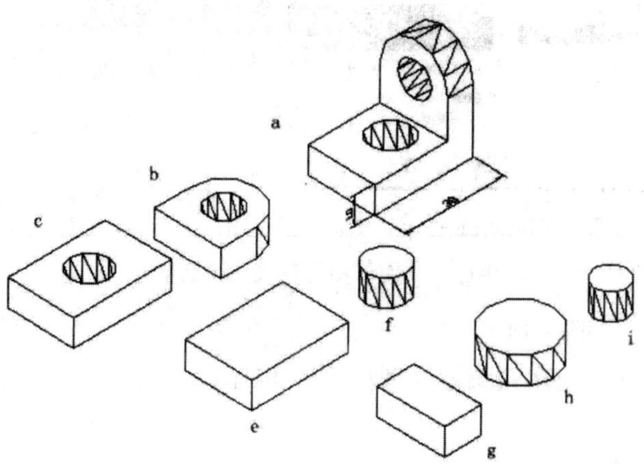

图 9-12 3D 绘图

具体作图步骤如下：把该立体 a 分解成如图 9-12 所示的 b、c 两部分，分别绘制六面体 e、g 和圆柱体 f、h、i，用“移动”命令将圆柱体 f 移到六面体 e 的中心（应先在六面体 e 顶面作中心线，以便于找中心）。

在编辑实体工具栏的布尔运算中点取相减，选取物体 e 回车，选取物体 f 回车即可（即先选大的物体，再选小的物体）。

用“移动”命令将圆柱体 h 移到六面体 g 顶面左边棱线中间点。

在编辑实体工具栏布尔运算中点取联集，将物体 h、g 同时选中即可完成联集的操作。

用“移动”命令将圆柱体 i 移到六面体 g 和圆柱体 h 组合后的圆心。

在编辑实体工具栏的布尔运算中点取相减，选取物体 e 回车，选取物体 i 回车即可。

9.4.3 三维阵列

在下拉菜单“编辑”下选择“三维操作”下的“三维阵列”命令即可。

9.5 三维表面绘制

9.5.1 基本形体表面绘制

AutoCAD 2014 基本形体表面用于创建下列三维形体：长方体、圆锥体、球面、网格、棱锥面、球体、圆环和楔体，如图 9-13 所示。创建三维形体的过程和创建三维实体的过程相似。

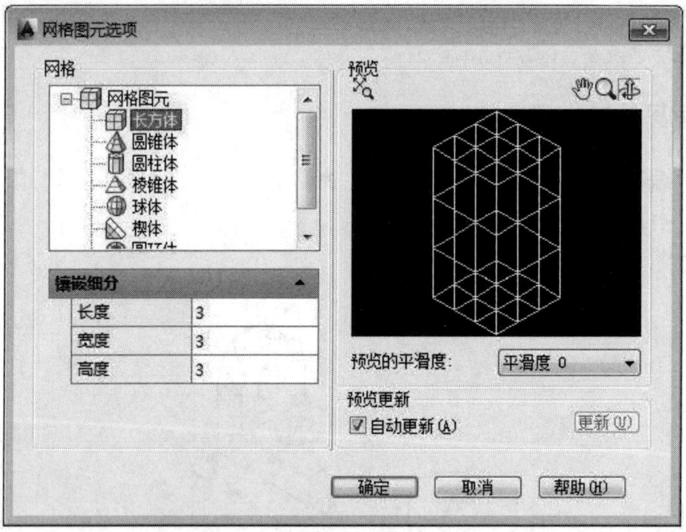

图 9-13　“网格图元选项”对话框

1. 绘制长方体网格（图 9-14）

在主菜单“网格图元”中单击长方体图标即可。

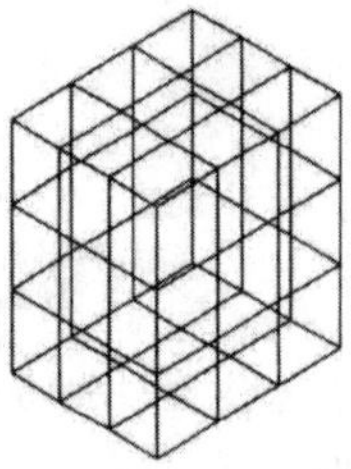

图 9-14　长方体网格

命令：MESH

当前平滑度设置为：0

输入选项[长方体(B)/圆锥体(C)/圆柱体(CY)/棱锥体(P)/球体(S)/楔体(W)/圆环体(T)/设置(SE)]<长方体>：_BOX

指定第一个角点或[中心(C)]：

指定其他角点或[立方体(C)/长度(L)]：

指定高度或[两点(2P)]<5.9352>：

2. 绘制圆锥体网格

命令：MESH

当前平滑度设置为：0

输入选项[长方体(B)/圆锥体(C)/圆柱体(CY)/棱锥体(P)/球体(S)/楔体(W)/圆环体(T)/设置(SE)]<长方体>：_CONE

指定底面的中心点或[三点(3P)/两点(2P)/切点、切点、半径(T)/椭圆(E)]：

指定底面半径或[直径(D)]：

指定高度或[两点(2P)/轴端点(A)/顶面半径(T)]<5.6480>：3

对于棱锥面、圆锥体、球体、圆环等，操作方法与上述方法基本一致，如图 9-15 所示。

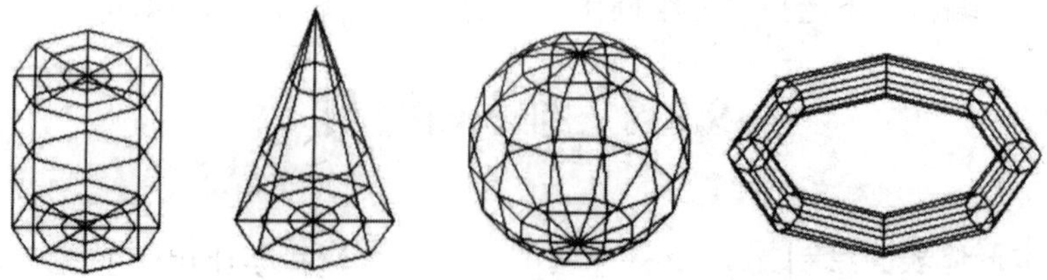

图 9-15　网格图元

9.5.2 绘制三维面

三维面建模，常用 rulesurf（直纹面）、tabsurf（拉伸面）、revsurf（旋转面）三个命令，具体如下：

命令：3dface
指定第一点或[不可见(I)]：
指定第二点或[不可见(I)]：
指定第三点或[不可见(I)]<退出>：
指定第四点或[不可见(I)]<创建三侧面>：

1. 绘制直纹面

在创建下单击直纹面图标，绘制结果如图 9-16（a）所示。

命令：rulesurf
选择第一条定义曲线：
选择第二条定义曲线：

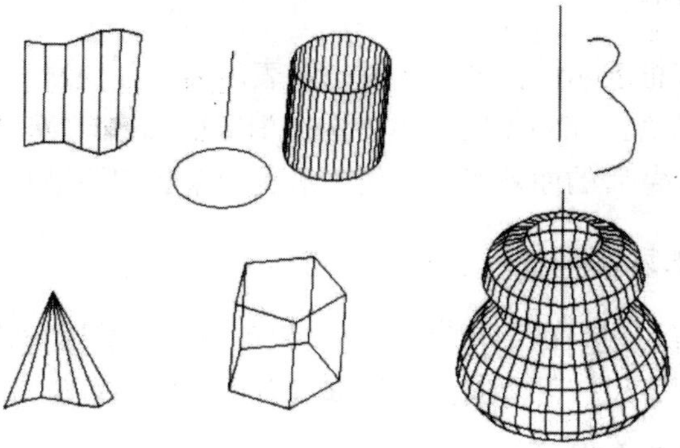

（a）直纹面　　（b）拉伸面　　（c）旋转面

图 9-16　3D 曲面

2. 绘制拉伸面

在创建下单击拉伸面图标，绘制结果如图 9-16（b）所示。

命令：tabsurf
选择用作轮廓曲线的对象：
选择拉伸高度：

3. 绘制旋转曲面

在曲面下单击旋转曲面图标，绘制结果如图 9-16（c）所示。

命令：revsurf
选择要旋转的对象：
选择定义旋转轴的对象：
指定起点角度<0>：
指定包含角(+=逆时针,-=顺时针)<360>：

9.6 三维图形的视觉处理

真实的三维图像可以帮助设计者看到最终的设计，这样要比用线框表示清楚得多。在

AutoCAD 中，消隐图像是最简单的。着色消除隐藏线并为可见平面指定颜色，渲染则添加和调整了光源，并为表面附着上材质以产生真实效果。因此，着色和渲染使图像的真实感进一步增强。

要决定生成哪种图像，首先需要考虑图像的应用目的和时间投入等因素。如果是为了演示，就需要全部渲染。如果只需要查看一下设计的整体效果，简单消隐或着色图像就足够了。

三维图形的视觉处理主要包括消隐、着色和渲染。消隐和着色主要是对三维图形进行阴影处理，产生与现实明暗效果相对应的图像效果。渲染是对三维图形加上颜色和材质，还可以配以灯光、背景、场景等，更真实地表达图形的外观和纹理。其操作可从视觉样式和渲染工具栏中选取工具完成，如图 9-17 和图 9-18 所示。

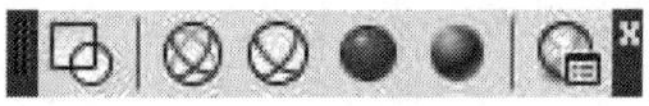

图 9-17　视觉样式工具栏

图 9-18　渲染工具栏

9.6.1　三维图形的消隐

消隐是显示用三维线框表示的对象，同时消隐表示后向面的线。

要对三维实体进行消隐，在渲染工具栏中单击消隐图标，即对三维实体进行消隐。执行该命令后，隐藏于实体背后的面被遮挡，使图形看起来更加清晰和真实。

9.6.2　三维图形的视觉样式

AutoCAD 2014 提供的视觉样式有以下几种，也可通过视觉样式管理器新建视觉样式。使用视觉样式提供的各选项可以查看、编辑用线框或着色表示的对象。

视觉样式各项的执行步骤如下：

（1）将包含要着色视图的视口设置为当前视口。

（2）从“视图”菜单中选择“视觉样式”命令，如图 9-19 所示，或在视觉样式工具栏选择工具，如图 9-17 所示。

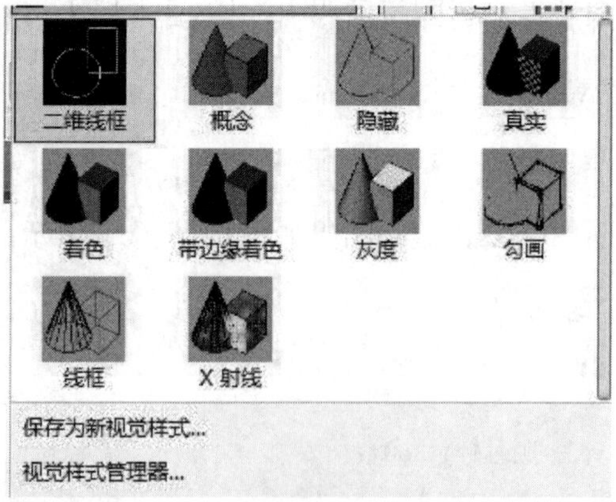

图 9-19　“视觉样式”列表框

（3）选择下列选项之一：

1）单击二维线框图标。

命令：vscurrent

输入选项[二维线框(2)/线框(W)/隐藏(H)/真实(R)/概念(C)/着色(S)/带边缘着色(E)/灰度(G)/勾画(SK)/X 射线(X)/其他(0)]<灰度>：_ 2dWireframe

执行该命令后，显示用直线和曲线表示边界的对象，如图 9-20 所示。

2）单击三维线框图标：执行该命令后，以三维线框的模式显示图形，效果如图 9-21 所示。并显示一个着色的 UCS 三维图标。

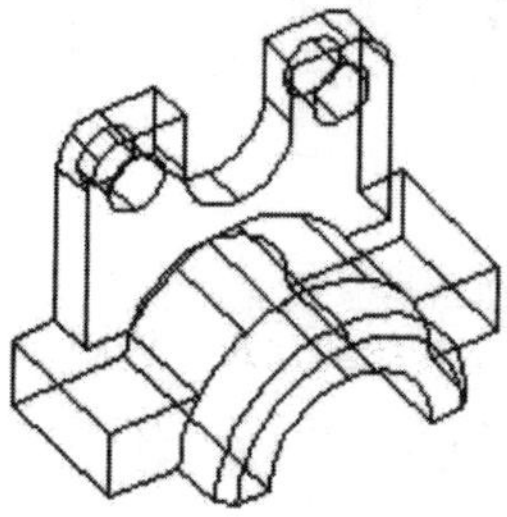

图 9-20 二维线框效果

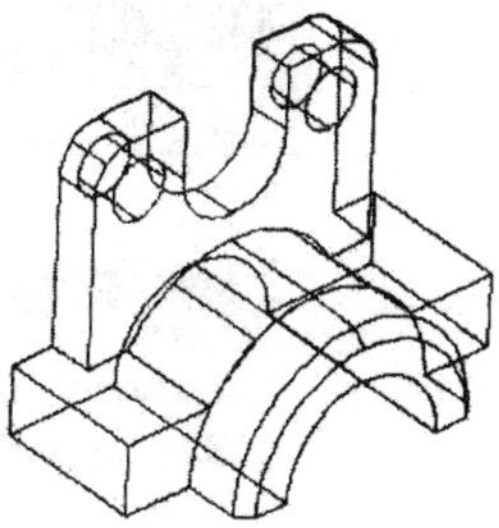

图 9-21 3D 线框效果

3）单击三维隐藏图标：执行该命令后，系统将自动隐藏对象中观察不到的线，只显示那些位于前面的无遮挡的对象，效果如图 9-22 所示。

4）单击真实图标：执行该命令后，系统可使对象实现平面着色，它只对各多边形的面着色，不会对面边界做光滑处理，效果如图 9-23 所示。

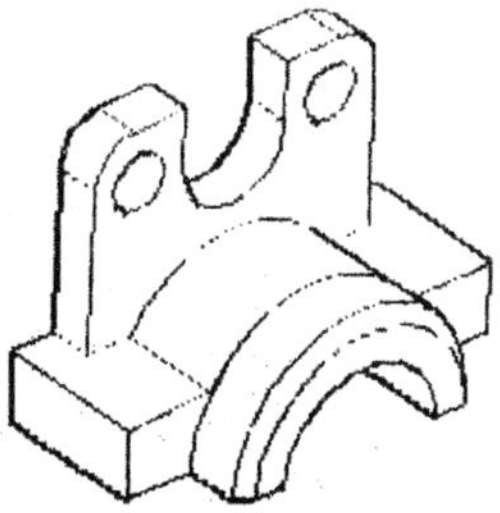

图 9-22 3D 隐藏效果

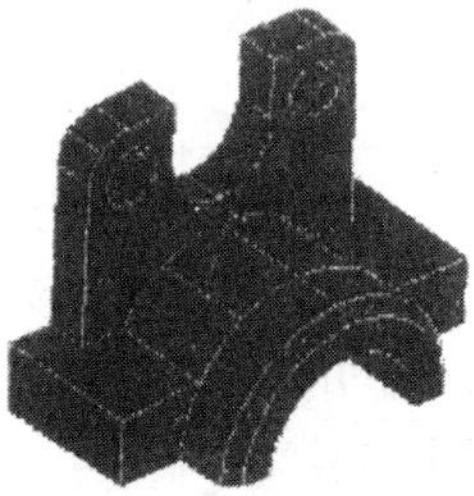

图 9-23 真实效果

5）单击概念图标：执行该命令后，系统根据图形面上的颜色和外观着色，效果如图 9-24 所示。

6）单击着色图标：着色对象并在多边形面之间光顺边界，给对象一个光滑的、具有真实感的形象，如图 9-25 所示。

图 9-24 概念效果

图 9-25 着色效果

（4）视觉样式管理器。在视觉样式工具栏单击后，系统弹出如图 9-26 所示的“视觉样式管理器”对话框。在该管理器中可对上述几种视觉样式进行更改，也可创建新的其他形式的视觉样式。

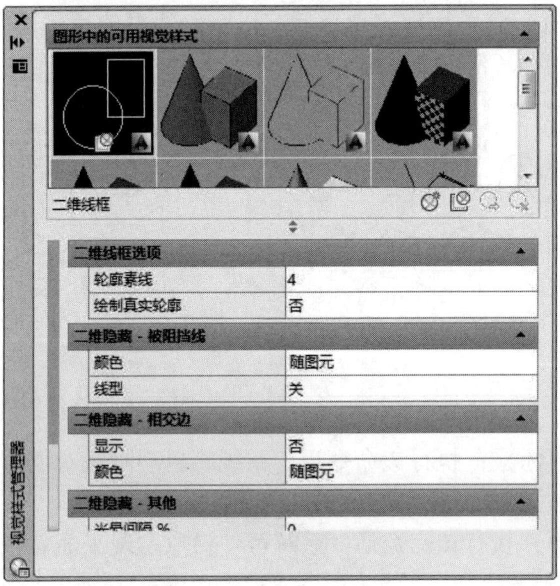

图 9-26　“视觉样式管理器”对话框

9.6.3　渲染

渲染主要用于效果图的设计。图形经过渲染后，给人以逼真的视觉效果。

渲染可以使设计图比简单的消隐或着色图像更加清晰，可用于传统的建筑、机械和工程图形的渲染，也可以制作用于展览宣传的效果图。

渲染一般包括四个步骤。

（1）准备要渲染的模型：包括采用适当的绘图技术、消除隐藏面、构造平滑着色所需的网格、设置显示分辨率等。

（2）照明：包括创建和放置光源、创建阴影。

（3）添加颜色：包括定义材质的反射性质、指定材质和可见表面的关系。

（4）渲染：一般需要通过若干中间步骤检验渲染模型、照明和颜色。

上述步骤只是概念上的划分，在实际渲染过程中，这些步骤通常结合使用，也不一定非要按照上述顺序进行。

渲染的操作步骤：在三维建模工作空间下，单击“渲染”功能选项卡，显示工具面板，如图 9-27 所示。

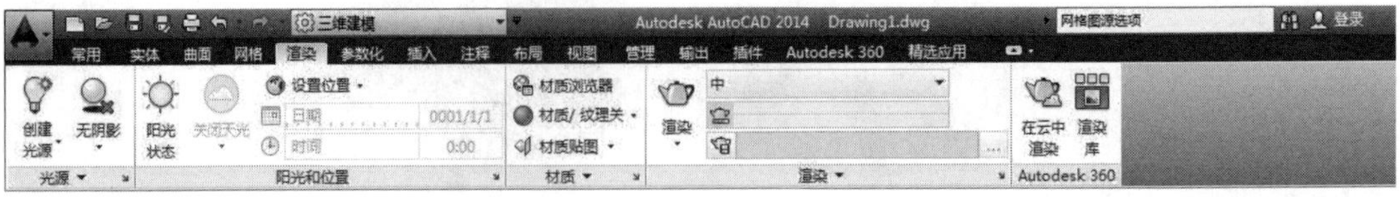

图 9-27　“渲染”工具面板

1. 建立光源

AutoCAD 的渲染功能最大限度地控制 4 类光源，如图 9-28 所示。

点光源：可认为是一个球形光源，向任意方向发射。

聚光灯：它对指定的目标进行集中照射。

平行光：发出一束直线光，只向一个方向发射。

光域网灯光：该光源可认为是通常的背景光，能均匀地照射在所有对象上。

建立新光源的步骤：在“渲染”工具面板下选择“创建光源”，再从弹出的子菜单中选择光源类型，出现如图 9-29 所示的“光源-视口光源模式”对话框，然后单击所需选项即可。

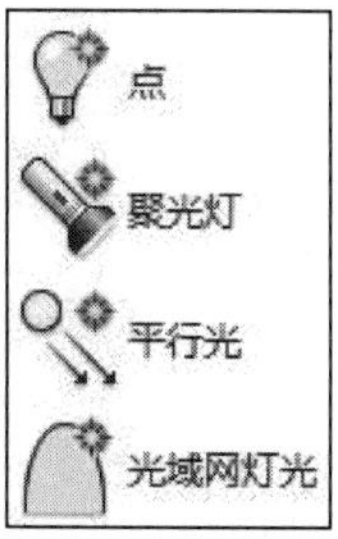

图 9-28　光源类型

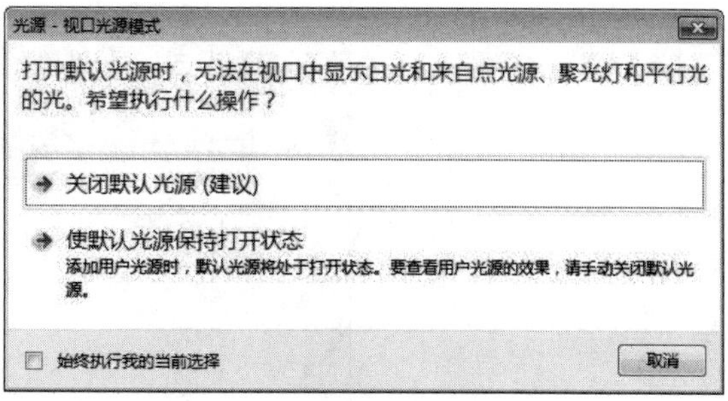

图 9-29　“光源-视口光源模式”对话框

命令：_pointlight

指定光源位置<0,0,0>:

输入要更改的选项[名称(N)/强度(I)/状态(S)/阴影(w)/衰减(A)/颜色(C)/退出(X)]<退出>：(输入要更改的选项)

单击“光源”面板下“对话框启动器”按钮，出现“模型中的光源”窗口，如图 9-30 所示，在该窗口中选择光源名称。

如果光源具有光线轮廓，则光源显示为选定。双击光源名称，将显示光源特性选项板，如图 9-31 所示。

图 9-30　“模型中的光源”窗口

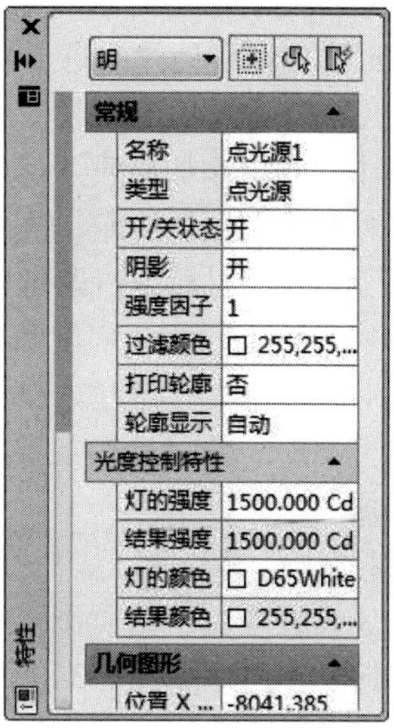

图 9-31　光源特性选项板

注意：在图形中平行光不显示轮廓。使用“模型中的光源”窗口可以选择平行光。

2. 阳光和位置

将光源置于场景中后，可以修改位置和目标。由光线轮廓表示的光源置于图形中后，可以重新定位，可以移动和旋转光源，可以修改目标。选定光线轮廓后，将显示夹点。

单击“阳光和位置”面板下的“对话框启动器”按钮，出现阳光特性选项板，如图 9-32 所示，在此可以调整位置。

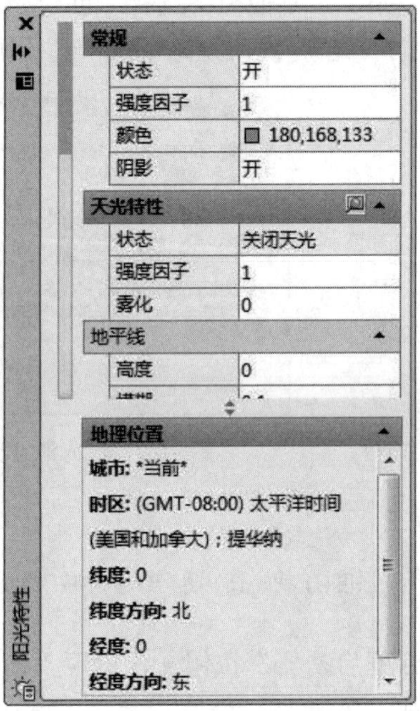

图 9-32　阳光特性选项板

3. 确定材质

材质可以改变所渲染对象对光线的反射特性，通过改变这些特性可以使对象看上去光滑或粗糙。图形中包括所创建的每个装饰图的表面特性图块和属性，通过操纵灯光、漫射度、光泽度和粗糙度来修饰材质。

在图形中为对象添加材质，可以在任何渲染视图中提供逼真效果。Autodesk 提供了一个含有预定义材质的大型材质库，供用户使用。使用材质浏览器可以浏览材质，并将它们应用于图形中的对象。使用材质编辑器可以创建和修改材质。

纹理可提高材质的复杂程度和真实感。例如，要复制辅路中的凹凸效果，可以向图形中表示道路的对象应用噪波纹理。若要复制砂浆砌砖图案，可以使用瓷砖纹理。使用“纹理编辑器”可以定义纹理的外观及其应用于对象的方式。

确定材质的步骤如下：

（1）材质浏览器。可以从“材质浏览器”中浏览、创建或打开现有库，如图 9-33 所示。

在渲染工具栏中单击材质浏览器图标或“渲染”选项卡的“材质面板”下的“对话框启动器”按钮，出现如图 9-34 所示的“材质编辑器”。

利用“材质浏览器”可导航和管理材质，组织、分类、搜索和选择要在图形中使用的材质。

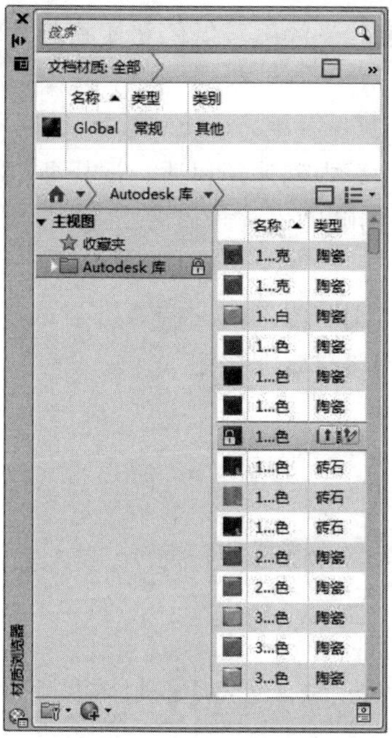

图 9-33　材质浏览器

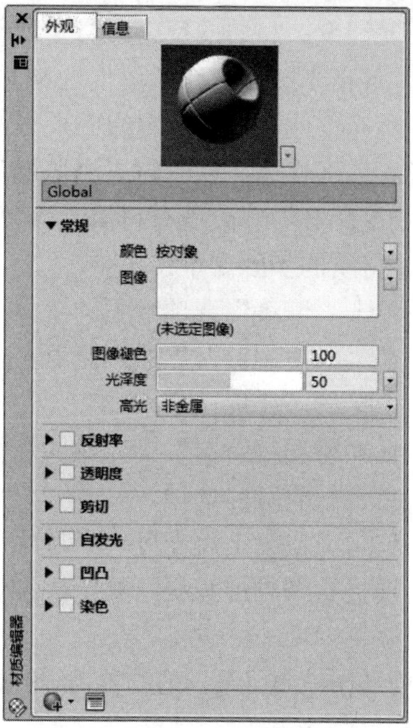

图 9-34　材质编辑器

“材质浏览器”主要包含下列组件：

1）浏览器工具栏：包含“显示或隐藏库树”按钮和搜索框。

2）文档中的材质：显示当前图形中所有已保存的材质。可以按名称、类型、样例形状和颜色对材质排序。

3）材质库树：显示 Autodesk 库（包含预定义的 Autodesk 材质）和其他库。

4）库详细信息：显示选定类别中材质的预览。

5）浏览器底部栏：包含“管理”菜单，用于添加、删除和编辑库与库类别。此菜单还包含一个按钮，用于控制库详细信息的显示选项。

（2）材质编辑器。在渲染工具栏中单击材质编辑器图标或“渲染”选项卡的“材质面板”下的“对话框启动器”按钮，出现如图 9-34 所示“材质编辑器”。

在“材质编辑器”中，可以定义以下特性：

1）外观：定义材质的外观。各个材质具有唯一的外观特性。使用“纹理编辑器”可编辑指定给材质的纹理贴图或程序贴图，也可以对材质重命名。

2）信息：定义或显示与给定材质相关联的关键字和描述。有一种材质始终可以在新图形中使用，即 GLOBAL。默认情况下，此材质将应用于所有对象，直至应用了另一种材质。

在“材质编辑器”中，“常规”材质类型具有用于优化材质的以下特性：

1）颜色：对象上材质的颜色在该对象的不同区域各不相同。远离光源的面显现出的红色比正对光源的面显现出的红色暗。反射高光区域显示最浅的红色，可以为材质指定颜色或自定义纹理。

2）图像：控制材质的基本漫射颜色贴图。漫射颜色是对象在被直射日光或人造光照射时所反射的颜色。

3）图像褪色：控制基础颜色和漫射图像之间的混合。

4）光泽度：材质的反射质量定义了光泽度或消光度。光泽度较低的材质将具有较大的高光区域，且高光区域的颜色更接近材质的主色。

5）高光：此特性控制材质的反射高光的获取方式。

（3）创建材质。在“材质浏览器”或“材质编辑器”中创建新材质。选择要创建的材质类型，或重命名和修改现有材质。设置特性后，可以使用贴图进一步修改材质。

创建材质的步骤如下：

1）单击“渲染”选项卡下的“材质”面板的“材质浏览器”图标。

2）在“材质浏览器”的浏览器工具栏中，单击“创建材质”按钮。

3）选择材质样板。

4）在“材质编辑器”中，输入名称。

5）指定材质颜色选项。

6）使用滑块设定反光度、不透明度、折射、半透明度等的特性。

7）选择贴图频道和程序贴图类型。

4. 渲染

渲染基于三维场景来创建二维图像。它使用已设置的光源、已应用的材质和环境设置，为场景的几何图形着色。

（1）准备要渲染的模型。模型的建立方式对于优化渲染性能和图像质量来说非常重要。

（2）设置渲染器。可以控制许多影响渲染器如何处理渲染任务的设置，尤其是在渲染较高质量的图像时。

在渲染工具栏中单击高级渲染设置图标或“渲染”选项卡中“渲染”下的“对话框启动器”按钮，出现如图 9-35 所示“高级渲染设置”选项板。

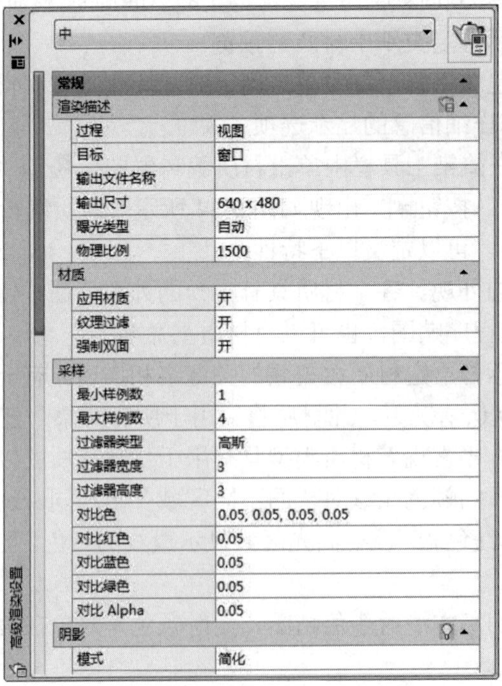

图 9-35 “高级渲染设置”选项板

“高级渲染设置”选项板包含渲染器的主要控件。用户在使用时可以从预定义的渲染设置中选择，也可以进行自定义设置。

（3）控制渲染环境。可以使用环境功能来设置雾化效果或背景图像。在渲染工具栏中单击控制渲染环境图标或“渲染”选项卡的“渲染”列表下的，出现如图 9-36 所示的“渲染环境”对话框。

（4）渲染。在渲染工具栏中单击渲染图标或“渲染”选项卡的“渲染”图标，即可渲染，如图 9-37 所示。

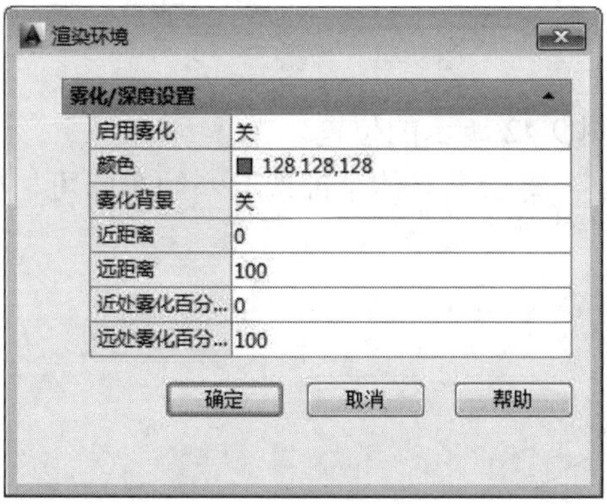

图 9-36　“渲染环境”对话框

图 9-37　渲染

9.7　实训

实训一： 绘制如图 9-38 所示的组合体。

三维造型的方法和步骤如下：

绘制三维实体，必须进入三维空间。

（1）选择“长方体”命令，绘制长为 60、宽为 40、高为 10 的长方体，如图 9-39 所示。

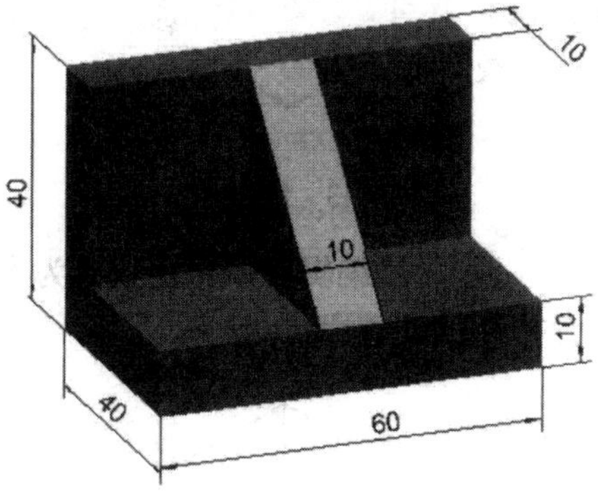

图 9-38　组合体

图 9-39　步骤 1

（2）选择“长方体”命令，绘制长为 60、宽为 10、高为 30 的长方体，如图 9-40 所示。

（3）选择“楔体”命令，绘制长为 10、宽为 30、高为 30 的楔体，如图 9-41 所示。

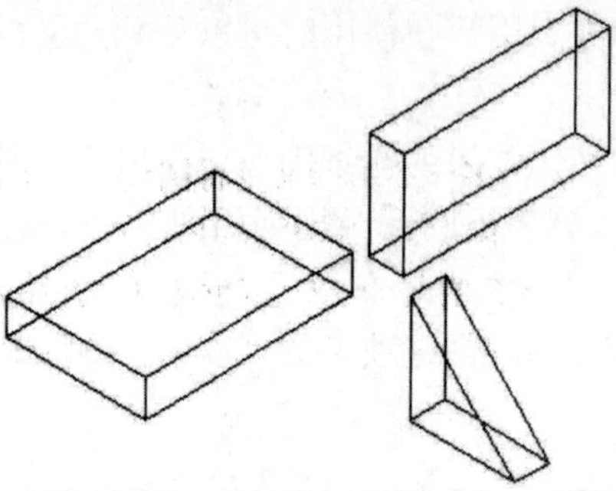

图 9-40　步骤 2

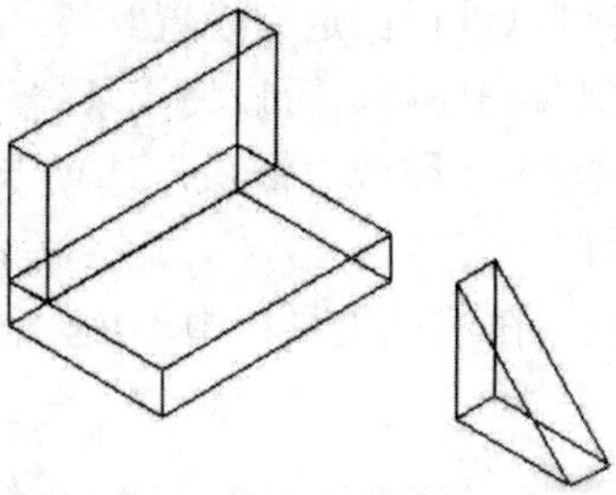

图 9-41　步骤 3

（4）选择“移动”命令，将楔体移动到如图 9-42 所示的位置。

（5）对立体进行布尔运算，选择“并集”命令，将三个立体全部选取，回车即可，如图 9-42 所示。

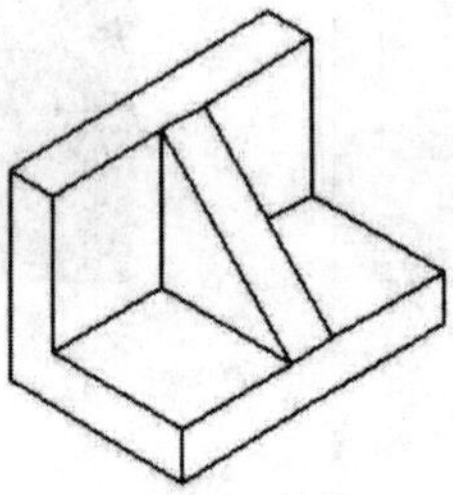

图 9-42　步骤 4

（6）执行消隐或着色操作。

实训二：绘制如图 9-43 所示的组合体。

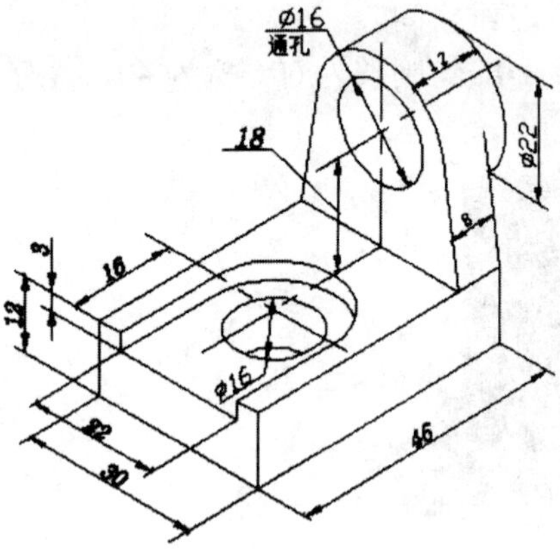

图 9-43　组合体

三维造型的方法和步骤如下：

（1）绘制长方体。选择“矩形”命令，绘制长为 46、宽为 30 的矩形。选择“拉伸”命令，选择“拉伸”对象（矩形），输入拉伸高度 12，回车，如图 9-44 所示。

用“直线”和“圆”命令绘制如图 9-45 所示的图形，用“多线编辑”命令将图线变为多段线。选择“拉伸”命令，选择“拉伸”对象，输入拉伸高度 3，回车，如图 9-45 所示。

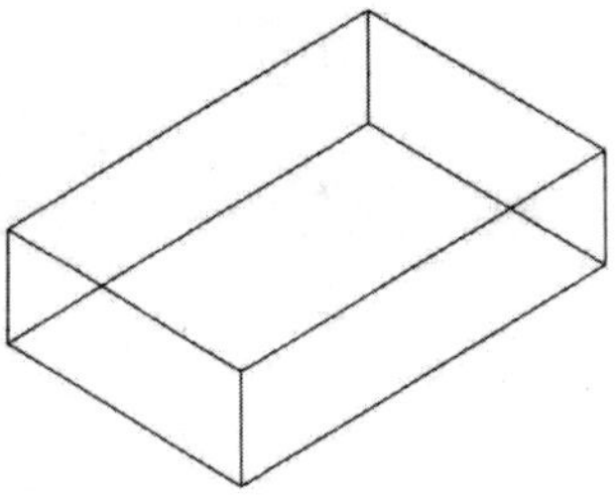

图 9-44　步骤 1

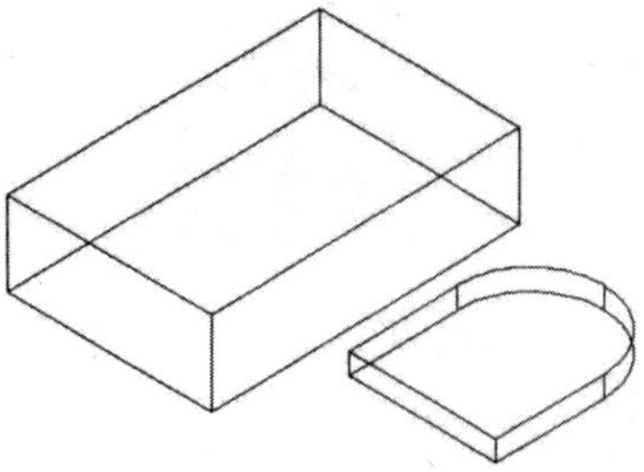

图 9-45　步骤 2

（3）用“直线”和“圆”命令绘制如图 9-46 所示的图形，用“多线编辑”命令将图线变为多段线。选择“拉伸”命令，选择“拉伸”对象，输入拉伸高度 8，回车，如图 9-47 所示。

（4）选择“圆柱体”命令，绘制直径为 16、高度为 9，直径为 22、高度为 4，直径为 16、高度为 12 的圆柱体，如图 9-47 所示。

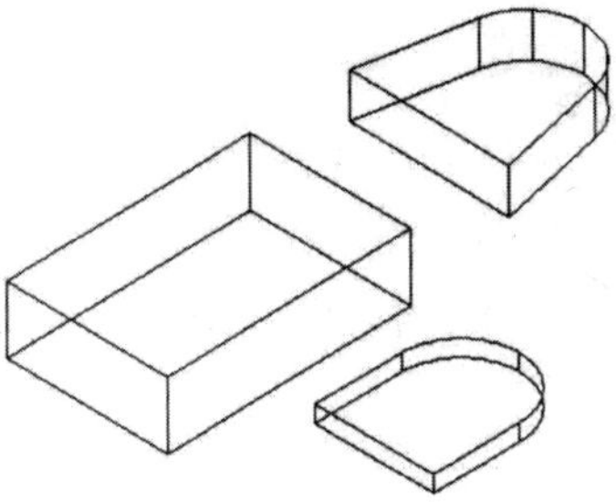

图 9-46　步骤 3

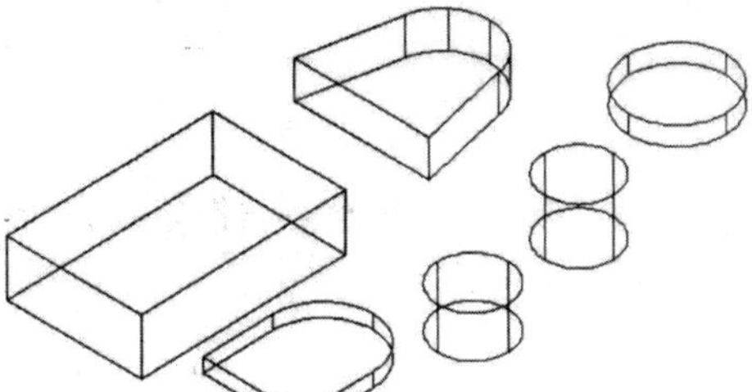

图 9-47　步骤 4

（5）选择“移动”命令，将绘制的立体移动到如图 9-48 所示的对应位置。再分别用“并集”和“差集”命令完成操作，如图 9-48 所示。

（6）选择“三维旋转”命令，将图 9-48 中的对象带圆柱立板绕 Y 轴旋转-90°，如图 9-49 所示。

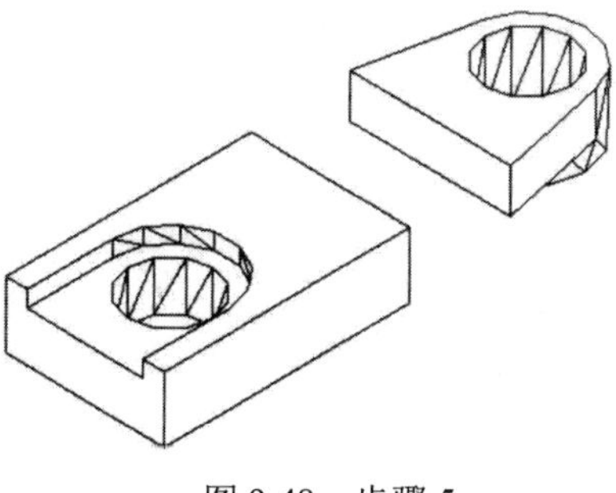

图 9-48　步骤 5

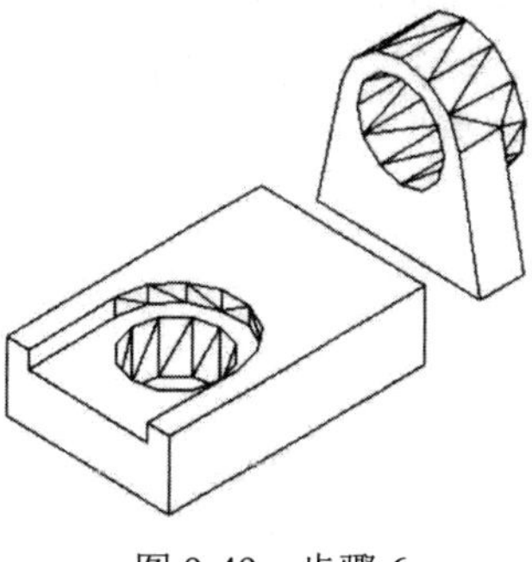

图 9-49　步骤 6

（7）选择“移动”命令，将绘制的立体移动到如图 9-50 所示的对应位置，用“并集”命令将两部分合并。

（8）选择“剖切”命令，将立体剖切，如图 9-51 所示。

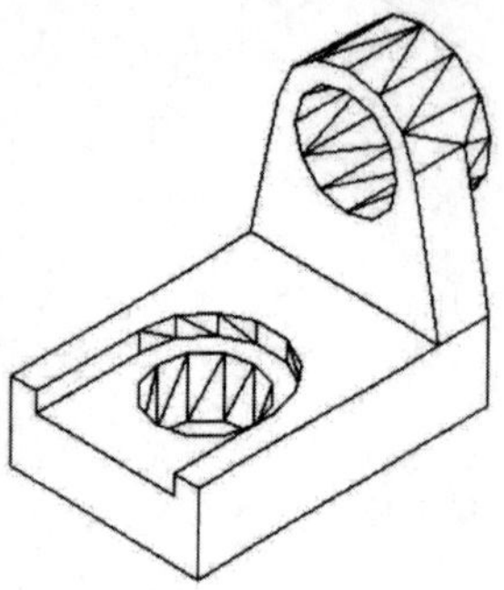

图 9-50　步骤 7

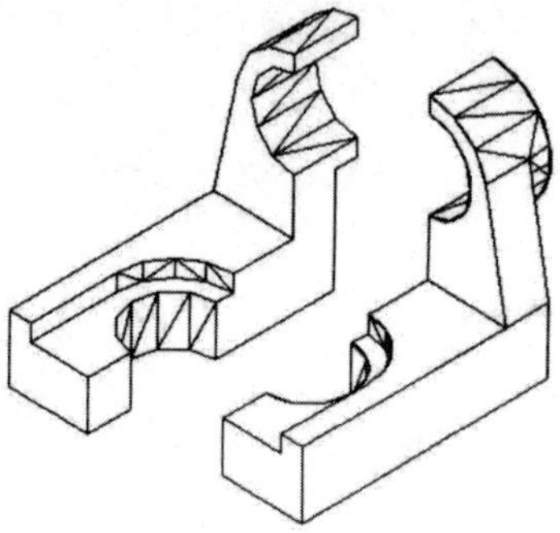

图 9-51　步骤 8

实训三：绘制如图 9-52 所示的组合体。

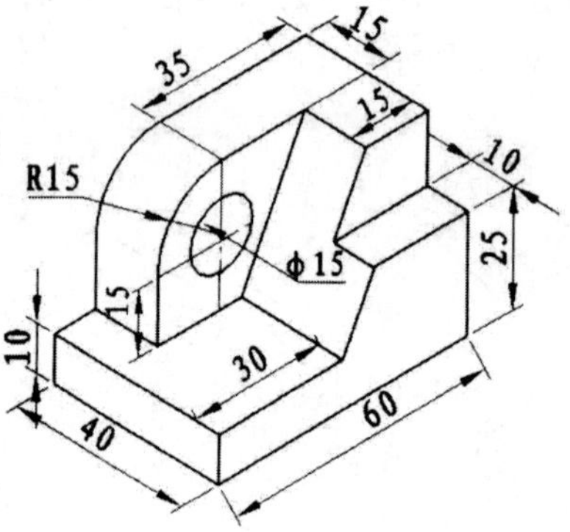

图 9-52　组合体

作图步骤如下：

（1）绘制底板长方体。选择“长方体”命令，绘制长为 60、宽为 40、高为 10 的长方体，如图 9-53 所示。

（2）绘制后立板，用“直线”和“圆”及“圆角”命令绘制如图 9-54 所示的图形，用“多线编辑”命令将图线变为多段线。

（3）选择“拉伸”命令，选择“拉伸”对象，输入拉伸高度 15，回车，如图 9-55 所示。选择“差集”命令，完成直径为 7.5 的圆孔。

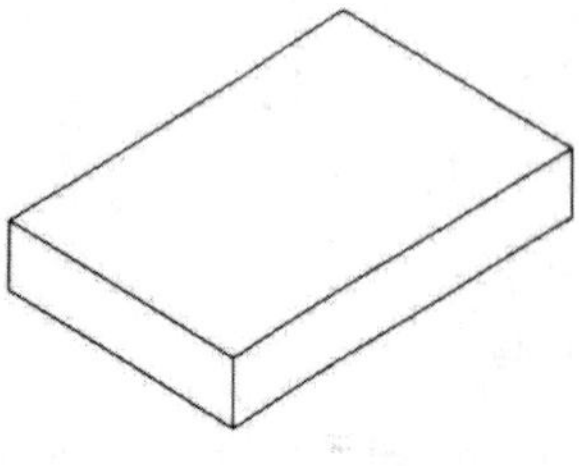

图 9-53　步骤 1

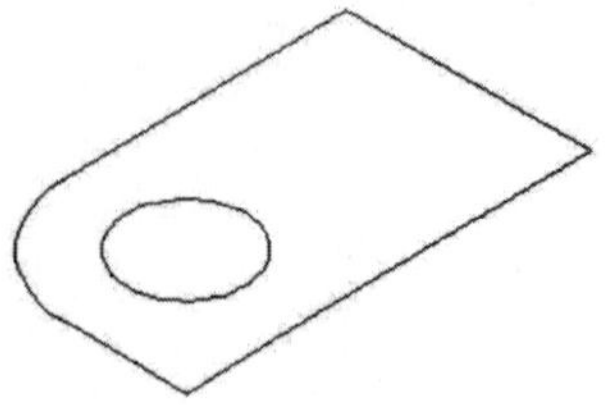

图 9-54　步骤 2

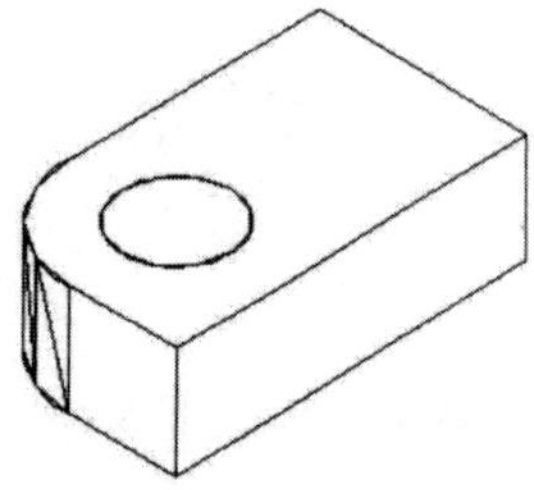

图 9-55　步骤 3（拉伸）

（4）用“直线”命令绘制如图9-56所示的图形，用“多线编辑”命令将图线变为多段线。

（5）选择“拉伸”命令，选择“拉伸”对象，输入拉伸高度25，回车，如图9-57所示。

（6）选择“长方体”命令，绘制长为25、宽为15、高为10的柱体，如图9-58所示。选择“移动”命令，将绘制的立体移动到如图9-59所示的对应位置。再用“差集”命令完成操作。

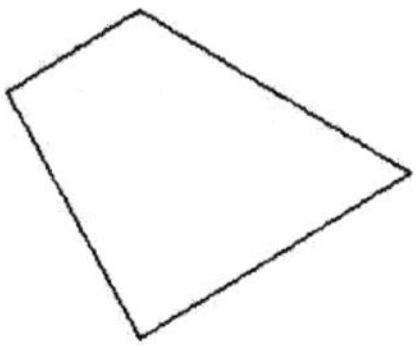
图9-56　步骤4、5

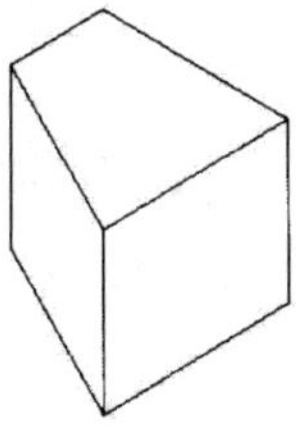
图9-57　步骤6（拉伸）

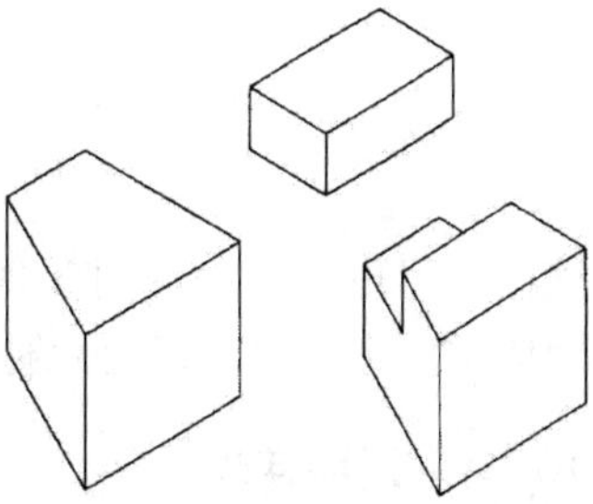
图9-58　步骤7（差集）

（7）选择“三维旋转”命令，将立板和柱体各绕Y轴旋转-90°，如图9-59所示。

（8）选择“移动”命令，将绘制的两立体移动到如图9-60所示的对应位置。再用“并集”命令完成操作。

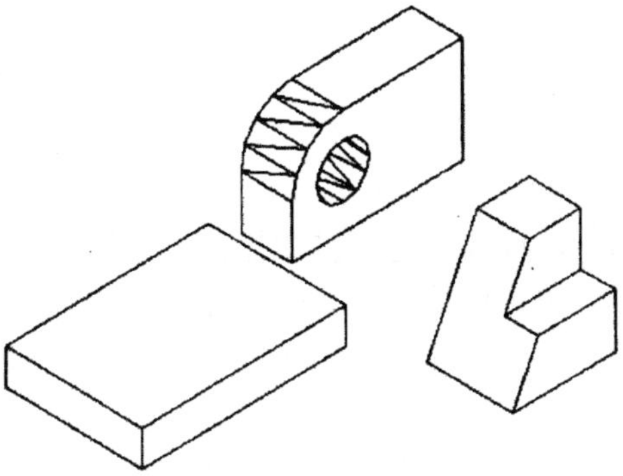
图9-59　步骤8（旋转）

图9-60　步骤9

（9）执行消隐、着色或渲染操作。

第 10 章　图形输出

创建完图形后，一般要打印到图纸上，也可以创建电子图纸在 Internet 上发行。用户可以打印单一视图或者多个视图，也可以根据不同的需要打印出一个或多个视口，或设置选项来决定打印的内容和图像在图纸上的布置方法。

10.1　打印图形

绘制图形后，可以使用多种方法输出，可以将图形打印在图纸上，也可以创建成文件以供其他应用程序使用。以上两种情况都需要进行打印设置。

10.1.1　打印样式

打印样式通过确定打印特性（例如线宽、颜色和填充样式）来控制对象或布局的打印方式。打印样式表中收集了多组打印样式。打印样式管理器是一个窗口，其中显示所有可用的打印样式表。

打印样式有两种类型：颜色相关和命名。一个图形只能使用一种类型的打印样式表。用户可以在两种打印样式表之间转换。也可以在设定了图形的打印样式表类型之后，更改所设置的类型。

对于颜色相关打印样式表，对象的颜色确定如何对其进行打印。这些打印样式表文件的扩展名为.ctb。不能直接为对象指定颜色相关打印样式。相反，要控制对象的打印颜色，必须更改对象的颜色。例如，图形中所有被指定为红色的对象均以相同的方式打印。

命名打印样式表使用直接指定给对象和图层的打印样式。这些打印样式表文件的扩展名为.stb。使用这些打印样式表可以使图形中的每个对象以不同颜色打印，与对象本身的颜色无关。

打印样式可以从打印样式表中获取。打印样式表可以附加在布局和视口中，它保存了打印样式的设置。如果需要以不同的方式打印同一图形，也可以使用打印样式。

例如，如果用户有一个由多零件组成的部件，则可以为零件指定打印样式“零件 1”和“零件 2”，这两种样式仅受各零件的影响。可以创建打印样式表，将“零件 1”对象打印为红色，而淡显“零件 2”对象，然后创建另一个打印样式，交换两种打印样式。将这两个打印样式分别指定给同一布局，就能创建两份完全不同的打印图纸。

说明： 使用打印样式可将所有对象用黑色输出，而保持图形中不同图层的颜色。虽然现在许多绘图设备都可以绘制彩色图形，但大多数工程图形还是希望用黑色输出。使用打印样式时，可选择在绘制每一对象时显示对象特性的修改，这样不必打印图形就能查看结果。

AutoCAD 中存在两种不同类型的打印样式表，每种都有相应的文件格式。

（1）颜色相关类型：选择此选项可创建 255 个打印样式，每个样式关联一种颜色，这些信息都存储在样式一中。其打印样式表中包含 255 种颜色的列表，这是基于 ACI（AutoCAD Color Index）的。每种颜色都分配了打印特性以确定彩色图形如何打印。并且样式不能添加、删除或重命名——每种颜色都有一种样式。颜色相关的打印样式表以 ctb 为后缀名保存在 Plot Style 文件夹中。

（2）命名类型：选择此项将创建一个包含名为 NORMAL 的打印样式的样式表。用户可在打印样式编辑器中向该表添加新样式。在此表中每种样式都有名称，每种样式都具有打印特性，其默认样式名为 NORMAL，不能修改或删除。命名的打印样式可以分配给图层和对象。命名的打印样式表以 stb 为后缀名保存在 Plot Style 文件夹中。要使用命名的打印样式，必须在“选项”对话框的“打印”选项卡下，将新图形的默认打印样式设为“使用命名打印样式”。

用户可以创建命名打印样式表，以便运用新打印样式的所有灵活特性。创建打印样式表时，可以从头开始，修改现有打印样式表，从现有 CFG 文件、PCP 或 PC2 文件输入样式特性。

打开打印样式表管理器的方法如下：在菜单浏览器中选择“打印”→“管理打印样式”命令，打开“打印样式”文件夹。

10.1.2　样式管理器

打印样式的真实特性是在打印样式表中定义的，可以将它附着到模型选项卡、布局或布局中的视口。在将打印样式表附着到布局或视口之时，打印样式对对象不起作用。通过给布局指定不同的打印样式表，可以创建不同的打印图纸。打印样式表存储在与设备无关的打印样式表（STB 文件）中。

创建命名打印样式表的步骤如下：

（1）在菜单浏览器中选择“打印”→“管理打印样式”命令，打开“打印样式”文件夹。所有的打印样式表都有名称和代表样式表类型的图标。

（2）在“打印样式”文件夹中双击“添加打印机样式表向导”，仔细阅读添加打印样式表的介绍文字，单击“下一步”按钮继续操作。

（3）在“开始”页面下选择添加方式。

1）“从头开始”：选择此选项后，AutoCAD 将创建新的打印样式表。

2）“使用一个存在的打印样式表”：选择此选项后，AutoCAD 将以现有的命名打印样式表为起点，创建新的命名打印样式表。新的打印样式表包括原有打印样式表中的样式。

3）“使用 AutoCAD R14 的打印设置”：选择此选项后，AutoCAD 将使用 acad.16.cfg 文件中的画笔来指定信息以创建新的打印样式表。如果要输入设置，又没有 PCP 或 PC2 文件，则应选择此选项。

4）“使用 PCP 或 PC2 文件”：此选项使用 PCP 或 PC2 文件中存储的画笔指定信息来创建新的打印样式表。

（4）确定打印样式表类型后，单击“下一步”按钮继续。

（5）在“文件名”对话框中输入打印样式表的名称。命名样式表文件的扩展名为.stb，颜色相关样式表的扩展名为.ctb。

（6）完成创建打印样式表。

10.1.3　打印样式表编辑器

在“打印样式管理器”窗口中，选中某个“打印样式”文件后，系统弹出这个文件的“打印样式表编辑器”对话框，如图 10-1 所示。

图 10-1 “打印样式表编辑器”对话框

在该对话框中有 3 个选项卡，分别为“常规”“表视图”和“表格视图”。

下面分别介绍这 3 个选项卡：

（1）“常规”选项卡。该选项卡列出所选择打印样式文件的总体信息。

（2）“表视图”选项卡。该选项卡以表格的形式列出样本文件下所有的打印样式。用户可在其中对指定的任一打印样式进行修改。

（3）“表格视图”选项卡。单击“表格视图”，打开如图 10-1 所示的选项卡，在该选项卡中共有 3 个区域，功能介绍如下：

1）“打印样式”列表框：该列表框内以列表形式列出被打开的样式文件所包含的全部打印样式。

2）“特性”选项组：在该选项组中用户可以修改打印样式的各项设置。

3）“说明”列表框：提供每个打印样式的说明。

10.1.4 打印输出

单击“输出”功能选项卡下的“打印”面板下的“打印”图标，出现如图 10-2 所示的“打印”对话框。在“打印”对话框的“打印机/绘图仪”选项组中，从“名称”列表中选择一种绘图仪。

（1）“打印机/绘图仪”选项组中的各项内容介绍如下：

1）“名称”下拉列表框：打开该下拉列表框，可以看到其中列出了当前 AutoCAD 配置的所有输出设备，包括打印输出设备和电子输出设备，其中 DWFePlot.pc3 和 DWFClassic.pc3 为电子出图工具。电子出图就是 AutoCAD 图形以文件的形式输出，输出后缀为 DWF。图形输出后，用户可在网络浏览器中将其打开，并将之发送出去。二者的区别主要在于，DWFClassic.pc3 输出的打印文件可以被 AutoCAD 2014 打开，而 DWFePlot.pc3 输出的打印文件则只能被 Internet Explorer 或 Netscape 等网络浏览器打开。电子出图实质上就是 AutoCAD 图形文件与 DWF 格式文件之间的转换。

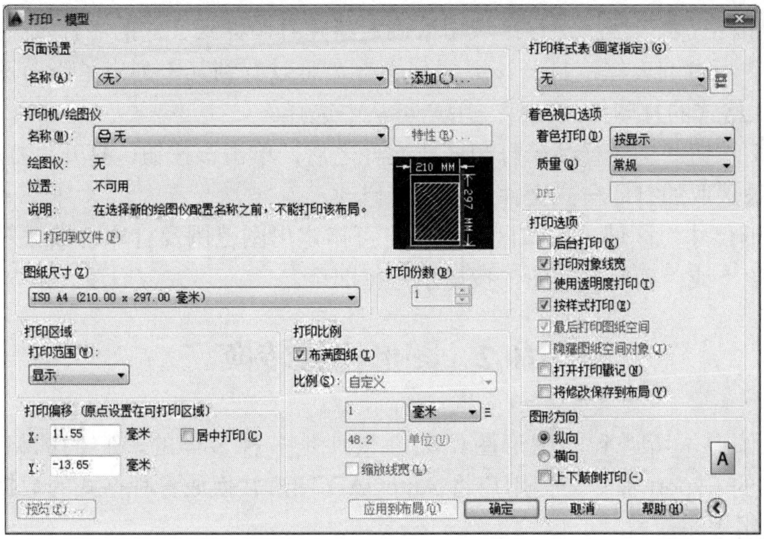

图 10-2　“打印”对话框

在“名称”下拉列表框下部，列出了被选择的打印设备的种类、端口位置及相关描述信息。

2）“特性”按钮：用来设置指定打印设备的属性。单击该按钮，将打开如图 10-3 所示的“绘图仪配置编辑器”对话框。该对话框有 3 个选项卡：

- “常规”选项卡：用来向用户提示当前打印设备的端口、驱动程序位置及版本等信息，同时还可以在该选项卡内为打印设备添加描述信息。
- “端口”选项卡：用来设置打印输出端口，可设置本地端口，也可设置网络端口。
- “设备和文档设置”选项卡：用来设置纸张大小和进纸方式等选项。

“自定义特性”按钮：单击该按钮将打开当前打印机属性对话框，如图 10-4 所示，其中提供了关于当前打印设备的详细信息。

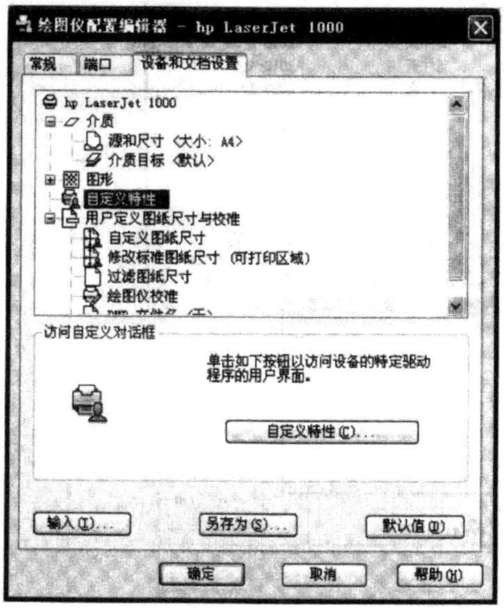

图 10-3　“绘图仪配置编辑器”对话框

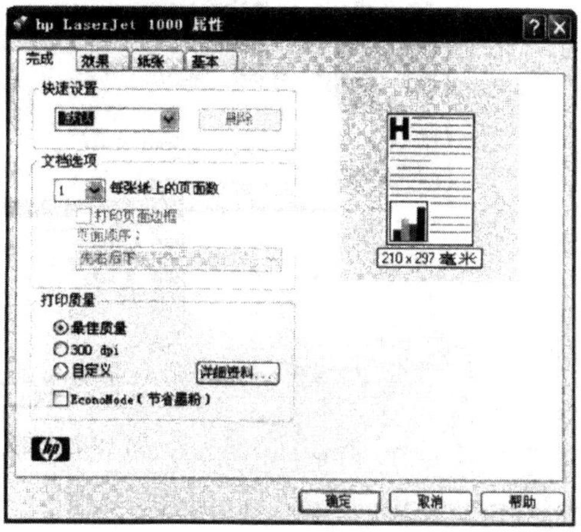

图 10-4　打印机属性

（2）“打印样式表”区域：该区域用来确定新建打印样式文件的名称及类型。

1）“名称”下拉列表框：打开该下拉列表框，可以看到其中列出了当前图形文件所有的*.CTB 或*.STB 格式的打印样式文件，用户可从中选择。

2）“编辑”按钮：当选择某一打印样式文件之后，单击该按钮，打开“打印样式管理器”对话框，可对被选取的打印样式文件进行编辑修改。

（3）“图纸尺寸”区域：在该区域内用户可指定出图范围及打印份数。对各项内容设置后，单击“预览”或“确定”按钮，按提示进行即可。

10.2 图形格式转换

在实际工作中，所遇到的图形图像处理软件是多种多样的，它们的格式并不一致，AutoCAD 提供的 Export 命令方便用户将 AutoCAD 图形转换成各种格式的数据文件，以便其他 Windows 应用程序使用。

在菜单浏览器▲中选择“输出”，在列表框中选择输出的文件类型，可以将 AutoCAD 图形转换成所列格式的数据文件，如图 10-5 所示。

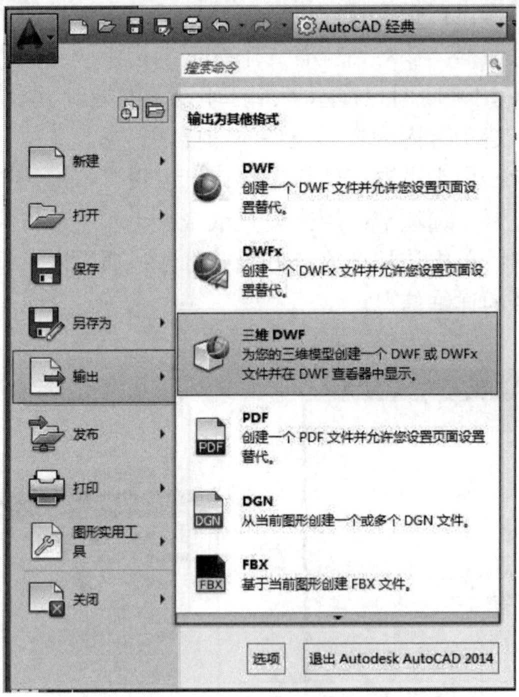

图 10-5　数据输出格式

10.3 实训

绘制如图 10-6 所示的图形并打印图纸。

（1）绘制如图 10-6 所示的图形。

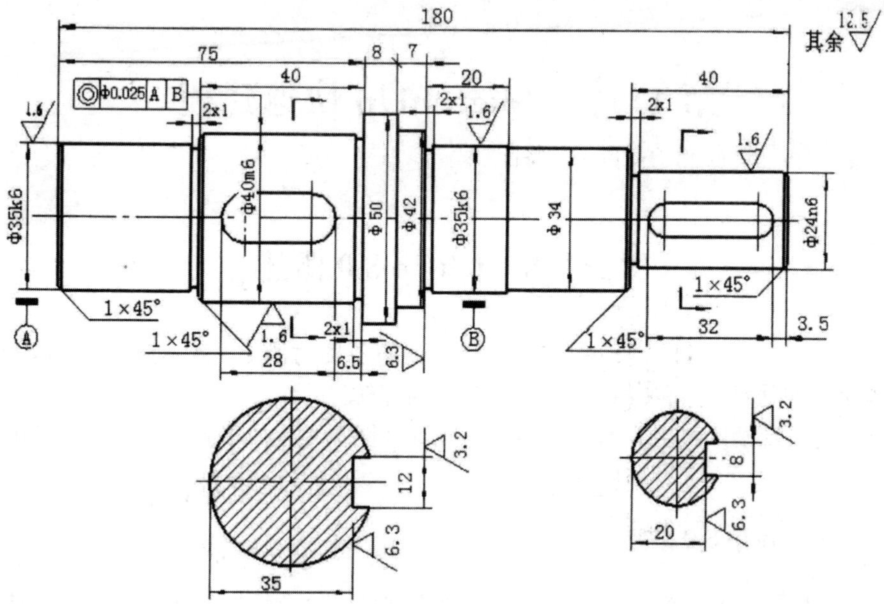

图 10-6 被动轴

（2）打印图形。单击菜单浏览器，选择“打印”或单击绘图输出按钮，弹出如图10-2 所示的“打印-模型”对话框。在对话框中设定 A4、横向、预览，单击“确定”按钮即可。

第 11 章　SketchUp 快速建模

11.1　SketchUp 8.0 概述

本章将向读者详实而全面地介绍 SketchUp 8.0 的各种功能，并将特例引入讲解中，让读者能通过实例操作加强对软件的熟悉，对功能命令的理解。同时，增加软件在专业学习中的运用及实例讲解，使读者学以致用。本章配图均以三维视图为主，使学习更直观，讲解更便捷，理解更深刻。

11.1.1　SketchUp 8.0 的特点

SketchUp 8.0 软件是一款功能强大的三维建模软件，广泛运用于规划、建筑、景观、土木工程、机械等多种领域的立体模型建构。相对同类三维建模软件而言，SketchUp 8.0 软件具有精简、占用空间小、功能齐全、操作简单、建模便捷、视图直观等众多优点，目前被越来越多的设计者、学校师生所重视，并在众多高校推广。

11.1.2　SketchUp 8.0 新增功能简介

SketchUp 8.0 版本相比之前版本在个人化设定、组件参数化、模型交错、材质编辑等功能方面都有所增强，这使得不同专业背景的设计者在使用本软件时有更个性化的、更贴合专业特点的设置，以便充分发挥软件的强大功能。

11.1.3　SketchUp 8.0 工作界面

在第一次进入 SketchUp 8.0 之时，会出现一个欢迎向导界面（图 11-1），界面中包含 3 个栏目，学习栏、许可证栏、模板栏。学习栏中在一小段演示后，会出现 SketchUp 8.0 的相关链接，帮助初学者获得更多信息。

单击许可证栏前的下拉按钮，展开许可证栏（图 11-2），通过单击“使用中的许可证”按钮弹出的窗口（图 11-3），可以查看正在使用的许可。单击“添加许可证”按钮弹出的窗口（图 11-4），包含用户名、序列号、授权码 3 项内容，只有获得授权的用户，输入授权匹配的信息，才能开启使用 SketchUp 8.0。单击“购买”按钮可通过网络方式获得授权。

单击“选择模板”左侧的下拉按钮，展开模板栏（图 11-5），模板中预设了多种适用的绘图模板，包括制式可以选择公制或英制，单位可以选择米和毫米，英制可选择英尺和英寸，可选择背景模式等。选中一项后就可以载入此模板，在作图时，绘图单位就是选中的特定单位。例如选中米为度量单位，绘制 2 米线段时需要输入“2”，若选中毫米为度量单位则需要输入“2000”（因此，下文中所出现的数据仅为数值，不带单位）。图 11-7 中列出了 SketchUp 8.0 默认带背景的模板，而图 11-8 中则是不带背景的模板。

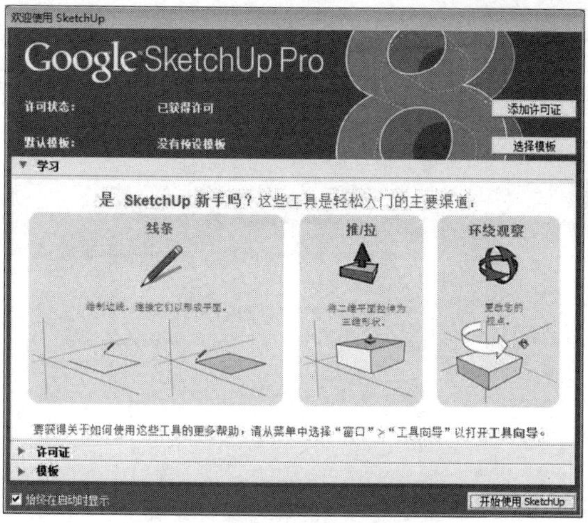

图 11-1　欢迎界面中的学习栏

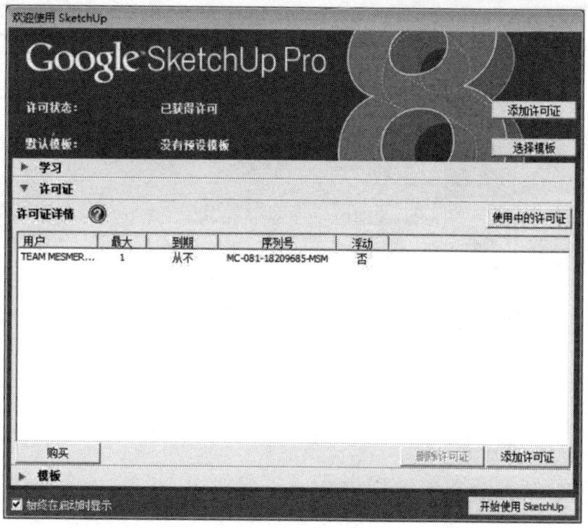

图 11-2　欢迎界面中的许可证栏

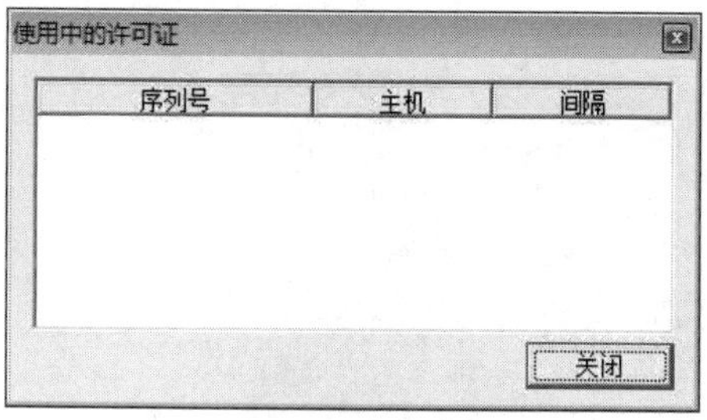

图 11-3　使用的许可证信息

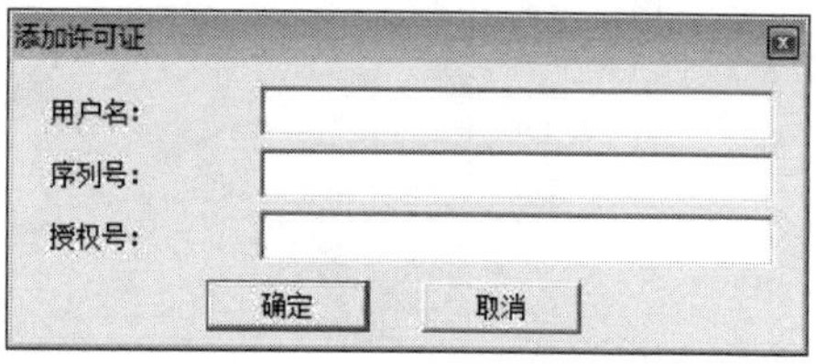

图 11-4　添加许可证界面

若不想每次启动时显示此窗口，直接进入程序，则不勾选左下角的“始终在启动时显示”复选框即可（图 11-6）。

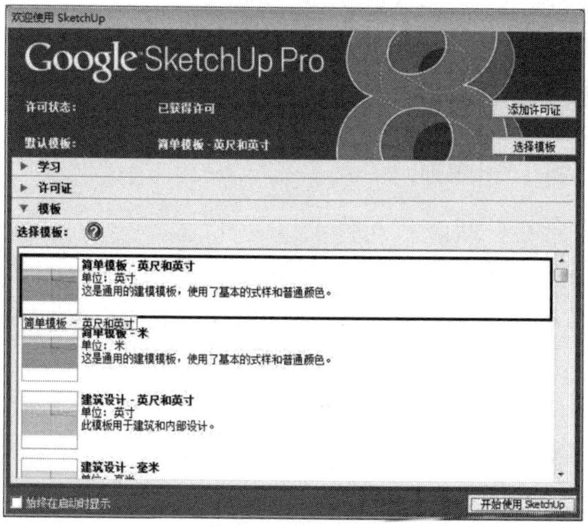

图 11-5　欢迎界面中的模板栏

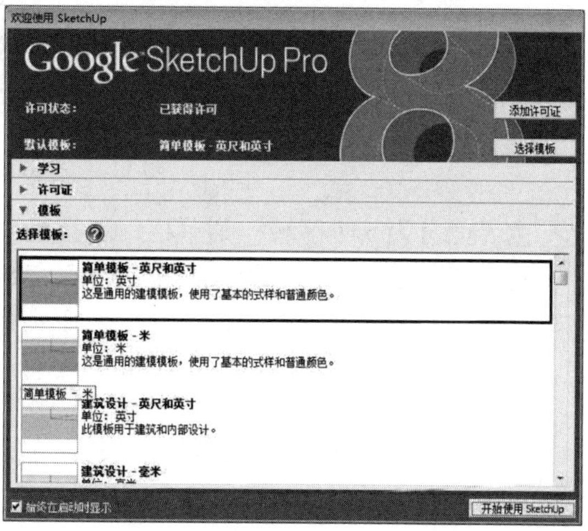

图 11-6　每次启动不显示欢迎界面

单击“开始使用 SketchUp”按钮进入 SketchUp 8.0 主界面（图 11-9）。

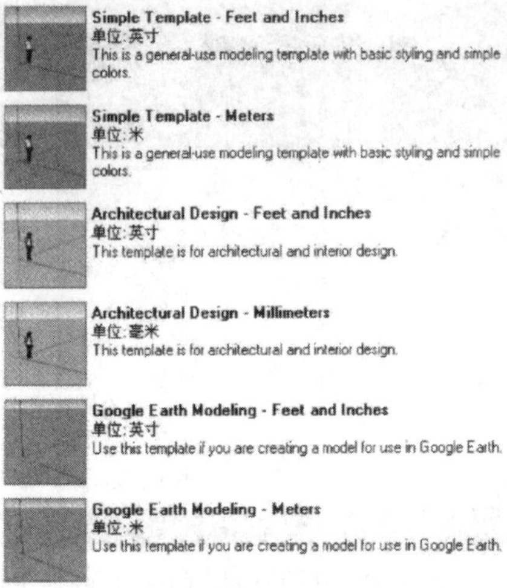

图 11-7　SketchUp 8.0 默认的带背景模板

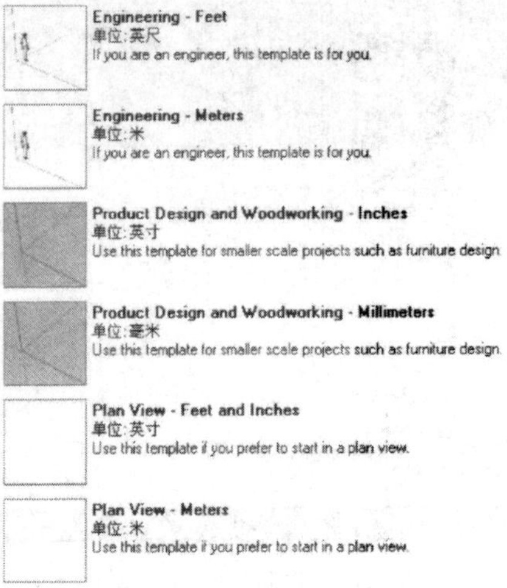

图 11-8　SketchUp 8.0 默认的不带背景模板

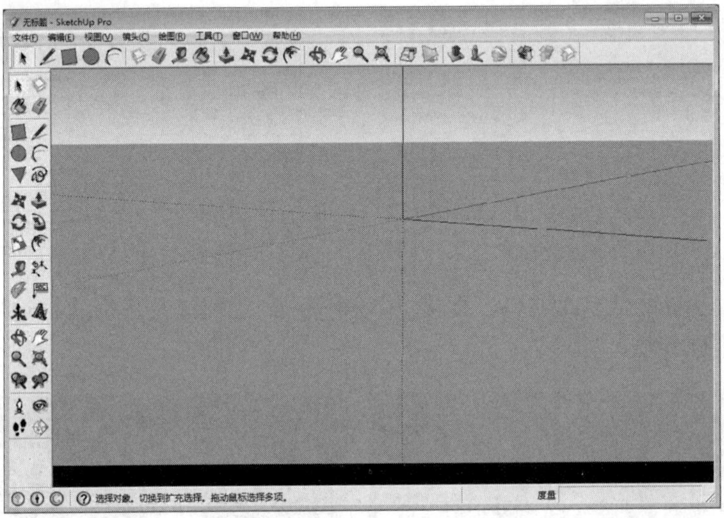

图 11-9　SketchUp 8.0 的主界面

主界面分为 5 个区域：菜单栏、工具栏、提示栏、状态栏与作图区。

菜单栏位于整个窗口的最上方，包含有 SketchUp 8.0 的大多数命令。

工具栏位置相对比较灵活，可附着于窗口各处，也可以悬浮在作图区中，成为浮动工具栏，可以通过单击工具栏中的按钮执行命令。

状态栏位于窗口的左下角，能够定义模型的地理信息、查看模型信息等。

提示栏位于窗口下方，在绘图过程中能给予实时的操作提示与帮助，右下角的数值栏中会显示数值。

界面中间是 SketchUp 8.0 的作图区。作图区中的视图默认为三维视图①。视图中有用三色区分的坐标系，即红轴、绿轴与蓝轴分别代表三维坐标中的 X、Y、Z 轴，实线表示为正轴方向，虚线表示为负轴方向。预设视图中还会显示地坪与天空，使视图显得更为直观。整个 SketchUp 8.0 的主界面简洁而直观，作图时一目了然。

11.2　SketchUp 8.0 的工具栏

SketchUp 8.0 的工具栏包含绘图工具、常用工具、编辑工具、构造工具、相机工具、漫游工具等（图 11-10）。

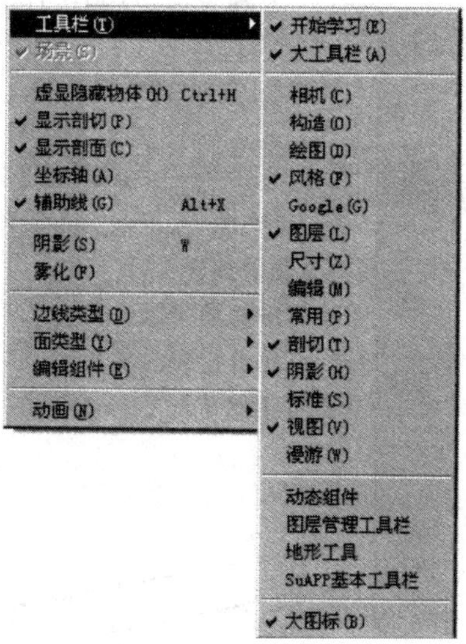

图 11-10　SketchUp 8.0 的工具栏

11.2.1　绘图工具栏

绘图工具栏可以通过单击“菜单栏”→“查看”→“工具栏”→“绘图”打开。

绘图工具栏中包括 6 种常用的绘图命令，可以分别绘制矩形、线段、圆形、弧线、多边形及徒手线。

（1）矩形工具。绘制矩形时，单击“矩形”按钮，指针显示，左键点选矩形一个角点位置，拖出一个矩形线框，输入矩形相邻两边的长度或直接点选对角点，回车完成绘制。

例如，绘制一个长 100、宽 50，其中一个角点为 *A* 的矩形。在点选 *A* 点后，向右下拖动鼠标［图 11-11（a）］，需输入“100，50”，回车完成绘制［图 11-11（b）］。

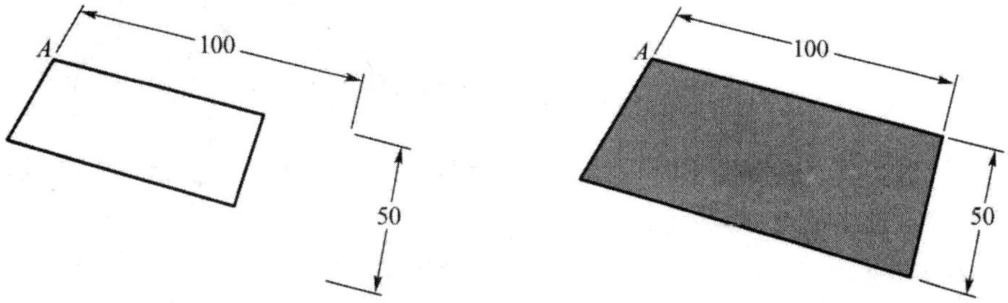

（a）　（b）

图 11-11　矩形绘制

（2）线段工具。绘制线段时，单击“直线”按钮，指针显示，左键点选线段的起始点，用鼠标拖拽出线段方向，输入线段长度或直接点选终点，回车完成绘制。需要绘制同方向上的连续线段，只需在拖拽线段方向后，连续输入各段长度即可；需要绘制不同方向的连续线段，只需在各拖拽方向输入各段长度即可。需要注意的是，线段若是平行于坐标 X、Y 或 Z 轴方向，则拖拽之时方向线条会与轴向同色。

例如，绘制一条平行于 X 轴，长度分别为 400、200、100 的连续线段。在点选起始点 *A* 后，平行于 X 轴拖拽鼠标，当方向线条显示为红色时，输入 400 回车可见线段延伸至 *B* 点［图 11-12（a）］，再输入 200 回车，线段延伸至 *C* 点［图 11-12（b）］，最后输入 100 回车，线段延伸至 *D* 点，完成绘制［图 11-12（c）］。

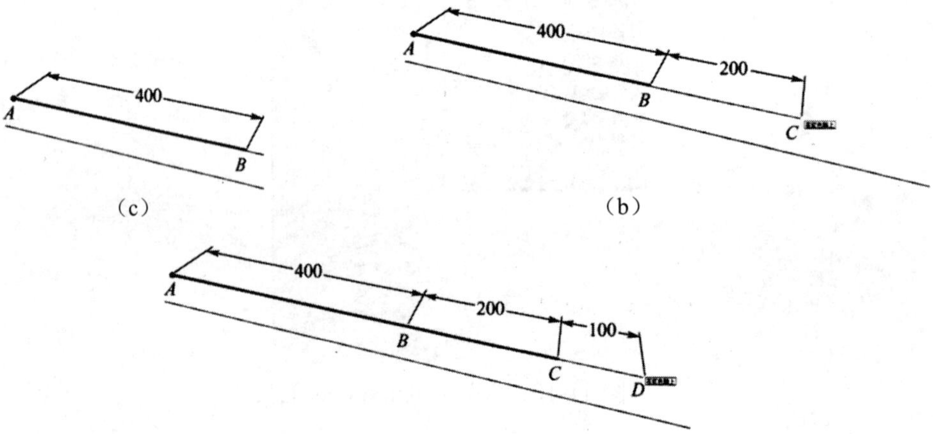

（c）　　（b）

（c）

图 11-12　线段绘制

（3）圆形工具。绘制圆形时，单击“圆形”按钮，指针显示，左键点选圆心位置，输入半径长度或直接点选半径点，回车完成绘制。

例如，绘制半径为 100 的圆形，在点选圆心 *O* 后［图 11-13（a）］，输入 100 回车完成绘制［图 11-13（b）］。

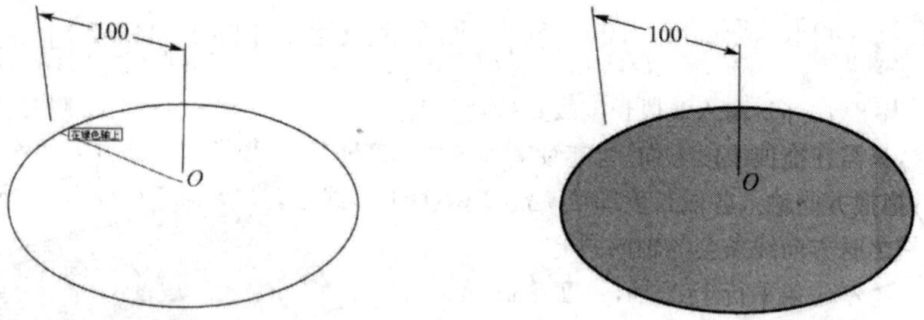

（a）　　（b）

图 11-13　圆形绘制

（4）圆弧工具。绘制圆弧时，单击“圆弧”按钮，指针显示，左键点选圆弧起点，拖拽鼠标确定弦长方向，输入弦长或直接点选终点，再拖拽鼠标确定圆弧方向，输入弦中点到圆弧中点距离值，或直接点选圆弧中点完成。

例如，绘制一个直径为 100 的半圆时，点选半圆起点 *A*，拖拽出直径方向输入 100，单击确定终点 *B*，*AB* 线段的中点即是圆心 *O*［图 11-14（a）］，然后垂直于 *AB* 方向拖拽鼠标，输入 50 回车完成绘制［图 11-14（b）］。

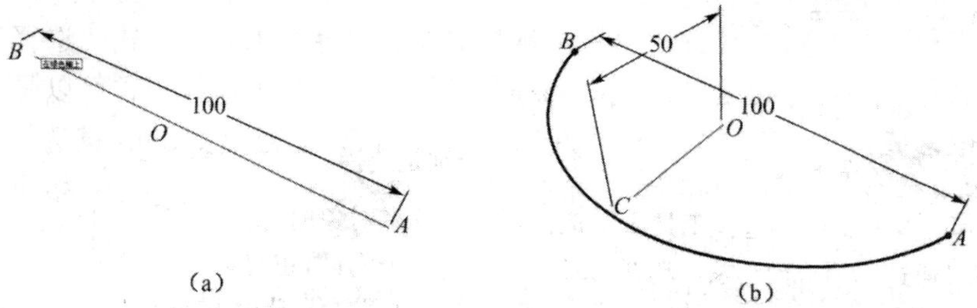

图 11-14　圆弧绘制

（5）多边形工具。绘制多边形时，单击“多边形”按钮，指针显示，先输入多边形边数，点选中心，拖拽顶点方向，输入外接圆半径或直接点选顶点，回车完成绘制。

例如，绘制一个外接圆半径为 200 的正八边形，先单击“多边形”按钮，然后输入“8”，此时指针形状为八边形，单击多边形中心位置，向外拖动鼠标［图 11-15（a）］，以外接圆方式拉出多边形外框，再输入 200，回车完成绘制［图 11-15（b）］。

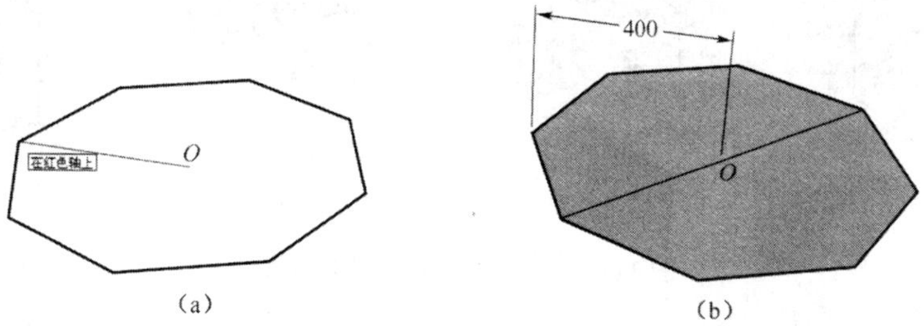

图 11-15　正多边形绘制

（6）徒手线工具。绘制徒手线时，单击“徒手线”按钮，指针显示，按住左键不放，在绘图区任意拖动指针，最后放开左键时，经过的路径上会自动生成一条连续的徒手线条。

例如，要在矩形中绘制一条从 *A* 点经 *B* 点到 *C* 点的徒手线条。单击“徒手线”按钮，在 *A* 点按住左键不放，随意拖动鼠标经过 *B* 点，继续拖动鼠标至 *C* 点完成绘制（图 11-16）。

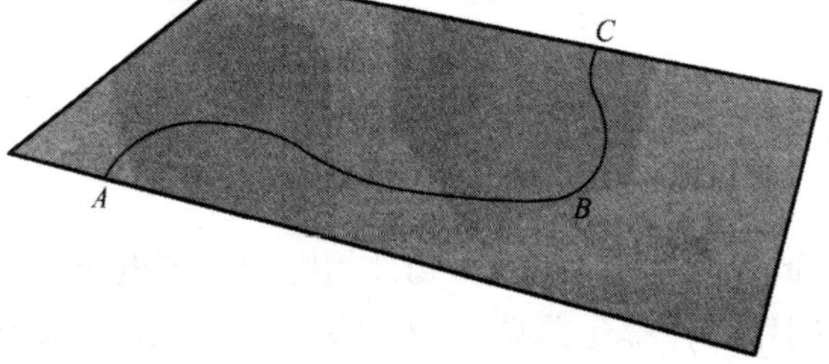

图 11-16　自由曲线绘制

11.2.2　常用工具栏

常用工具栏可以通过单击“菜单栏”→“查看”→“工具栏”→“常用”打开。

常用工具栏中包含 4 个命令，分别是选择、组件、油漆桶与删除。

（1）“选择”命令。选择工具用于选择对象。选择对象时，单击“选择”按钮，指针显示，此时可以通过左键选择对象。选择的对象可以是单个物件，也可以是多个对象。选择通过单击或框选完成。单击可以选择单个对象，也可以配合键盘 Shift 键选择多个物件：在单击选择一个物件后，按下 Shift 键的同时单击其他对象即可。框选可选择多个对象：在作图区从左上向右下框选时，选框是实线，此时只有对象完全位于选框中才会被选中；而反向框选时选框是虚线，此时只要对象中的一部分位于选框中都会被选中。

在 SketchUp 8.0 中，选择对象时单击次数会影响选集。单击时，选择的是单个物件或是群组；双击单个物件时，会选择物件本身及与之邻接的一个物件，双击群组时将进入对群组的编辑状态；三击时，单个物件及与之连接的所有非群组物件被选中。

如图 11-17（a）所示的立方体，可通过单击选择立方体的任意棱、面［图 11-17（a）（b）］，双击 *A* 面时，选择的是 *A* 表面及其边线［图 11-17（c）］，三击 *A* 面时，选择的是整个立方体［图 11-17（d）］。

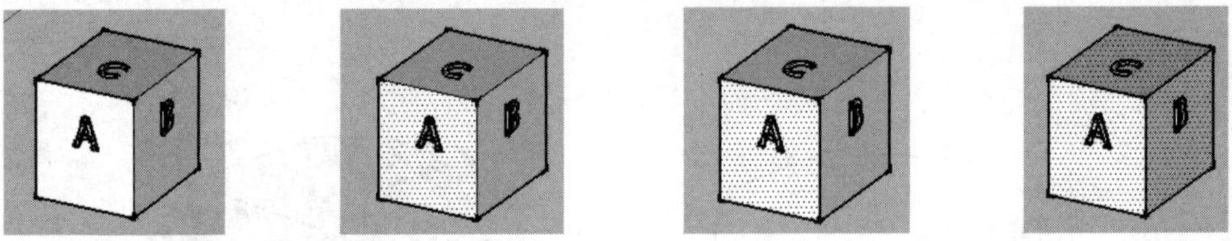

（a）　　（b）　　（c）　　（d）

图 11-17　左键可选择的不同选集

又如图 11-18 所示的 *A*、*B* 物件，用实线框选物件 *A*、*B* 时，选择集中只有 *A* 物件，而没有 *B* 物件（图 11-19），当用虚线框选 *A*、*B* 时，选择集中包含有 *A*、*B* 物件（图 11-19）。

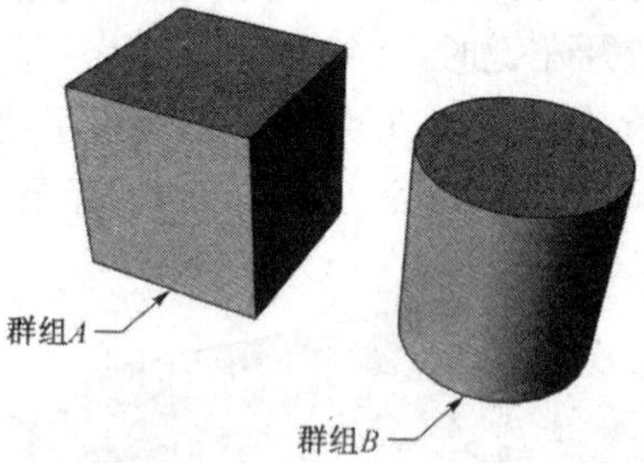

图 11-18　选择对象

（2）“制作组件”命令。组件是数个物件的组合，这里的物件可以是单个物体，也可以是群组或其他组件，制作组件命令类似于 AutoCAD 中的块编辑命令。SketchUp 8.0 中的组件有关联特性，即其中任意一个组件下的修改，都会在其他同名组件上得到更新，这便免去了对每个组件的重复修改，这种特性有别于群组。

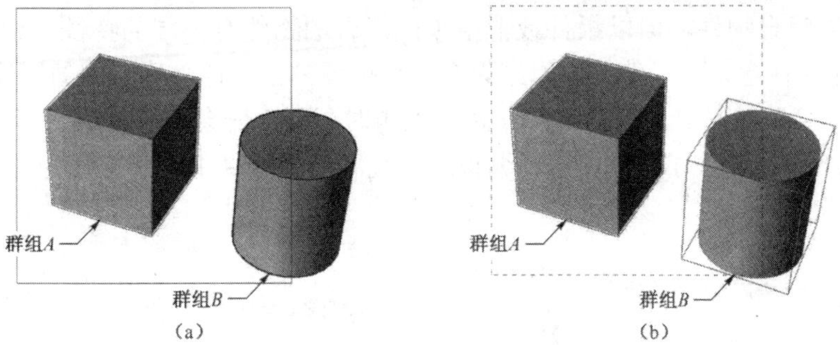

图 11-19　实线选框与虚线选框的选集区别

在操作时，选中若干物件后，单击“制作组件”按钮，弹出“创建组件”对话框，如图 11-20 所示。

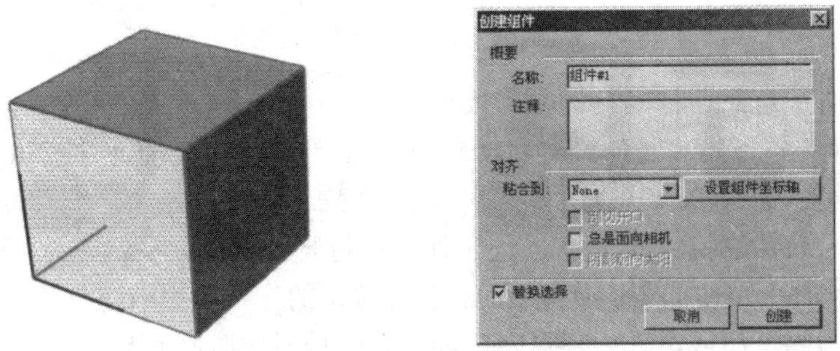

图 11-20　SketchUp 8.0 的“创建组件”对话框

“创建组件”对话框的“概要”栏中，“名称”文本框中需要给组件定名，默认状态为“组件#+数字”；“注释”文本框中可对此组件相关信息进行备注。组件可以设定自身独立的坐标轴。单击“设置组件坐标轴”按钮，回到绘图界面，指针变为，此时按照坐标原点、红轴（X 轴）正向、绿轴（Y 轴）正向的顺序可在空间中制定新的坐标系，蓝轴（Z 轴）根据红轴与绿轴形成的平面自动生成。需要说明的是：组件中的坐标轴不会影响作图时的坐标。

除了“制作组件”命令外，“群组”命令是组合物件的另外一种模式，通过“群组”命令，可以将任意数量的物件（可以是单一物体，也可以是多个群组或组件）组合成为一个群组，方便操作与编辑。具体操作是先选择所有需要编组的物件（多个物体选择可以通过 Shift 键进行加减）[图 11-21（a）]，然后选择菜单栏→编辑→创建群组，可见刚才所选择的物件全被一个长方体框所包裹，说明已经是一个群组［图 11-21（b）]。

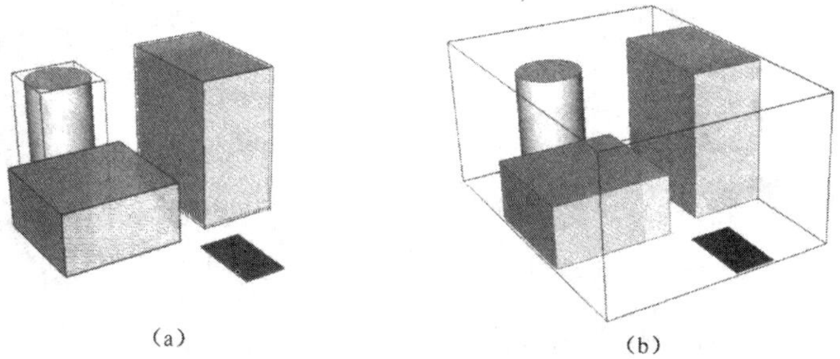

图 11-21　多个物件与一个群组

虽然都可以组合物件，但以组件或群组模式组合的物件有不同的特性。相同的组件之间有关联特性，即对任意一个组件的编辑结果会同步地反映到其他名称相同的组件中，而群组却不会。如在图 11-22（a）中，当对组件 *A* 进行编辑时，其改变会同步反映在其同名组件 *A*'中；而在图 11-22（b）中，当对群组 *A* 进行编辑时，复制的群组 *A*'中则不会发生任何改变。

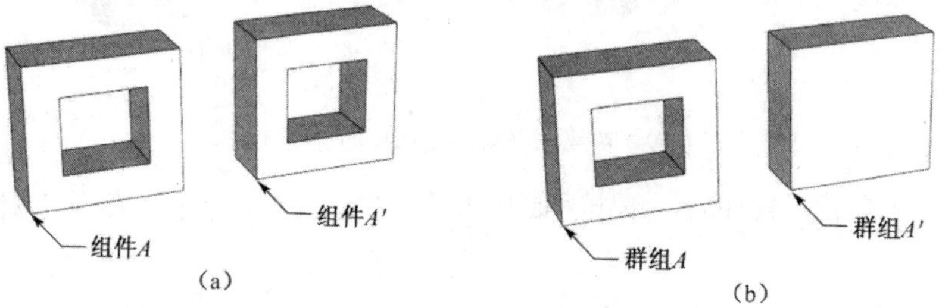

图 11-22　组件与群组的区别

若要取消组件或群组，将其分解则需要使用“炸开”命令。选择需要分解的组件或群组，在编辑（Edit）菜单栏下的“组件或群组（模型中）”栏中单击“炸开”按钮即可。

（3）“油漆桶”命令。“油漆桶”命令是赋予物件特定的材质，使物件更为生动。使用时单击“油漆桶”按钮，指针显示，同时弹出“材质”编辑面板（图 11-23），用左键选择一种材质后，在物件上单击即可。赋材质时，若是选定的一个群组或组件则其整体都会被赋予相同的材质，但若是群组或组件内部原本已经存在一种材质时则其材质不会改变。在“材质”编辑面板中可以选择、编辑各种纹理的材质。

（4）“删除”命令。“删除”命令可以去除多余或错误的物件。先单击“删除”按钮，指针显示，然后按住鼠标左键不放，拖动鼠标过程中经过需要删除的物件即可（图 11-24）。

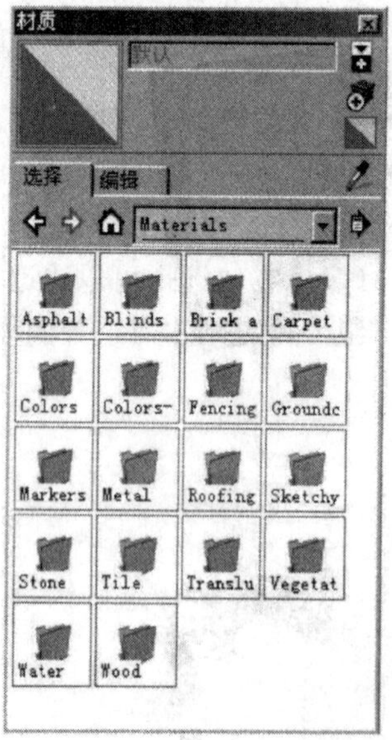

图 11-23　SketchUp 8.0 的“材质”编辑面板

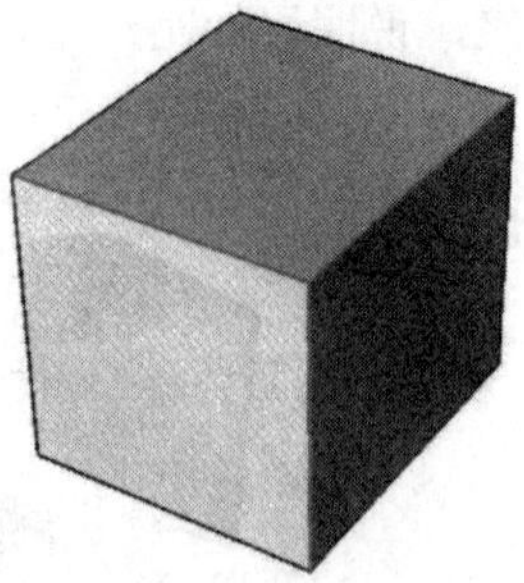

图 11-24　删除立方体的 3 条棱线

11.2.3　编辑工具栏

编辑工具栏可以通过单击“菜单栏”→“查看”→“工具栏”→“编辑”打开。

编辑工具栏包含 6 个编辑选项，分别是移动/复制、推/拉、旋转、路径跟随、缩放及偏移复制。

（1）“移动/复制”命令。“移动”命令可将物体移动位置；“复制”命令可将物件进行复制。选择需要移动的物体，可以是单独的一个点、线、面、群组或组件，然后单击“移动”按钮，指针显示，这时选择基点，拖动鼠标时原物体也随之移动，此时输入需要移动的距离值回车，或直接拖动至确定位置后直接单击完成移动。需要复制物件时，先选择需要复制的物件，同样单击“复制”按钮，按下 Ctrl 键，指针变成，单击复制的基点，拖动鼠标可见复制的物体会随鼠标移动，同时原物体则保持不变，此时输入需要移动的距离值回车，或直接把复制的物体移动到特定位置，单击完成复制。

例如，需要把图 11-25 中的立方体，从 *A* 点向右移动 400 到 *A*'位置。

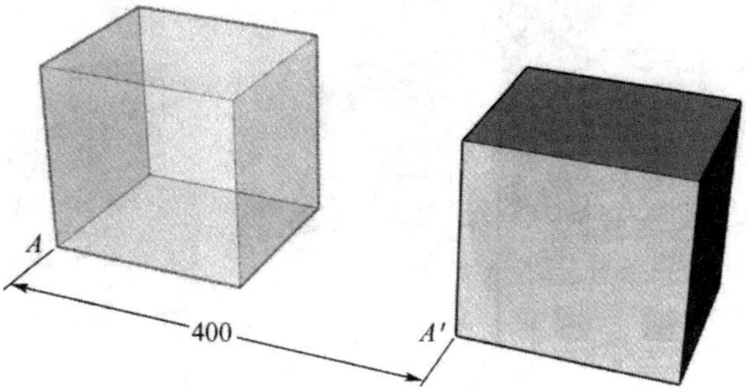

图 11-25　移动立方体

又如，需要把图 11-26 中的立方体，沿红轴从 *B* 点复制到 *C* 点。

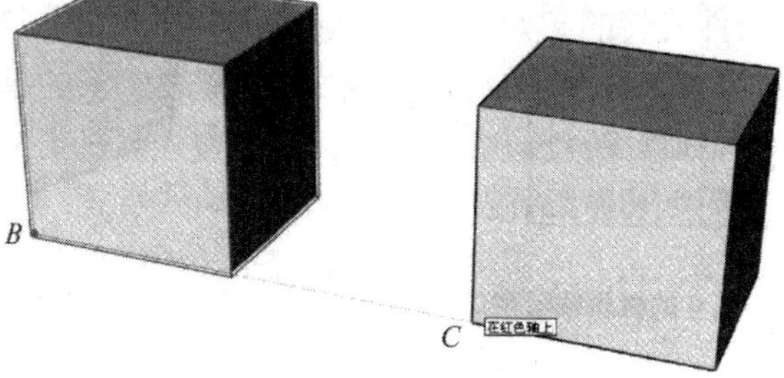

图 11-26　复制立方体

（2）“推/拉”命令。使用“推/拉”命令可将二维的平面物体拉伸成三维的立体物件，也可以改变三维物件的高度。执行命令时，单击“推/拉”按钮，指针显示，移动指针到需要推/拉的平面上，面域会自动显示为待选择状态，单击确定选择，移动鼠标发现选定的平面会随之变化，原来的二维的平面会被推/拉成三维的物体，而原来是三维的物体也会改变原有形态，此时输入需要推/拉的距离值回车，或直接把平面推/拉到适当位置后单击，确认其位置，完成“推/拉”命令。需要注意的是，在输入推拉数值时，沿鼠标移动方向为正值，反之则为负值。

例如，把图 11-27 中的矩形 *A* 推/拉成一个高 300 的长方体。单击“推/拉”按钮，在矩形上单击并向上拉升，输入 300，回车完成。

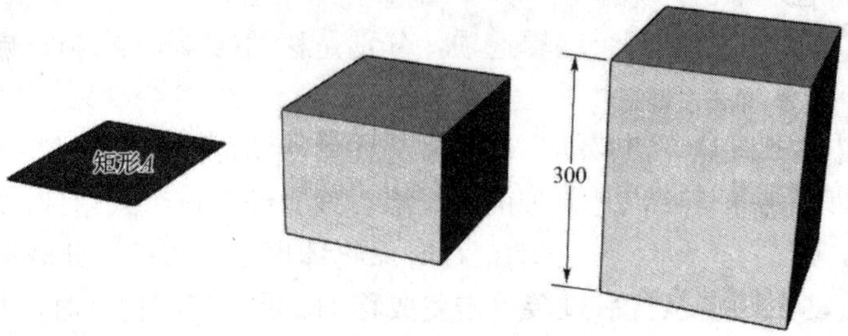

图 11-27　拉升立方体高度

再如，把图 11-28 中的立方体［图 11-41（a）］的高度降低 100。单击“推/拉”按钮，在立方体［图 11-41（b）］顶面上单击并向下拉升，输入 100，回车完成。如图 11-28（c）所示。

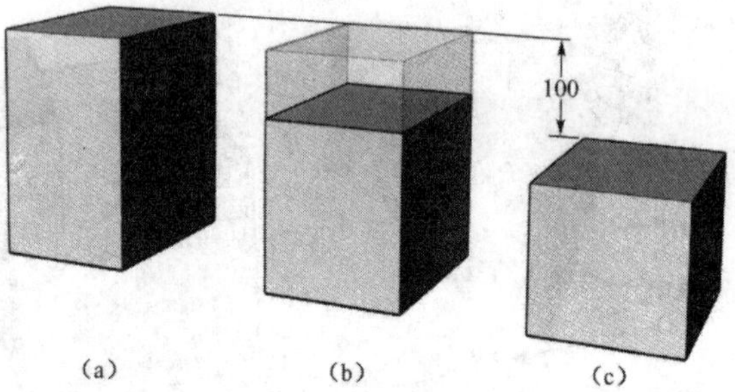

图 11-28　降低立方体高度

（3）“旋转”命令。“旋转”命令可以使物件依照任意点旋转任意角度。执行命令时，先选择需要旋转的物件，单击“旋转”按钮，指针显示，并在鼠标位置出现量角器，量角器的中心点即为旋转的基点。将量角器的中心放置在旋转基点上，单击确定基点，然后用左键在平面内选择一点作为物件旋转的起始点，再沿旋转方向拖动鼠标，可见物件随之旋转，此时输入角度值回车或直接用左键确定旋转终点完成操作。需要注意的是，当指针显示为量角器时，贴附于物件的不同位置所显示的色彩会有差异：当在红、绿轴（XY 轴）所形成的平面中旋转时，量角器显示蓝色［图 11-29（a）］；当在红、蓝轴（XZ 轴）所形成的平面中旋转时，量角器显示绿色［图 11-29（b）］；当在蓝、绿轴（YZ 轴）所形成的平面中旋转时，量角器显示红色［图 11-29（c）］。

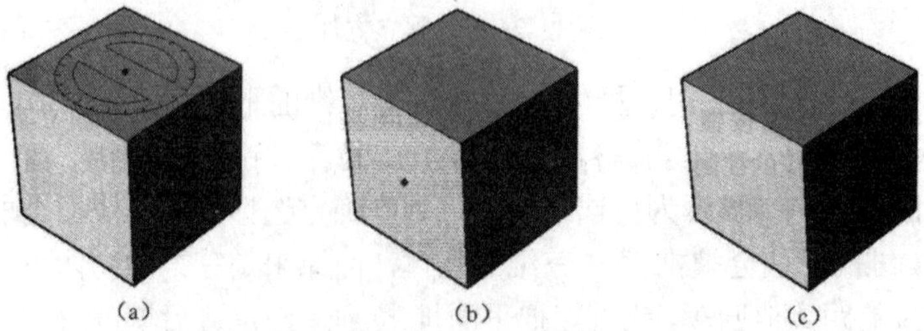

图 11-29　不同坐标系中的旋转提示

例如，将图 11-30（a）中的长方体沿 *A* 点在红、绿轴（XY 轴）平面逆时针旋转 90°。选择长方体后，单击“旋转”按钮，将指针放置在物体上，看见指针变成蓝色时，说明在红、绿轴所在平面上，缓慢移动鼠标至 *A* 点上单击，然后再将长方体的 *B* 点作为起始点单击，沿逆时针方向拖动鼠标［图 11-30（b）］后输入 90 回车，完成操作［图 11-30（c）］。

（4）“路径跟随”命令。“路径跟随”命令可以将一个二维形状按照一定的路径进行放样，最后形成一个完整的物件。此命令类似于 3Dmax 软件中的 Loft（放样）命令。执行命令时，单击“路径跟随”按钮，指针显示，先选择一个二维形状，单击确认后，再将鼠标置于需要跟随的路径上，当前路径会以红色显示，沿路径拖动鼠标，直至路径终点，单击确认完成操作。

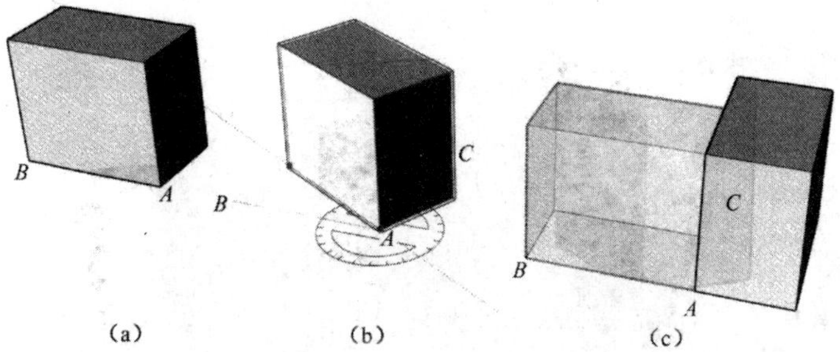

图 11-30　旋转长方体

例如，将图 11-31（a）中 *A* 点处的圆形沿路径 *AB* 放样。单击“放样”按钮，单击圆形确认［图 11-31（b）］，沿 *AB* 路径拖动鼠标，看见路径上变成红色［图 11-31（c）］，继续拖动鼠标到终点 *B*，单击确认［图 11-31（d）］，完成操作。

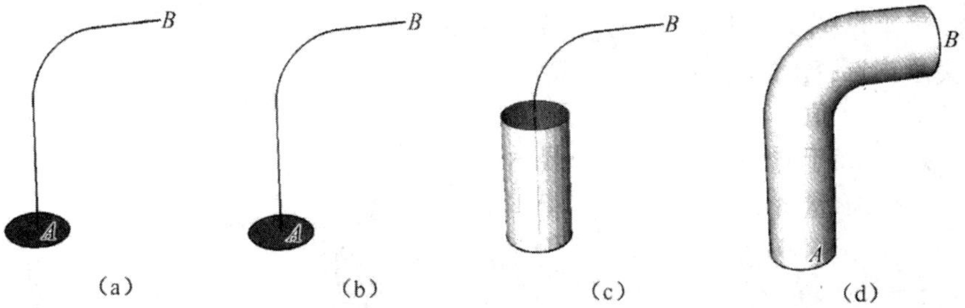

图 11-31　利用“路径跟随”命令制作管道

（5）“缩放”命令。使用“缩放”命令可以将物体放大或缩小。执行命令时，先选择需要缩放的物件，单击“缩放”按钮，指针显示，物件出现被 26 个控制点包裹的立方体线框（图 11-32），在相应的控制点上进行拖拽时，可以以不同比例的模式进行缩放。缩放模式可以分为等比缩放、平面缩放、轴向缩放 3 种，对不同的控制点进行拖拽可以执行不同模式的缩放。长方体线框中的 8 个角点是进行等比缩放的控制点，鼠标移动到这 8 个控制点时会提示等比缩放，单击确认拖拽点，拖动鼠标，可见物件随鼠标在空间中放大或缩小，输入缩放比例（数值大于 1 时将放大物件，数值小于 1 时将缩小物件），回车完成缩放，此时是按照红、绿、蓝（X、Y、Z）相对比例为 1:1:1 进行缩放的，物件是等比放大。长方体选框中的 12 个棱线中心点是进行平面缩放的控制点，鼠标移动到这 12 个控制点时，会提示平面缩放（红绿轴、红蓝轴、绿蓝轴），单击确认拖拽点，拖动鼠标，可见物件随鼠标在一定范围内放大或缩小。输入缩放比例，此时数值包含有所在平面两轴向的比例，两个比例用逗号分开，回车完成缩放。此时缩放会限制在本平面中，第三轴向尺度不会变化。例如在红绿轴平面内缩放时，蓝轴方向比例保持不变。长方体相框中的 6 个平面中心点是进行轴向缩放的控制点，鼠标移动到这 6 个控制点时，会提示轴向缩放。单击确认拖拽点，拖动鼠标，可见物件随鼠标拖动在一定轴向拉伸或压缩。输入缩放比例，回车完成缩放。此时缩放会限制在一个轴向范围内，其他两轴向比例保持不变。

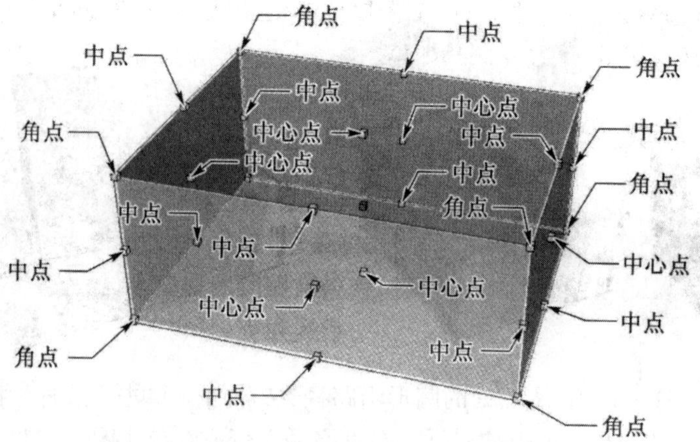

图 11-32　使用“缩放”命令时的控制点

例如，将图 11-33（a）中的长方体缩小为原来的 1/2。选择长方体，单击“缩放”按钮，选择线框中的一个角点［图 11-33（b）］，单击确认，输入 0.5，回车完成缩放。可见长方体等比缩小为原来的 1/2［图 11-33（c）］。

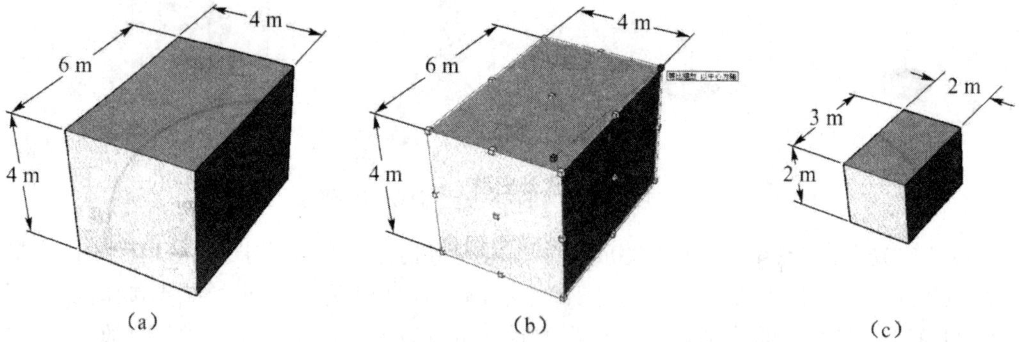

图 11-33　等比缩放物件

又如，将图 11-34（a）中的长方体在红绿轴平面内放大 1.5 倍。选择长方体，单击“缩放”按钮，选择线框中红绿轴平面内的一个棱线中点［图 11-34（b）］，单击确认，输入 1.5，1.5，回车完成缩放。可见长方体在红绿轴平面内长、宽各放大了 1.5 倍［图 11-34（c）］。

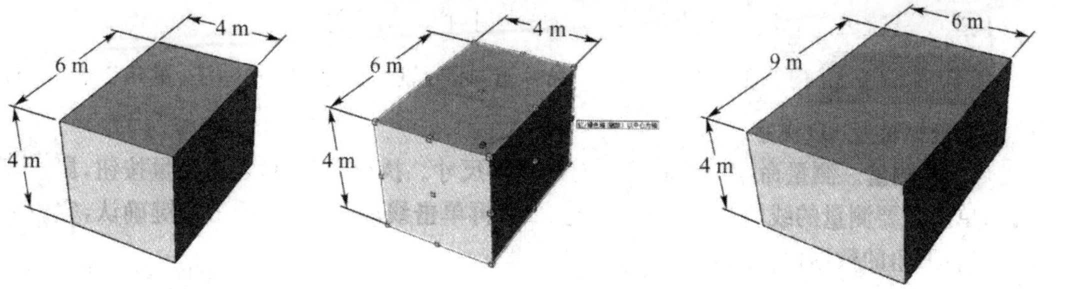

（a） （b） （c）

图 11-34 在二维平面内缩放物件

再如，将图 11-35（a）中的长方体在红轴方向放大 3 倍。选择长方体，单击“缩放”按钮，选择线框中垂直于红轴平面一个中心点，单击确认，输入 3，回车完成缩放。可见长方体在红轴方向放大了 3 倍［图 11-35（c）］。

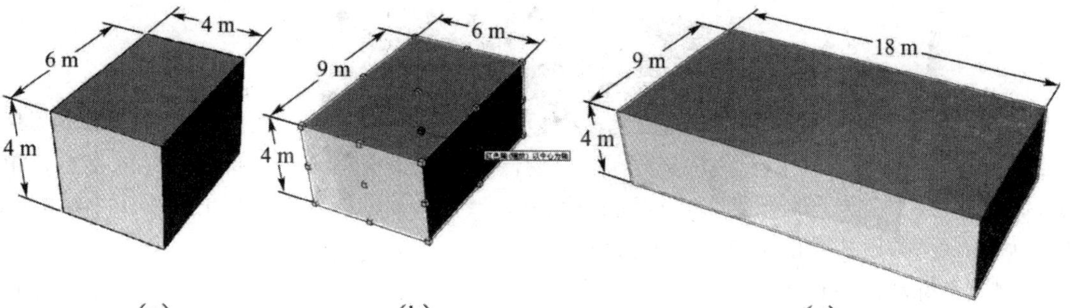

（a） （b） （c）

图 11-35 在轴向上缩放物件

（6）“偏移复制”命令。通过“偏移复制”命令可以将线条向内或向外复制偏移。此命令类似于 AutoCAD 软件中的 offset 命令。执行命令时，先选择需要偏移的线条，单击“偏移复制”按钮，指针显示，单击确认，拖动鼠标时可见物件会随之偏移出新的线条，输入需要偏移的距离，回车完成操作。

例如，将图 11-36（a）中的弧线 *AB* 向内偏移复制 100。选择弧线，单击“偏移复制”按钮，单击弧线，向内拖动鼠标，输入 100，回车完成操作［图 11-36（b）］。

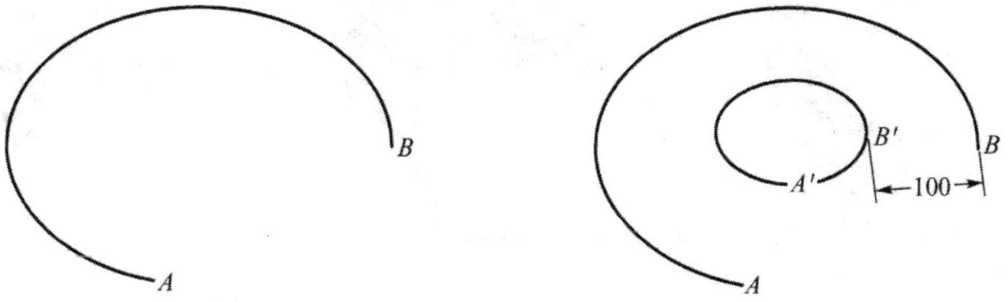

（a） （b）

图 11-36 偏移复制一段弧线

11.2.4 构造工具栏

构造工具栏可以通过单击“菜单栏”→“查看”→“工具栏”→“构造”打开。

构造工具栏包含 6 个命令选项，分别是测量、尺寸标注、量角器、文本标注、设置坐标轴及 3D 文字。

（1）“测量”命令。“测量”命令可以测量已有的物件尺寸。执行命令时，单击“测量”按钮，鼠标显示，单击需要测量的线段起点，单击确认，再单击线段的终点，单击确认，完成后在窗口右下角的数据栏会显示测量线段的长度。

例如，测量图 11-37（a）中线段 *AB* 的长度。单击“测量”按钮，左键单击线段 *A* 点，再单击线段 *B* 点［图 11-37（b）］，查看数据栏中的数值为 6m。

图 11-37　测量线段的长度

（2）“尺寸标注”命令。通过此命令可以标注物件的尺寸。执行命令时，单击“尺寸标注”按钮，指针显示，单击需要测量的物件起点，单击确认，再单击物件的终点，单击确认，引出线上会出现测量数值，拖动鼠标到适当位置，标注数值也会随之移动到特定位置，单击确认标注数值放置的位置，完成操作。

例如，标注图 11-38（a）中长方体的三维尺寸。单击“尺寸标注”按钮，单击选择长方体 *A* 点，拖动鼠标到 *B* 点，向外拉出尺寸线到适当位置，再次单击确认放置位置［图 11-38（b）］。以相同方法标注 *AA*'、*A*'*D*'尺寸［图 11-38（c）］，完成操作。

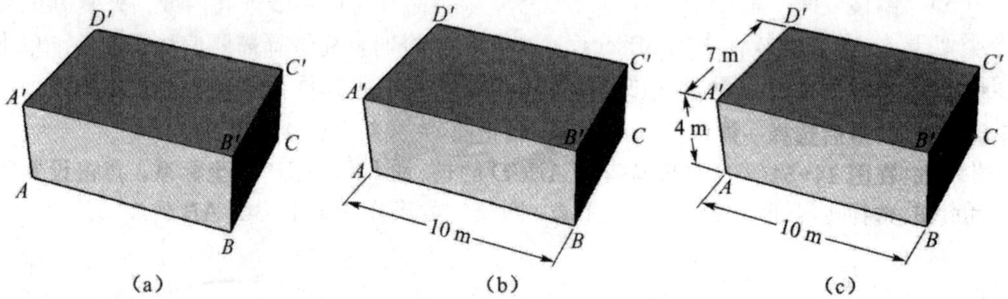

图 11-38　标注长方体的尺寸

（3）“量角器”命令。此命令可以测量两线段之间的夹角。执行命令时，单击“量角器”按钮，指针显示，单击所测角度的顶点，单击确认，沿起始线段拖动鼠标，选择线段端点，单击确认，在选择终止线段的端点单击确认，完成后在窗口右下角的数据栏中会显示测量夹角的角度。

例如，测量图 11-39（a）中线段 *AB* 与线段 *AC* 之间的夹角。单击“量角器”按钮，单击 *A* 点，再单击 *B* 点［图 11-39（b）］，最后单击 *C* 点［图 11-39（c）］，完成操作，查看数据栏中的数值为 30。

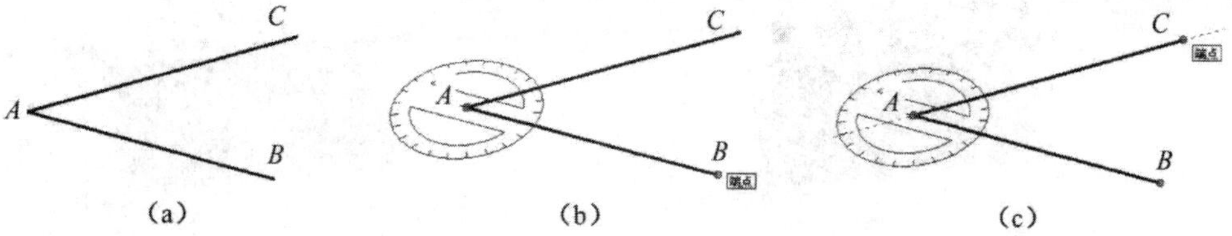

图 11-39 测量夹角的角度

（4）“文本标注”命令。此命令可以对物件进行文字标注及说明。执行命令时，单击“文本标注”按钮，指针显示，单击需要标注的物件中一点，作为文字引出原点，拖动鼠标会拉动引出线，移动鼠标到适当位置，单击确认文本位置，在文本框中输入文字，最后在文本框外单击完成操作。

例如，给图 11-40（a）中长方体标注文字“长方体 *A*”。单击“文本标注”按钮，在长方体上单击确认一点，拖动鼠标至合适位置，单击后在出现的文本框中输入文字“长方体 *A*”［图 11-40（b）］，在文本框外单键完成操作。

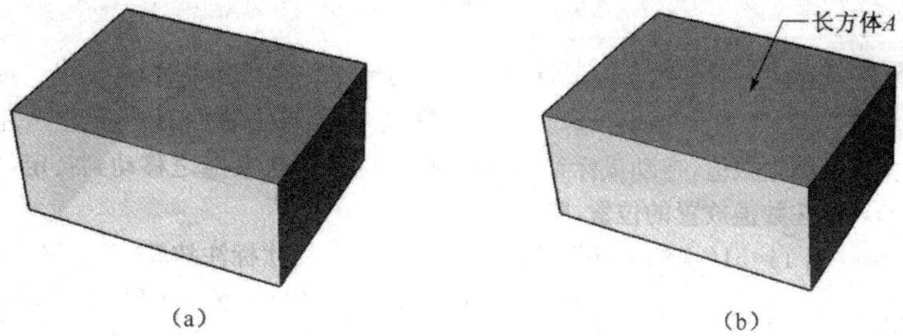

图 11-40 文字标注

（5）“设置坐标轴”命令。此命令可以重新设定作图的坐标系统。执行命令时，单击“设置坐标轴”按钮，指针显示，单击窗口中一点作为新坐标系原点，然后选择一点作为新坐标系红轴正向，最后选择一点作为新坐标系绿轴正向，完成新坐标系设置。

例如：在图 11-41（a）中依照长方形 *ABCD* 的长、宽方向重新设置坐标系。单击“设置坐标轴”按钮，选择 *A* 点作为新坐标系的原点，单击确认，然后将线段 *AB* 作为新坐标系红轴方向，在 *B* 点单击确认［图 11-41（b）］，最后将线段 *AD* 作为新坐标系绿轴方向，在 *D* 点单击确认［图 11-41（c）］，完成操作，此时可见原坐标系已经更新为以长方形长宽方向为轴向的新坐标系［图 11-41（d）］。

（6）“3D 文字”命令。此命令可以在模型中建立一个三维的立体文字。执行命令时，单击“3D 文字”按钮，弹出“放置 3D 文字”对话框，如图 11-42 所示，在上部窗口中可以输入文字，窗口下方有对文字字体、对齐方式、文字高度、厚度（挤压）等参数的设置。

例如，在模型中放置一个内容为宋体“三维文字”、文字高度为 2、厚度为 0.5 的 3D 文本。单击“3D 文字”按钮，在弹出的“放置 3D 文字”对话框中输入“三维文字”，在“字体”下拉列表框中选择“宋体”，“高度”文本框中输入 2，“挤压”文本框中输入 0.5（图 11-43），单击“放置”按钮，回到作图界面中，出现内容为“三维文字”的立体文字，在作图界面中移动鼠标到适当位置，单击确认完成操作（图 11-44）。

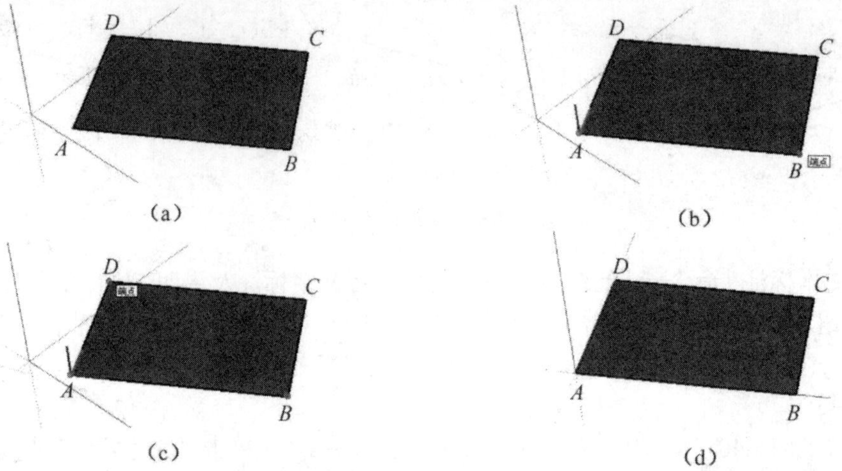

图 11-41　设置坐标轴

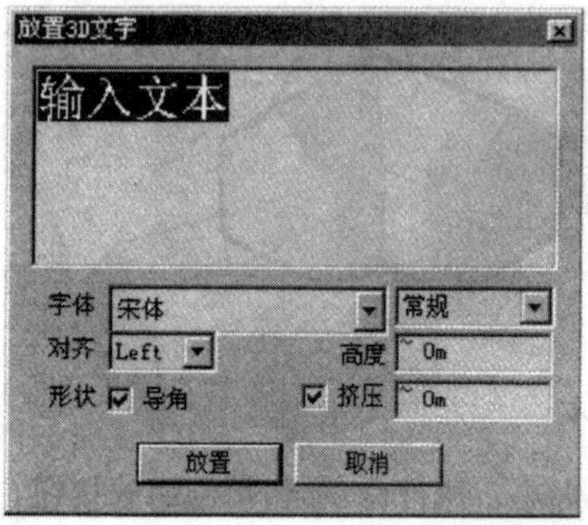

图 11-42　设置三维文字对话框

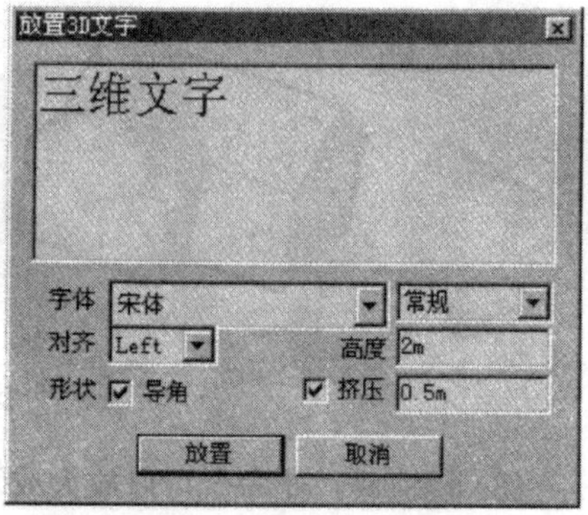

图 11-43　输入三维文字

图 11-44　立体文字

11.2.5　相机工具栏

相机工具栏可以通过单击“菜单栏”→“查看”→“工具栏”→“相机”打开。

相机工具栏包含 7 种常用的视图控制方式：转动、平移、缩放、框显、上个视图、下个视图、充满视窗。

（1）“转动”命令。此命令可以转动相机视角，便于观察模型。执行命令时，单击“转动”按钮，指针变成，在作图区中任意一处按住左键不放，拖动鼠标，可见窗口中的视角随之变化。鼠标上下拖动时调整相机的水平角度［图 11-45（a）］，左右拖动时调整相机的垂直角度［图 11-45（b）］。

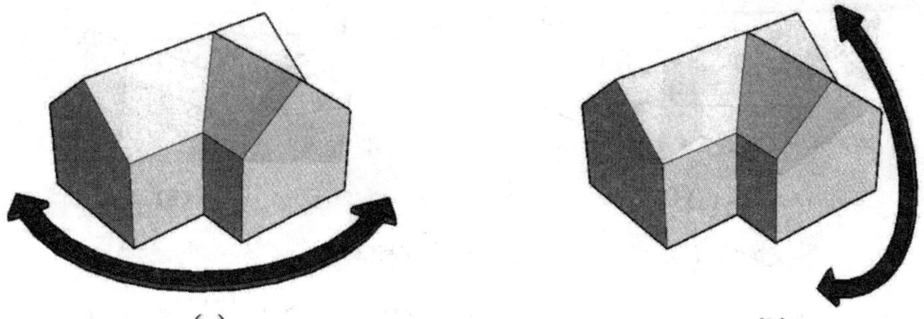

（a）　（b）

图 11-45　转动相机

（2）“平移”命令。此命令是在不改变相机水平垂直视角的基础上，移动相机的空间位置。执行命令时，单击“平移”按钮，指针变成，在作图区中任意一处按住左键不放，拖动鼠标，可见窗口中的相机位置随之变化（图 11-46）。

（a）　（b）

图 11-46　平移相机

（3）“缩放”命令。此命令可以放大或缩小作图区视野大小。执行命令时，单击“缩放”按钮，指针变成，在作图区中任意一处按住左键不放，拖动鼠标，可见窗口中的视野随之变化。鼠标向上拖动时放大视野，向下拖动时缩小视野（图 11-47）。

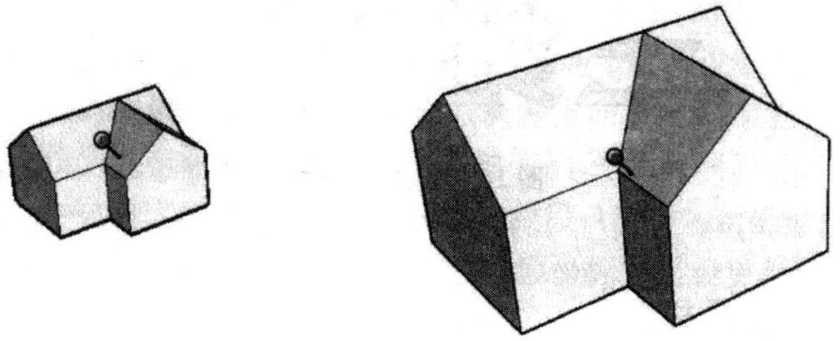

（a）　（b）

图 11-47　缩放视域

（4）“框显”命令。此命令可以以框选窗口的方式来放大作图区中任何一处指定区域。执行命令时，单击“框显”按钮，指针变成，在作图区中用选框方式选择一个需要放大显示的区域［图 11-48（a）］，可见区域被放大［图 11-48（b）］。

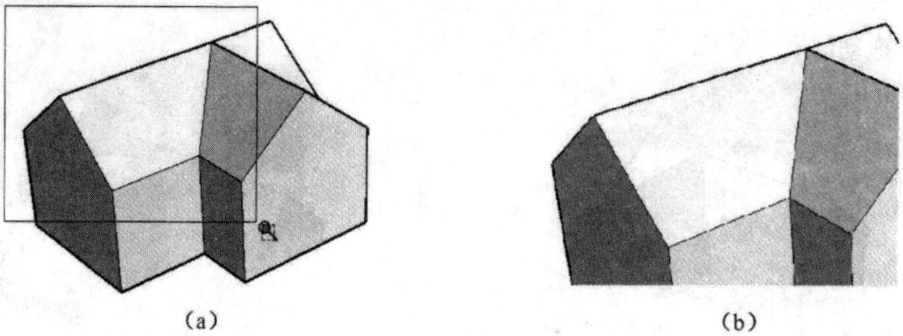

（a）　　　　　　　　　　　　　　　（b）

图 11-48　选框显示

（5）“上个视图”命令。此命令可以使工作区内的视图返回到上一个视图。执行命令时只需直接单击“上个视图”按钮即可。

（6）“下个视图”命令。此命令可以使工作区内的视图返回到下一个视图。执行命令时只需直接单击“下个视图”命令按钮即可。

（7）“充满视窗”命令。此命令可以将工作区内的所有物件充满整个窗口。执行命令时只需直接单击“充满视窗”按钮即可（图 11-49）。

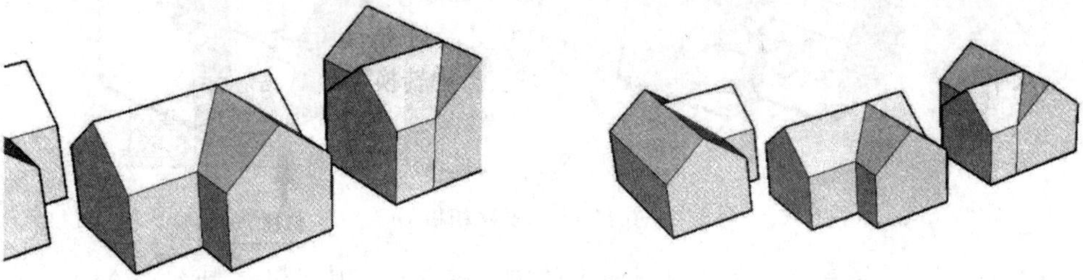

（a）　　　　　　　　　　　　　　　（b）

图 11-49　充满视窗

11.2.6　漫游工具栏

漫游工具栏可以通过单击“菜单栏”→“查看”→“工具栏”→“漫游”打开。

漫游工具栏包含 3 种常用的漫游工具：设置相机、漫游、环绕观察。

（1）“设置相机”命令。此命令可以设置相机位置，模拟以一定视角观察模型。执行命令时，单击“设置相机”按钮，指针变成，设定观察点距离相机位置的垂直距离，然后在作图区中选定一处相机位置，单击确认，可见窗口中的视角改变为刚设定的视点。

例如，将图 11-50（a）中模型的视点设置在距 O 点上方 1.8 m 的位置。单击“设置相机”按钮，然后输入 1.8 回车，在 O 点单击，可见窗口中的视角改变为距 O 点上方 1.8 m 的视点[图 11-50（b）]。

（2）“漫游”命令。此命令可以模拟人在模型空间移动过程中看到的视图。执行命令时，单击“漫游”按钮，指针变成，然后在视图中选择一点作为漫游的基准点。在单击的同时，指针处会出现一个十字光标，示意漫游的基点，按住左键不放，拖动鼠标，可见视点及视线会相应改变。方法是：以十字基准点为中心，向上拖动鼠标视点向前移动，向下则向后移动，向左拖动鼠标视点向左转动，向右则向右转动（图 11-51）。

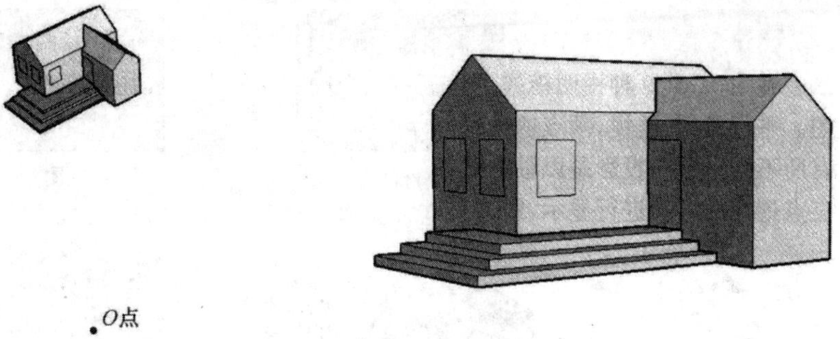

(a)　　　　　　　　　　(b)

图 11-50　设置相机

（3）“环绕观察”命令。此命令可以模拟人在模型中任意一点环顾四周看到的视图。执行命令时，单击“环绕观察”按钮，指针变成，然后在视图中按住左键不放，拖动鼠标，可见视图以当前的相机点为中心，既可环顾四周，又可俯瞰仰望，上下拖动时调整垂直视野，左右拖动时调整水平视野（图 11-52）（注意：当确定相机后，会自动转换为环绕观察状态）。

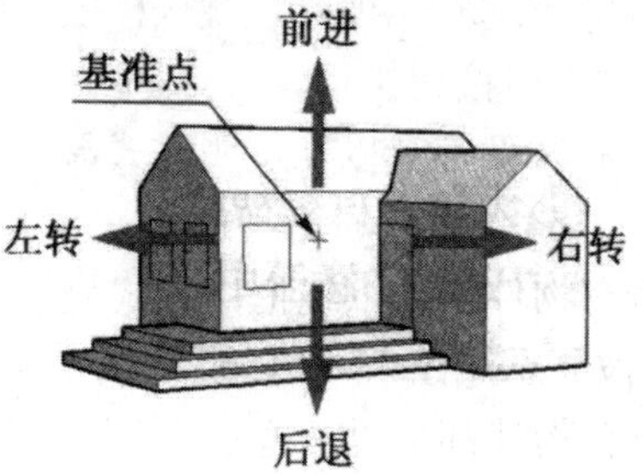

图 11-51　“漫游”命令下的操作方式

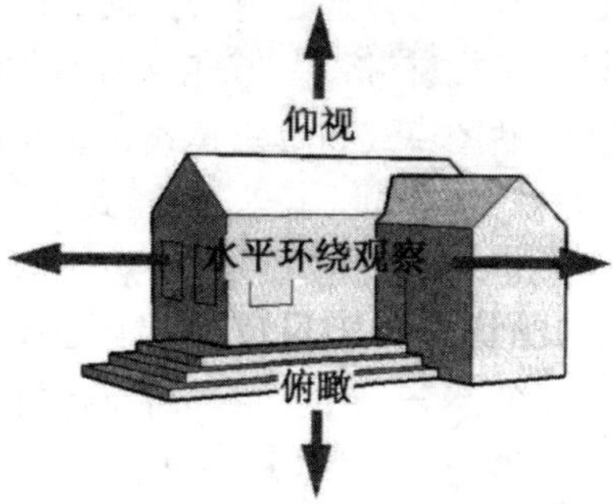

图 11-52　“环绕观察”命令下的操作方式

11.3　SketchUp 8.0 的辅助工具

11.3.1　视图工具栏

视图工具栏可以通过单击“菜单栏”→“查看”→“工具栏”→“视图”打开。

视图工具栏包含有 6 种默认的视图——等角透视（即轴测透视）、顶视图、前视图、后视图、右视图、左视图，再结合相机（Camera）菜单中的透视图、两点透视及标准视图中的底视图，一共 9 种视图模式。此工具栏中的默认视图方便用户在作图过程中随时切换视图。平行投影、透视、两点透视是 3 种不同的显示模式，选择不同的模式，物件显示的状态也有所不同。平行投影是以轴测图的形式显示的；两点透视是以两点透视的形式显示的；透视是以三点透视的方式进行显示的，最为直观（图 11-53）。

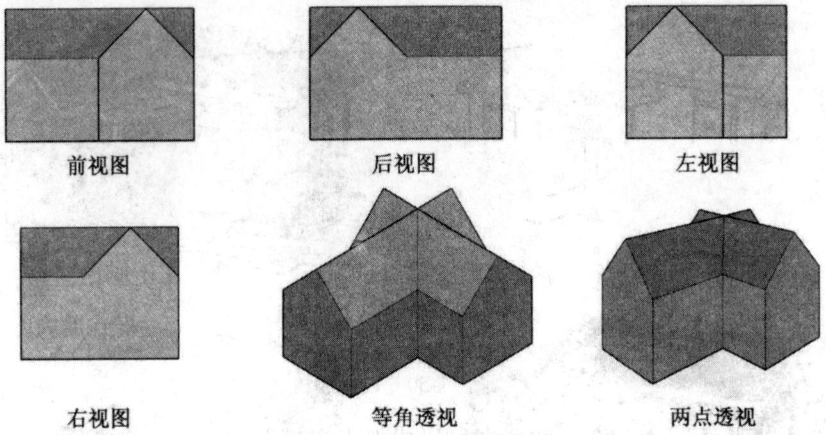

图 11-53　SketchUp 8.0 的 6 种视图模式

11.3.2　风格工具栏

风格工具栏可以通过单击“菜单栏”→“查看”→“工具栏”→“风格”打开。

风格工具栏包含有 6 种默认的风格模式：X 光模式、线框模式、消隐模式、着色模式、贴图模式和单色模式。此 6 种模式均通过单击按钮执行。

（1）“X 光模式”。此模式下，视图中的所有物件都会以半透明方式显示，被遮挡的物件也会显示，包括单个物件中被遮挡的线条［图 11-54（a)］。

（2）“线框模式”。此模式下，视图中的所有物件都会以线框的方式显示，包括原来被遮挡的线条都会一并显示，而原有的面域将不会被显示［图 11-54（b)］。

（3）“消隐模式”。此模式下，视图中的所有物件都会以消隐的方式显示，被遮挡的物件将不会显示［图 11-54（c)］。

（4）“着色模式”。此模式下，视图中的所有物件都会以着色的方式显示，物体会带有附着的色彩，但原有的材质肌理则不显示。此时，被遮挡的物件不会显示出来[图 11-54(d)]。

（5）“贴图模式”。此模式下，视图中的所有物件都会以贴图的方式显示，物体会带有附着的色彩与材质肌理。此时，被遮挡的物件不会显示出来［图 11-54（e)］。

（6）“单色模式”。此模式下，视图中的所有物件都会以半透明方式显示，被遮挡的物件也会显示出来，包括单个物件中被遮挡的线条［图 11-54（f)］。

图 11-54　SketchUp 8.0 默认的 6 种显示风格

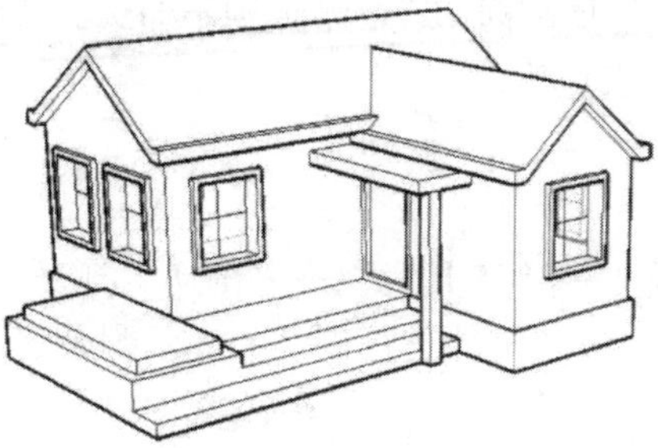

(c)

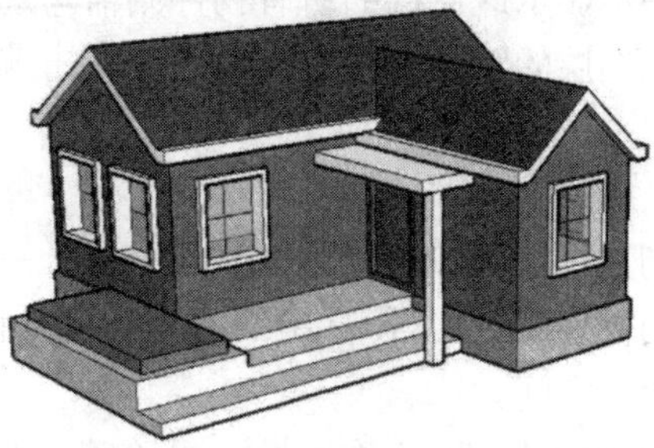

(d)

(e)

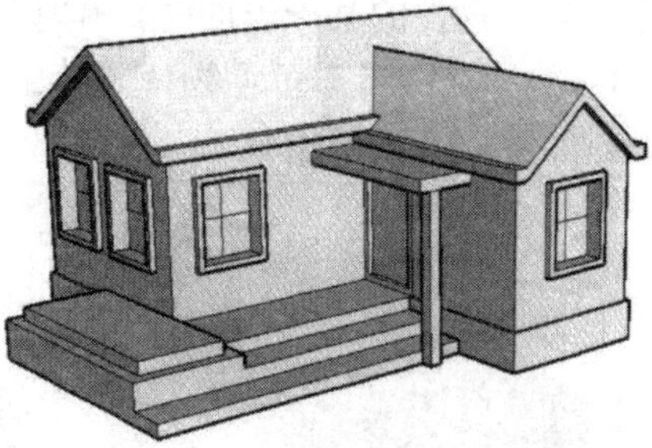

(f)

图 11-54　SketchUp 8.0 默认的 6 种显示风格（续图）

11.3.3　图层工具栏

图层工具栏可以通过单击“菜单栏”→“查看”→“工具栏”→“图层”打开。

图层工具栏中会显示当前所在的图层，若需要编辑和管理图层，则单击右侧的“图层管理”按钮，弹出“图层”对话框（图 11-55）。

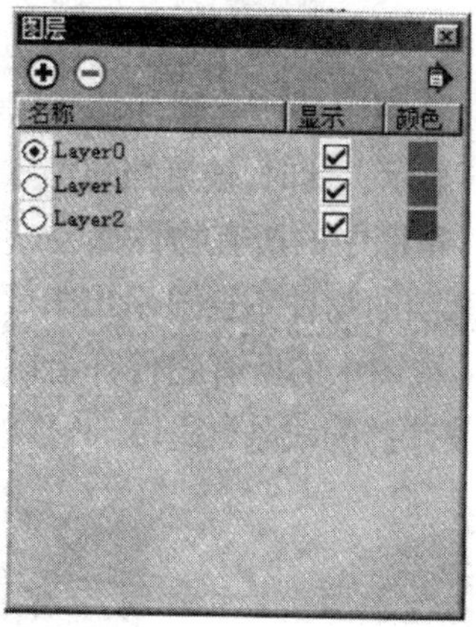

图 11-55　SketchUp 8.0 的“图层”对话框

“图层”对话框中会列出模型中存在的图层，也可以通过窗口左上方的“+”“-”按钮新增图层或删除已有图层，若删除的图层中仍有物件，在删除图层后这些物件会自动归为默认图层“Layer0”中。各图层相应的信息也会显示在窗口中，包括图层名称、当前图层、显示状况、图层颜色。图层名称可以按需要进行编辑。图层名称前圆圈中的黑点表示当前工作的图层。若要在视图中显示此图层的所有物件则需勾选“显示”复选框，若要隐藏则不勾选。颜色中的色块表示此图层的默认颜色，可以通过双击编辑自定义色彩。

11.3.4 剖切工具栏

剖切工具栏可以通过单击“菜单栏”→“查看”→“工具栏”→“剖切”打开。

使用剖切工具栏中的命令，可以将一个或多个物件进行剖切，显示剩余的部分及剖切后的内部空间。

（1）“创建剖面”命令。此命令可以在场景中创建一个任意剖面。单击该按钮后，当光标贴近于某一物件的某一表面时，出现带箭头的平面，此平面表示将要剖切的方向与平面位置（图 11-56），再次单击可见物体的特定表面被剖切，被剖切到的位置以红色粗线显示，并且物件的内部空间会显示出来。

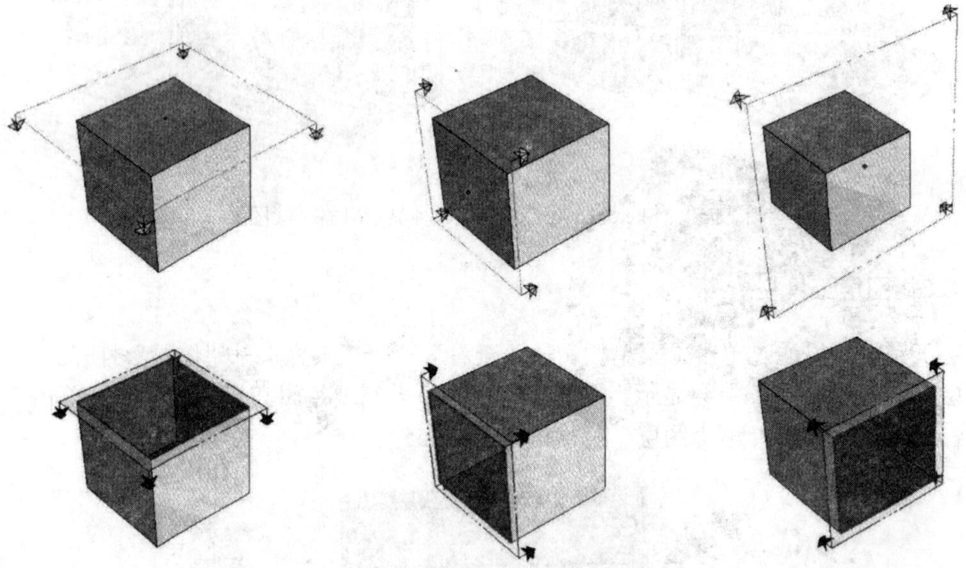

（a）水平剖切　　（b）侧向剖切　　（c）正向剖切

图 11-56　3 个方向的剖切

（2）“显示/隐藏剖面”命令。此命令可以显示或隐藏剖切的线框。单击此按钮可以在显示/隐藏两者间切换（图 11-57）。

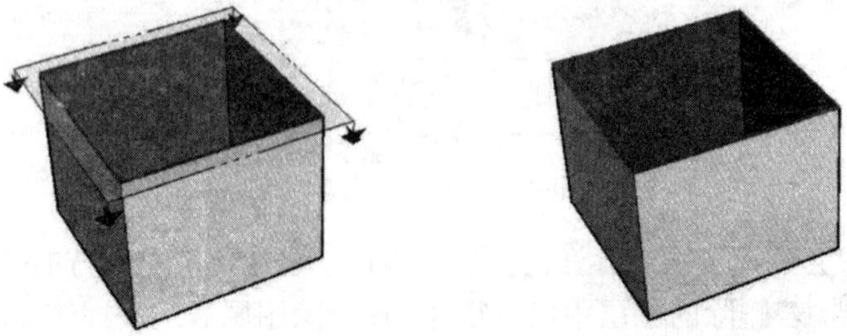

（a）显示剖面　　（b）隐藏剖面

图 11-57　剖切面的显示与隐藏

（3）“激活/关闭剖切”命令。此命令可以激活或关闭剖切。单击此按钮可以在显示/隐藏两者间切换（图 11-58）。

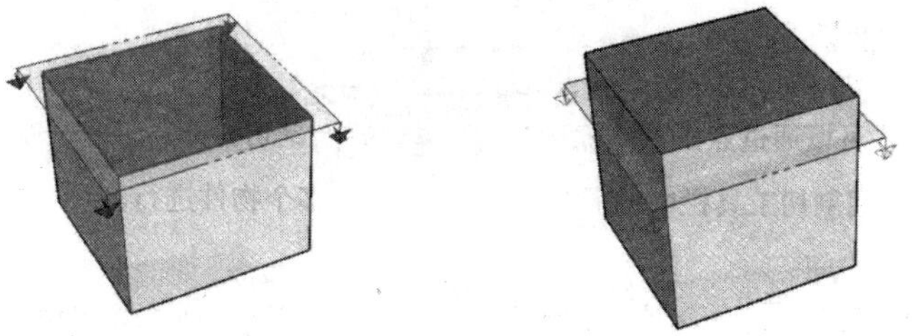

（a）激活剖切　　（b）关闭剖切

图 11-58　剖切效果的激活与关闭

例如，将图 11-59（a）中的房屋沿水平、侧向、正向分别剖切。单击“创建剖面”按钮，将光标分别贴合于房屋的水平面、侧面与正面，单击，分别得到房屋沿水平［图 11-59（b）］、侧向［图 11-59（c）］、正向［图 11-59（d）］的剖切图。

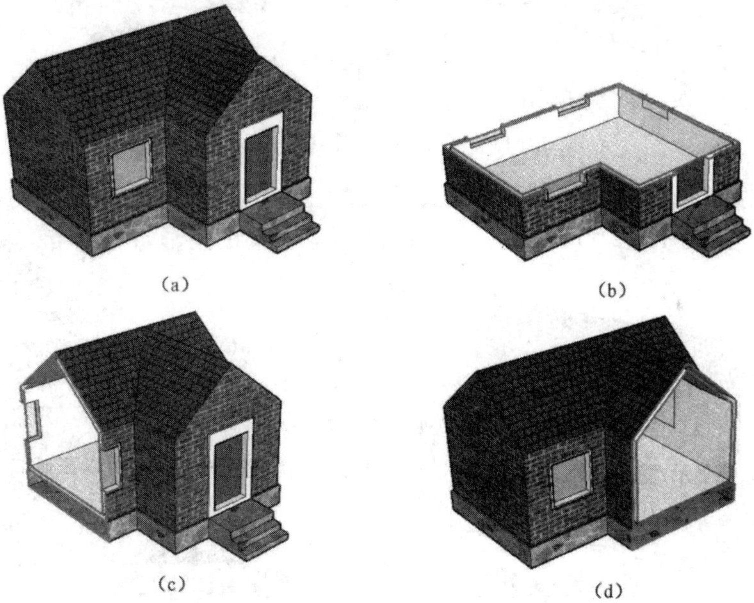

（a）　（b）　（c）　（d）

图 11-59　从不同方向对建筑模型进行剖切

11.3.5　阴影工具栏

阴影工具栏可以通过单击“菜单栏”→“查看”→“工具栏”→“阴影”打开。

阴影工具栏中的命令可模拟特定的日照情况。

（1）“阴影设置”命令。单击此按钮后会出现“阴影设置”对话框（图 11-60）。显示阴影栏中有“时间”与“日期”两栏设置，模拟全年中任何时段的日照状况。可以通过滑条与数据输入两种方法设定。光线与明暗滑条可以调节场景中光线与阴影的深浅。

（2）“启用/关闭阴影”命令。单击此按钮可以在开启与关闭中切换（图 11-61）。

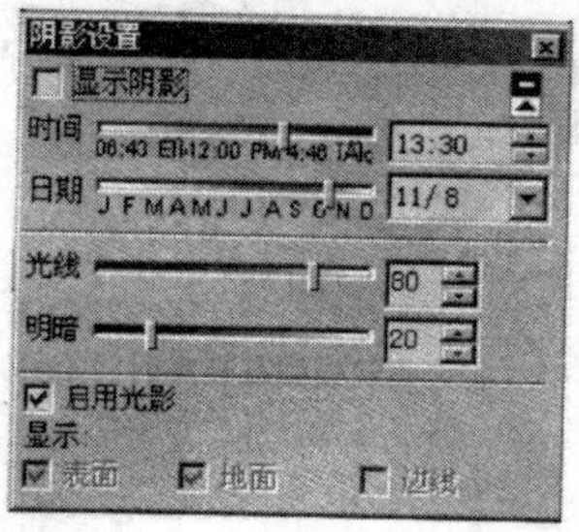

图 11-60　SketchUp 8.0 的“阴影设置”对话框

（a）关闭阴影　　（b）开启阴影

图 11-61　物件开启阴影后的效果

例如，模拟图 11-62（a）中的房屋在 9 月 1 日上午 10 时整的光影效果。在“阴影设置”对话框中设置，如图 11-62（b）所示，开启阴影后，房屋的投影如图 11-62（c）所示。

（a）

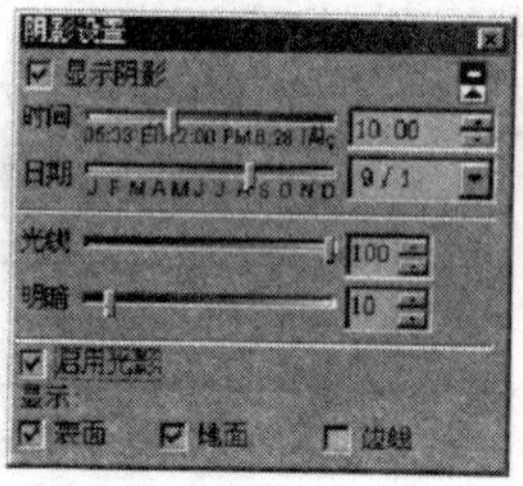

（b）

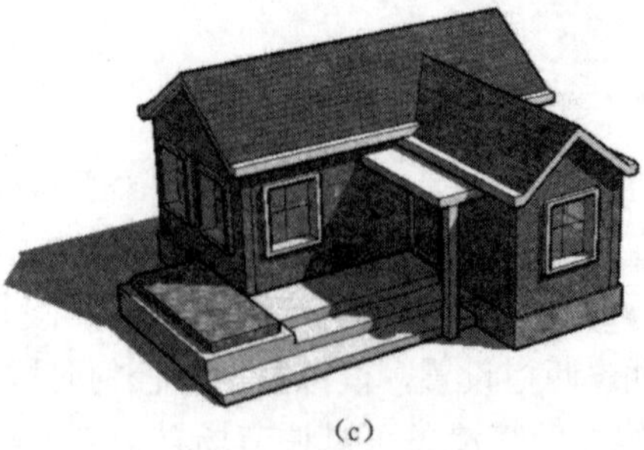

（c）

图 11-62　模拟建筑模型在特定时间的阴影效果

第 12 章　TArch 天正建筑

天正公司自 1994 年开始以 AutoCAD 为图形平台成功开发建筑、暖通、电气、给水排水等专业软件，是 Autodesk 公司在中国大陆的第一批注册开发商。天正建筑 CAD 软件已成为国内建筑 CAD 软件的行业规范，它的建筑对象和图档格式已经成为设计单位之间、设计单位与甲方之间进行图形信息交流的基础。近年来，随着建筑设计市场的需求不断增加，天正日照设计、建筑节能、规划、土方、造价等软件也相继推出。

天正公司采用 BIM 建筑信息模型概念进行软件研发，推出了二维图形描述与三维空间表现一体化的自定义对象，从方案到施工图全程体现建筑设计的特点，在建筑 CAD 技术上掀起了一场革命。采用自定义对象技术的建筑 CAD 软件具有人性化、智能化、参数化、可视化多个重要特征，以建筑构件作为基本设计单元，把内部带有专业数据的构件模型作为智能化的图形对象。天正提供方便用户的操作模式，使得软件更加易于掌握，可轻松完成各个设计阶段的任务，包括体量规划模型和单体建筑方案比较。采用自定义对象技术的 CAD 软件适用于从初步设计直至最后阶段的施工图设计，同时可为天正日照设计软件和天正节能软件提供准确的建筑模型，极大地推动了建筑节能设计的普及。

天正建筑软件广泛用于建筑施工图设计和日照、节能分析，支持最新的 AutoCAD 图形平台。目前基于天正建筑对象的建筑信息模型已经成为天正系列软件的核心，逐渐得到国内建筑设计单位的认可，成为设计行业软件正版化的首选。

天正公司新推出的天正建筑 2014 版，支持 32 位 AutoCAD 2004～2014 平台以及 64 位 AutoCAD 2010～2018 平台。

天正建筑 2014 版的主要改进如下：

（1）完善天正注释系统：新增快速标注、双线标注、弧弦标注等功能；改进取消尺寸、等式标注、合并区间、裁剪延伸等尺寸编辑命令；按新国标修改弧弦标注。

（2）新增总平图例、车位布置等总图功能。

（3）改进墙柱连接位置的相交处理和墙体线图案填充及保温的显示；改进墙体分段、幕墙转换、修墙角等相关功能；改进墙与带形窗的关系处理。

（4）增强多行文字功能，支持设计说明排版。

（5）解决图形导出、批量转旧的诸多问题，新增导出设置。

本部分内容以一个建筑别墅的平面、立面、剖面图纸为例，讲述天正建筑软件的具体应用。

12.1　绘制住宅标准层平面图

住宅建筑的平面图通常包括标准层平面图、首层平面图、顶层平面图、屋顶平面图。通常情况下会先绘制一个单元的标准层平面图，然后再通过修改获得其他平面图。其绘制思路与单纯利用 AutoCAD 绘制建筑平面图的方法类似，也是通过轴网、墙体、门窗、家具、标注等步骤，只是在天正建筑中，有很多参数化的模块，能够简化作图，节约时间。

12.1.1 新建文件和天正选项设置

打开天正建筑软件，执行<Ctrl+N>新建文件，然后选择“设置”→“天正选项”或者“TZXX”命令，在弹出的“天正选项”窗口中，按照图 12-1 所示进行调整。

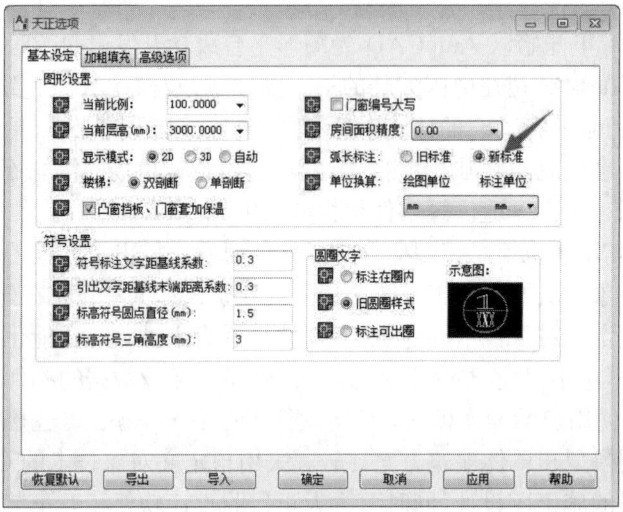

图 12-1 “天正选项”窗口

12.1.2 轴网的绘制与编辑

轴网是建筑物单体平面布置和墙柱构件定位的依据。完整的轴网由轴线、轴号和尺寸标注三个相对独立的系统构成。天正建筑提供了专门的轴网绘制、编辑和标注命令。

1. 轴网的绘制

选择“轴网柱子”→“绘制轴网”或者“HZZW”命令，弹出如图 12-2 所示的“绘制轴网”对话框。默认“直线轴网”选项卡，可以通过上下开间、左右进深来确定轴网尺寸。如果选择“圆弧轴网”选项卡，可以通过夹角、进深、半径等数据来确定弧形的轴网。

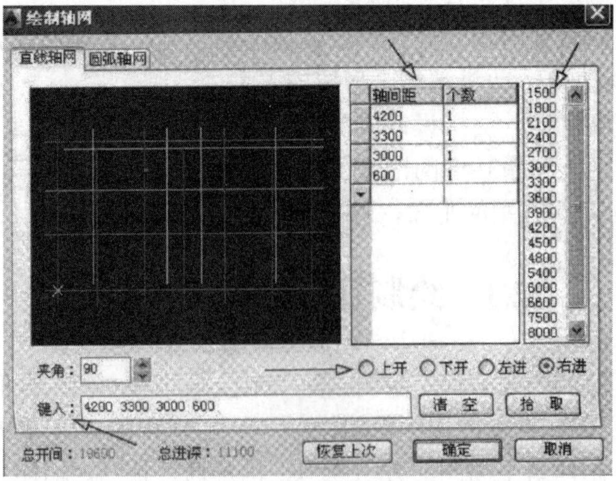

图 12-2 “绘制轴网”对话框

本例所用的轴网尺寸为：

下开间：3100、3600、3100、3100、3600、3100。

上开间：2800、3900、1800、2600、1800、3900、2800。

左进深：4200、3300、3600。

右进深：4200、3300、3000、600。

以上的轴网数据可以通过“键入”文本框直接输入相应的数据，还可以通过数据栏输入或者选择相应的数值和个数。

输入完上下开间和左右进深的数据后，单击“确定”按钮，命令提示行出现：

点取位置或[转 90 度(A)/左右翻(S)/上下翻(D)/对齐(F)/改转角(R)/改基点(T)]<退出>:

在绘图区域单击来确定轴网左下角的位置，完成后的结果如图 12-3 所示。

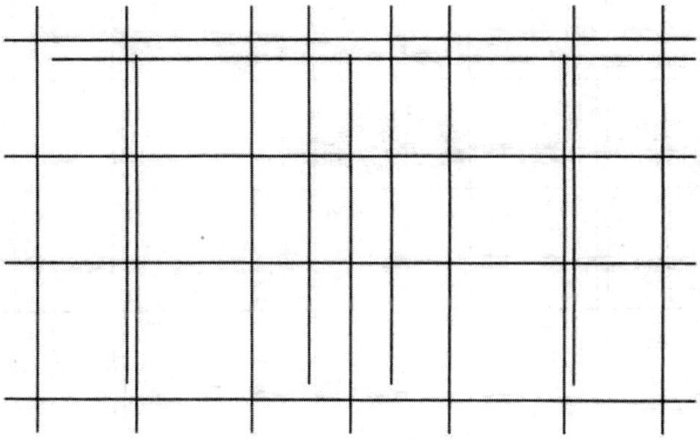

图 12-3　生成轴网

2. 轴网标注

轴网的标注包括轴号标注和尺寸标注，轴号可按规范要求用数字、大写字母、小写字母、双字母、双字母间隔连字符等方式标注，可适应各种复杂分区轴网的编号规则。系统按照《房屋建筑制图统一标准》（GB/T 50001－2010）8.0.4 条的规定，字母 I、O、Z 不用于轴号，在排序时会自动跳过这些字母。

选择“轴网柱子”→“轴网标注”或者“ZWBZ”命令，弹出如图 12-4 所示的“轴网标注”对话框，注意，此处默认为“双侧标注”，如果不进行调整，直接选择轴线标注，可以快速生成上下或者左右两侧的轴号和尺寸，但是同时标注的轴号是一个整体，如果需要移动或者编辑轴号，就比较麻烦，所以，建议此处选择单侧标注。

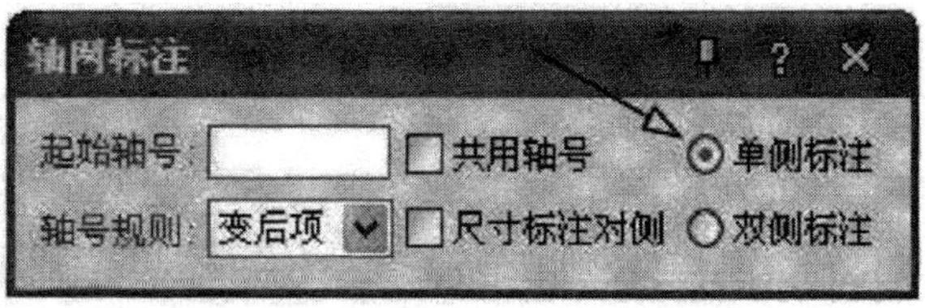

图 12-4　“轴网标注”对话框

选择单侧标注后回到绘图区域，单击选择标注的起始轴线和终止轴线，按空格键、<Enter>键或者右击，即可生成单侧标注。

命令：TAXISDIM2P

请选择起始轴线<退出>:

请选择终止轴线<退出>:

请选择不需要标注的轴线:

依次执行单侧标注，完成如图 12-5 所示的标注。此时轴号和轴线尺寸、总尺寸同时完成标注。仔细观察会发现右侧标注中的 D 和 E 轴号相邻太近，部分重叠，怎样进行调整呢？

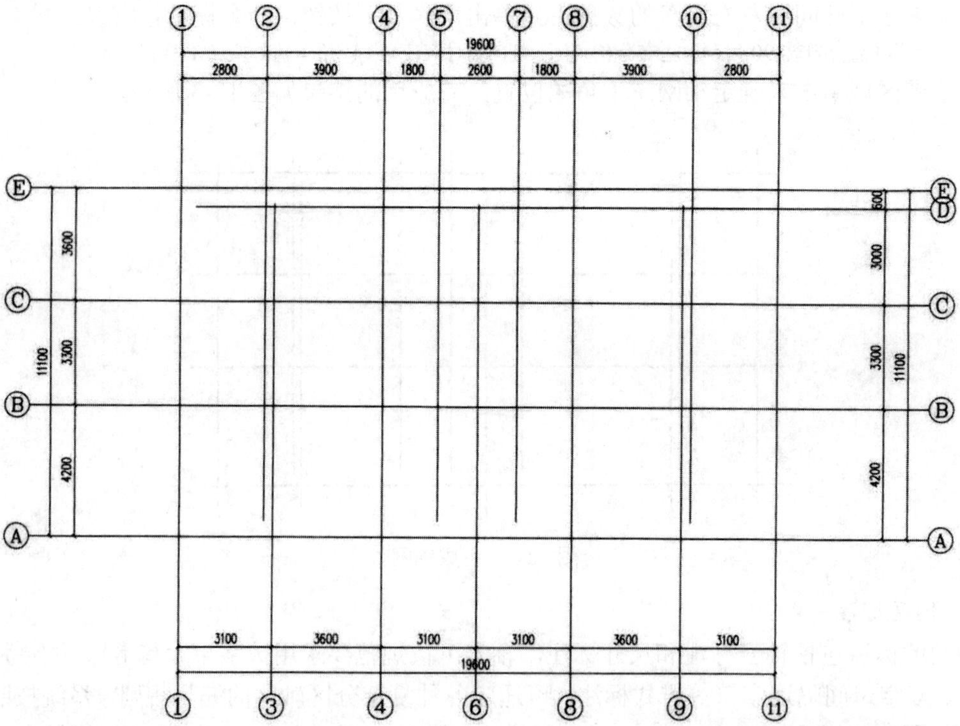

图 12-5　生成轴网标注

在菜单栏中是没有对应的指令的，但是只要单击轴号，就会出现如图 12-6 所示的夹点，然后再单击轴号圆心处的夹点就可以调整轴号位置。完成后如图 12-7 所示。

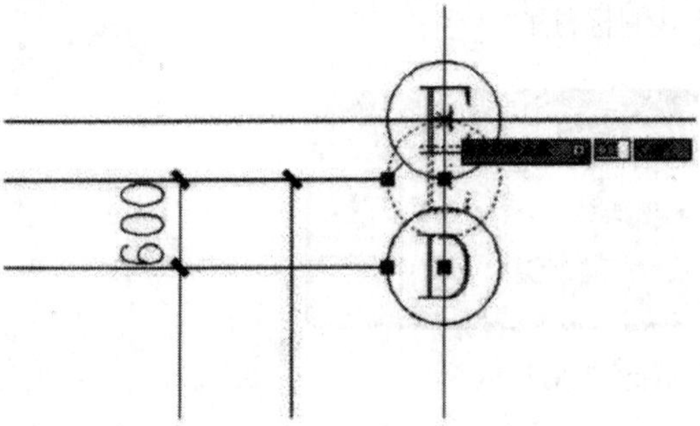

图 12-6　调整轴号

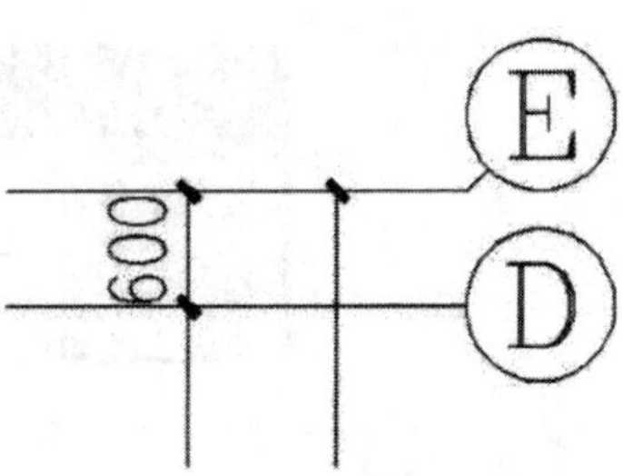

图 12-7　调整轴号结果

3. 轴网的修改

根据建筑制图规范的要求，需要对轴网进行相应的修改。

一是将轴线显示为点划线，选择“轴网柱子”→“轴改线型”或者“ZGXX”命令即可实现。

二是通过 AutoCAD 的修剪、拉伸等命令，调整轴线的相应长度，完成后如图 12-8 所示。

12.1.3　绘制墙体和阳台

轴网完成后，接下来需要绘制墙体和阳台。

1. 墙体的绘制

墙体的绘制方法主要有两种：一种是“单线变墙”，可以选择所有的轴线，系统会识别内外墙，然后根据预设的内墙 240、外墙 370 进行绘制，产生需要的墙体，这会出现多余的墙体，可以根据需要进行删减；另一种方法就是“绘制墙体”，根据设计的需要，采用不同的方法来绘制相应位置的墙体，这种方式可以按部就班绘制，本例采用这种方式。

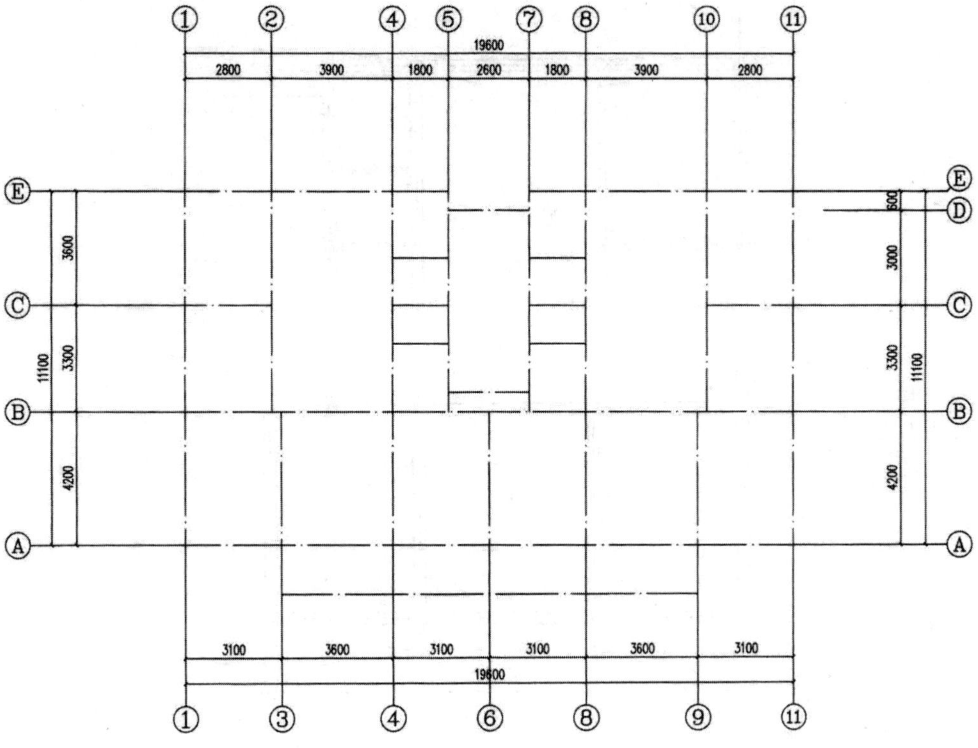

图 12-8　修改轴网

选择“墙体”→“绘制墙体”或者“HZQT”命令，弹出如图 12-9 所示的“绘制墙体”对话框，根据设计需要，先绘制 240 的砖墙，按照默认设置即可。默认状态下，系统自动捕捉打开，可以方便捕捉到对应的点，绘制出需要的墙体。“绘制墙体”对话框中的最下一栏为绘制墙体的方法，对于直线墙体，可以采用两种方法，一是绘制直墙，二是矩形绘墙。根据具体的设计合理选择绘制方法。

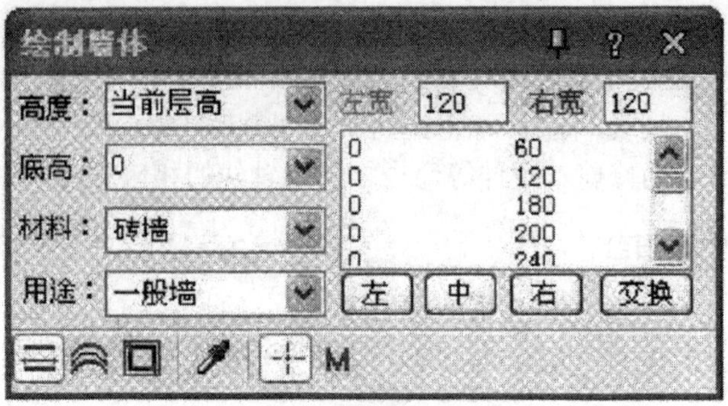

图 12-9 “绘制墙体”对话框

将厕所的隔墙修改为 120 厚，绘制完墙体后如图 12-10 所示。这里需要提醒读者的是因为住宅建筑的特点，大多数一梯两户的平面两侧是对称的布局，所以只需要绘制一半，然后绘制好门、窗、阳台等构件后再镜像即可。

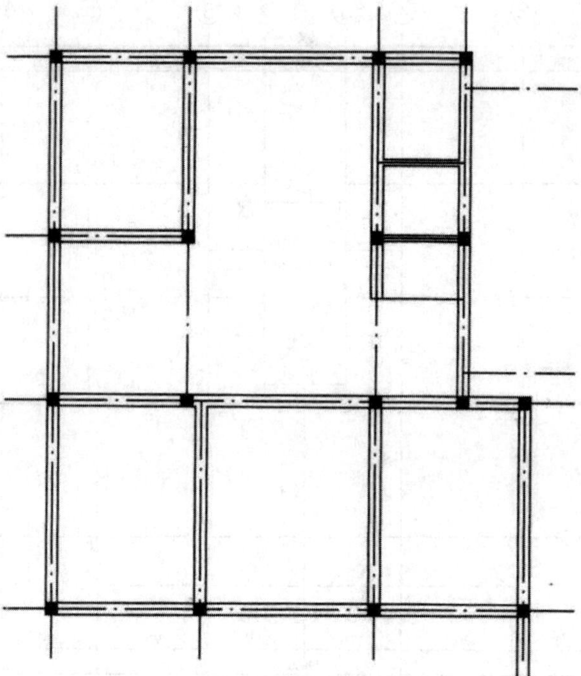

图 12-10 添加墙体

2. 绘制阳台

选择“楼梯其他”→“阳台”或者“YT”命令，弹出如图 12-11 所示的“绘制阳台”对话框。在“绘制阳台”对话框左侧预览阳台的构造，右侧修改参数，本例修改栏板宽度为 120，其余为默认值。

“绘制阳台”对话框的右下角为 6 种绘制阳台的方法，分别是：凹阳台、矩形三面阳台、阴角阳台、沿墙偏移绘制、任意绘制、选择已有路径生成。本例采用第三种阴角阳台，选择如图 12-11 所示。

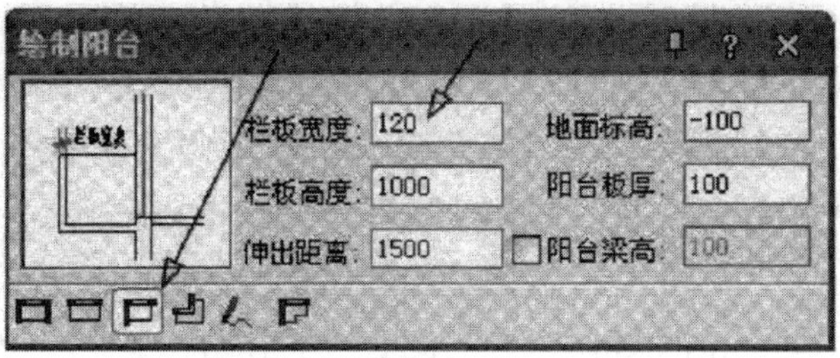

图 12-11　“绘制阳台”对话框

选择阴角阳台后，将鼠标指针返回绘图区域，根据命令提示行捕捉 A 点为起点，B 点为终点（图 12-12）。但是需要提醒读者的是，有时候当捕捉了起点后，会出现如图 12-13 所示的现象，此时需要按下 F 键，阳台翻转到对侧，才能符合要求。捕捉完 B 点后，回车完成阳台绘制，如图 12-14 所示。

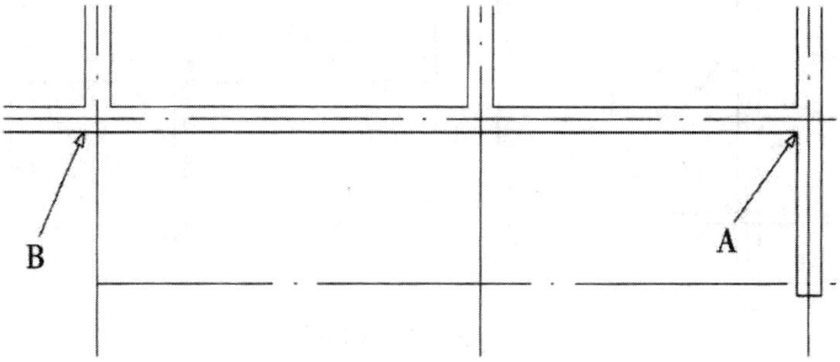

图 12-12　增加阳台

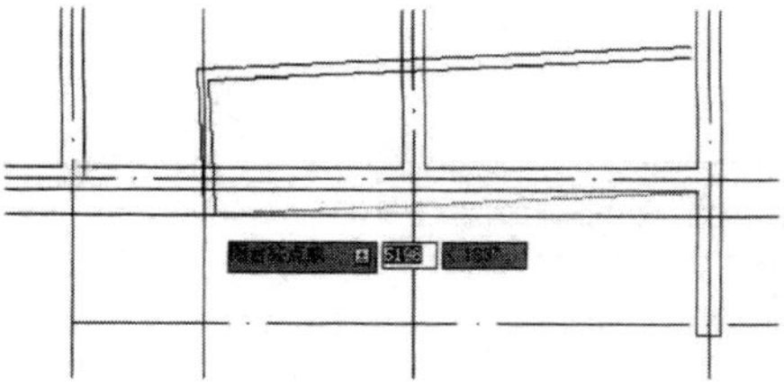

图 12-13　修改阳台

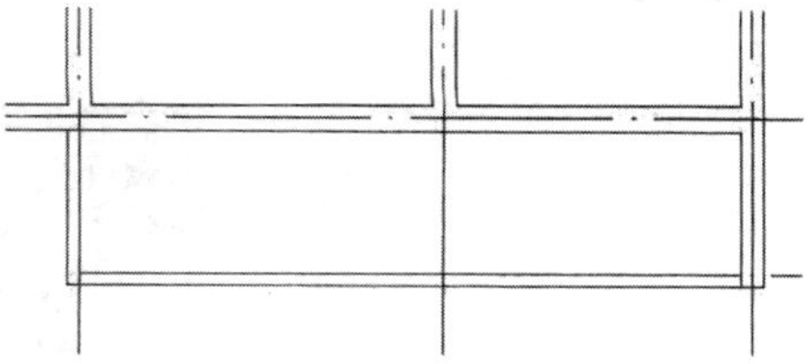

图 12-14　添加阳台

命令：YT
TBALCONY
阳台起点<退出>:　　　　　　　　　　　　　（捕捉 A 点）
阳台终点或[翻转到另一侧(F)]<取消>：F　　　（输入 F）
阳台终点或[翻转到另一侧(F)]<取消>:　　　　（捕捉 B 点）

12.1.4　添加构造柱

由于本例是多层住宅，采用的是砖混结构，所以墙体是承重构件，定位轴线以墙体为准。但是依据设计规范要求，需要在相应的位置添加构造柱。

事实上，添加构造柱和添加结构柱的方法是类似的。

选择“轴网柱子”→“构造柱”或者“GZZ”命令，命令提示行要求选取添加构造柱的墙角位置，单击图形的左上角墙体连接处，接着添加上构造柱，并且弹出进行构造柱的尺寸设置的对话框，如图 12-15 所示。通常情况下，构造柱尺寸为 240×240，与普通 240 砖墙相吻合。本例也是采用该尺寸。

命令：GZZ
TFORTICOLU
请选取墙角或[参考点(R)]<退出>：　　　（选取左上角的墙角位置）

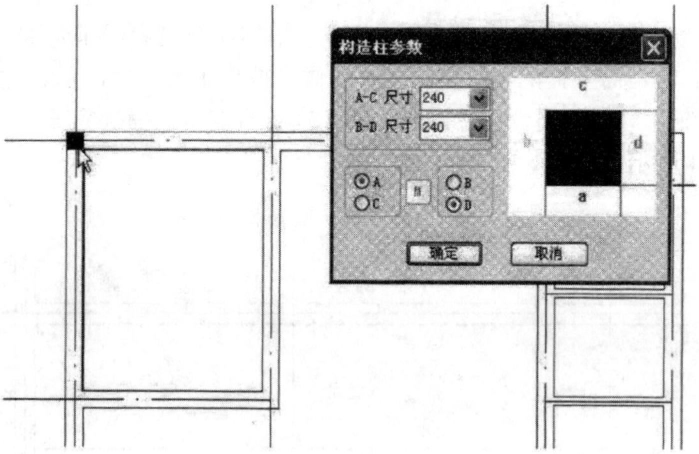

图 12-15　添加构造柱

注意：如果填充完成后的构造柱显示的是线框，则需要在构造柱或者墙体位置处右击，在弹出的菜单中选择“填充关闭”（图 12-16）命令，这样就可以显示为填充的柱子。依次在所需要的位置添加构造柱，完成后如图 12-17 所示。

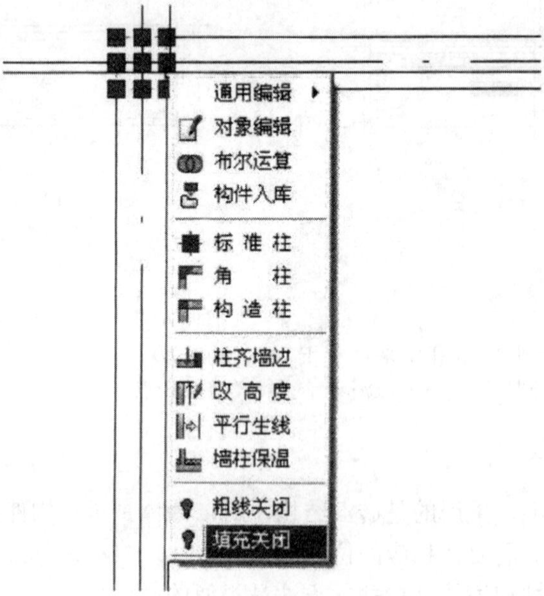

图 12-16　显示填充的柱子

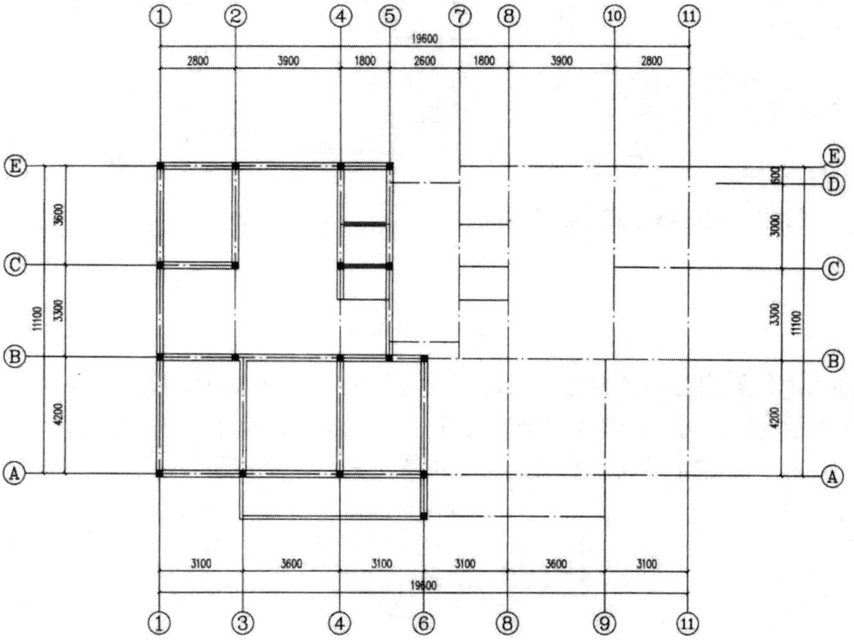

图 12-17 添加全部构造柱

12.1.5 门窗的插入和修改

天正建筑可以完成几乎所有的建筑门窗，创建门窗的方法也非常灵活，所以门窗工具为建筑师提供了非常大的方便。结合本例学习常用的创建门窗的方法。

1. 普通门的插入

首先在 5 轴的 B 轴、D 轴线间，距离 B 轴 960 处设置尺寸为 1000 的分户门一个，外开。

选择“门窗”→“门窗”或者“MC”命令，弹出如图 12-18 所示的“门”对话框。在“门”对话框中单击左右两侧的小预览窗口，可以分别选择门的平面和立面样式；中间是对应门的参数设置。“门”对话框的底部分为两部分，左侧为插入门窗的方法，分别是自由插入、顺序插入、轴线间等分插入、墙体等分插入、垛宽定距插入、轴线定距插入等，右侧是插入门窗的类型，如门、窗、门连窗、子母门、弧窗、凸窗、矩形洞、标准构件库等。

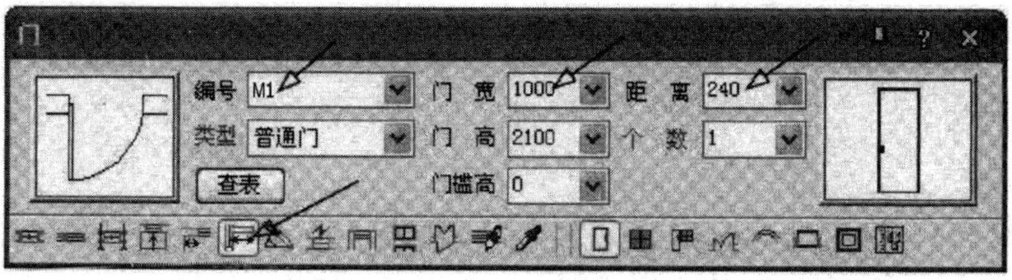

图 12-18 添加门

本例插入编号为 Ml 的 1000 的门，采用轴线定距插入的方法，输入距离 240，然后回到绘图区，单击分户门所在的墙体，只需要在开门位置附近就可以。完成后如图 12-19 所示。

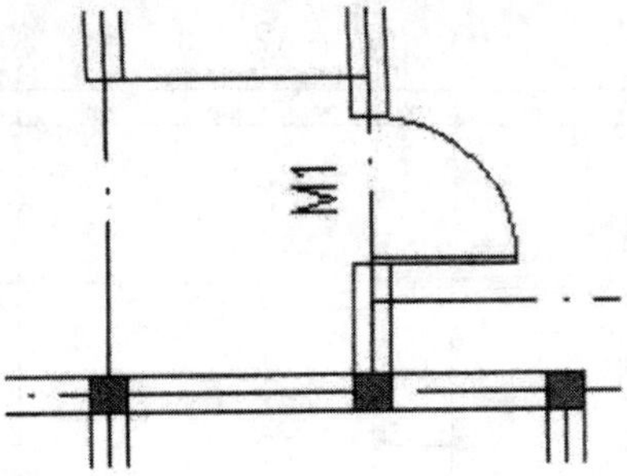

图 12-19　添加门 M1

如果插入的门开启方向不合适，或者需要进行调整，可以通过夹点编辑的方法进行调整，如图 12-20 所示的门的夹点，其作用分别是夹点 1 调整门的开启方向，夹点 2 和夹点 3 可以单侧调整门的尺寸，夹点 4 可以调整门的编号位置，夹点 5 是移动门。

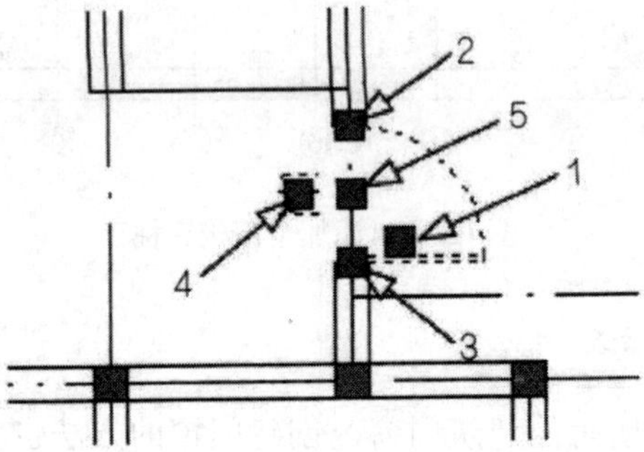

图 12-20　调整门的开启方向

沿 B 轴分别给三个卧室插入门，编号 M2、900 宽、内开。设置相应参数，采用垛宽方式插入，分别设置垛宽 3 轴处 300、4 轴处 240，完成后的门如图 12-21 所示。

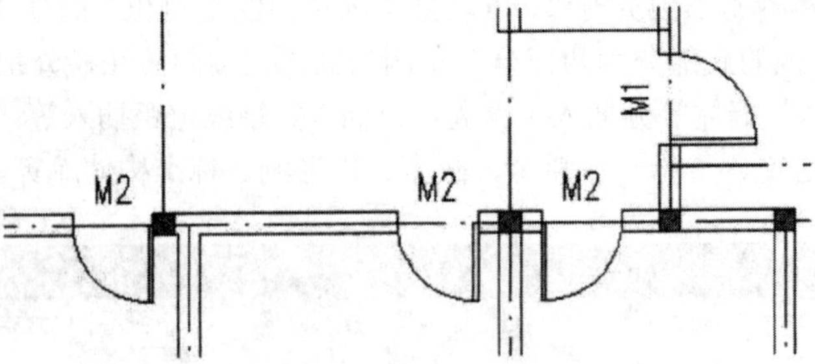

图 12-21　插入卧室的门

为阳台和卫生间设置 800 的门，编号 M3，阳台按照垛宽 240、内开；卫生间按照轴线定距 240、内开。这里需要注意的是，在住宅设计中，凡是遇到阳台、卫生间、厨房等用水的房间和位置，要有一定的室内外高差，因此在门口位置需要有高差线，只需要用 AutoCAD 的线命令绘制即可。完成后如图 12-22 所示。

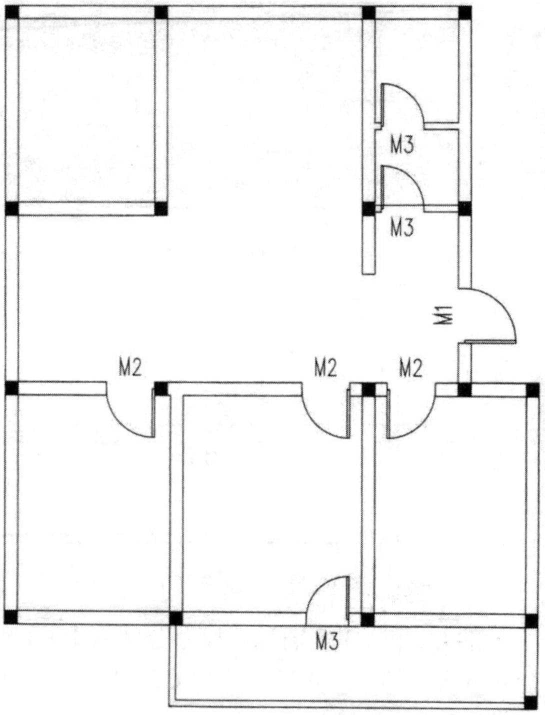

图 12-22 添加所有的门

2. 插入门连窗

根据设计，厨房和餐厅之间采用门连窗。同样选择“门窗”命令，选择“门连窗”，设置总宽度 1800、门 800、编号 MC1，采用垛宽 240，完成后如图 12-23 所示。

图 12-23 插入门连窗

3. 插入普通窗

插入窗与门是一个命令，设置和操作相差也不大，所以学习这个相对容易。先在 A 轴的 1 轴、3 轴和 4 轴、6 轴中间插入一个 1800 的普通窗。

选择“门窗”→“门窗”或者“MC”命令，弹出“窗”对话框后单击“插窗”图标，修改“窗”对话框中的内容（图 12-24），编号为 Cl。选择“依据点取位置两侧轴线进行等分插窗”或者“在点取的墙段上等分插窗”命令，移动鼠标到绘图区域，单击1轴、3 轴墙体，按回车键确定，再单击 4 轴、6 轴墙体，按回车键确定，即可各插入一个窗户。完成后结果如图 12-25 所示。

图 12-24　插入普通窗

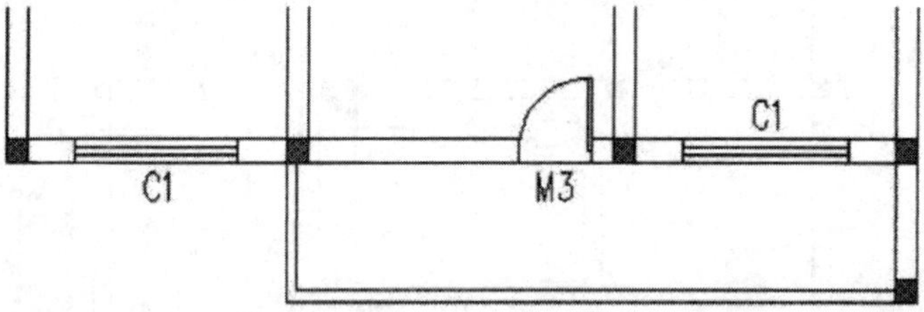

图 12-25　插入窗 C1

以同样的方法完成 E 轴的 C2 和 C3 的插入，尺寸分别为 1500 和 2100。C2 和 C3 均采用等分插入的方法。然后插入 A 轴的 3 轴、4 轴间窗户 C5，尺寸为 1200，采用“在点取的墙段上等分插窗”的方法，完成后如图 12-26 所示。

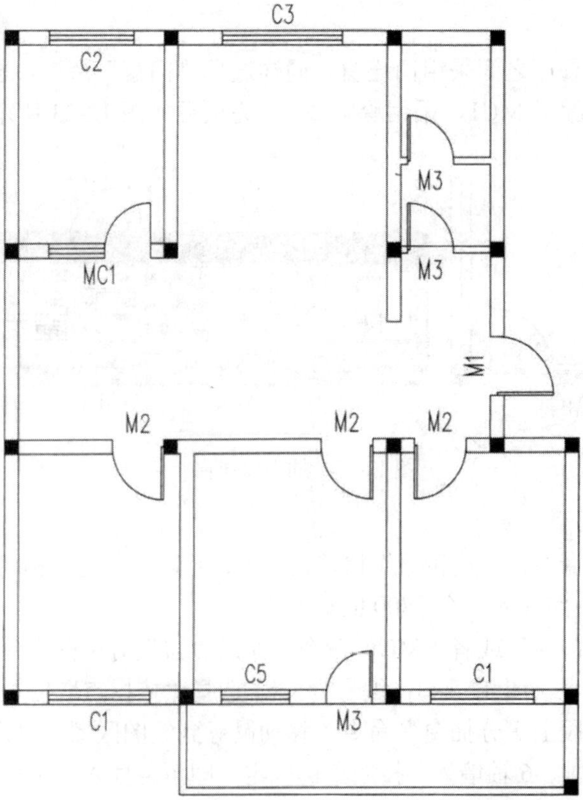

图 12-26　插入其他窗体

4. 插入高窗

由于卫生间的私密性，设计中采用了高窗，根据规范，应该采用虚线表达的窗户，这与通窗的操作有一点不同。

选择“门窗”→“门窗”或者“MC”命令，在弹出的“窗”对话框中，只需要勾选“高窗”复选框即可，它的设置与普通窗一样，插入方法也相同。完成后如图 12-27 所示。

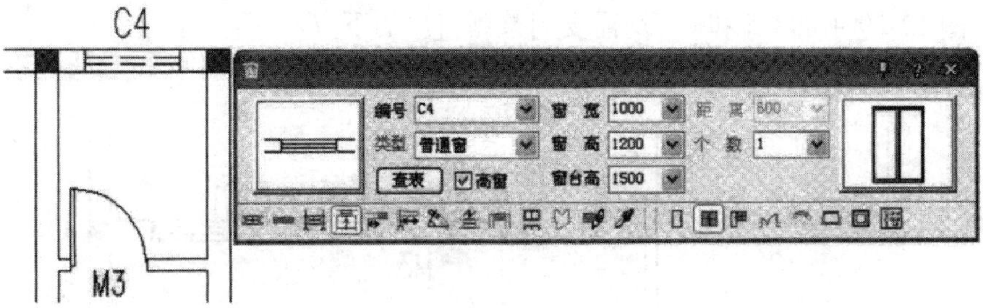

图 12-27　插入高窗

5. 门窗编辑

门窗的编辑包括门窗的删除、更改、替换等。删除一个或者多个门窗是最简单的，但是要更改或者替换门窗则要相对复杂一些。

（1）删除门窗。选择 AutoCAD 的“删除”命令或者选择门窗后按<Delete>键即可，在天正中最大的优势就是删除后墙体会自动恢复。这里删除阳台的 M3。

（2）更改窗户。首先学习一下窗户的更改，窗户的更改可以利用夹点编辑和在位编辑。本例更改 C1 窗的立面样式。双击 A 轴线上的 C1 窗户，执行在位编辑，重新打开“插入门窗”对话框，单击右侧的窗户立面图，在弹出的菜单中选择“有亮子”“推拉窗”，如图 12-28 所示。在图示的窗户立面上双击，返回“插入门窗”对话框，按回车键确定。

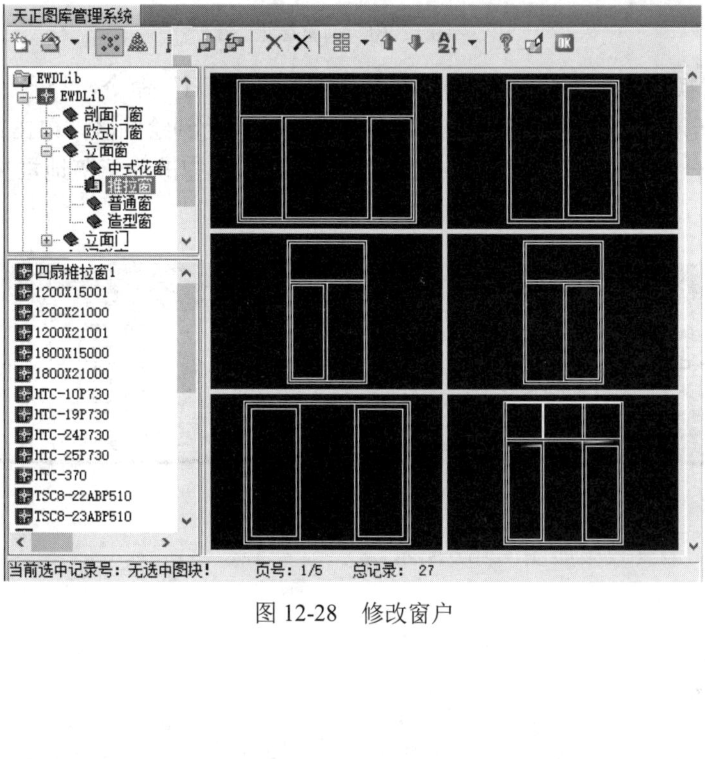

图 12-28　修改窗户

命令：TobjEdit (弹出门窗对话框设置修改)

其他 1 个相同编号的门窗是否同时参与修改？[全部(A)/部分(s)/否(N)]<A>：（按回车键默认全部修改）

（3）更改编号位置。在绘图过程中，门窗编号的位置也可能不合理，如图 12-29 所示，这里就需要用夹点编辑来操作。单击 C1 出现夹点，如图 12-30 所示，其中夹点 1 和夹点 4 可以调整窗户的尺寸，夹点 2 可以更改门窗编号的位置，夹点 3 可以移动窗户，夹点 5 可以改变开启方向。图 12-29 中的 C5 和 C1 均需要调整到窗户的下方。

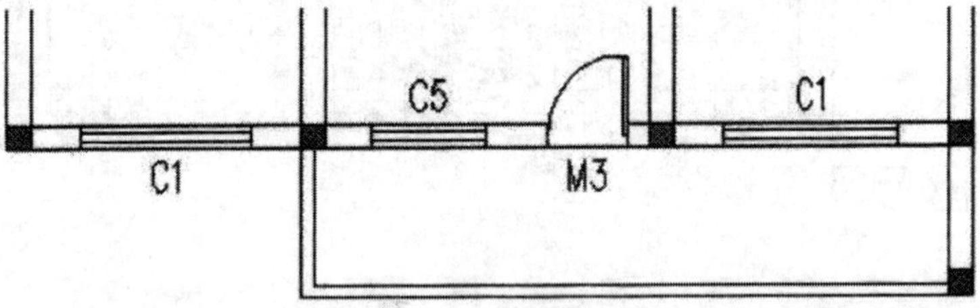

图 12-29　调整窗户

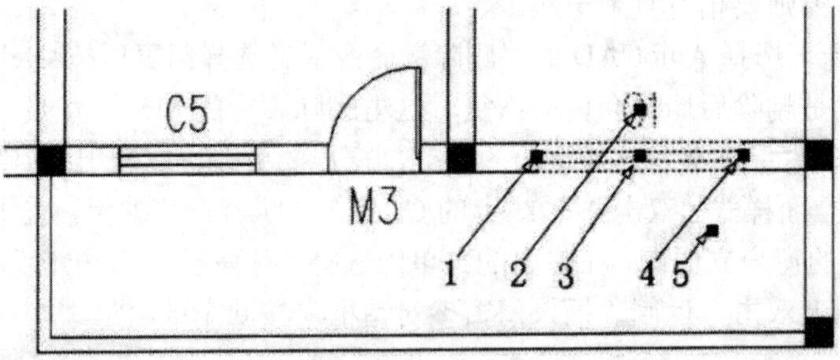

图 12-30　调整结果

（4）门窗替换。适用于门窗的批量修改。选择“MCTH”命令，打开门窗参数对话框，按照如图 12-31 所示的内容进行修改，然后将鼠标指针移动到绘图区，单击需要修改的对象，这里选择 A 轴阳台的 C5，这样就将卧室到阳台的普通门和窗改为了落地推拉门，实现了设计的目的。

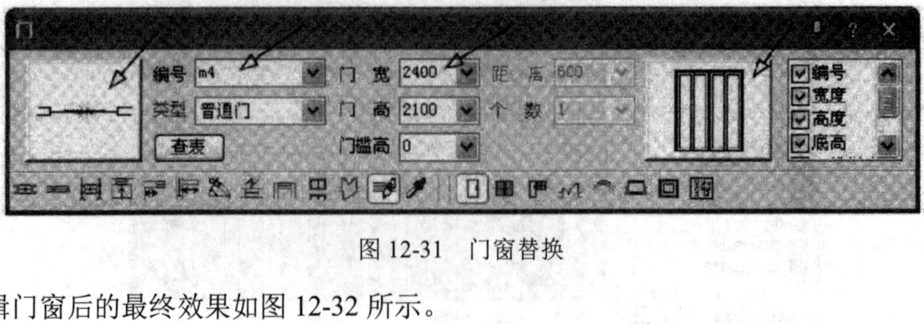

图 12-31　门窗替换

编辑门窗后的最终效果如图 12-32 所示。

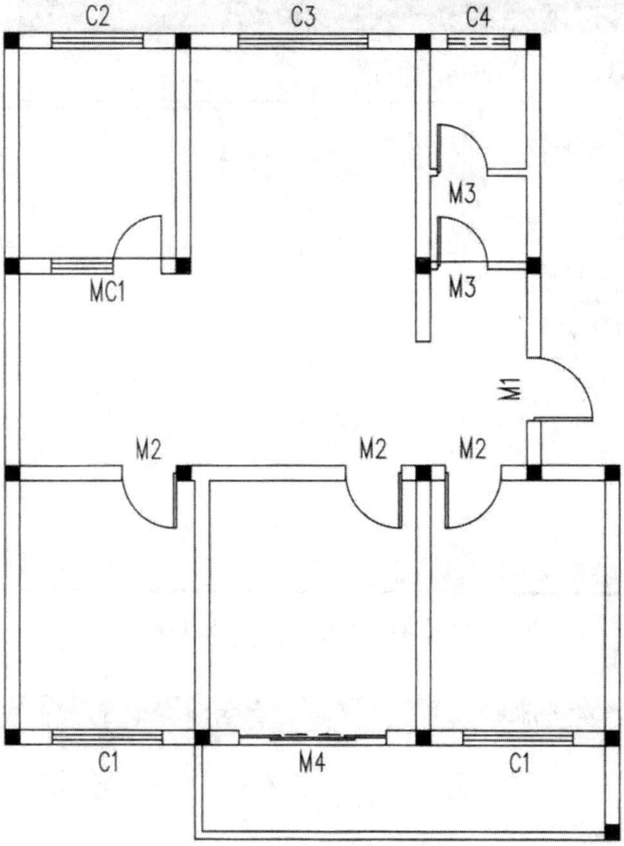

图 12-32 门窗最终效果图

12.1.6 房间家具的布置

1. 卫生间布置

利用天正建筑的“布置洁具”命令，可以非常方便地布置卫生间的相应洁具，操作简洁。

选择“房间屋顶”→“房间布置”→“布置洁具”或者“BZJJ”命令，弹出“天正洁具”对话框，如图 12-33 所示。在“天正洁具”对话框空间中选择不同类型的洁具后，系统自动给出与该类型相适应的布置方法。在右侧预览框中双击所需要布置的卫生洁具，根据弹出的对话框或命令行在图中布置洁具。单击“台式洗脸盆”，在右侧双击选择“台上式洗脸盆 2”，显示“布置台上式洗脸盆 2”对话框，如图 12-34 所示。在“布置台上式洗脸盆 2”对话框中设置相应的参数，然后单击“沿墙内测边线布置”按钮，在如图 12-35 所示位置的墙线上单击。

命令：BZJJ
请选择沿墙边线<退出>：　（在洁具所在墙体边线上单击）
插入第一个洁具[插入基点(B)]<退出>：　（在洁具所在大体位置处单击）
下一个<结束>：　（右键或者回车键）
台面宽度<600>：　（右键或者回车键）
台面长度<1380>：　（右键或者回车键）
请选择沿墙边线<退出>：　（右键或者回车键）

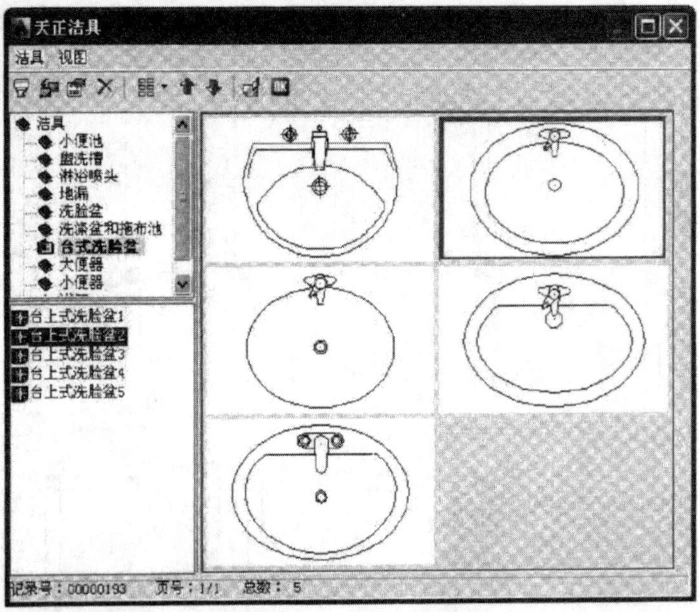

图 12-33 “天正洁具”对话框

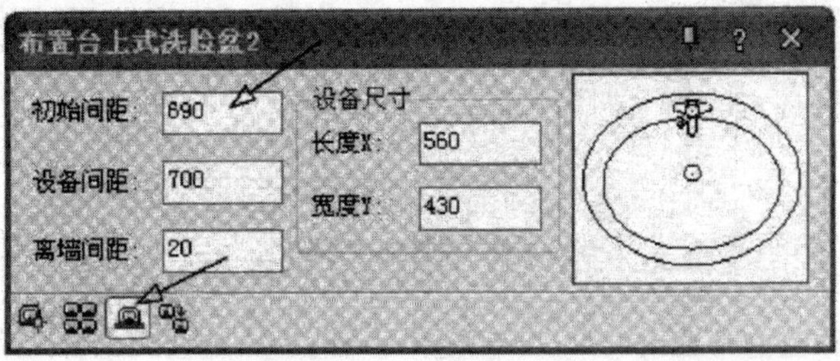

图 12-34 洁具参数设置

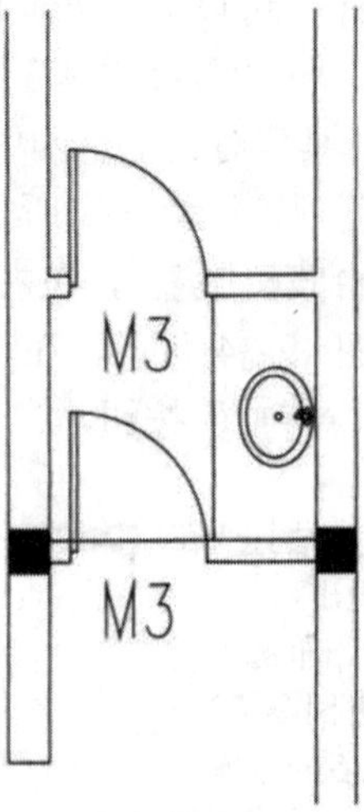

图 12-35 布置洁具

重复选择“BZJJ”命令，单击“浴缸”，选择“浴缸 08”，在弹出的“布置浴缸 08”对话框中，先选择 1500×720 尺寸，再修改长度为 1560，如图 12-36 所示。然后依照命令提示行执行操作，完成后的浴缸如图 12-37 所示。

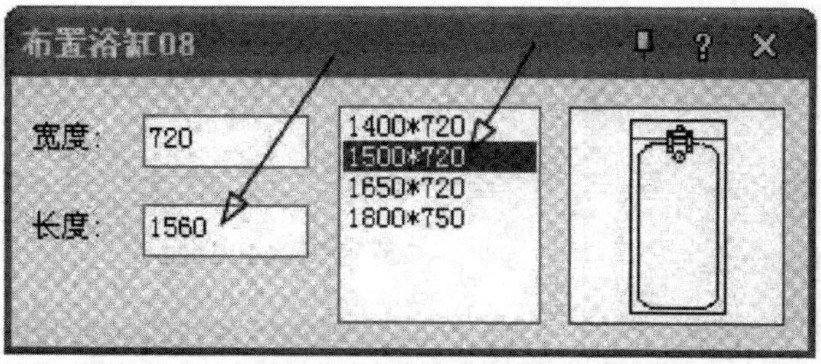

图 12-36 浴缸参数设置

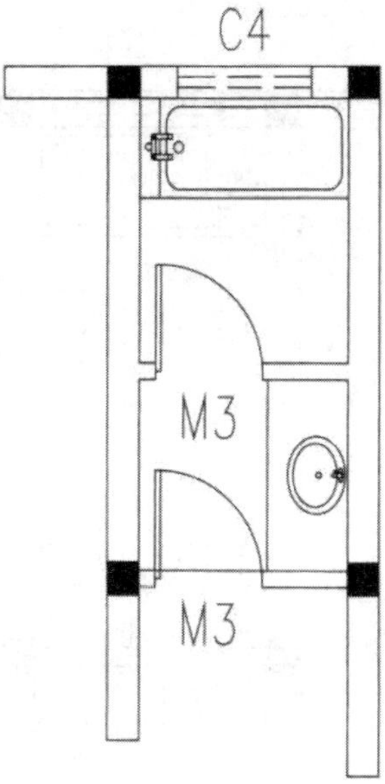

图 12-37 布置浴缸

命令：BZJJ
请选择布置洁具沿线位置[点取方式布置(D)]: （输入 D）
点取位置或[转 90 度(A)/左右翻(S)/上下翻(D)/对齐(F)/改转角(R)/改基点(T)/参考点(Q)]<退出>:（输入 A）
点取位置或[转 90 度(A)/左右翻(S)/上下翻(D)/对齐(F)/改转角(R)/改基点(T)/参考点(Q)]<退出>:（输入 T）
输入插入点或[参考点(R)]<退出>: （捕捉左上角点）
点取位置或[转 90 度(A)/左右翻(S)/上下翻(D)/对齐(F)/改转角(R)/改基点(T)/参考点(Q)]<退出>:（捕捉插入点）
点取位置或[转 90 度(A)/左右翻(S)/上下翻(D)/对齐(F)/改转角(R)/改基点(T)/参考点(Q)]<退出>:（按回车键退出）
请选择布置洁具沿线位置[点取方式布置(D)]: （右键或者回车键）

以同样的方法完成坐便器的布置。选择“坐便器 10”，在弹出的“布置坐便器 10”对话框中设置“初始间距”为 600，如图 12-38 所示。卫生间的洁具布置完成后，结果如图 12-39 所示。

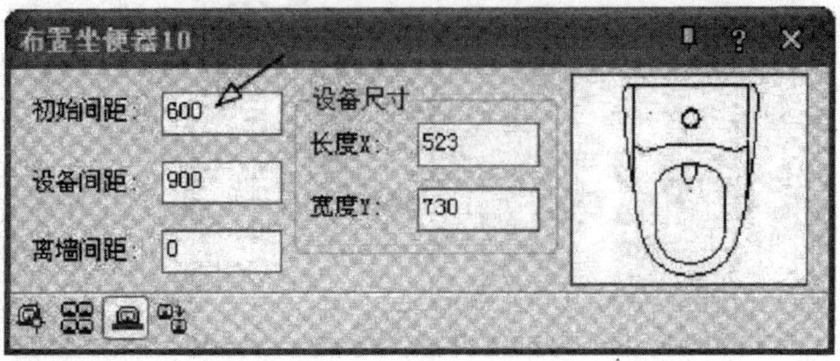

图 12-38　坐便器参数设置

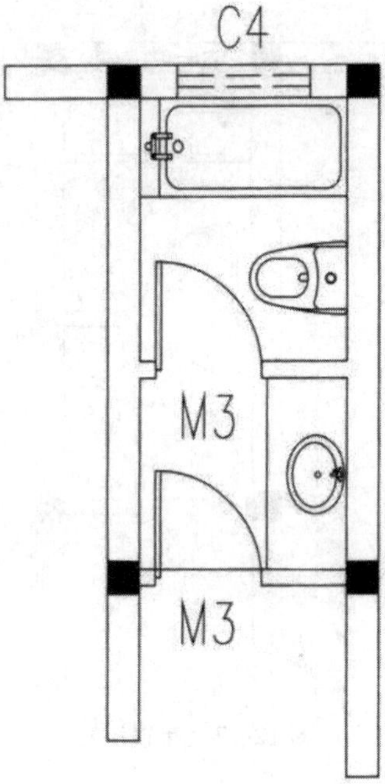

图 12-39　布置坐便器

2. *厨房布置*

厨房、卧室、客厅等房间的家具布置需要通过天正的自带图库完成。

厨房需要布置炉具、洗涤盆等，首先利用 AutoCAD 的基本命令“PL”线，绘制出操作台面的位置。台面宽 500，沿着 1 轴和 E 轴的墙体布置。

选择“图块图案”→“通用图库”或者“TYTK”命令，弹出“天正图库管理系统”窗口，然后根据需要选择“平面厨具”→“煤气灶”→“双眼煤气灶 2”，如图 12-40 所示。在“天正图库管理系统”窗口右侧显示的图案上双击，弹出“图块编辑”对话框，如果需要调整尺寸或者比例等，可以在这里进行设置，如图 12-41 所示。

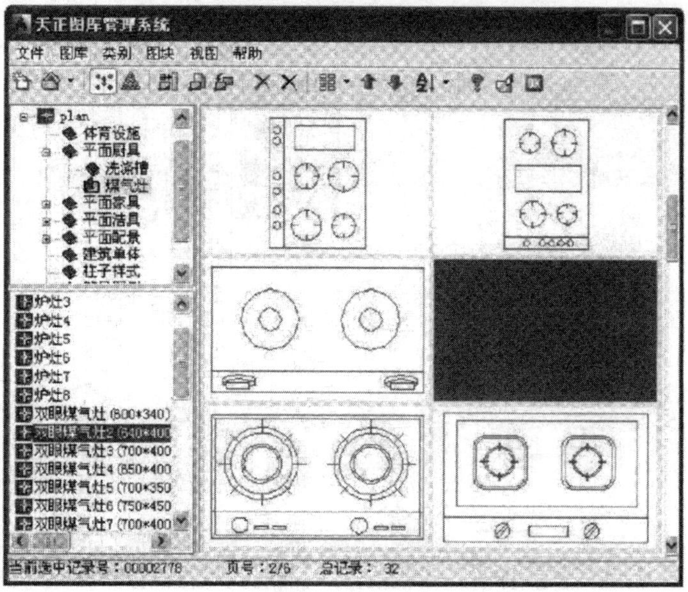

图 12-40　添加煤气灶

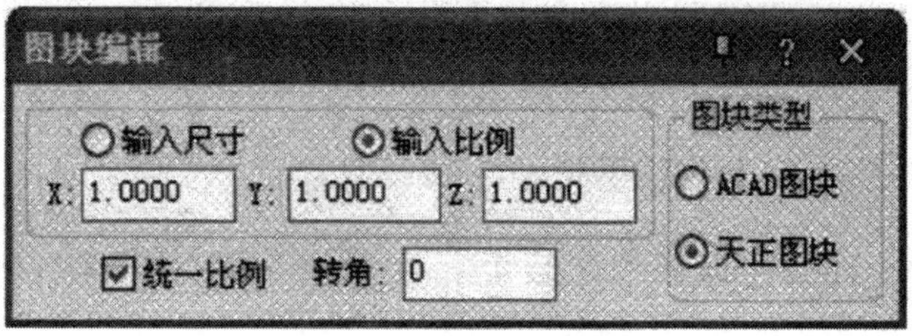

图 12-41　调整比例

根据命令提示行的要求，指定插入点的位置，按回车键确认即可。厨房布置完成后，结果如图 12-42 所示。

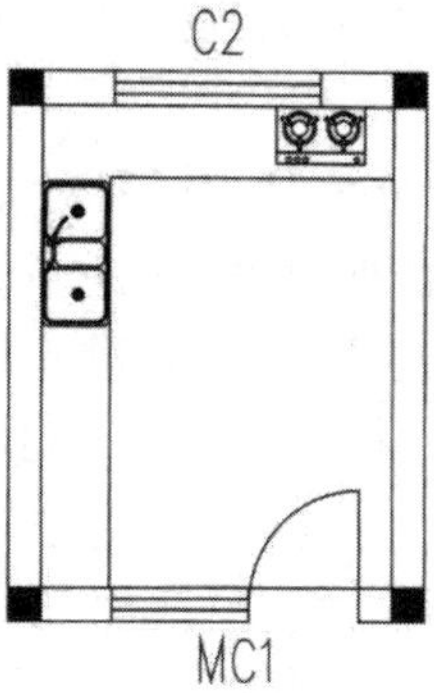

图 12-42　厨房布置完成

3．客厅等其他房间布置

客厅、卧室、餐厅等其他房间的布置与厨房布置相似，完成后的结果如图 12-43 所示。

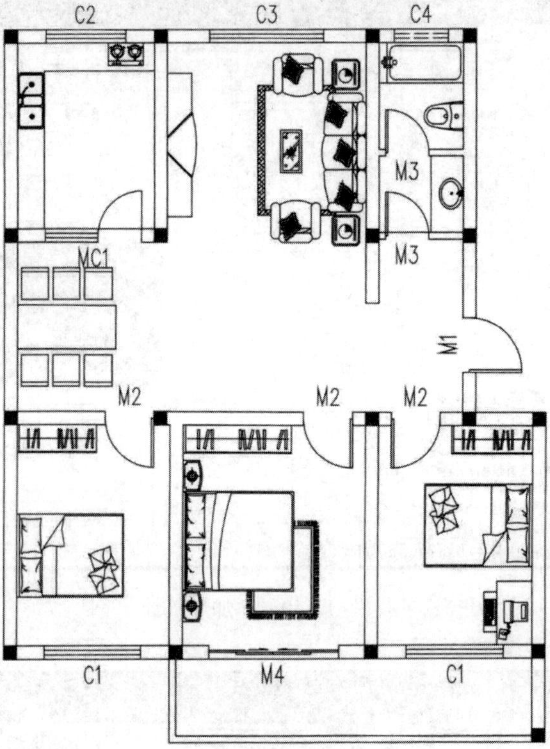

图 12-43　房间布置完成

12.1.7　楼梯的创建

1. 完整平面图

完成了家具布置后，关闭“fur”“AXIS”“AXIS TEXT”“DOT”图层显示，选择除 6 轴墙体和构造柱以外的所有对象，执行镜像命令，获得整个单元的平面图。然后补充 D 轴的墙体和窗户，窗户尺寸 1500，编号 C2；补充 M1 下方的管道井的墙体和窗户，墙体厚 120，门尺寸 1200，双开门，门槛高 600，门高 600。最后打开所有图层显示，结果如图 12-44 所示。

2. 创建双跑楼梯

天正建筑提供了由自定义对象建立的基本梯段对象，包括直线、圆弧与任意梯段，由梯段组成了常用的双跑楼梯对象、多跑楼梯对象，考虑了楼梯对象在二维与三维视口下的不同可视特性。双跑楼梯具有梯段可方便地改为坡道、标准平台可改为圆弧休息平台等灵活可变的特性，各种楼梯与柱子在平面相交时，楼梯可以被柱子自动剪裁；天正建筑双跑楼梯的上下行方向标识符号可以随对象自动绘制，剖切位置可以预先按踏步数或标高定义。

双跑楼梯是最常见的楼梯形式，由两跑直线梯段、一个休息平台、一个或两个扶手和一组或两组栏杆构成的自定义对象，具有二维视图和三维视图。双跑楼梯可分解（EXPLODE）为基本构件，即直线梯段、平板和扶手栏杆等，楼梯方向线在天正建筑中属于楼梯对象的一部分，可以方便地随着剖切位置改变自动更新位置和形式。在天正建筑还增加了扶手的伸出长度、扶手在平台是否连接、梯段之间位置可任意调整、在特性栏中可以修改楼梯方向线的文字等新功能。

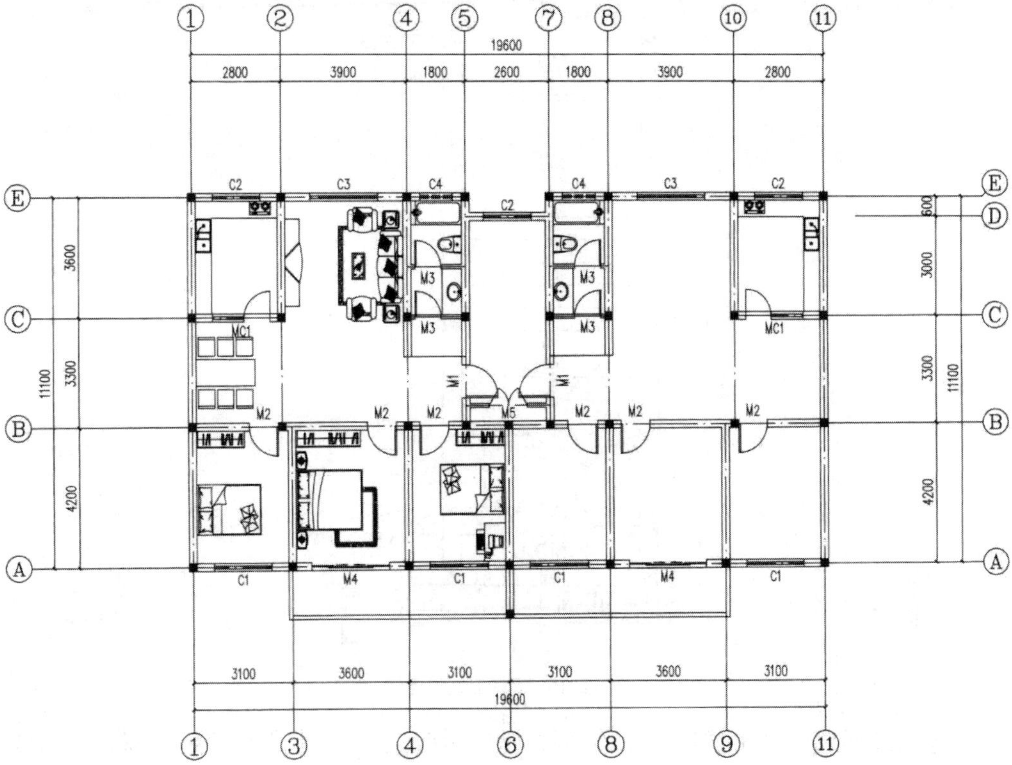

图 12-44　标准层平面图

双跑楼梯对象内包括常见的构件组合形式变化，如是否设置两侧扶手，中间扶手在平台是否连接，设置扶手伸出长度，有无梯段边梁（尺寸需要在特性栏中调整），休息平台是半圆形或矩形等，尽量满足建筑的个性化要求。

本例需要在 5 轴、7 轴和 B 轴、D 轴之间创建双跑楼梯。

选择“楼梯其他”→“双跑楼梯”或者“SPLT”命令，打开“双跑楼梯”对话框，如图 12-45 所示，根据本例的参数进行调整，设置内容参照图 12-45 所示。将鼠标指针返回绘图区，捕捉楼梯左上角点，插入设置好的楼梯，效果如图 12-46 所示。

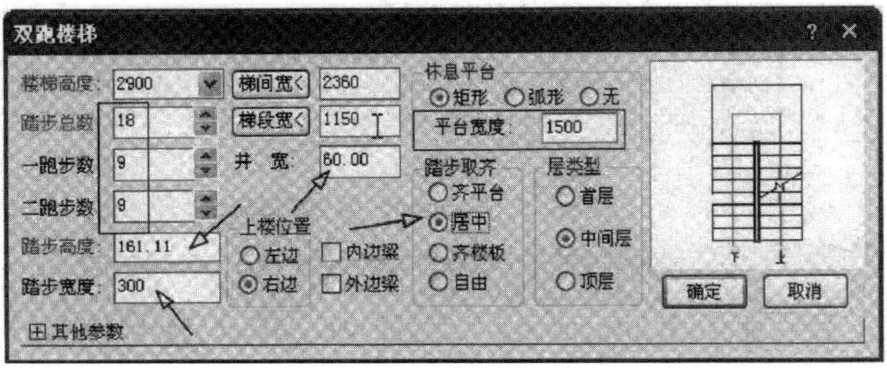

图 12-45　双跑楼梯参数设置

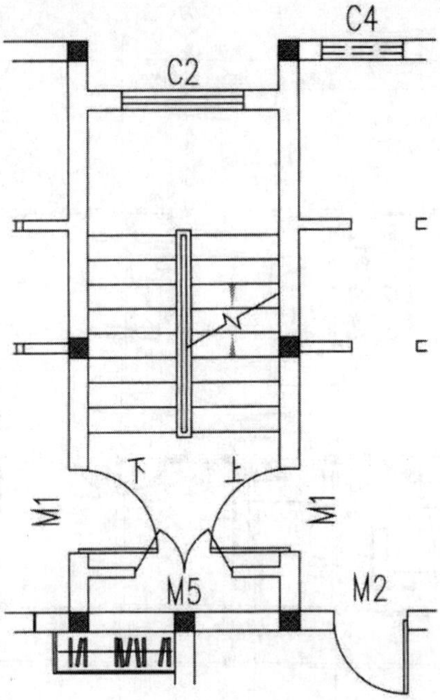

图 12-46　添加双跑楼梯

天正建筑还提供了基于楼梯对象的多种特殊楼梯，包括双分平行楼梯、双分转角楼梯、双分三跑楼梯、交叉楼梯、剪刀楼梯、三角楼梯和矩形转角楼梯，考虑了各种楼梯在不同边界条件下的扶手和栏杆设置，楼梯和休息平台、楼梯扶手的复杂关系的处理。各种楼梯与柱子在平面相交时，楼梯可以被柱子自动剪裁；可以自动绘制楼梯的方向箭头符号，楼梯的剖切位置可通过剖切符号所在的踏步数灵活设置。

12.1.8　尺寸标注

尺寸标注是设计图纸中的重要组成部分，图纸中的尺寸标注在国家颁布的建筑制图标准中有严格的规定，直接沿用 AutoCAD 本身提供的尺寸标注命令不适合建筑制图的要求，特别是编辑尺寸尤其显得不便，为此软件提供了自定义的尺寸标注系统，完全取代了 AutoCAD 的尺寸标注功能，分解后退化为 AutoCAD 的尺寸标注。

1. 轴网标注

轴网标注在绘制轴网的时候已经学习过，不过由于在绘图过程中可能会进行轴线的编辑，比如增加或者删除轴线、移动轴线等，因此一般在绘制完平面图的内容后会重新进行一次轴网标注。当然，轴线的改变也可以直接通过轴号改变命令进行修改。本例中的轴网标注在南侧增加阳台的地方距离图形太近，因此需要在后续的尺寸标注完成后进行位置的移动调整。

2. 门窗标注

门窗标注命令适合标注建筑平面图的门窗尺寸，有两种方式：

（1）在平面图中参照轴网标注的第一、二道尺寸线，自动标注直墙和圆弧墙上的门窗尺寸，生成第三道尺寸线。

（2）在没有轴网标注的第一、二道尺寸线时，在用户选定的位置标注出门窗尺寸线。

门窗标注命令创建的尺寸对象与门窗是关联的，当门窗移动、夹点改宽、对象编辑等变化时，线性的尺寸标注会自动改变和更新。

选择“尺寸标注”→“门窗标注”或者“MCBZ”命令，根据提示用线选择第一、二道尺寸线及墙体，然后再选择其他需要标注的墙体。首先标注下开间对应位置的门窗尺寸线，选择如图 12-47 所示的位置点。标注完成后的效果如图 12-48 所示。

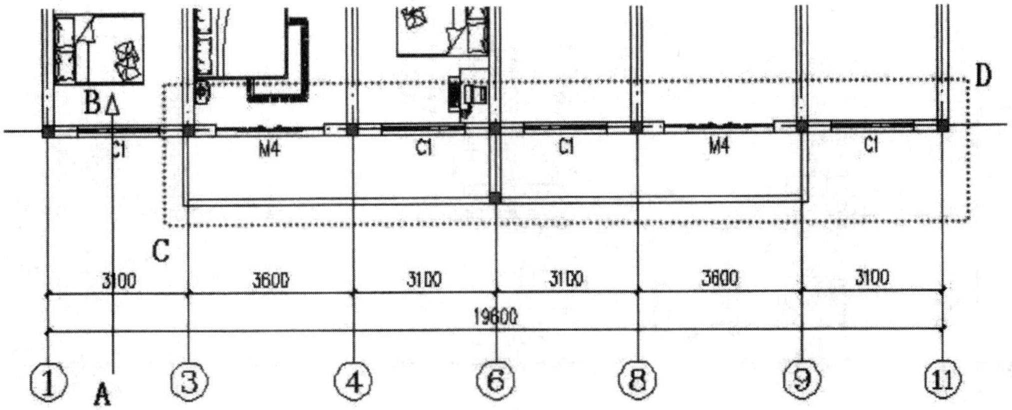

图 12-47　门窗尺寸线

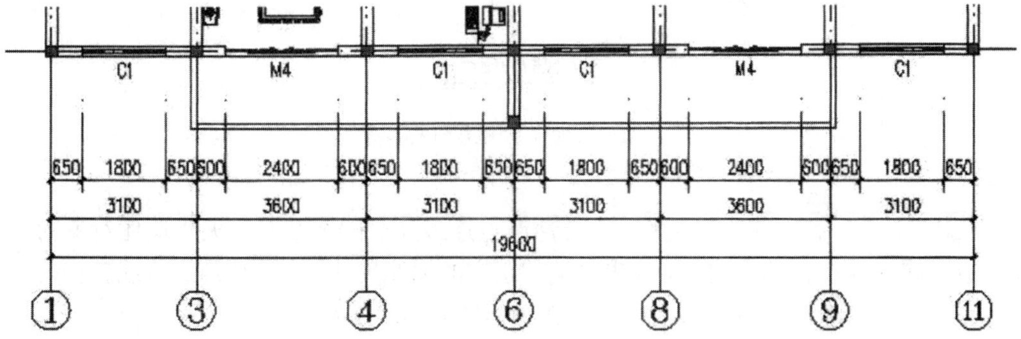

图 12-48　完善尺寸线

命令：TDim3
请用线选第一、二道尺寸线及墙体
起点<退出>:　（自 A 点单击）
终点<退出>:　（到 B 点单击）
选择其他墙体：指定对角点：找到 6 个　（选择 CD 区域的墙体）
选择其他墙体:　（右键或者回车键）

以同样的方法对其他位置的门窗进行标注，然后需要进行尺寸线的调整，利用 AutoCAD 的“拉伸”“移动”等命令修改左右两侧的尺寸线长度，移动尺寸线的位置，利用夹点编辑调整第一道尺寸线也就是总尺寸的夹点位置，改变总尺寸的标注，完成后的效果如图 12-49 所示。

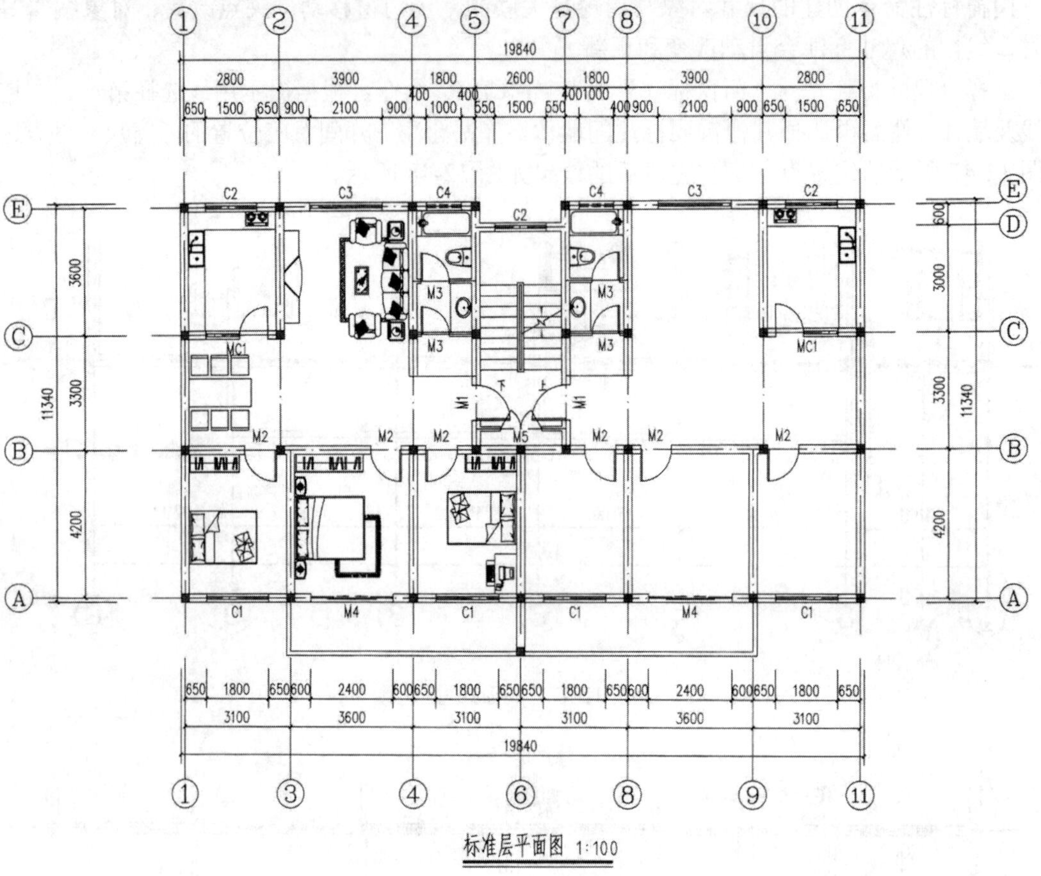

图 12-49 调整尺寸标准

3. 墙厚标注

“墙厚标注”命令用于在图中一次标注两点连线经过的一至多段天正墙体对象的墙厚尺寸，标注中可识别墙体的方向，标注出与墙体正交的墙厚尺寸，在墙体内有轴线存在时标注以轴线划分的左右墙宽，墙体内没有轴线存在时标注墙体的总宽。

选择“尺寸标注”→“墙厚标注”或者“QHBZ”命令。

根据命令行提示分别选择需要标注墙厚的墙体两侧两点。标注后的效果如图 12-50 所示。

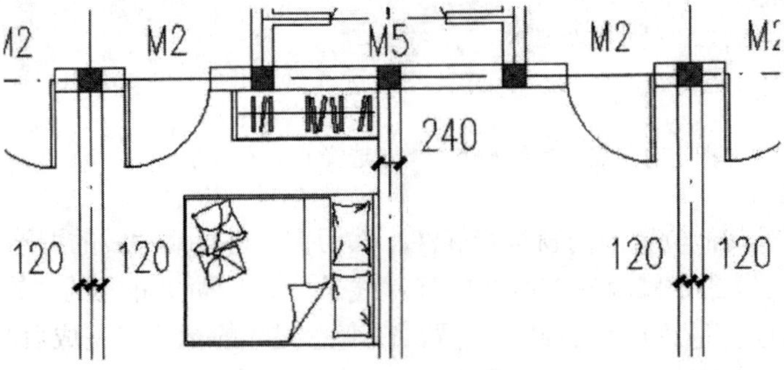

图 12-50 墙厚标注

4. 两点标注

“两点标注”命令为两点连线附近有关系的轴线、墙线、门窗、柱子等构件标注尺寸，并可标注各墙中点或者添加其他标注点，<U>快捷键可撤销上一个标注点。

利用“两点标注”命令可以方便标注建筑平面图中的内部详细尺寸。

选择“尺寸标注”→“墙厚标注”或者“QHBZ”命令，根据命令行提示，选择需要标注的相关墙体的起点和结束点，这里选择 6 轴到 10 轴位置的墙体，标注与 B 轴相关的细部尺寸，结果如图 12-51 所示。

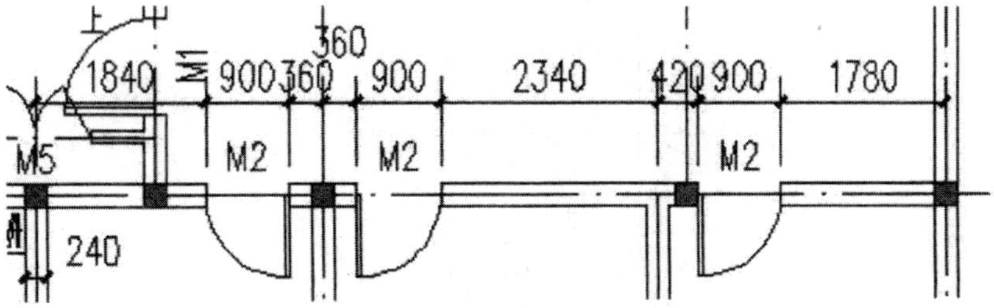

图 12-51 墙厚标注调整

5. 内门标注

“内门标注”命令用于标注平面室内门窗尺寸以及定位尺寸线，其中定位尺寸线与邻近的正交轴线或者墙垛相关。

选择“尺寸标注”→“内门标注”或者“NMBZ”命令。

根据命令行提示操作，注意提示的标注方式：轴线定位，用线选门窗，并且第二点作为尺寸线位置。因而在设定起点时选择在标注门窗的另一侧点取起点或者键入 A 改为垛宽定位：然后选择终点，一定要经过标注的室内门窗，在尺寸线标注位置上给终点。分别标注卫生间和厨房的门，结果如图 12-52 所示。

图 12-52 内门标注

命令：TDimInDoor
标注方式：轴线定位，请用线选门窗，并且第三点作为尺寸线位置
起点或[垛宽定位(A)]<退出>: （在门的上侧单击）
终点<退出>: （在门的下侧单击）

6. 逐点标注

“逐点标注”命令是一个通用的灵活标注工具，对选取的一串给定点沿指定方向和选定的位置标注尺寸。逐点标注特别适用于没有指定天正对象特征，需要取点定位标注的情况，以及其他标注命令难以完成的尺寸标注。

选择“尺寸标注”→“逐点标注”或者“ZDBZ”命令。标注卫生间一侧的墙体尺寸，结果如图 12-53 所示。

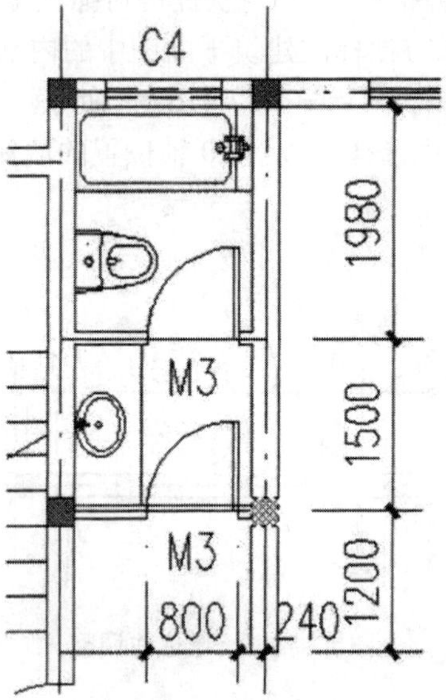

图 12-53　逐点标注

天正建筑中还有一些尺寸标注命令，读者可以根据需要自行选择合理的标注方法。

12.1.9　符号标注

按照建筑制图的国标工程符号规定画法，天正软件提供了一整套的自定义工程符号对象。这些符号对象可以方便地绘制剖切号、指北针、引注箭头，绘制各种详图符号、引出标注符号。使用自定义工程符号对象，不是简单地插入符号图块，而是在图上添加了代表建筑工程专业含义的图形符号对象，工程符号对象提供了专业夹点定义和内部保存有对象特性数据，用户除了可以在插入符号的过程中通过对话框的参数控制选项，根据绘图的不同要求，还可以在图上已插入的工程符号上，拖动夹点或者按 Ctrl+1 键启动对象特性栏，在其中更改工程符号的特性，双击符号中的文字，启动在位编辑即可更改文字内容。

1. 标高标注

“标高标注”命令在界面中分为两个页面，分别用于建筑专业的平面图标高标注、立面图和剖面图楼面标高标注，以及总图专业的地坪标高标注、绝对标高和相对标高的关联标注。地坪标高符合总图制图规范的三角形、圆形实心标高符号，提供可选的两种标注排列，标高数字右方或者下方可加注文字，说明标高的类型。标高文字新增了夹点，需要时可以拖动夹点移动标高文字，新版本支持《总图制图标准》（GB/T 50103－2010）新总图标高图例的画法，除总图与多层标高外的标高符号支持当前用户坐标系的动态标高标注。

选择“符号标注”→“标高标注”或者“BGBZ”命令，在弹出的“标高标注”对话框中，勾选“手工输入”复选框，在左侧栏中输入标高 2.900、5.800、8.700、11.600，并勾选“楼层标高自动加括号”复选框，如图 12-54 所示。将鼠标指针移动到绘图区后在起居室的空白处单击，根据命令提示行进行操作。结果如图 12-55 所示。

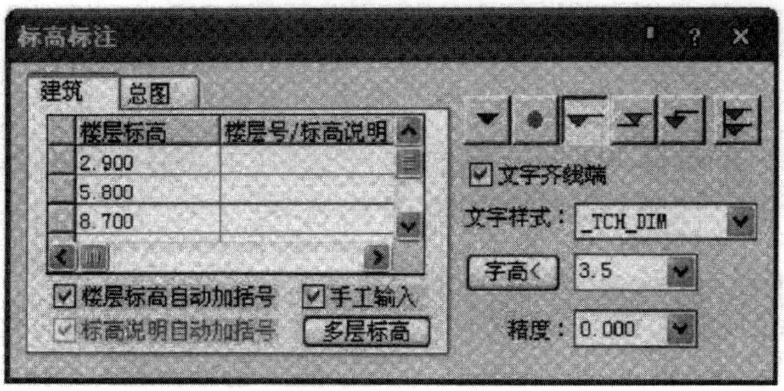

图 12-54　设置标高标注

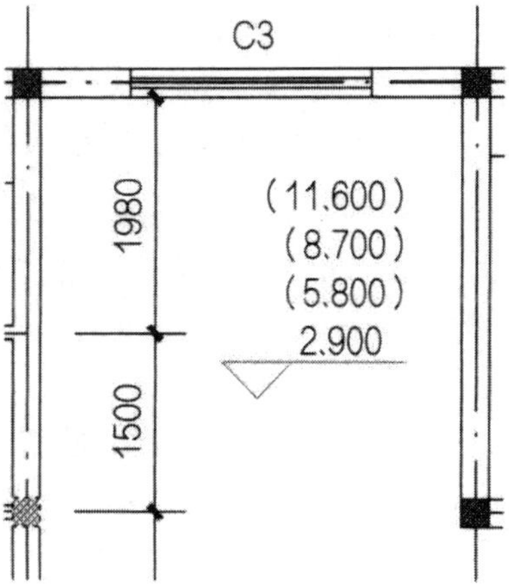

图 12-55　添加标高标注

命令：BGBZ
TMELEV
请点取标高点或[参考标高(R)]<退出>:　　（在起居室的空白处单击）
请点取标高方向<退出>:　　（向上点取一点）
下一点或[第一点(F)]<退出>:　　（按回车键退出）

标高标注的状态分动态标注和静态标注两种，移动和复制后的坐标符号受状态开关菜单项的控制：动态标注状态下，移动和复制后的坐标数据将自动与当前坐标系一致，适用于整个 DWG 文件仅布置一个总平面图的情况；静态标注状态下，移动和复制后的坐标数据不改变原值，例如，在一个 DWG 上复制同一总平面，绘制绿化、交通等不同类别图纸，此时只能使用静态标注。

在 2004 版本以上的 AutoCAD 平台，软件提供了状态行的按钮开关，可单击切换坐标的动态和静态两种状态，新提供了“固定角度”的复选框，使插入坐标符号时方便决定坐标文字的标注方向。

2. 图名标注

按照建筑制图规范要求，需要在每个图形下方标出该图的图名，并且同时标注比例，比例变化时会自动调整其中文字的合理大小，新增特性栏“间距系数”项表示图名文字到比例文字间距的控制参数。

选择“符号标注”→“图名标注”或者“TMBZ”命令，弹出如图 12-56 所示的“图名标注”对话框，输入相应的内容，并选择“传统”单选按钮，完成后如图 12-57 所示。

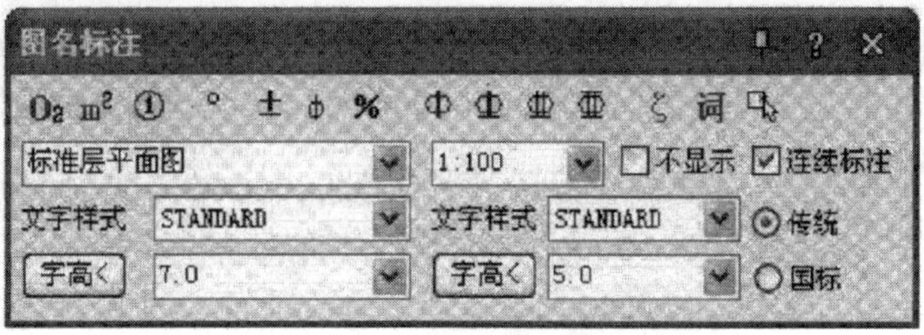

图 12-56 “图名标注”对话框

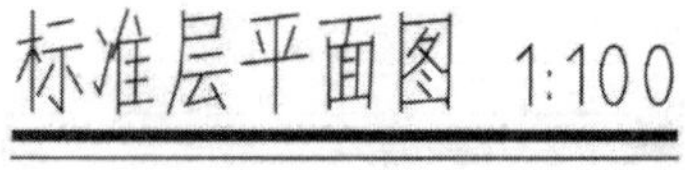

图 12-57 图名标注结果

3. 房间名称面积标注

在建筑平面中注写房间名称是建筑设计中的统一要求，尤其是在住宅建筑设计中，需要标注各房间的名称和使用面积等。房间面积可以通过多种命令获得，本例采用“搜索房间”命令来完成。

“搜索房间”命令可用来批量搜索建立或更新已有的普通房间和建筑面积，建立房间信息并标注室内使用面积，标注位置自动置于房间的中心。如果用户编辑墙体改变了房间边界，房间信息不会自动更新，可以通过再次选择本命令更新房间或拖动边界夹点，和当前边界保持一致。当勾选“显示房间编号”复选框时，会依照默认的排序方式对编号进行排序。编辑、删除房间后会造成房间号不连续、重号或者编号顺序不理想，可用“房间排序”命令重新排序。

选择“房间屋顶”→“搜索房间”或者“SSFJ”命令，弹出“搜索房间”对话框，如图 12-58 所示，将鼠标指针返回绘图区，根据提示选择右侧半个单元的所有墙体，按回车键确认后，结果如图 12-59 所示。

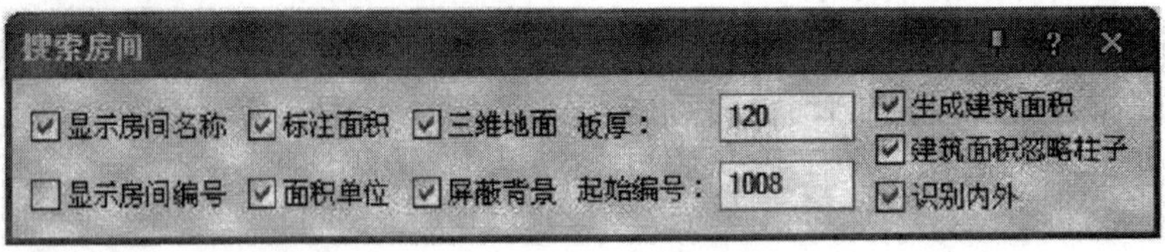

图 12-58 “搜索房间”对话框

命令：SSFJ

TUPDSPACE

请选择构成一完整建筑物的所有墙体（或门窗）<退出>：　（选择右侧半个单元所有墙体，按（回车键退出）

完成该命令后的房间名称并不符合建筑设计的要求，所以需要重新定义房间名称，方法一：在“房间”位置双击，实现文字的在位编辑，相当于 AutoCAD 中的单行文字编辑，用户根据需要输入房间名称即可。

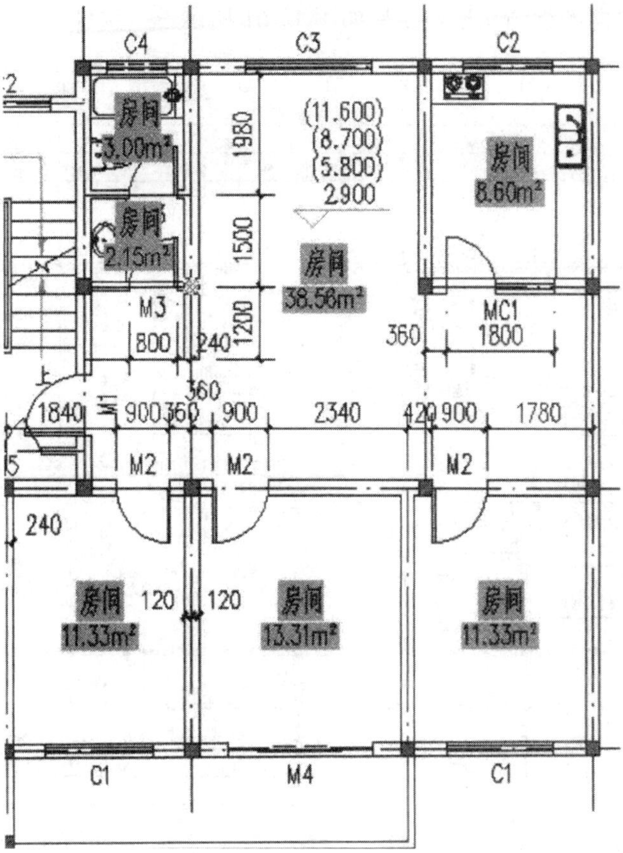

图 12-59　房间名称面积标注

方法二：在生成的房间名称和面积中间位置双击，或者在轮廓线处双击，可以打开如图 12-60 所示的“编辑房间”对话框，根据需要选择相应的房间名称即可。

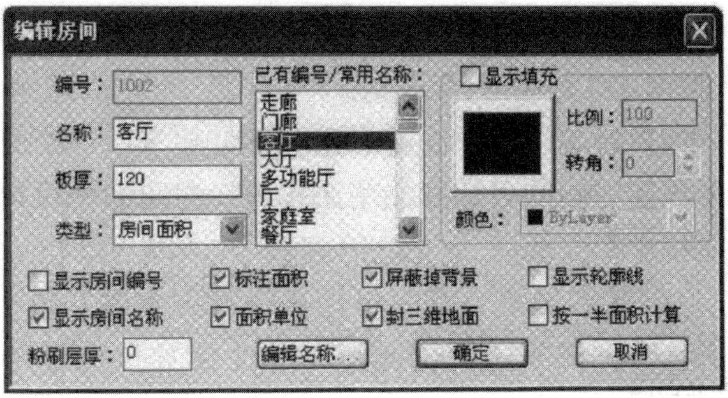

图 12-60　“编辑房间”对话框

由于餐厅和起居室之间没有墙体隔开，所以没有餐厅面积，通过夹点编辑和复制房间名称等命令修改起居室和餐厅，同时将卫生间两部分合成一个房间标注。完成后的结果如图 12-61 所示。

至此，标准层平面图绘制完毕，结果如图 12-61 所示。

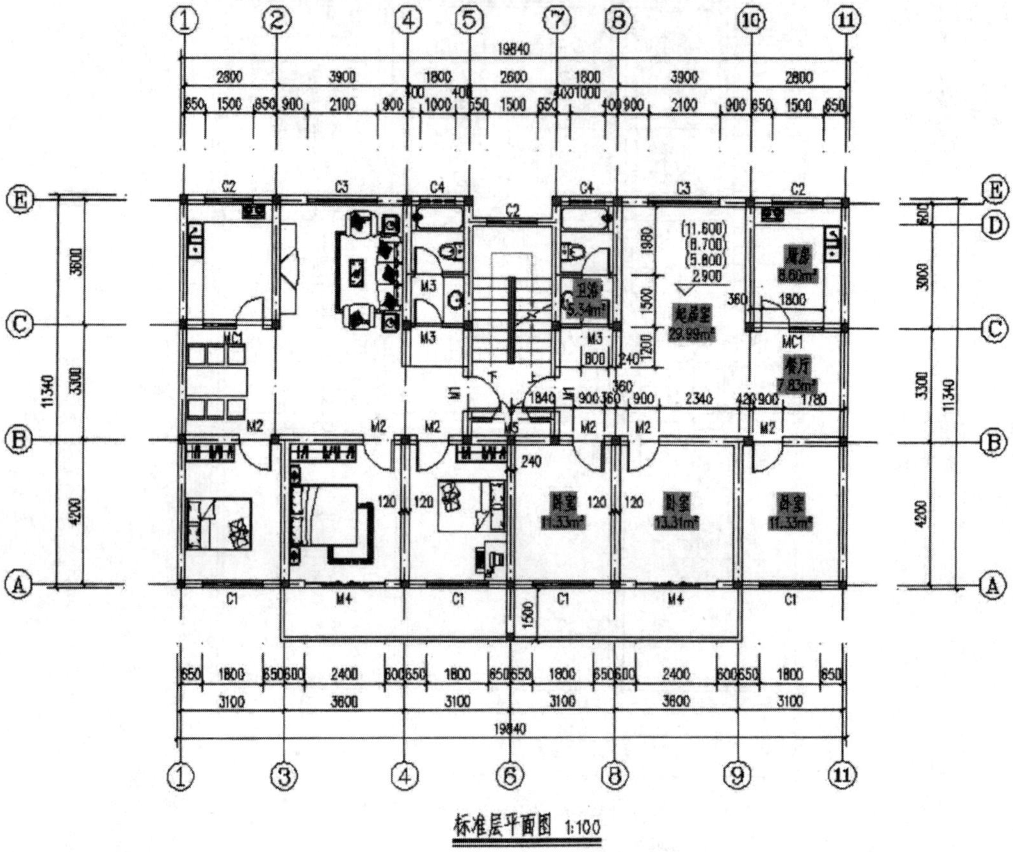

图 12-61　最终的标准层平面图

12.2　天正建筑绘制立面图

12.2.1　创建楼层表

由于已经学习并创建好楼层表了，所以这里就直接打开楼层表面板，检查相应楼层的“层高”或者“文件”等是否有误。

由于在生成立面图的过程中，需要指定出现在立面图中的轴线，所以先打开任意一个平面图，这里打开“首层平面图”。

12.2.2　生成立面图

建立了楼层表后，如果在“楼层”面板中单击“三维建模”按钮，或者选择“SWZH”命令，就可以根据弹出的“楼层组合”对话框进行相应设置，生成三维模型。本例不需要创建三维模型，只需要生成相应的立面即可。

单击“楼层”面板中“建筑立面”按钮，或者选择“JZLM”命令，根据命令提示行的要求进行如下操作：

命令：TBudElev

请输入立面方向或[正立面(F)/背立面(B)/左立面(L)/右立面(R)]<退出>：B（输入 B）

请选择要出现在立面图上的轴线：找到 1 个　　（单击轴线 11）

请选择要出现在立面图上的轴线：找到 1 个，总计 2 个　　（单击轴线 1）

请选择要出现在立面图上的轴线：　　（按回车键确认）

按回车键确认后，弹出如图 12-62 所示的对话框，修改室内外高差为 0.9，单击“生成立面”按钮后，输入相应的文件名“xx-x 立面图”，计算机在经过运算后会自动产生立面图，并且会打开，如图 12-63 所示。

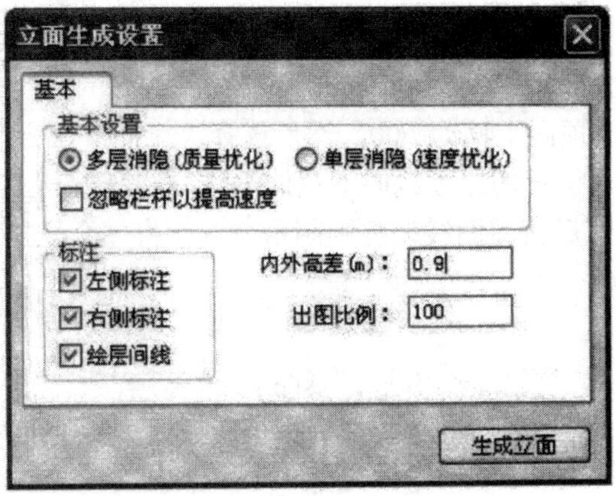

图 12-62　“立面生成设置”对话框

图 12-63　生成立面图

12.2.3 修改深化立面图

用上述方法生成的立面图有时会存在一些问题，不能完全、准确地反映建筑外观，而且用户在绘制平面图形时考虑不周，也会导致立面出现局部错误。此时可用 AutoCAD 的命令修改在生成过程中多余或遗漏的图线。生成的立面图中主要构件是门窗、阳台和柱子等，也需要进行美化。

1. 总体修改

仔细观察生成的立面图，会发现：室内外高差处的台阶、散水等位置不对；坡屋顶檐口处的位置不对，交接不清楚。利用 AutoCAD 的基本命令完成这些修改。

（1）修改散水和台阶。将散水、台阶选中后向下移动 450。注意，由于自动生成的散水和坡道投影线多，选择的时候需要耐心和仔细，避免漏选。

（2）修改屋顶。将屋顶向上移动 500，然后选择“拉伸”命令，参照如图 13-64 所示尺寸，将标高设置为 17.400，位置的屋顶线向下拉伸 120，将其檐口上部的屋顶线向上拉伸 100，并复制一条线距离 120。然后将屋面线调整到图示位置，将屋脊线拉伸回 20. 300 高度。结果如图 13-65 所示。

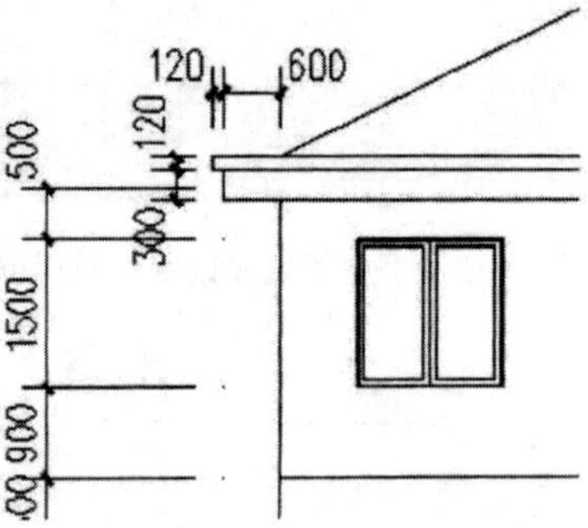

图 12-64 修改屋顶

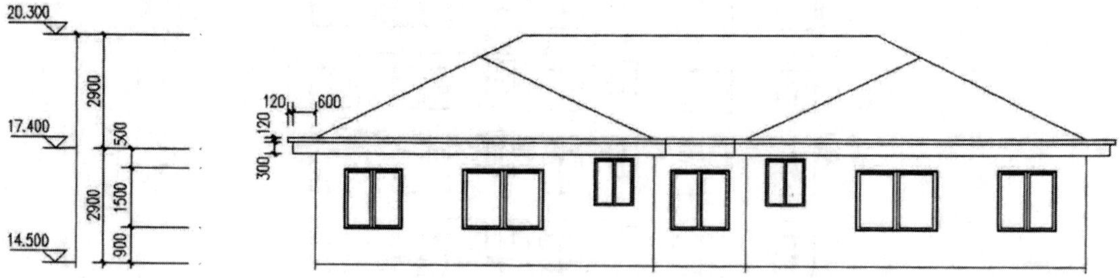

图 12-65 调整屋顶各高程

（3）修改顶层窗户。对顶层的窗户进行修改，由于在自动生成时窗户的线被屋顶遮挡而消隐了，所以需要进行修改，删除顶层窗户，复制五层窗户即可。

同时修改其他不合适的地方，完成后的结果如图 12-66 所示。

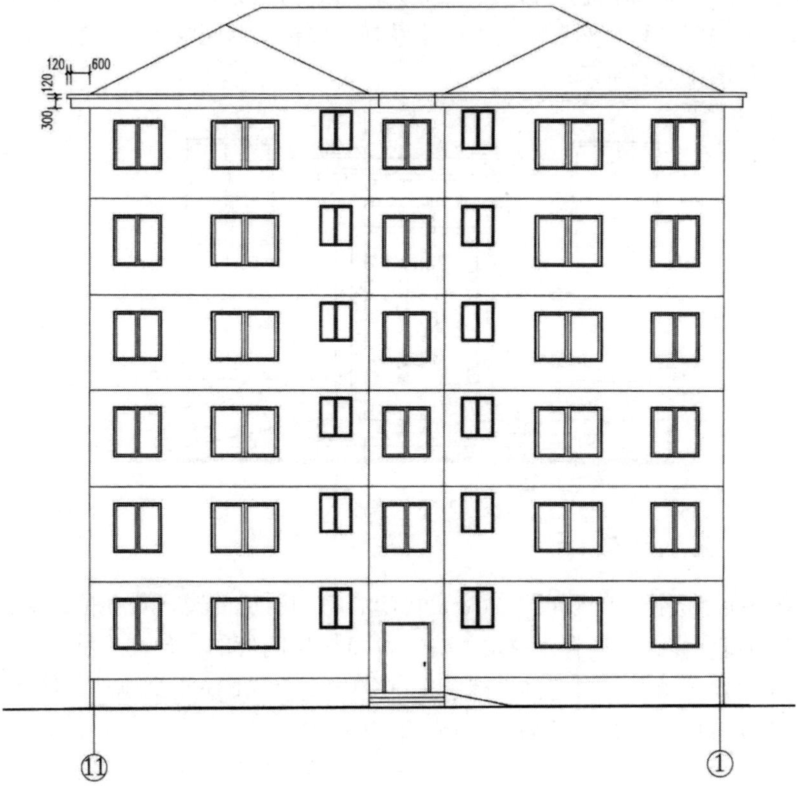

图 12-66　修改顶层窗户

2. 修改入口

入口门上端需要增加雨篷，入口处的门图例需要修改。

入口上部的雨篷可以根据投影关系及如图 12-67 所示的尺寸要求，利用 AutoCAD 的基本命令绘制得到，完成后的大门入口如图 12-68 所示。

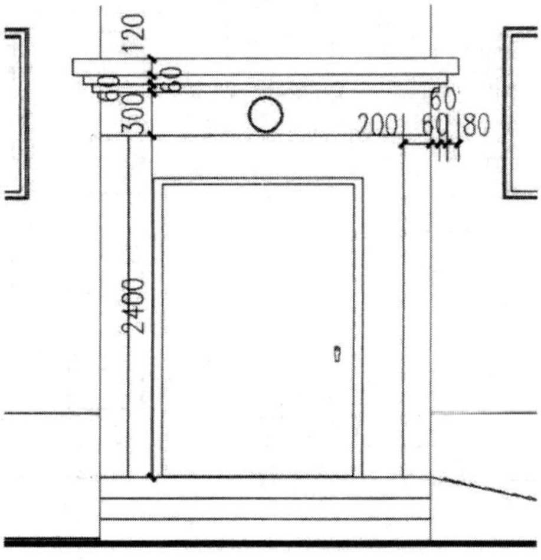

图 12-67　增加雨篷

选择“立面”→“立面门窗”或者“LMMC”命令，打开“天正图库管理系统”窗口，在图库中选择需要的门图块，然后单击“门窗替换”图标，返回绘图区选择入口大门，则大门立面替换成功，如图 12-68 所示。

图 12-68　修改入口

3. 修改立面门窗

（1）门窗替换。选择“LMMC”命令，将起居室和厨房的窗户替换掉，如图 12-69 所示。

（2）楼梯间窗户修改。选择“移动”命令，将楼梯间处的窗户向下移动 1500，然后将雨篷上面的第一个窗户分解开，再选择“修剪”命令，修剪与雨篷相交遮挡的线条，同时也要将楼梯间部分的层高线剪切，得到的效果如图 12-69 所示。

图 12-69　窗户替换

4. 增加立面窗套

“增加窗套”命令为已有的立面窗创建全包的窗套或者窗楣线和窗台线，以达到设计美观的效果。

选择“立面”→“立面窗套”或者“LMCT”命令，根据命令行提示，捕捉窗户的两个对角点，然后弹出“窗套参数”对话框，如图 12-70 所示，修改各参数，获得厨房和起居室窗户的窗套，如图 12-71 所示。然后采用复制、阵列等方法，将所有楼层的窗套都加上。

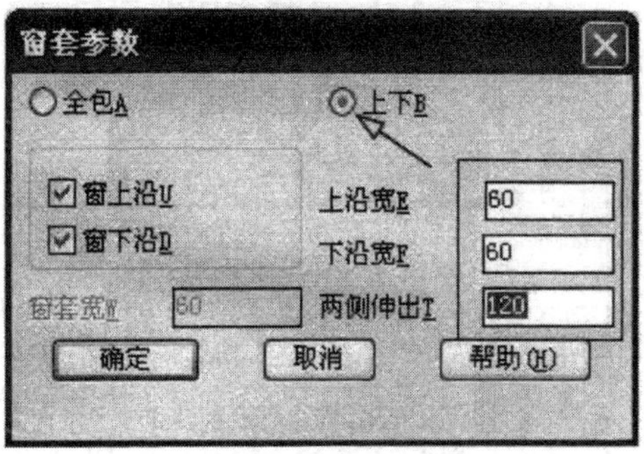

图 12-70　“窗套参数”对话框

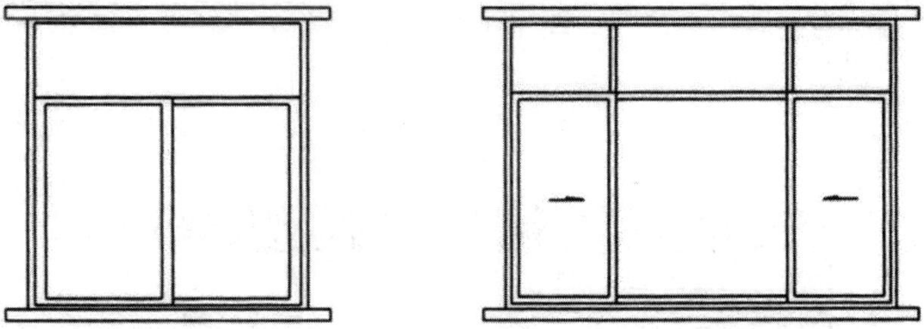

图 12-71　窗套修改

12.2.4　立面标注

在自动生成的立面中，已经包含了两侧的详细尺寸和标高，但是在立面的内部还有很多需要标注的地方，比如卫生间的窗户、楼梯间的窗户、门等，还需要标注立面的材质、颜色等。

1. 标高标注

在进行标高标注时，要根据作图需要，合理打开或者关闭天正菜单栏“符号标注”中的“动态标注”开关，以便更有效地控制标注的尺寸，提高作图的效率。

选择“BGBZ”命令，在弹出的对话框中取消“手工输入”，分别依据图 12-72 所示位置添加相应的标高标注。

如果在添加过程中，同类标高一列没有对齐，可以选择“BGDQ”命令，然后选择需要对齐的所有标高，重新确定标注的位置。调整完成后的标高如图 12-72 所示。

2. 索引标注

选择“符号标注”→“索引符号”或者“SYFH”命令，弹出如图 12-73 所示的“索引符号”对话框，根据图示所指填写相应内容，完成后的索引符号如图 12-74 所示。

图 12-72　标高标注

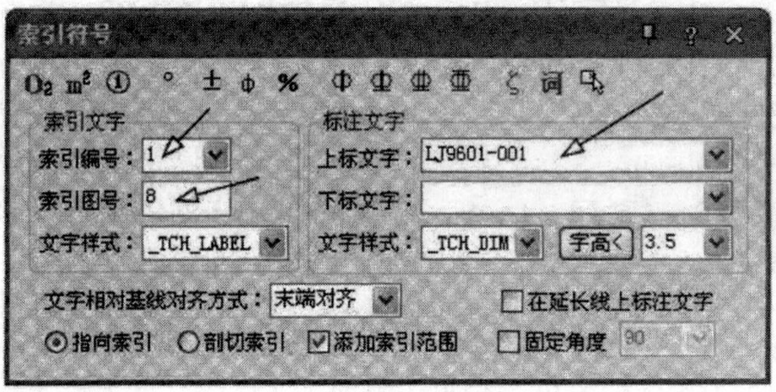

图 12-73　“索引符号”对话框

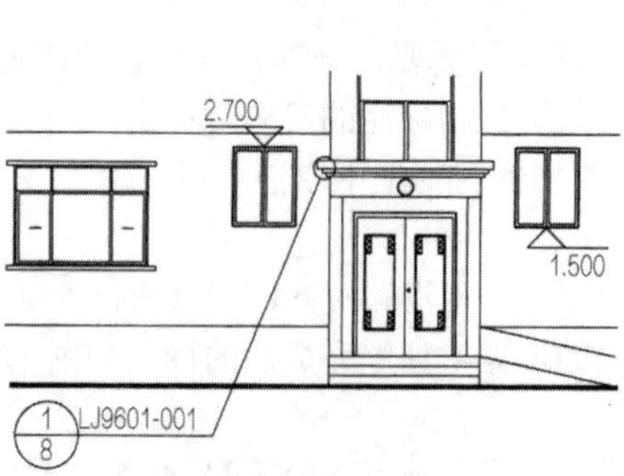

图 12-74　索引标注

3. 做法标注

建筑立面的做法需要在立面图中表达出来，这需要通过“引出标注”来完成，“引出标注”可用于对多个标注点进行说明性的文字标注，自动按端点对齐文字，具有拖动自动跟随的特性。

选择“符号标注”→“引出标注”或者“YCBZ”命令，弹出如图 12-75 所示的“引出标注”对话框，在“上标注文字”中填写“暖白色外墙涂料”，然后根据命令行提示，自第一层外墙开始向上引出标注，确定标注位置后再通过编辑逐一增加标注点。结果如图 12-76 所示。

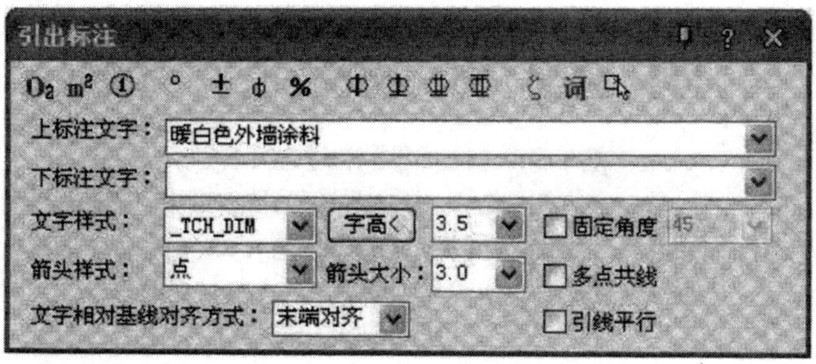

图 12-75 “引出标注”对话框

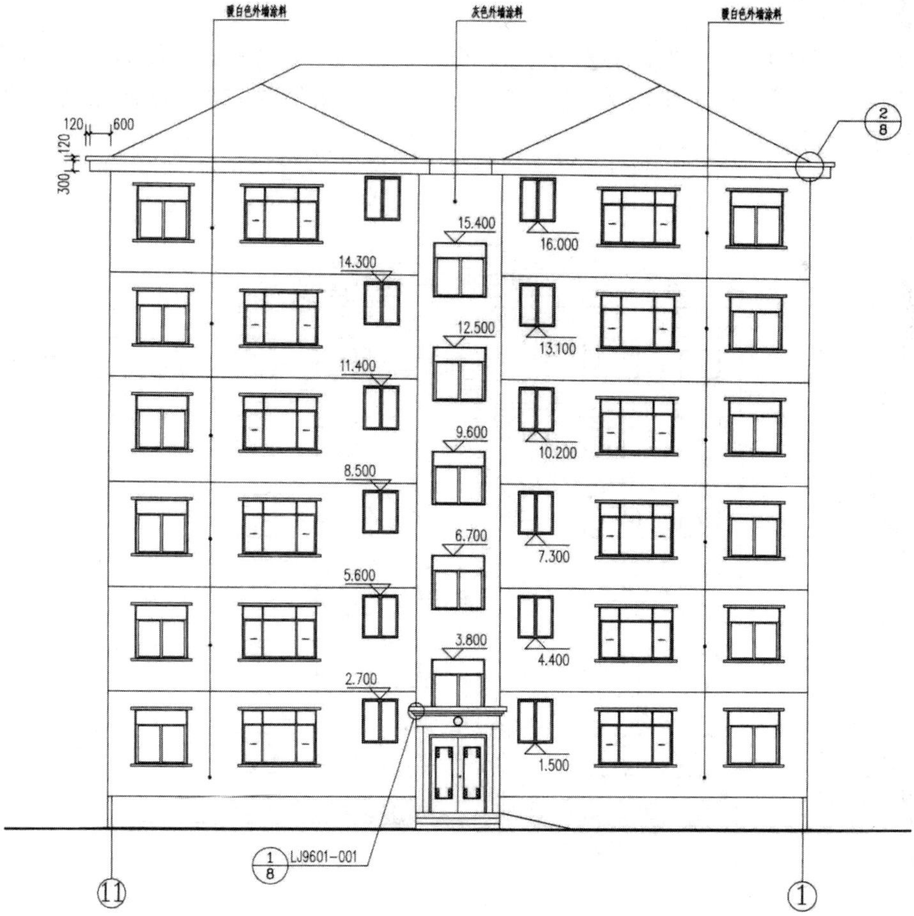

图 12-76 增加引出标注

4. 图名标注

选择“TMBZ”命令，在弹出的“图标注注”对话框中输入“xx-x 立面图”，然后再按回车键，如图 12-77 所示，指定平面图中图名所在位置。结果如图 12-78 所示。

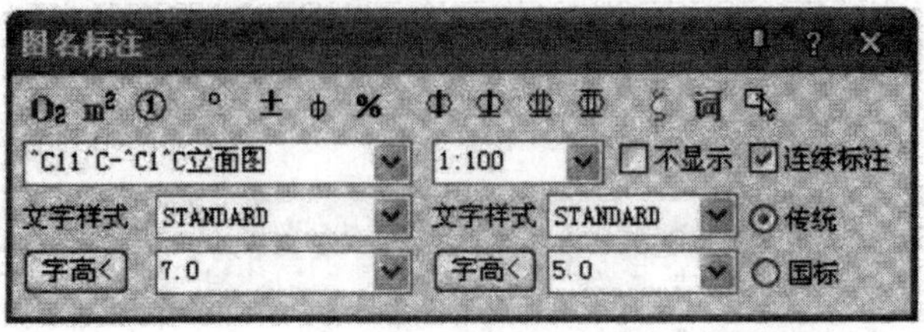

图 12-77 “图名标注”对话框

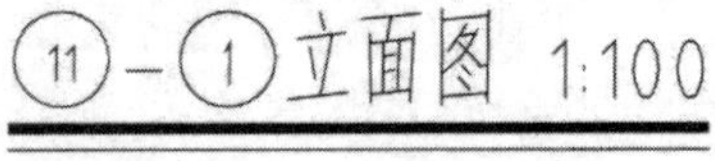

图 12-78 图名标注结果

12.2.5 立面填充

执行 AutoCAD 的“H”填充命令，选择天正建筑中的“文化石 01”图案，在正负零以下墙体上填充。然后选择“西班牙瓦屋面”填充到屋顶中。结果如图 12-79 所示。最后将地面线、立面外轮廓线等分线型加粗显示。

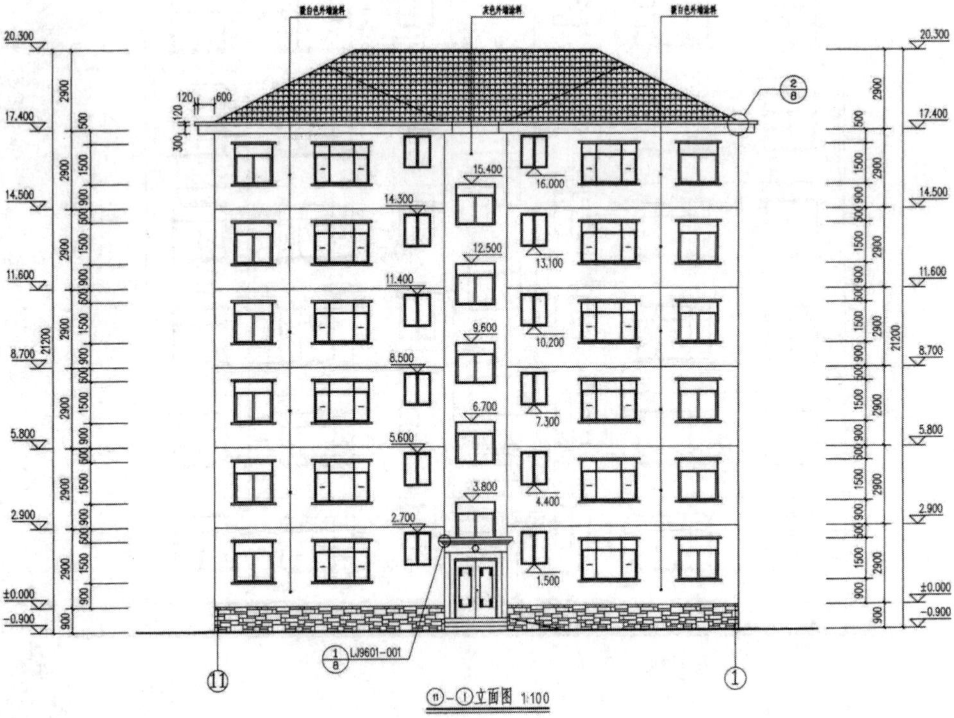

图 12-79 屋顶立面填充

12.3　天正建筑绘制剖面图

12.3.1　创建楼层表

由于已经创建好楼层表了，所以这里就直接打开楼层表面板，检查相应楼层的“层高”或者“文件”等是否有误。

由于在生成剖面图的过程中，需要指定剖切符号和出现在剖面图中的轴线，所以先打开“首层平面图”。

12.3.2　生成剖面图

建立了楼层表后，如果在“楼层”面板中单击“三维建模”按钮，或者选择“SWZH”命令，就可以在弹出的“楼层组合”对话框中进行相应设置，生成三维模型。本例不需要创建三维模型，只需要生成相应的剖面即可。

单击“楼层”面板中“建筑剖面”按钮，或者选择“JZPM”命令，根据命令提示行的要求进行如下操作：

命令：TBudSect
请选择一剖切线：　　（选择 1-1 剖切线）
请选择要出现在剖面图上的轴线：找到 1 个　　（单击轴线 D）
请选择要出现在剖面图上的轴线：找到 1 个，总计 2 个　　（单击轴线 A）
请选择要出现在剖面图上的轴线：　　（按回车键确认）

按回车键确认后，弹出如图 12-80 所示的“剖面生成设置”对话框，修改室内外高差为 0.9，单击“生成剖面”按钮后，输入相应的文件名“1-1 剖面图”，计算机在经过运算后会自动产生剖面图，并且会打开，如图 12-81 所示。

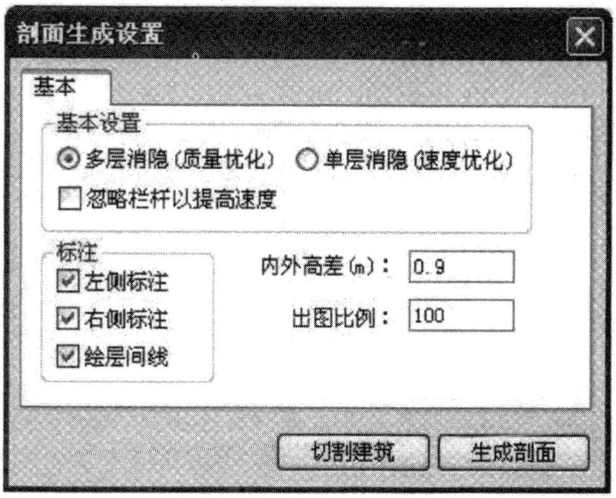

图 12-80　“剖面生成设置”对话框

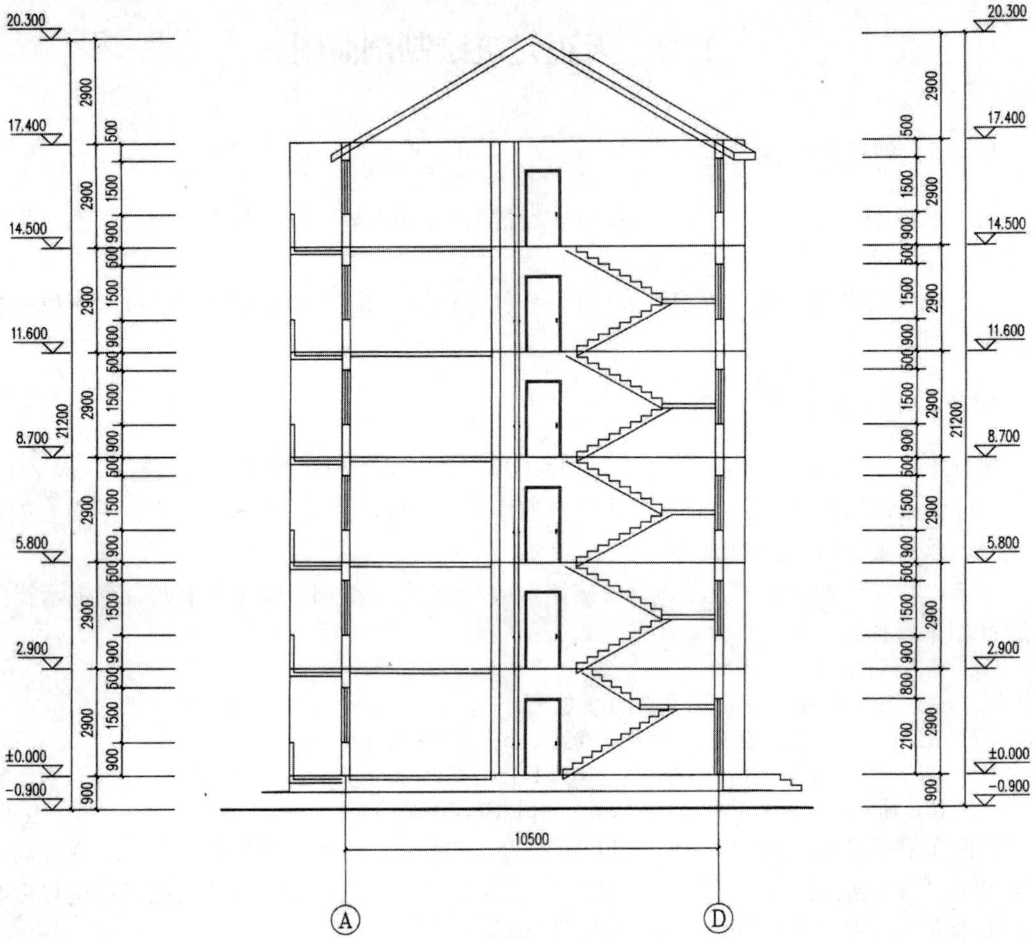

图 12-81　生成剖面图

12.3.3　修改深化剖面图

与自动生成的立面图类似，生成的剖面图有时会存在一些问题，也会导致剖面出现局部错误。此时可用 AutoCAD 的命令修改在生成过程中多余或遗漏的图线。生成的剖面图中主要构件是门窗、墙体和楼梯等，也需要进行美化。

1. *屋顶修改*

仔细观察生成的剖面图，会发现屋顶与立面图类似，高度需要调整，部分位置需要处理。首先将屋顶的两侧檐口投影线选中，执行“拉伸”命令，向上拉伸 500，然后将 240 的墙体向上延伸到屋顶，使其交接在一起。

檐口部位需要补充檐沟等，根据屋顶平面图的尺寸和剖切位置绘制出檐沟等位置的剖切轮廓和投影线等，并将顶层的层高线向下偏移 120，形成楼板的厚度。其余请参照图 12-82 所示的尺寸进行绘制。

选择“H”填充命令，然后选择“solid 实体”填充图案模式，完成后的效果如图 12-83 所示。

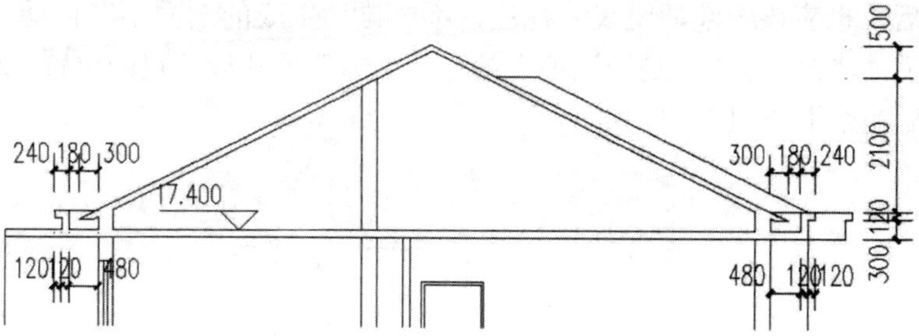

图 12-82 修改檐口部位

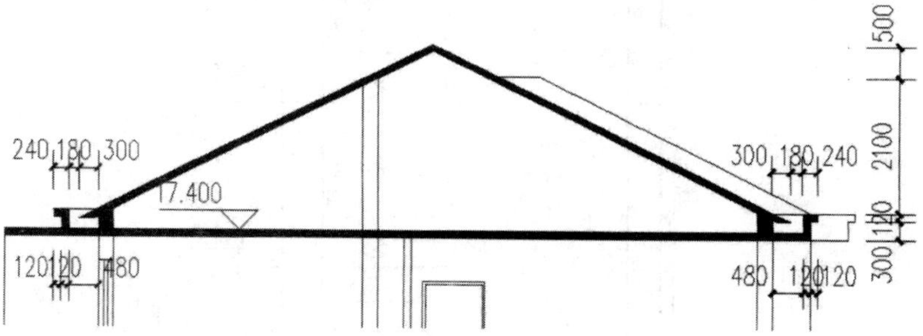

图 12-83 修改屋顶

2. 绘制地坪线

入口处的台阶和地坪等位置也出现了错误，需要进行修改，通过“延伸”“修剪”命令等进行处理。完成后再将入口处的台阶向下移动 450。然后根据前面绘制的首层平面图和立面图，利用“ML”多线绘制一条线宽 80 的地坪线。最后在楼梯间增加三个踏步，尺寸为 270×150，完成后的结果如图 12-84 所示。

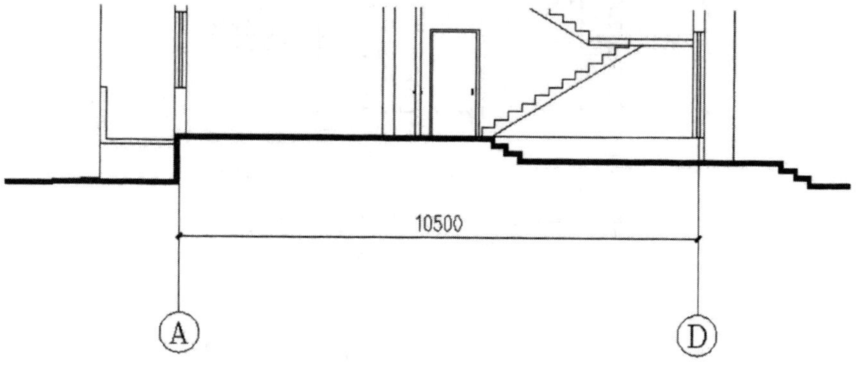

图 12-84 绘制地坪线

3. 调整楼梯间门窗

自动生成的楼梯间门窗高度位置不对，所以需要进行调整。首先将门向下移动 450，然后将上部的窗户也向下移动 1000，此时需要参考“图 12-81”中的尺寸标注。修改后的结果如图 12-85 所示。

调整门窗后，也应该一起调整尺寸标注，不过自动生成的剖面不能自动更新，所以这里需要及时进行手动修改。方法一是通过夹点编辑一一修改尺寸标注点的位置，方法二是重新进行标注。完成后的结果如图 12-85 所示。

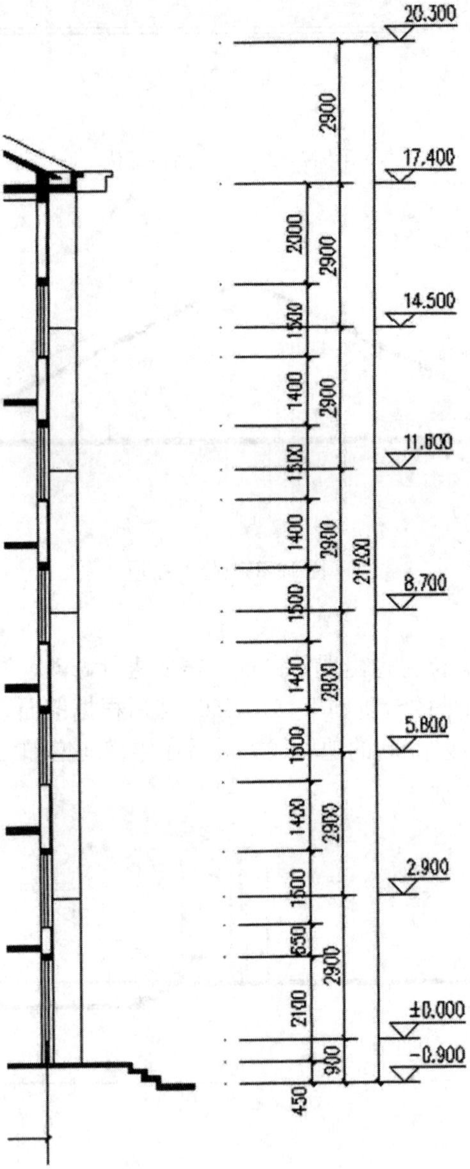

图 12-85　重新进行立面标注

4. 添加剖面楼板

由于在生成剖面时部分楼板没有生成，所以需要通过手工绘制楼板，这里利用“双线楼板”命令即可将楼梯间楼层平台处的楼板补齐。

选择“剖面”→“双线楼板”或者“SXLB”命令，捕捉起点 A 和结束点 B，然后根据命令提示行的要求，输入相应的楼板标高、楼板厚度即可，如图 12-86 所示。

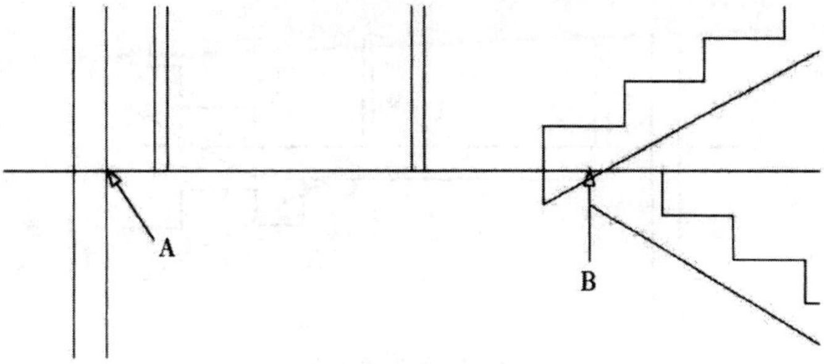

图 12-86　绘制楼板

命令：SXLB
请输入楼板的起始点<退出>：　　（捕捉 A 点）
结束点<退出>：　　（捕捉 B 点）
楼板顶面标高<2900>：
楼板的厚度（向上加厚输负值）<120>：　　（120）

完成后的结果如图 12-87 所示。同样在其他楼层处添加楼板。

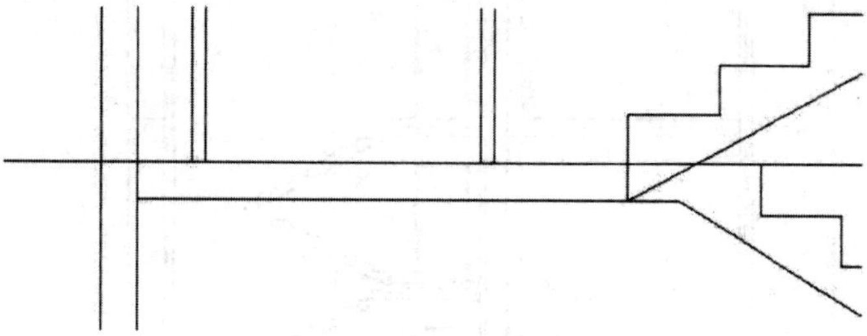

图 12-87　修改楼梯

5. 添加剖断梁

首先在楼梯平台处添加楼梯的平台梁，如图 12-88 所示，以 A 点为参考位置，添加一个 200×300 的平台梁。

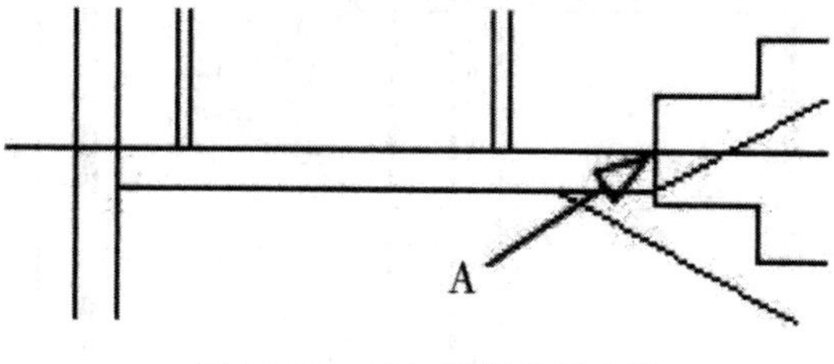

图 12-88　添加楼梯的平台梁

选择“JPDL”命令，捕捉 A 点，然后根据命令提示行的要求，按照以下步骤执行。得到如图 12-89 所示的结果。

命令：JPDL
请输入剖面梁的参照点<退出>：
梁左侧到参照点的距离<0>：　　（输入 200）
梁右侧到参照点的距离<0>：　　（输入 0）
梁底边到参照点的距离<300>：　　（按回车键确认）

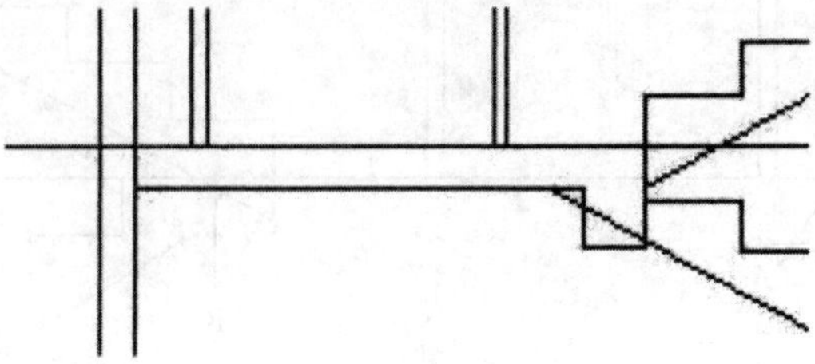

图 12-89　修改楼梯的平台梁

以同样的方法添加楼梯另一侧的平台梁以及其他位置的剖断梁。同时删除不需要的层高线。结果如图 12-90 所示。

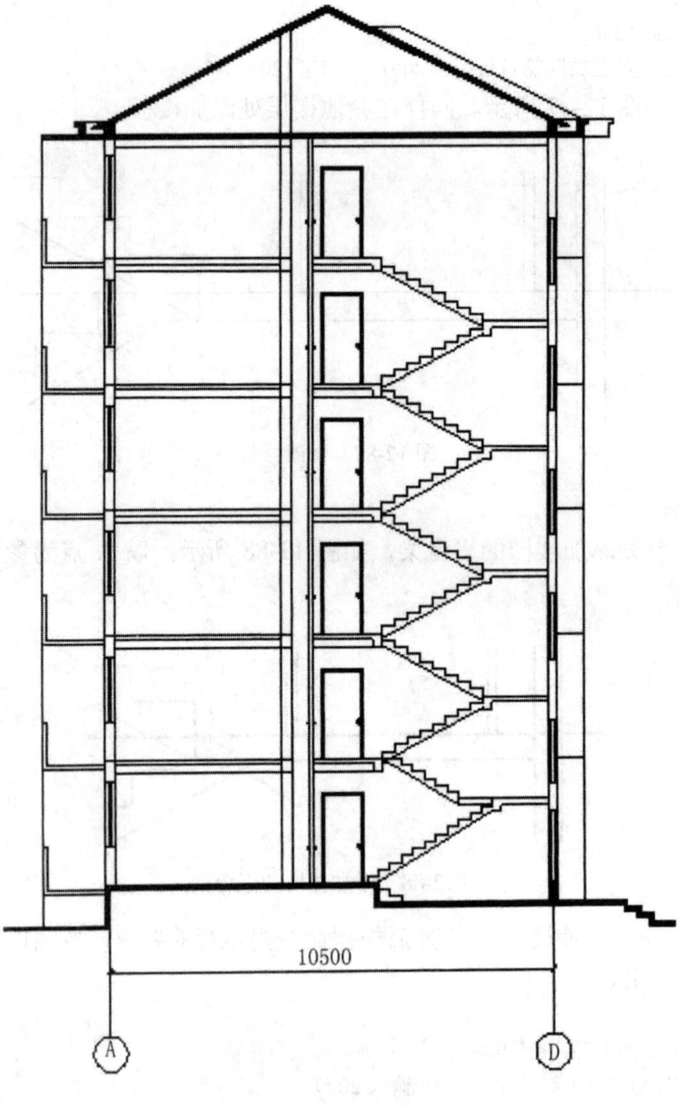

图 12-90　添加剖断梁

6. 添加过梁

通常门窗的上部都需要有过梁，当然有时候过梁可以和主梁叠加在一起，这里需要给楼梯间位置的门窗增加过梁，而阳台位置的窗户过梁则和主梁一起。

选择“MCGL”命令，根据命令行提示，选择需要添加过梁的所有门窗，确定后输入过梁尺寸，这里默认为 120。完成后就在门窗上部添加了填充好的过梁。

7. 加粗和填充

根据建筑制图的要求，被剖到的对象，其轮廓线应该以粗实线表达，这通常用“居中加粗”或者“向内加粗”命令完成。

执行“La”图层命令，将以“S”开头的图层和 0 层全部打开，其余图层全部关闭，同时还需要关闭“S_windows”图层。然后执行“XNJC”命令，将所有对象选中，然后根据提示输入宽度 0.2 即可完成，结果如图 12-91 所示。

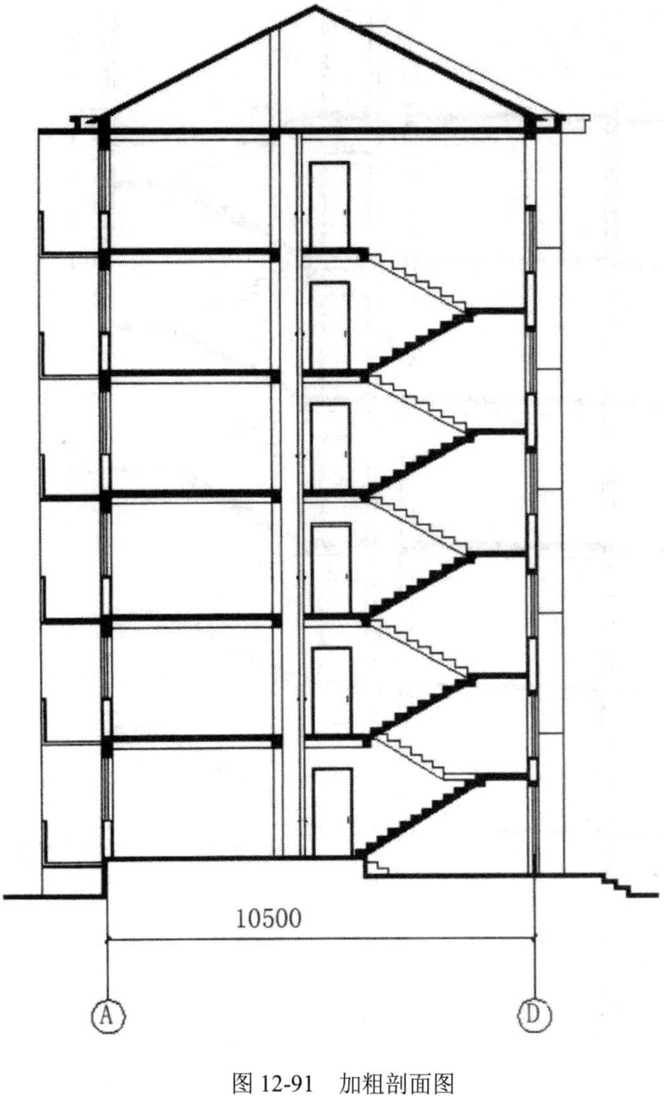

图 12-91 加粗剖面图

命令：SLTOPLI2
请选取要变粗的剖面墙线、梁板线、楼梯线（向内侧加粗）<全选>：
选择对象：
请确认墙线宽（图上尺寸）<0.40>：0.2　　（输入 0.2）
请确认墙线宽（图上尺寸）<0.40>：0.2　　（输入 0.2）
请确认墙线宽（图上尺寸）<0.40>：0.2　　（输入 0.2）

根据建筑制图要求，在 1:100 的图示中，被剖切到的梁、楼板、墙体等构件需要填充黑色，这可以利用 AutoCAD 的“填充”命令完成。完成后的结果如图 12-92 所示。

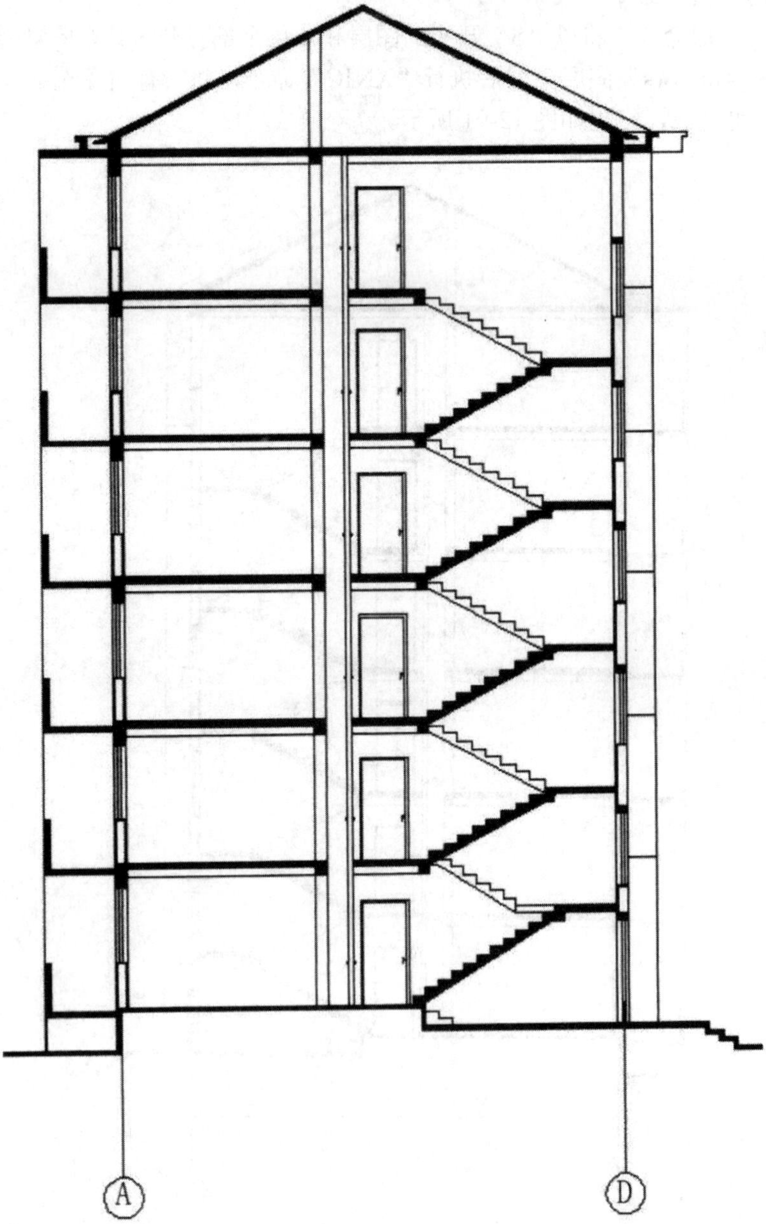

图 12-92　填充剖面图

12.3.4 添加楼梯栏杆

天正建筑剖面中，“楼梯栏杆”和“参数栏杆”都可以生成栏杆，但是前者只能生成较简单的直线栏杆，而后者可以生成多种甚至是用户自定义的栏杆，本例使用“参数栏杆”来完成。

1. 参数栏杆

选择“剖面”→“参数栏杆”或者“CSLG”命令，弹出“剖面楼梯栏杆参数”对话框，单击“基点选择”按钮，切换基点到第一步外侧顶点位置，输入第一个梯段的步数、步宽、步高参数，如图 12-93 所示。单击“确定”按钮后，插入到楼梯第一个梯段中。

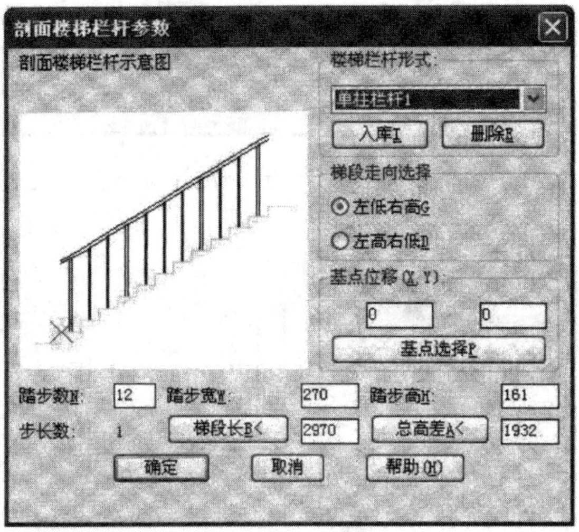

图 12-93　第一梯段

然后再参照图 12-94 所示设置第二个梯段的参数。第三个梯段的参数如图 12-95 所示。设置完成后结果如图 12-96 所示。以同样的方法完成所有的栏杆的设置。

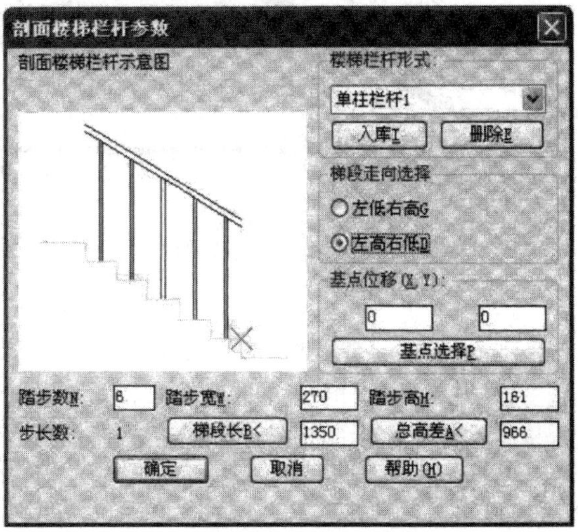

图 12-94　第二梯段

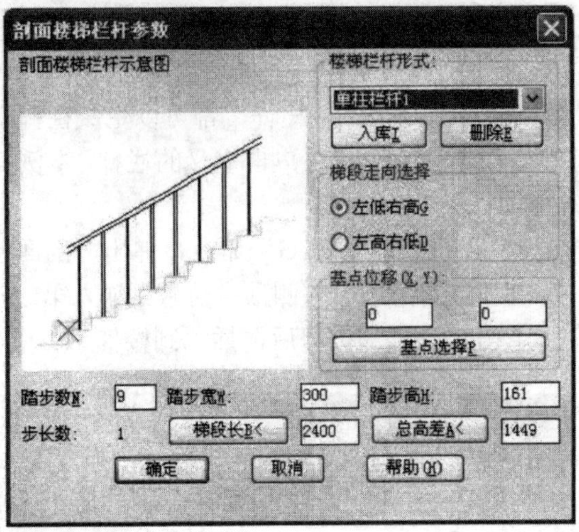

图 12-95　第三梯段

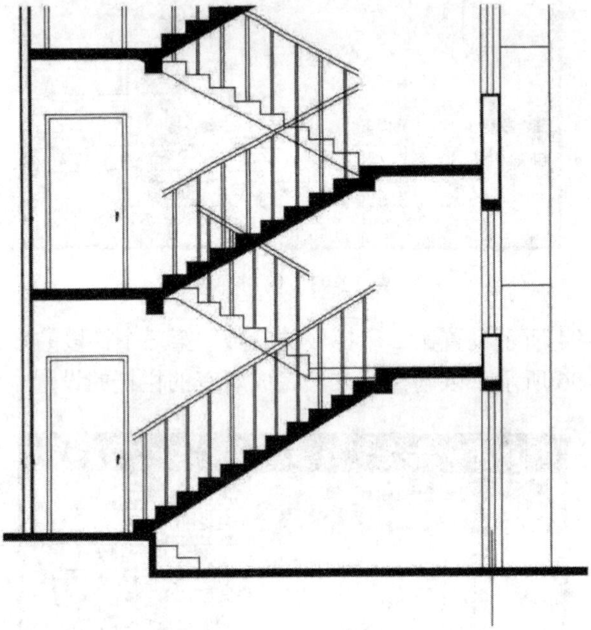

图 12-96　添加剖面楼梯栏杆

2. 扶手接头

“扶手接头”命令与“剖面楼梯”“参数栏杆”“楼梯栏杆”“楼梯栏板”各命令均可配合使用，对楼梯扶手和楼梯栏板的接头做倒角与水平连接处理，水平伸出长度可以由用户输入。

选择“FSJT”命令，根据命令行提示的要求进行如下操作。

命令：FSJT

TCONNECTHANDRAIL

请输入扶手伸出距离<0>:

请选择是否增加栏杆[增加栏杆(Y)/不增加栏杆(N)]<增加栏杆(Y)>：n　　（输入 N）

请指定两点来确定需要连接的一对扶手！选择第一个角点<取消>:
另一个角点<取消>:

完成扶手接头后的结果如图 12-97 所示。

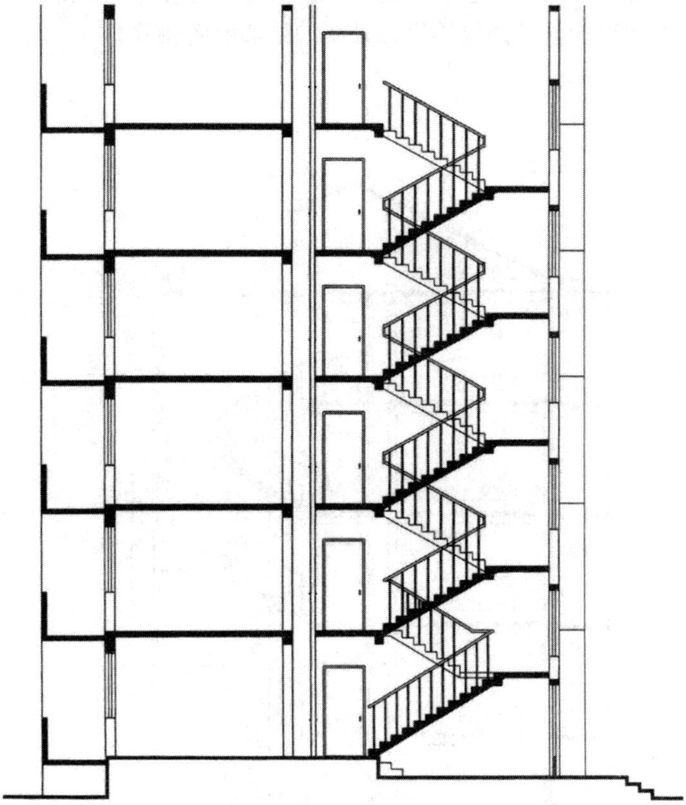

图 12-97　完成扶手接头

3. 绘制剖面雨篷

依据如图 12-98 所示的尺寸，在入口处绘制雨篷的剖面线，并选择“填充”命令，完成结果如图 12-98 所示。

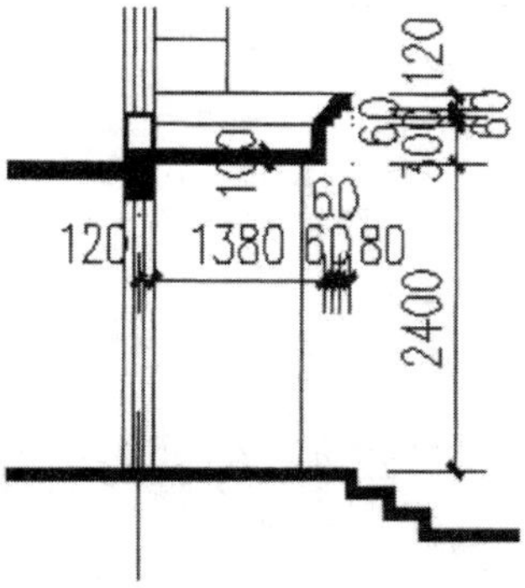

图 12-98　绘制剖面雨篷

12.3.5 剖面标注

与立面图相同，虽然在生成剖面时自动进行了标注，但是依然还需要对没有标注清楚的地方逐一标注。同时需要对某些表达不清楚的构造部位标注索引、添加图名等。最后再仔细检查一下，对于绘制的构造线、剖面线等进行必要的添加或者删除。

最终完成后的结果如图 12-99 所示。

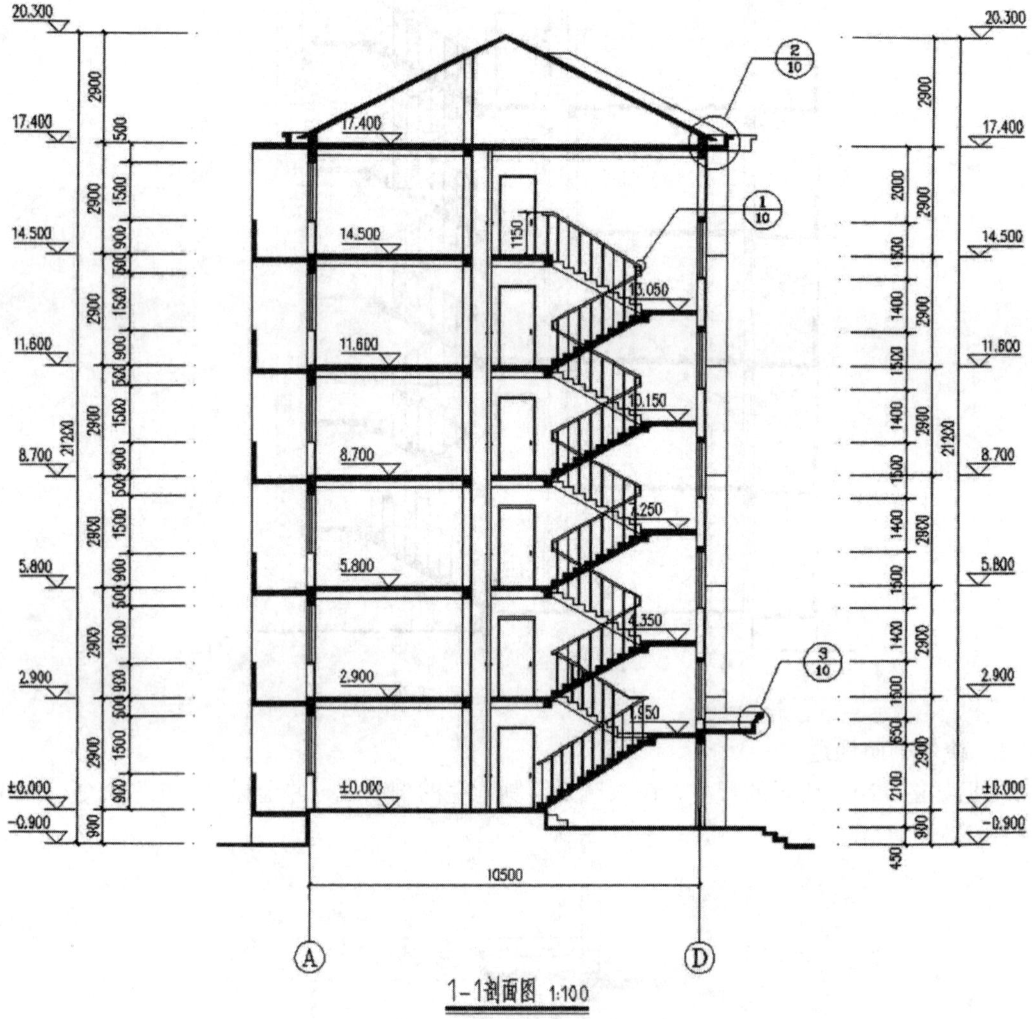

图 12-99 最终剖面图

12.4 三维建筑图形的输出

当完成建筑的楼层表定义后，在工程管理的面板上单击“三维组合建筑模型”按钮，弹出“建筑三维模型”对话框，保持参数不变，单击“确定”按钮弹出“保存”对话框，输入要保存的文件名，单击“打开”按钮，则可以立刻打开此文件并在图纸空间生成三维建筑模型的“三维线框”，此时视图自动改为西南正等侧。

当所有的建筑对象已经转化为三维实体模型时，双击任何一个建筑构件不再弹出“对象属性编辑”对话框，而是“块编辑”对话框，也就是不能再修改这个三维模型。所以在生成三维模型之前需要进行精心的检查，确定无误后方可生成此模型。在此视图模式下，可以使用“视图”→“动态观察”→“受约束动态观察”命令来动态查看建筑的三维模型。

当三维模型为“三维线框模式”时，用直线和曲线显示边界的对象，不容易观察建筑的外形效果，可以通过“视图”→“视觉样式”→“三维隐藏”命令来实现，它可以用三维线框表示对象并隐藏后面不可见的直线。在此视图模式下，不可以使用“受约束动态观察”命令来动态查看建筑的三维模型，而需要先建立方位视图，再通过“三维隐藏”命令查看消隐的效果。

如果需要查看相对真实的三维效果，可以使用“视图”→“视觉样式”→“真实”命令来实现，选择此命令，将完成实体对象的着色，并使对象的边平滑化，并显示材质。同样使用“视图→“视觉样式”→“三维概念”命令可以完成实体对象的着色，并使对象的边平滑化，同时有光照的亮暗效果，可以观察建筑的细节。

第 13 章　BIM 技术入门

13.1　BIM 技术概述

本章将向读者比较全面地介绍 BIM 技术的概念及各种特点，并将路桥专业在 BIM 技术的应用引入讲解中，让读者能在自身较熟悉的专业基础上加强对 BIM 技术的理解。同时，让读者们可以比较清楚地理解传统 CAD 技术与新兴的 BIM 技术的区别。

13.1.1　BIM 技术的概念

BIM 技术是建筑信息模型（Building Information Modeling）技术的简称，是一种创建并利用数字模型对项目进行设计、施工和运营管理，将各种建筑信息组织成一个整体，贯穿于建筑全生命周期过程的技术。

BIM 技术是在计算机辅助设计（CAD）等技术基础上发展起来的多维模型信息集成技术，在建筑工程全生命期内提供共享的信息资源，并为各种决策提供基础信息，是对建筑工程物理特征和功能特性信息的数字化承载和数字可视化表达。

13.1.2　BIM 技术的特点

1．可视化

可视化即“所见即所得”的形式，BIM 可视化的思路让人们将以往的线条式的构件形成一种三维的立体实物图形展示在人们的面前。BIM 可视化是一种能够同构件之间形成互动性和反馈性的可视，在 BIM 模型中，由于整个过程都是可视化的，所以可视化的结果不仅可以用于效果图的展示及报表的生成，更重要的是，项目设计、施工、运营过程中的沟通、讨论、决策都在可视化的状态下进行。

2．协调性

BIM 模型可在施工前期对各专业的碰撞问题进行协调，生成协调数据。当然 BIM 的协调作用不仅能解决各专业间的碰撞问题，如大跨径现浇箱梁预应力管道的布置和其他钢筋的碰撞问题，它还可以解决新建桥梁结构与既有的管线设施协调的问题、综合管廊内部各类管线的排布问题等。

3．模拟性

在设计阶段，BIM 可以对设计上需要进行模拟的一些东西进行模拟实验，例如：道路车流量模拟、节能模拟、紧急疏散模拟、日照模拟、热能传导模拟等；在招投标和施工阶段可以进行 4D 模拟（三维模型加项目的进展时间），也就是根据施工的组织设计模拟实际施工，从而来确定合理的施工方案来指导施工。同时还可以进行 5D 模拟（基于 4D 模型的造价控制），从而来实现成本控制；后期运营阶段可以进行日常紧急情况的处理方式的模拟，例如地震时人员逃生模拟及消防人员疏散模拟等。

4. 优化性

BIM 模型提供了建筑物的实际存在的信息，包括几何信息、物理信息、规则信息，还提供了建筑物变化以后的实际存在。当建筑物的复杂程度高到一定程度，参与人员本身的能力无法掌握所有的信息，必须借助一定的科学技术和设备的帮助。现代建筑物的复杂程度大多超过参与人员本身的能力极限，BIM 技术及与其配套的各种优化工具提供了对复杂项目进行优化的可能途径。

5. 可出图性

在对模型进行了可视化展示、协调、模拟、优化以后，可以导出二维设计图纸。

13.1.3 BIM 技术与 CAD 技术的比较

BIM 技术是由三维 CAD 技术发展而来，但它的目标比 CAD 更为高远。如果说 CAD 是为了提高绘图效率，BIM 则致力于改善建筑项目全生命周期的性能表现和信息整合。从技术上说，BIM 不像传统的 CAD 那样，将模型信息存储在相互独立的成百上千个的 DWG 文件中，而是用一个模型文件（可看作一个微型的数据库）来存储所有的模型信息。当需要呈现模型信息时，无论是模型的平面图、剖面图还是材料明细表，这些图形或者报表都是从模型文件实时动态生成出来的，可以理解成数据库的一个视图。因此，无论在模型中进行任何修改，所有相关的视图都会实时动态更新，从而保持所有数据的一致性和最新性，从根本上消除 CAD 图形修改时版本不一致的现象。表 13-1 是 CAD 技术与 BIM 技术在各个方面的比较。

表 13-1 CAD 技术与 BIM 技术比较

比较项目	CAD	BIM
理念	满足建筑绘图需求，关注绘图效率和标准化	提高对建筑的掌控，关注性能、质量和效益
实现	以图形为载体，信息分散在独立或弱关联的多个图文件中	以模型为载体，数据集中存储在模型中，图形是模型的实时表达
沟通	不直观，难以表现复杂形体，不便于交流协调	直观表现复杂形体，大幅度改善交流协调（碰撞检查）
工作流	大部分精力用于施工图阶段的反复修改	通过分析模拟，帮助设计人员探索最佳设计方案
信息	以图纸为中心，数据传递有损失	以工程信息为中心，信息传递连续无损失
视图	花费大量时间在制图和协调上，平、立、剖视图之间隔裂，后期修改工作量巨大	模型自动生成所有视图，并且相互关联，后期重复工作量减少，提高设计质量和效率
计算	计算与绘图不能真正关联，图形与计算结果不能双向更新	计算与模型融合，模型与计算结果保持实时关联

13.1.4 BIM 技术应用软件的选择

与目前普及应用的 CAD 技术比较，实现 BIM 技术不是一个软件能完成的工作，目前，国内外主流 BIM 设计软件平台有 Autodesk 系列、Bentley 系列，以及 Dassault 的 CATIA 等。虽然国外的这些软件已进入我国市场，但是目前还不能很好地满足我国规范要求，还需要我们的技术人员在这些软件的基础上进行二次开发，而这些软件是 BIM 技术推广的基础。

各个平台的软件解决方案都可作为实现 BIM 技术的基础，那么就会牵扯到 BIM 模型交付的格式问题，1994 年国际软件互动联盟（International Alliance for Interoperability，IAI）发表了 IFC（Industry Foundation Classes）档案共通格式，一般 BIM 软件也多以 IFC 格式为交换标准，可作为提交给业主 BIM 模型的格式。而一般 BIM 软件多可输出 IFC 格式档案，在软件间交换时，虽无法完全保持原有之信息结构，但一般几何信息均可在软件间传递。

BIM 技术的实现需要依赖于多种软件产品的相互协作。有些软件适用于创建 BIM 模型（例如 Autodesk Revit），而有些软件适用于对模型进行性能分析（如 Ecotect）或者施工模拟（如 Navisworks），还有一些软件可以在 BIM 模型基础上进行造价概算或者设施维护等。不能期望一种软件完成所有的工作，关键是所有的软件都应该能够依据 BIM 的理念进行数据交流，以支持 BIM 流程的实现。

BIM 软件必须符合以下要求：

（1）必须保证工程项目信息的完整性，能够对不同层次上的信息进行描述和组织。

（2）不同的应用能够根据它提取所需的信息，衍生出自身所需的模型，且能添加新的信息到模型，保证信息的可重复使用性和一致性。

（3）应该支持自顶向下设计，特别是概念设计和设计变更。

（4）相关的信息和一整套设计文档相互关联，实现了各专业的信息共享。修改或变更在协同工作平台上实现。

13.2 BIM 技术常用软件介绍

在上一章中我们已经提到实现BIM技术的软件平台有多家，主要有Autodesk系列、Benetly系列，以及 Dassault 的 CATIA 等，这一章我们将大体介绍各个平台的软件及其功能。另外国内一些大型设计院和软件厂商基于我国的国情和行业规范开发了适合我们自己的管理平台及软件，例如广联达、鸿业、纬地、同豪等软件，这些也都值得我们去学习和使用。

13.2.1 Autodesk 系列

1. Revit

Revit 是国内民用建筑领域里最为常用的 BIM 建模软件，目前在交通基础设施领域也有许多应用。Revit 自身有强大的参数化族功能，Revit 的原理是组合，就像玩的积木一样，它的门、窗、墙、楼梯等都是族，而建模的过程则是将这些族拼成一个模型。Revit 对于常规几何构造的建筑会很容易建模，但是，对于异形结构而言，比如变截面箱梁，就会比较困难，需要借助 Dynamo 或者二次开发的程序来完成。

Revit最重要的特点是、所有族件、视图和注释之间的关系模式使得任何组件的改变会自动传播，保持模型内容的一致性。例如，移动一面墙时，其相邻的墙、地板和屋顶会自动调整，也更正相关的位置和尺寸标示，调整房间面积报表，重绘相关剖面图等，因此，该模型将保持所有文件的一致性。组件、视图和标注之间的双向关联性是 Revit 最显著的特点。

2. Navisworks

Navisworks 软件占用的硬盘空间很大，但功能和操作却很简单。Navisworks 能汇入目前市面上大部分的 BIM 软件格式，它能将很多种不同格式的模型文件合并在一起。基于这个能力，产生了三个主要的应用功能：漫游、碰撞检查、施工模拟。浅显地说，漫游就是人可以在模型里真实地感受结构物建造完成后的效果，碰撞检查就是我们能很轻松发现哪一根管道和哪一根梁发生了碰撞，施工模拟就是把施工的过程做成一个动画，我们可以在时间进度条上看到建筑物的修建过程，让大家知道每一天施工到了什么程度。

3. Civil 3D

Civil 3D 是 Autodesk 公司以 AutoCAD 为平台开发的 BIM 软件，以 3D 地形为基础，提供铁路公路定线、场地整平、土石方、管线等 3D 设计环境。由于 AutoCAD 是过去被广泛采用的绘图工具，其 2D 成图的熟悉度最被广大使用者接受。利用 Civil 3D 可将传统的测量数据或地形图等高线转换为 3D 地形，作为所有土木工程设计的基本数据，配合铁路公路平面线形与纵断、横断面设计随即完成道路参数化定义的三维模型。我们可以利用其内置的装配包括车道、人行道、边沟等，也可以使用部件编辑器 Autodesk Subassembly Composer 根据需求或设计标准创建自己的装配。Civil 3D 可快速地计算现有地形和设计地面间的土方量，并用以分析适当的挖填距离，可以利用面向收集系统等工具，进行雨水分析和设计，以配置污水和雨水排水系统。可采用图形输入方式编辑管网或者更改管道和结构物。

Revit 所做的建筑模型可以插入 Civil 3D，以便整合建筑提供的公用设施、建物出入口等设计信息。同样，路桥设计者也可以将道路的平面和纵断等信息直接传送到 Revit，以便配置结构物，例如在 Revit 中做的桥梁模型的设计中心线就需要从 Civil 3D 导入。

4. Infraworks

Infraworks 具有非常强大的 3D 实景功能，借助其联网的全球卫星地形下载功能，可以比较轻松地获取项目所在地的地形和高清卫星图片。Infraworks 属于基础设施设计套件 Infrastructure Design Suite（IDS）其中一个软件，IDS 包括 Infraworks、Civil 3D、Revit、3dMax、Navisworks、Map3D、AutoCAD、ReCap。Infraworks 适用于前期方案设计和后期设计成果整合、展示，所以 Infraworks 是全新的设计工具与集成平台。其具备的主要功能可划分为三个部分：

（1）创建基础模型。

（2）方案设计及分析。

（3）漫游浏览及展示。

13.2.2 Bentley 系列

Bentley公司出品了上百种软件程序，尤其是广泛应用于交通基础设施领域，其给出多个专业的解决方案，包括公路、市政、轨道交通、工厂、房建等。我们以公路桥梁方面的解决方案为例加以说明。

1. *解决方案概述*

Bentley 公路交通解决方案面向整个交通运输生命周期，涉及公路、桥梁、隧道、排水系统，涵盖团队协作、文档管理、设计和分析。解决方案立足于 MicroStation 图形引擎之上，能够满足土木工程所需解决的大数据、大模型、多专业的行业需求，轻松应对项目设计周期中的变更、版本管理。解决方案能够提供广泛的应用程序，旨在满足苛刻的交通设计工程和环境工程要求。解决方案能够使用不同来源的数据并将数据扩展到下游流程，同时保留项目信息。

Bentley 基于 OpenRoads 技术构建，OpenRoads 是 Bentley 土木工程设计产品 GEOPAK、Roads、MXROAD、PowerCivil、OpenRoads Designer 的底层技术。基于此技术构建的这些产品突破了模型设计方面的束缚，在一个应用程序中同时提供了三维建模、设计阶段可视化、设计意图、信息移动性以及施工驱动等诸多工程内容。2018 年Bentley公司与中交第一公路勘察设计研究院合作推出正向设计的 CNCCBIM OpenRoads，充分考虑我国本地化需求，引进高端 BIM 平台再开发，构建适合公路、市政等交通领域全专业、全生命周期 BIM 软件解决方案。

2. 解决方案在各个设计阶段使用的软件及作用

（1）方案设计阶段使用的软件及作用：

ContextCapture——实景建模。

OpenRoads ConceptStation——方案设计。

（2）深化设计阶段使用的软件及作用：

ContextCapture——实景建模。

OpenRoads Designer——道路深化设计。

OpenBridge Designer——桥梁深化设计。

Subsurface Utilities Design and Analysis——地下综合管网设计。

Bentley Navigator——项目浏览。

（3）模型可视化阶段使用的软件及作用：

LumenRT——模型可视化设计。

13.2.3 Tekla Structures

Tekla 是一家芬兰公司，成立于 1966 年。Tekla Structures 从原名 XSTEEL 的软件开发而来，提供结构工程师处理混凝土结构、钢结构等较细致的结构功能。Tekla Structures 最擅长于施工细节的建置，尤其是钢结构施工图方面，发展得非常完善，在业界有大量应用实绩。Tekla 亦可进而导入控制系统，控制钢筋弯曲机和预铸混凝土之生产。结构分析所需的非几何信息，如荷载、荷载组合、支承条件，亦可包括在结构模型中。

Tekla structures 的特色在于模型结构上的所有对象、材料及细节内容皆通过软件的灵活变通能力串联，因此，Tekla Structures 可支持相当大型的模型结构，并在同一个项目工程上允许多项工作以及多个用户同时作业。另外 Tekla Structures 提供钢筋细部设计作业，不仅可详细输入钢筋使用数量，还可将钢筋弯钩及锚定系数进一步设定，可有效使用于钢筋位置检测及钢筋数量的计算，利用 Tekla Structures 进行钢筋混凝土细部设计的运用可涵盖设计到建造及施工管理的整个建筑流程。

13.2.4 CATIA

CATIA 是法国达索系统（Dassault Systemes S.A.）公司开发的跨平台商业三维设计软件。CATIA 作为达索系统产品生命周期管理软件平台的核心，主要应用在航空工业和汽车工业，美国波音飞机制造公司就是 CATIA 的重要用户。由于 CATIA 出色的曲面建模功能，许多汽车设计制造公司常用其进行车身、车门、车顶等组件的设计。目前也有很多人将 CATIA 移植到建筑业，并获得成功。例如，将 CATIA 应用于大型而具有自由曲面的现代建筑和结构复杂的特大桥梁，已见其发挥功能，但是其使用成本较高，国内用户不是很多，未来亦具有很大的市场潜力。

13.3 Revit 操作基础

上一节我们简要介绍了 Revit 这款软件，这一节我们着重讲一下 Revit 的一些概念和操作。因为 AutoCAD 技术的普及，所以同属一家公司的 Revit 在国内拥有比较广泛的用户，使用成本也比较低，同时国内关于 Revit 的一些成功案例也比较多，我们可遵循和学习的资料就比较多，便于我们更好地学习。

13.3.1 Revit 中的一些基本概念

1. 项目（rvt.格式）

在 Revit 中，一个项目包含了完整建筑物的各个部件和各种信息，比如说一个桥梁项目，其包含了下部结构、上部结构的几何信息，材料信息及构件明细表等。Revit 中的项目根据所属类别分为多种样板，有构造样板、建筑样板、结构样板、机械样板，我们需要根据项目的属性选择合适的样板来创建项目，比如一个桥梁项目就应该选择结构样板。

2. 族（rfa.格式）

Revit 实现其参数化的功能主要就是因为强大的参数化构件“族”（family）。族在 Revit 中是建筑设计的基础或代码，只需要对模型形体或者参数进行约束及定义（如尺寸、材质、可见性等一系列参数），就能够创建相应的参数化构件。在路桥专业中主要是通过族来创建各工程结构物构件，比如桥墩、盖梁、箱梁轮廓等。

在 Revit 项目文件中除参照平面、详图线、模型线等用于辅助、定位的这些图元外，基本上其他的图元都是族。参数化构件族的范围在 Revit 中的定义很广。显而易见，三维建筑形体模型图元是族文件。这些含有构件信息参数的数据图元，不仅对于整个建筑物的信息采集非常必要，而且更有助于用户对独立的建筑构件（族）本身及项目进行修改。

Revit 中的族分为以下三种：系统族、内建族、标准构件族。

（1）系统族。系统族是在 Revit 中预定义的族。用户可以复制和修改系统族，但不能创建新的系统族。系统族可以分为如下两类：一类是项目中有实体的建筑构件，即模型图元中的主体图元，例如建筑专业中的墙、楼板、天花板、屋顶等；另一类是项目中没有实体，为 Revit 预定义的图元，比如建筑专业中，包含基准面图元中的标高、轴网以及视图专用图元中的标注、注释视口、明细表等。

（2）内建族。内建族可以是特定项目中的模型构件，也可以是注释构件。只能在当前项目中创建内建族，因此它们仅可用于该项目特定的对象，例如，自定义墙的处理。创建内建族时，可以选择类别，且您使用的类别将决定构件在项目中的外观和显示控制。

（3）标准构件族。标准构件族是通过 Revit 族样板创建而成的。在族编辑器中，通过对族文件中创建的模型形体进行约束以及对所需参数进行定义（如尺寸、材质、可见性），便能够创建出功能强大的参数化构件。

标准构件族不仅可以添加或修改参数，还可以根据该构件在项目中的使用场景选择多样的族样板来满足使用需求，例如公制常规模型中创建的桥墩，通过设置顶部与底部的约束来显示桥墩的实际尺寸。标准构件族可以位于项目环境外，且具有 .rfa 扩展名。可以将它们载入项目，从一个项目传递到另一个项目，而且如果需要还可以从项目文件保存到您的库中，这样灵活的复用性也极大地提高了设计效率。

13.3.2　Revit 的工作界面

（1）打开 Revit 的启动界面如图 13-1 所示。

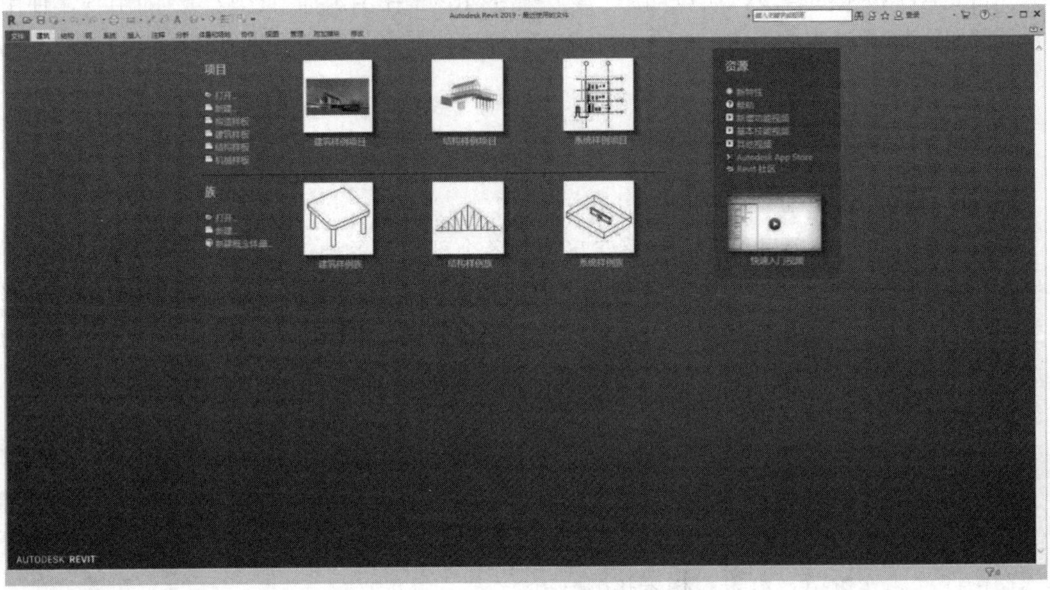

图 13-1　启动界面

（2）项目操作界面如图 13-2 所示。

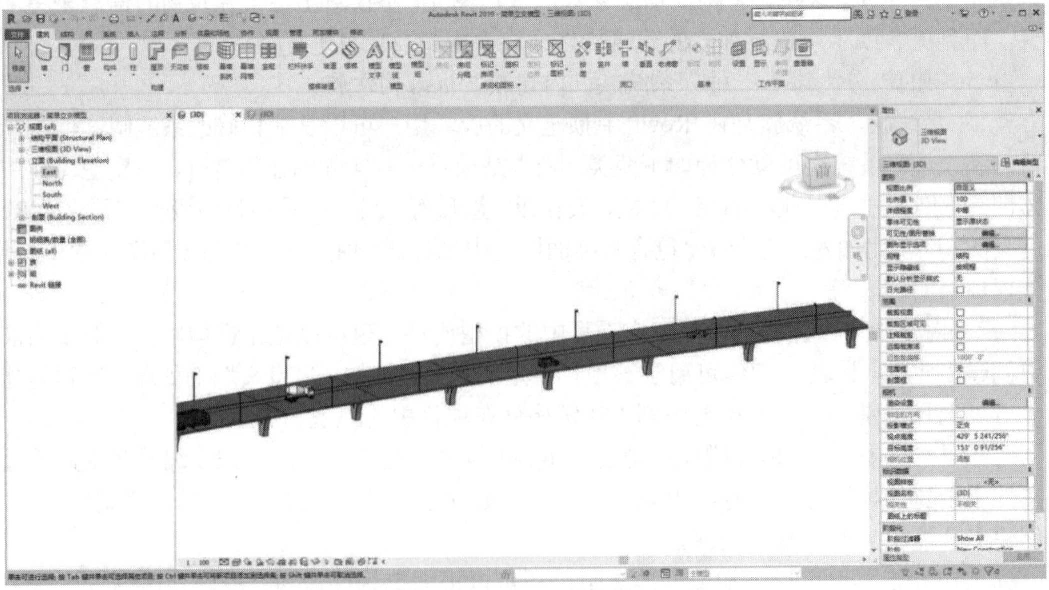

图 13-2　项目操作界面

（3）族操作界面如图 13-2 所示，注意区别项目操作界面和族操作界面是有很大区别的，项目操作界面的选项卡要远多于族操作界面。

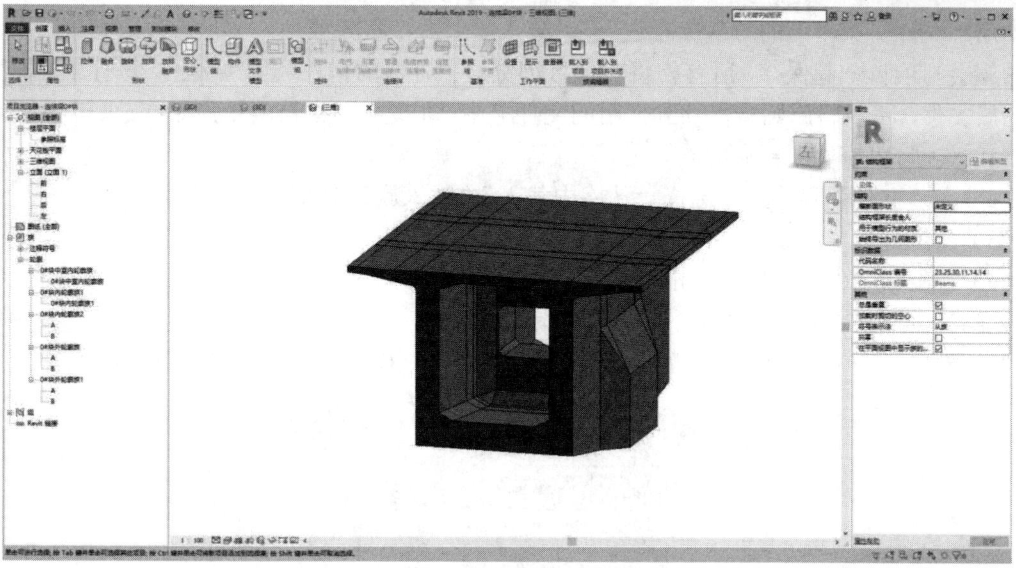

图 13-3　族操作界面

13.3.3　族的创建

（1）在学习制作构件族之前，我们应当先了解几个基本的概念：

1）参照平面：参照平面是 Revit 进行族设计的根本工作平面，设定参照平面后才可以对该族进行尺寸标注或对齐该族，点选参照平面，再单击属性按钮。

2）是参照：“是参照”属性指定在族的创建期间绘制的参照平面是否为项目的一个参照，所以可以对该族进行尺寸标注或对齐该族。几何图形参照可设置为强参照或弱参照，强参照的尺寸标注和捕捉的优先级最高，弱参照的尺寸标注优先级最低，因为强参照首先预高亮显示，将族放置到项目中并对其进行尺寸标注时，可能需要按 Tab 键选择弱参照。

3）定义原点：“定义原点”属性指定正在放置的对象上的光标位置，例如，放置矩形柱时，光标放置于该柱造型的中心线，“定义原点”可以只指定一个参照平面，例如“公制窗.rft”的样板，只要是墙就能插入窗户，不需要定义交点。

（2）创建标准构件族的常规步骤。

1）选择适当的族样板。

2）定义有助于控制对象可见性的族的子类别。

3）布局有助于绘制构件几何图形的参照平面。

4）添加尺寸标注以指定参数化构件几何图形。

5）全部标注尺寸以创建类型或实例参数。

6）调整新模型以验证构件行为是否正确。

7）用子类别和实体可见性设置指定二维和三维几何图形的显示特征。

8）通过指定不同的参数定义族类型的变化。

9）保存新定义的族，然后将其载入新项目，观察它如何运行。

（3）将族添加到项目中。

1）打开或开始创建一个项目，要将族添加到项目中，可以将其拖拽到文档窗口中，也可以使用“文件”菜单上的“从库中载入”“载入族”命令将其载入，一旦族载入到项目中，载入的族会与项目一起保存，所有族将在项目浏览器中各自的构件类别下列出，执行项目时无需原始族文件，可以将原始族保存到常用的文件夹中，但是，如果修改了原始族，则需要将该族重新载入项目以查看更新后的族。

2）在“文件”菜单上，选择“从库中载入”“载入族”命令。

3）定位到族库或族的位置。

4）选择族文件名，然后单击“打开”按钮。

（4）创建 T 梁族实例演示。

1）新建一个空白文件，然后新建族，选择公制常规模型，如图 13-4、图 13-5 所示。

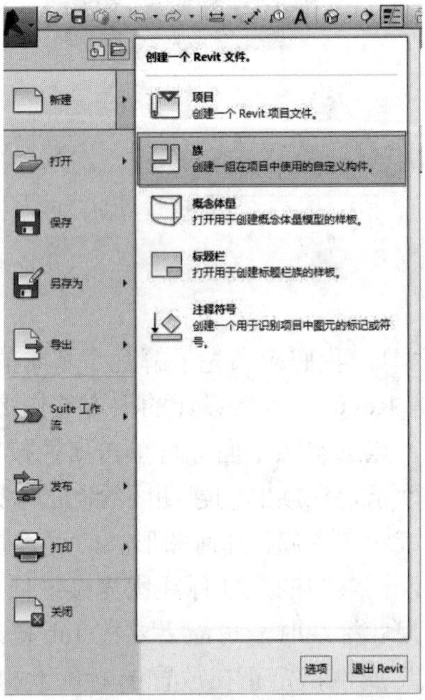

图 13-4　新建族

图 13-5　选择公制常规模型

2）选择模型线及项目浏览器的左立面视图（图 13-6），然后开始画 T 梁轮廓线，这里的 T 梁轮廓线随意画（图 13-7）。

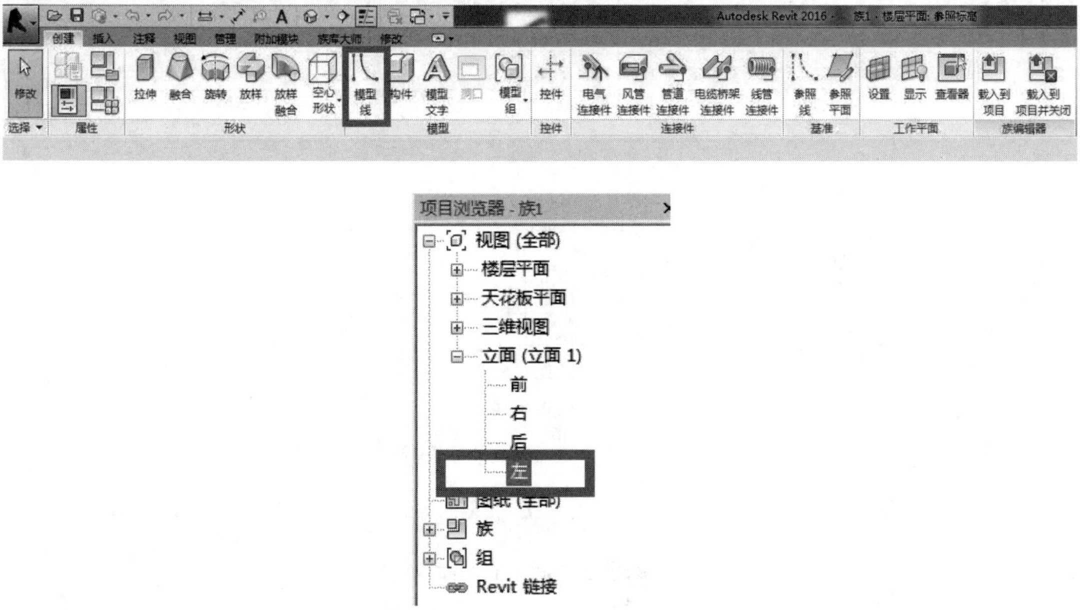

图 13-6　左立面视图

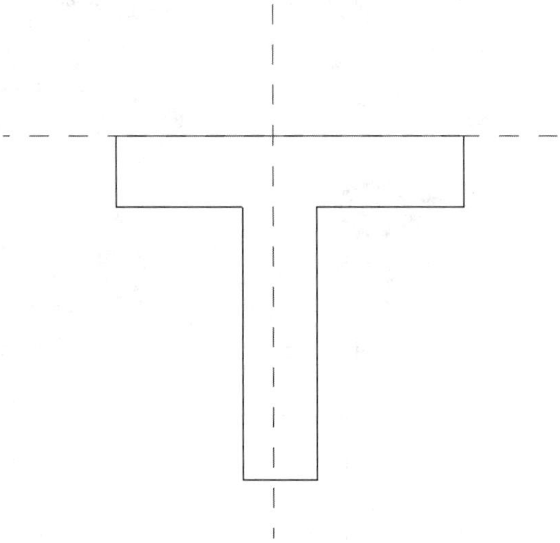

图 13-7　T 梁轮廓线

3）在“创建”里选择“参照平面”功能，在 T 梁的几个位置画参照平面（图 13-8）。

4）在“注释”里选择“对齐”选项，然后开始注释。单击图中的 EQ 按钮，EQ 按钮的功能是将一个标注尺寸平分（图 13-8），并且再加两条注释线（图 13-9、13-10）（注：这里的尺寸数值不重要）。

5）单击尺寸线，然后单击标签（图 13-11），选择添加参数，弹出“参数类型”对话框（图 13-12）。然后依次添加参数（图 13-13）。

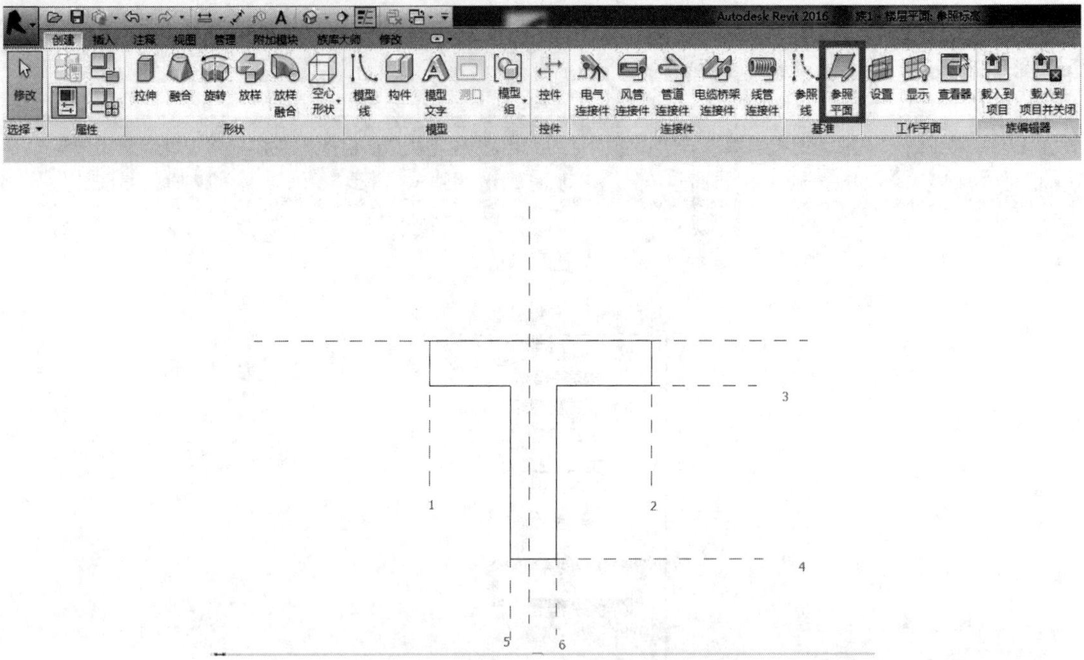

图 13-8　画参照平面

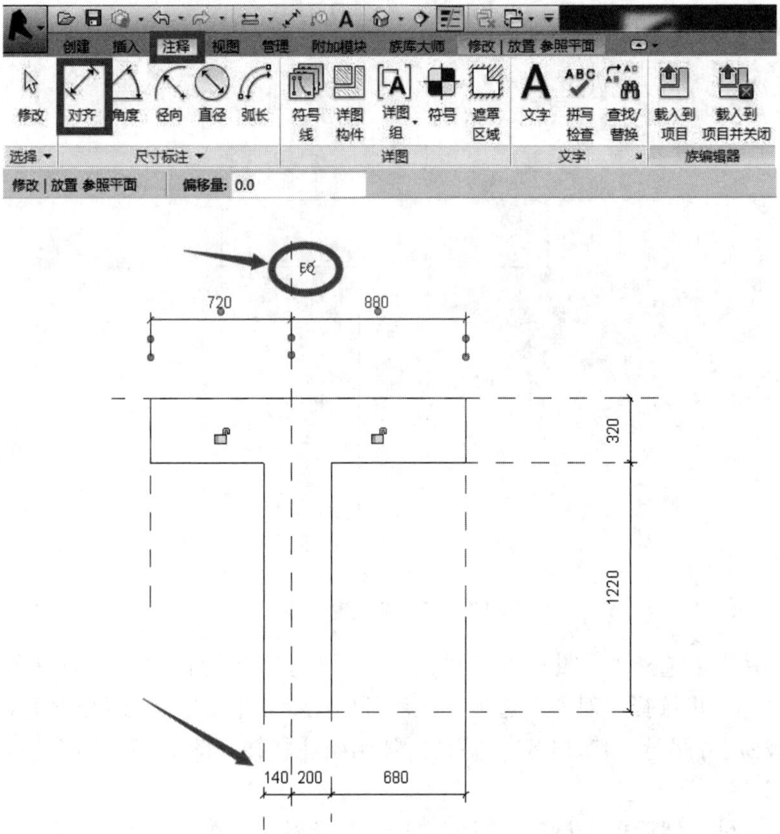

图 13-9　加注释线 1

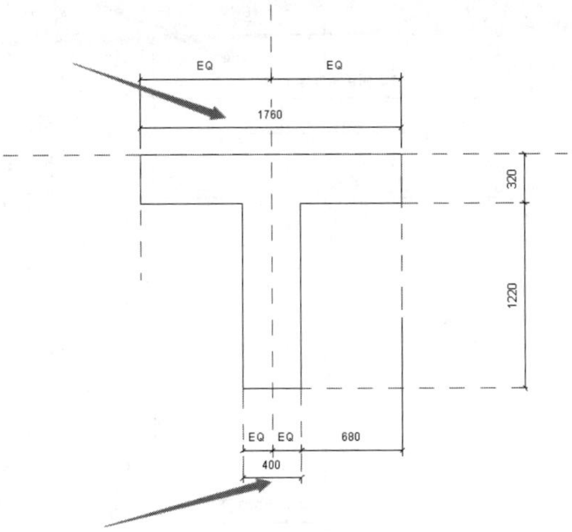

图 13-10　加注释线 2

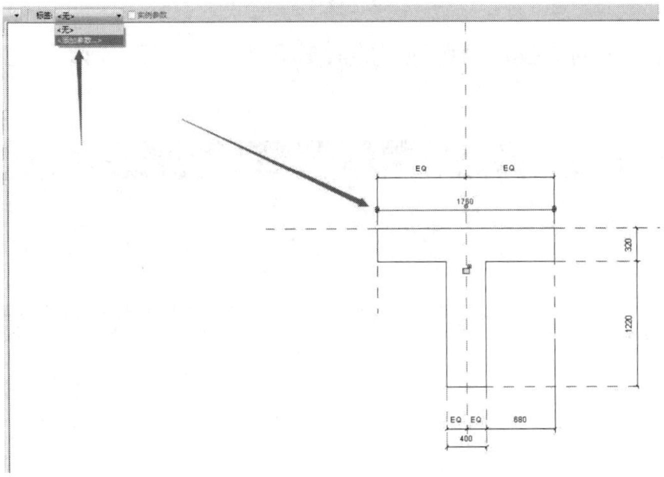

图 13-11　选择“添加参数”

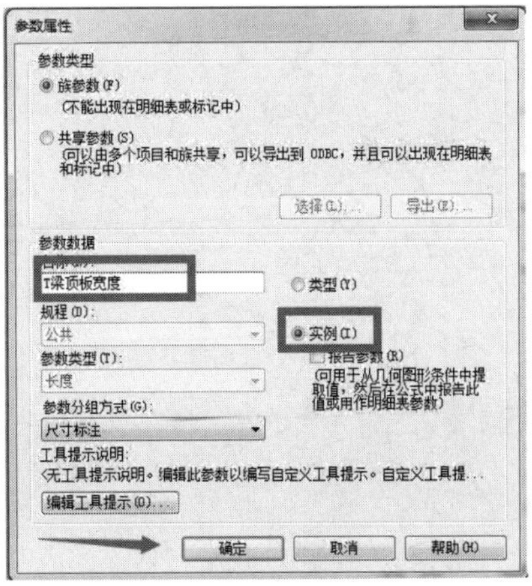

图 13-12　“参数属性”对话框

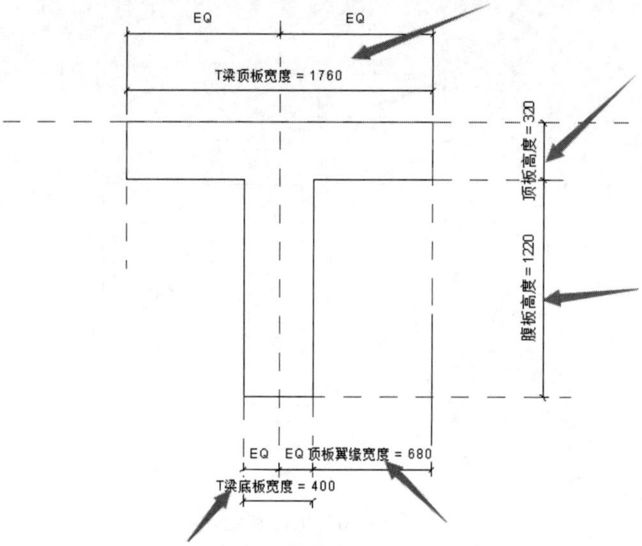

图 13-13　显示尺寸标准

6）选择“创建”中的“拉伸”选项。然后画 T 梁（图 13-14）。画完后，单击如图 3-15 所示的对勾符号。

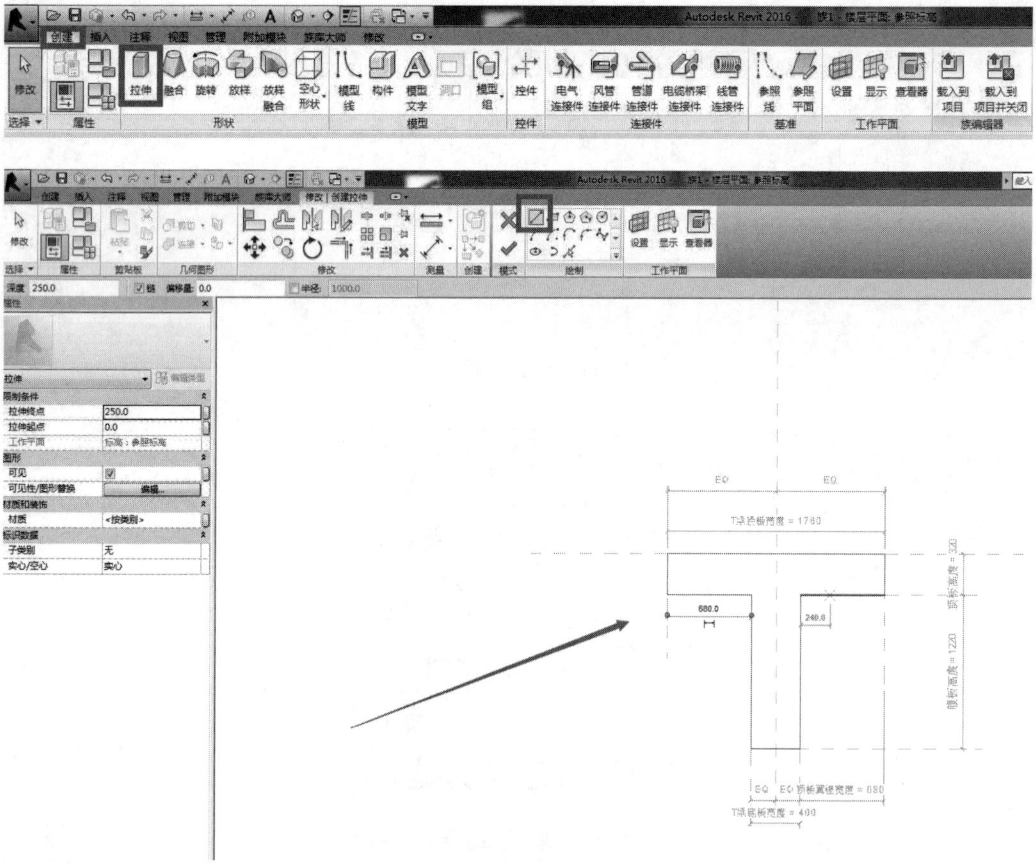

图 13-14　绘制 T 梁

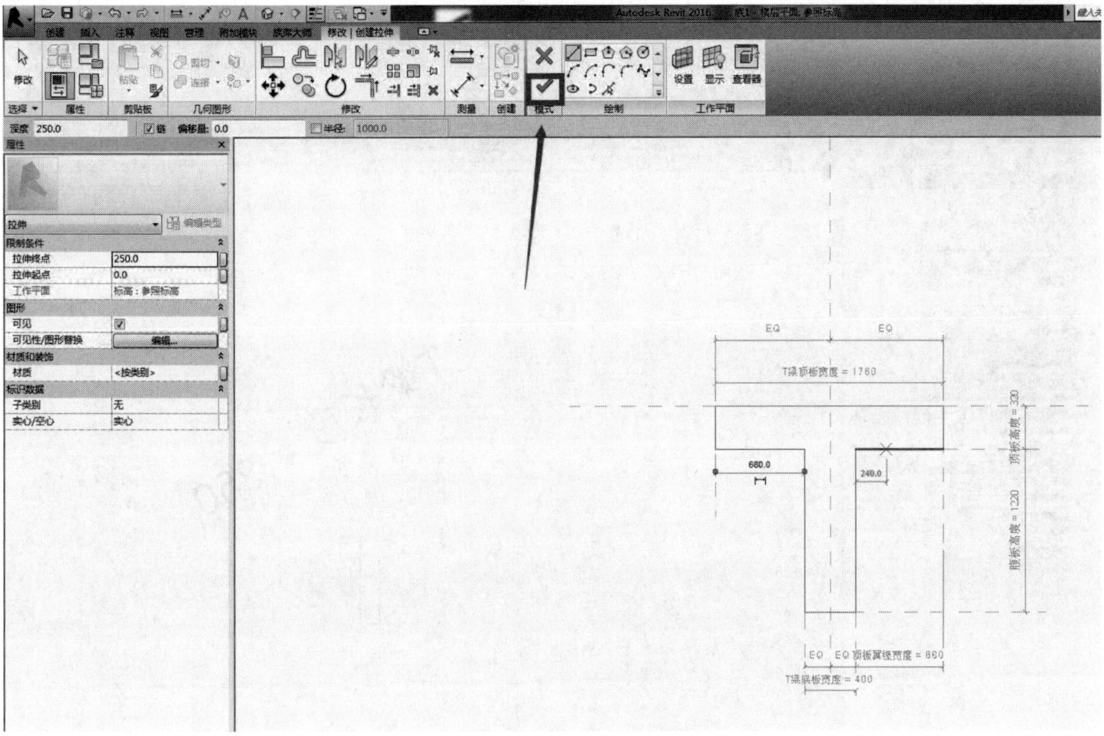

图 13-15　完成梁模型绘制

7）单击三维视图，增加 T 梁长度参数（图 13-16、图 13-17），最后载入到项目中（图 13-18）。

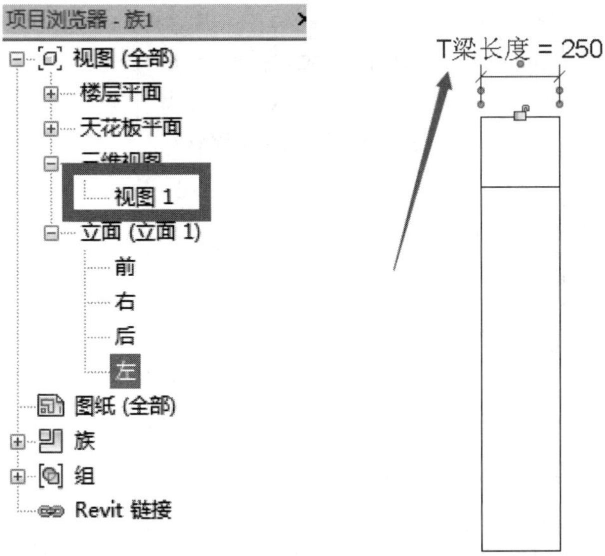

图 3-16　T 梁长度参数

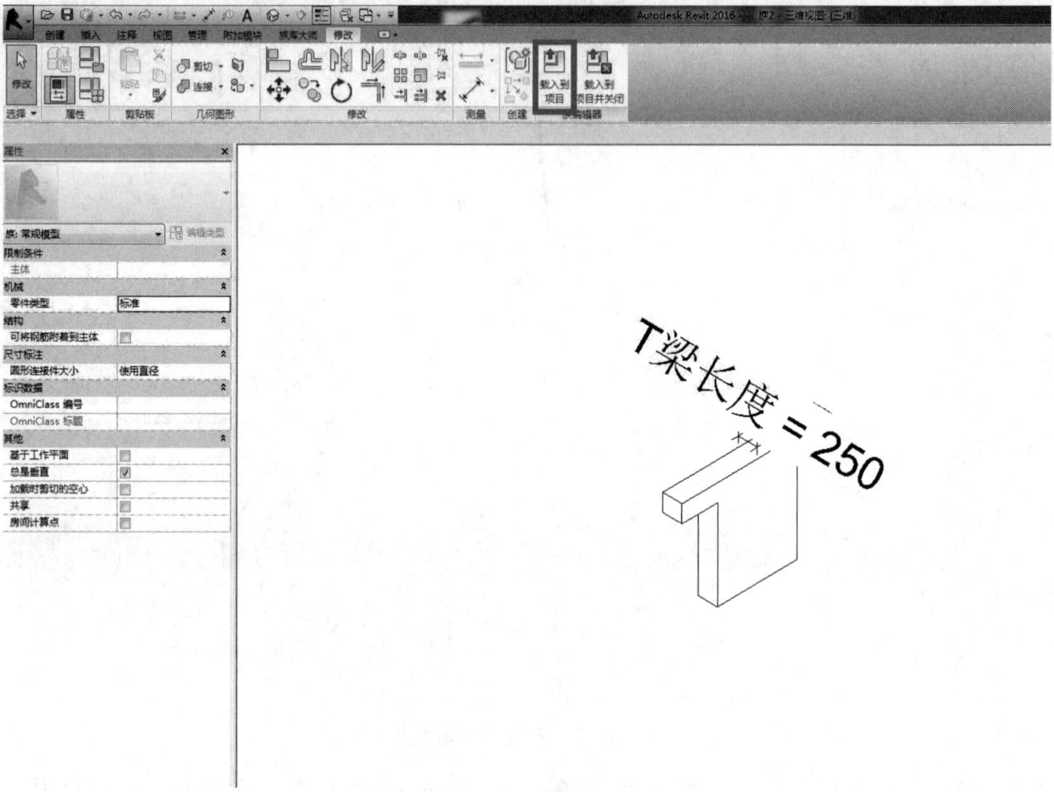

图 13-17　T 梁长度参数

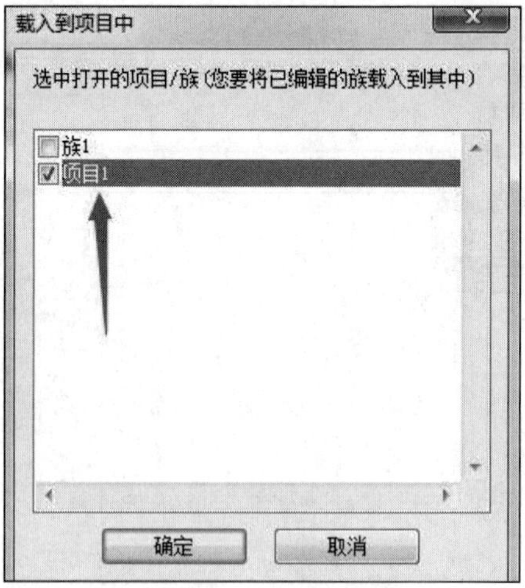

图 13-18　载入项目中

建立 T 梁模型，在空白处随便单击一下，然后单击如图 13-19 所示的三维视图标志，T 梁族就实例化了，并且可以在如图 13-20 所示的地方随意修改 T 梁的参数。最后的模型如图 13-21 所示。

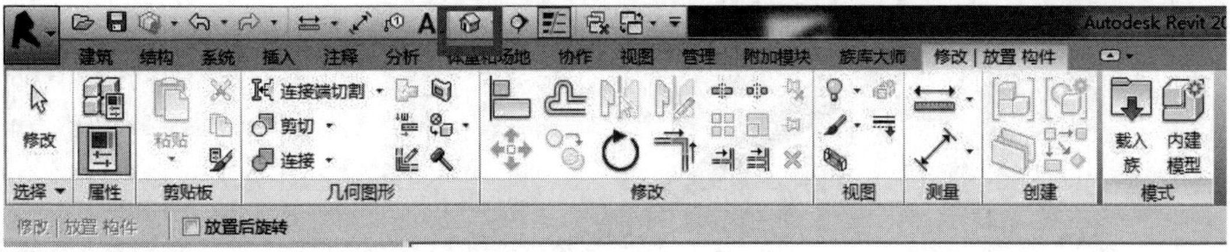

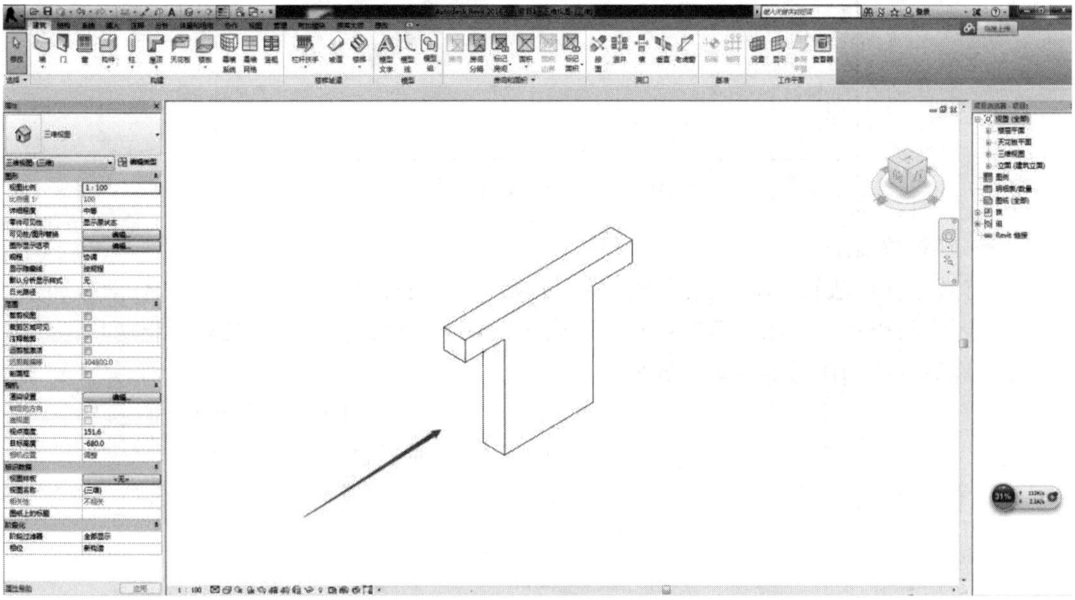

图 13-19　T 梁模型

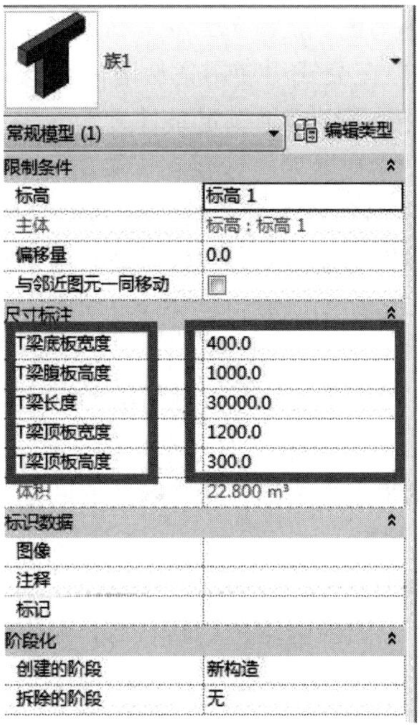

图 13-20　修改 T 梁的参数

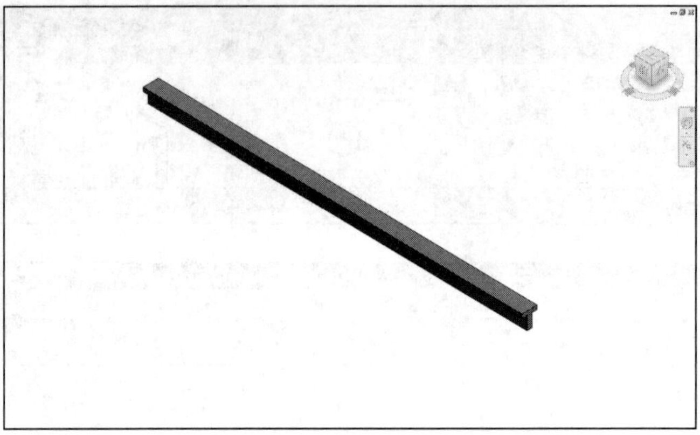

图 13-21　最后的 T 梁模型

（5）族参数语法。

1）有效公式语法和缩写。公式支持以下运算操作：加、减、乘、除、指数、对数和平方根。公式还支持以下三角函数运算：正弦、余弦、正切、反正弦、反余弦和反正切。

算术运算和三角函数的有效公式缩写为：

加	+	正弦	sin	e 的 x 方	exp
减	-	余弦	cos	绝对值	abs
乘	*	正切	tan		
除	/	反正弦	asin		
指数	^	反余弦	acos		
对数	log	反正切	atan		
平方根	sqrt				

公式中的参数名是区分大小写的。

2）公式中的条件语句。可以在公式中使用条件语句来定义族中取决于其他参数的状态的操作。使用条件语句，软件会根据是否满足指定条件来输入参数值。在某些情况下，条件语句是很有用的，但是它们会使族变得更复杂，应仅在必要时使用。

对于大多数类型参数，条件语句是不必要的，因为类型参数本身就像一个条件语句：如果这是类型，则将该参数设置为指定值。实例参数更适合用于条件语句，尤其是用于设置不连续变化的参数。

条件语句使用以下结构：

IF(<条件>,<条件为真时的结果>,<条件为假时的结果>)

这表示输入的参数值取决于是满足条件（真）还是不满足条件（假）。如果条件为真，则软件会返回条件为真时的值。如果条件为假，则软件会返回条件为假时的值。条件语句可以包含数值、数字参数名和 Yes/No 参数。

在条件中可使用下列比较符号：<、>、=。还可以在条件语句中使用布尔运算符：AND、OR、NOT。当前不支持<=和>=。要表达这种比较符号，可以使用逻辑值 NOT。例如，a<=b 可输入 NOT(a>b)。

下面是使用条件语句的公式示例：

简单的 IF 语句：=IF(Length < 3000mm,200mm,300mm)

带有文字参数的 IF 语句：=IF(Length > 35',"String1","String2")

带有逻辑 AND 的 IF 语句：=IF(AND(x = 1 ,y = 2),8 ,3)

带有逻辑 OR 的 IF 语句：=IF(OR(A = 1 ,B = 3),8 ,3)

嵌套的 IF 语句：=IF(Length < 35' ,2' 6" ,IF(Length < 45' ,3' ,IF(Length < 55' ,5' ,8')))

带有 Yes/No 条件的 IF 语句：=Length > 40（请注意，条件和结果都是隐含的）

公式中条件语句的典型使用包括计算阵列值以及根据参数值控制图元的可见性。例如，可以将条件语句用于下列情况：

- 防止阵列参数使用小于 2 的值。在 Revit Architecture 中，阵列的值必须是大于或等于 2 的整数。在一些情况下，这对于创建保持阵列参数为 2（即使计算值为 1 或 0）的条件公式是很有用的。使用这样的公式，如果计算的阵列值等于或大于 2，则公式将保留该值。但是，如果计算值为 1 或 0，则公式将把该值修改为 2。公式：Array number = IF(Arrayparam < 2,2,Arrayparam)
- 仅当窗灯光的数目大于 1 时，窗格条才可见。例如，如果有一个要用于控制窗格条几何图形的可见性的 Lights 参数，则可以创建类似于 MuntinVis 的 Yes/No 参数，并将其指定给窗格条几何图形的“实例属性”对话框中的“可见”参数。因为 MuntinVis 参数是 Yes/No（或布尔）运算，条件（IF）和结果都是隐含的。在该实例中，当满足条件时（真），将选中 MuntinVis 参数值，且窗格条几何图形是可见的。反之，当不满足条件时（假），将清除 MuntinVis 参数，且窗格条几何图形是不可见的。公式：MuntinVis = Lights > 1

13.3.4　项目的创建

上一节我们讲到族的创建过程，并以简单 T 梁为例进行演示，这一节我们将已经创建好的 T 梁族载入项目中，进行钢筋的创建，这样一个比较完整的 T 梁项目模型就可以创建出来了。

（1）打开上一节的 T 梁模型，单击 T 梁，就到了族界面。在 T 梁模型族参数里勾选“可将钢筋附着到主体”，这一步很重要，不然加不了钢筋，顺便加个材质参数（图 13-22）。

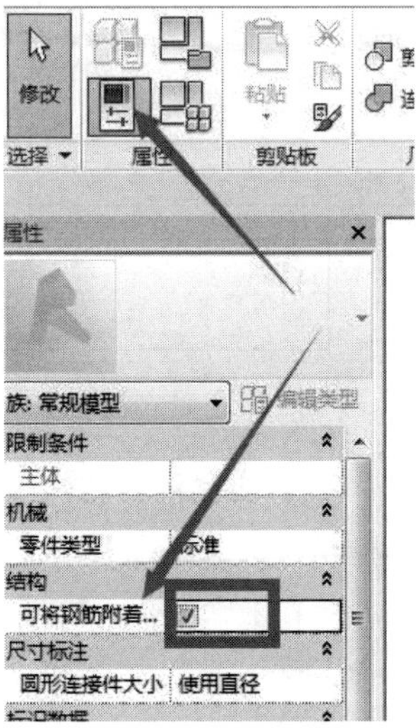

图 13-22　增加钢筋

（2）转到三维视图的“南”视图，并增加一个剖面，然后点选剖面，右键转到剖面视图，最后在“结构”的“钢筋”选项里选择“钢筋”，当然，里面有很多参数设置，这里就不一一细讲了（图 13-23 至图 13-25）。

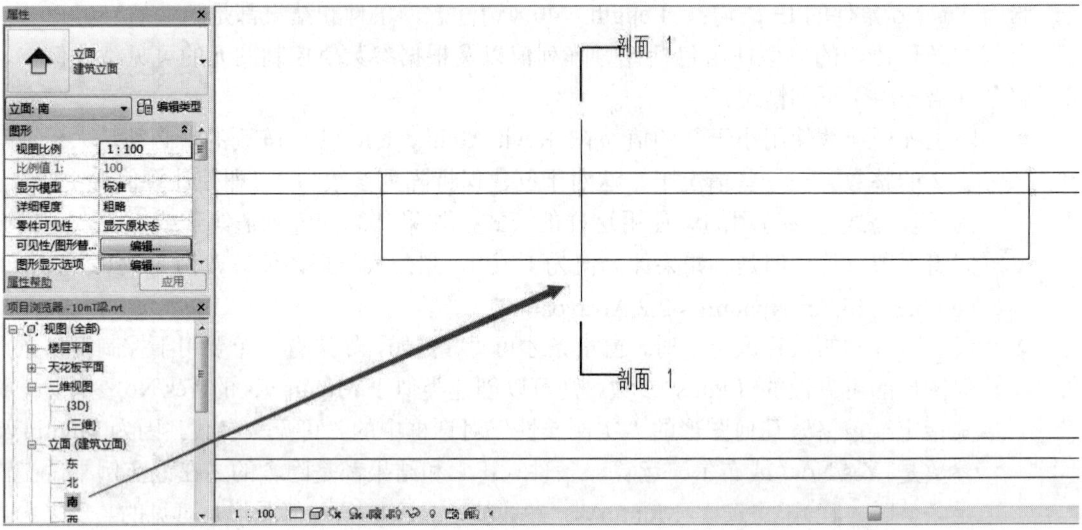

图 13-23　转“南”视图

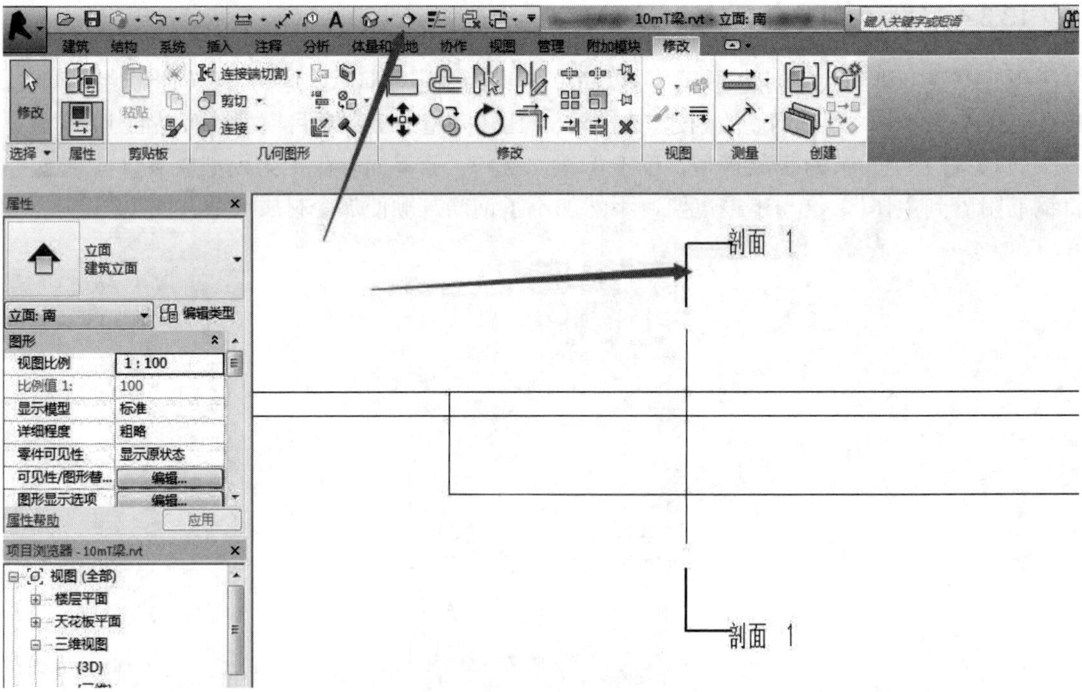

图 13-24　增加一个剖面

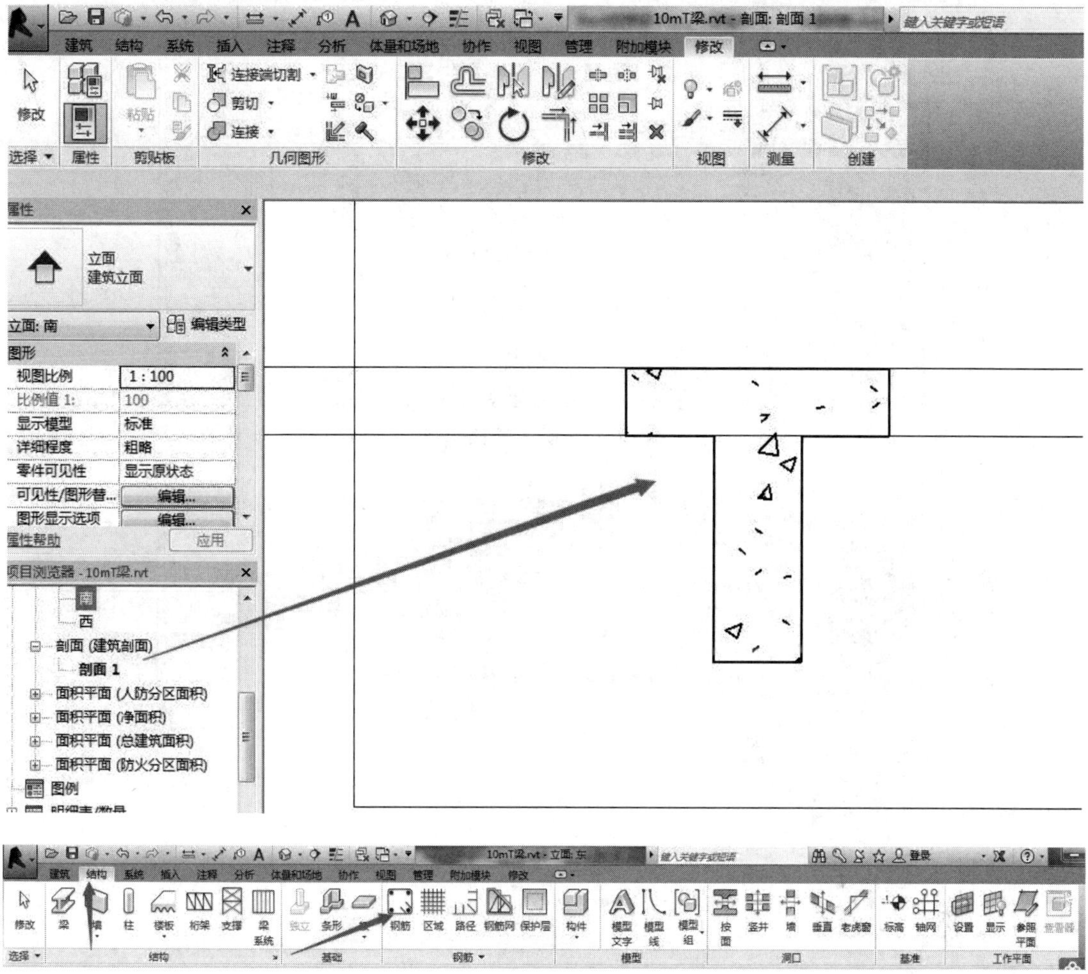

图 13-25　结构剖面图

（3）添加钢筋，一直单击“确定”“是”按钮，然后选择钢筋形状里的 1 和 33，其中 1 是纵筋形状，33 是箍筋形状，将 1 和 3 都载入到项目中（图 13-26 至图 13-30）。按下如图 3-31 所示的按钮，将出现“钢筋形状浏览器“（图 3-32），选择 1 号形状的纵筋，选择“垂直于保护层”，并布局钢筋。

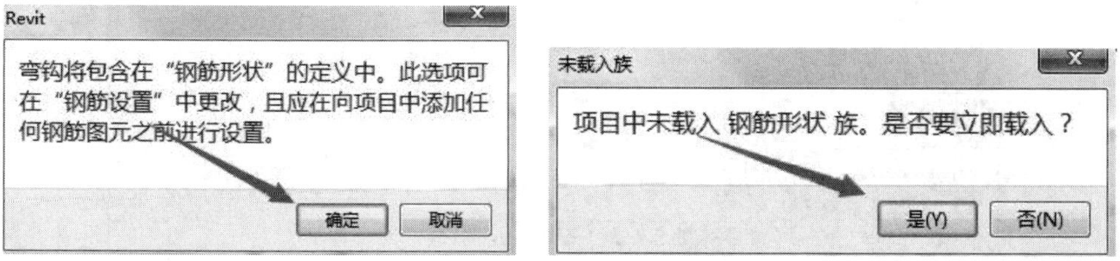

图 13-26　钢筋设置

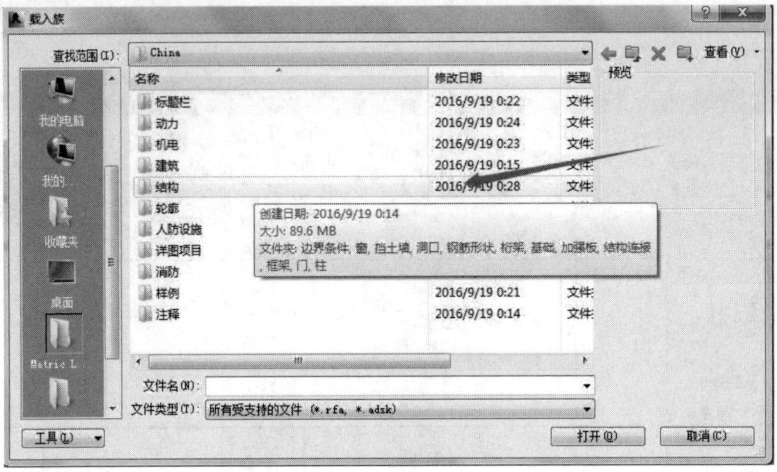

图 13-27　载入结构项目

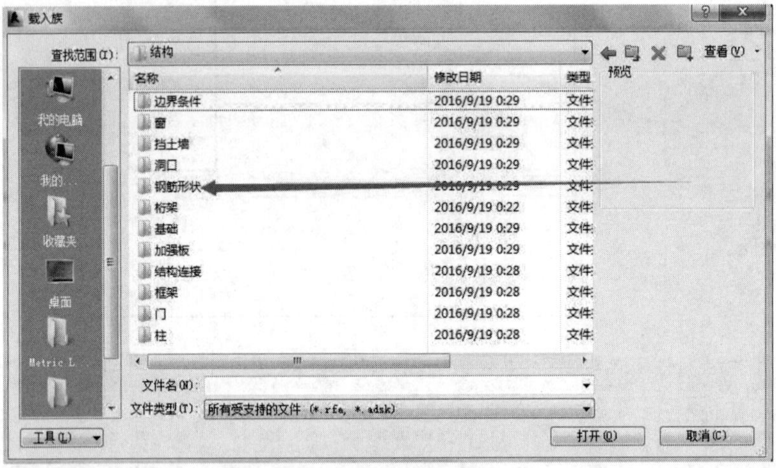

图 13-28　载入钢筋形状

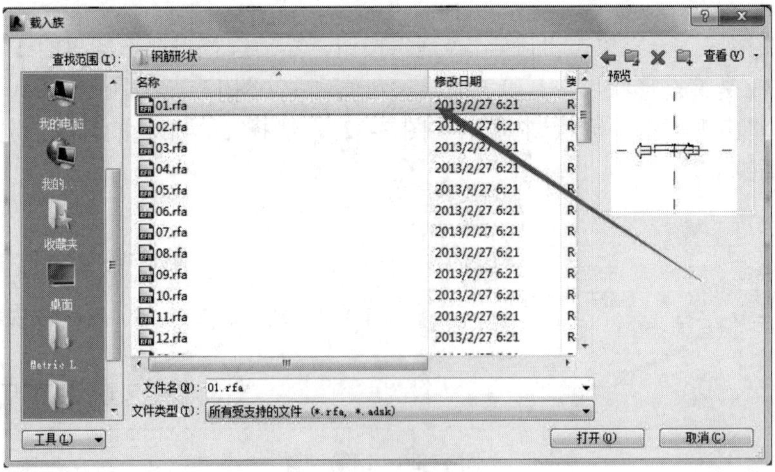

图 13-29　载入纵筋

图 13-30　载入箍筋

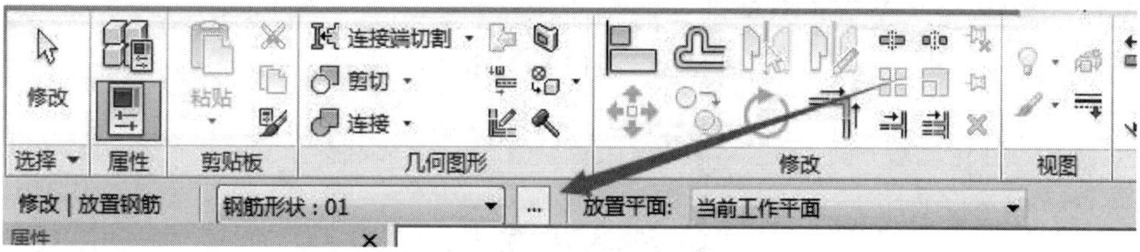

图 13-31　显示钢筋形状

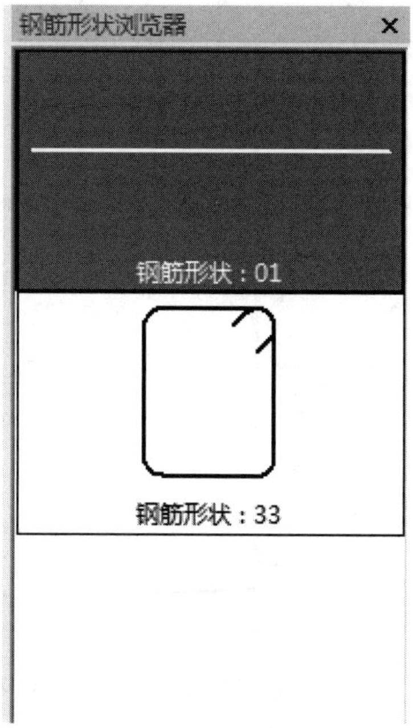

图 13-32　钢筋形状

（4）添加纵筋，如图 13-33 所示，选择“垂直于保护层”，且固定数量为三根（图 13-34）。

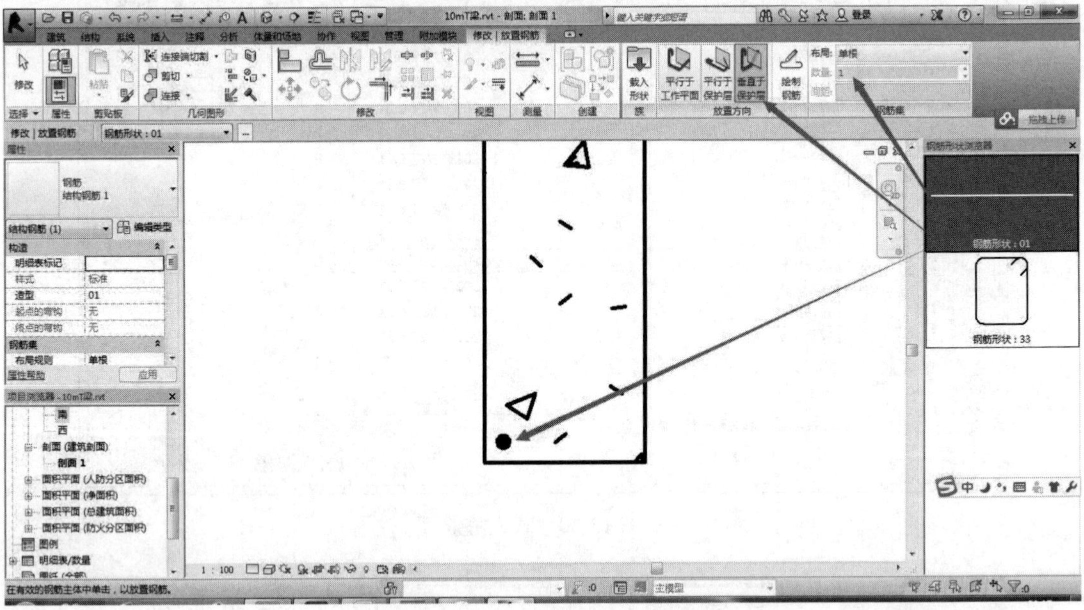

图 13-33　纵筋垂直于保护层

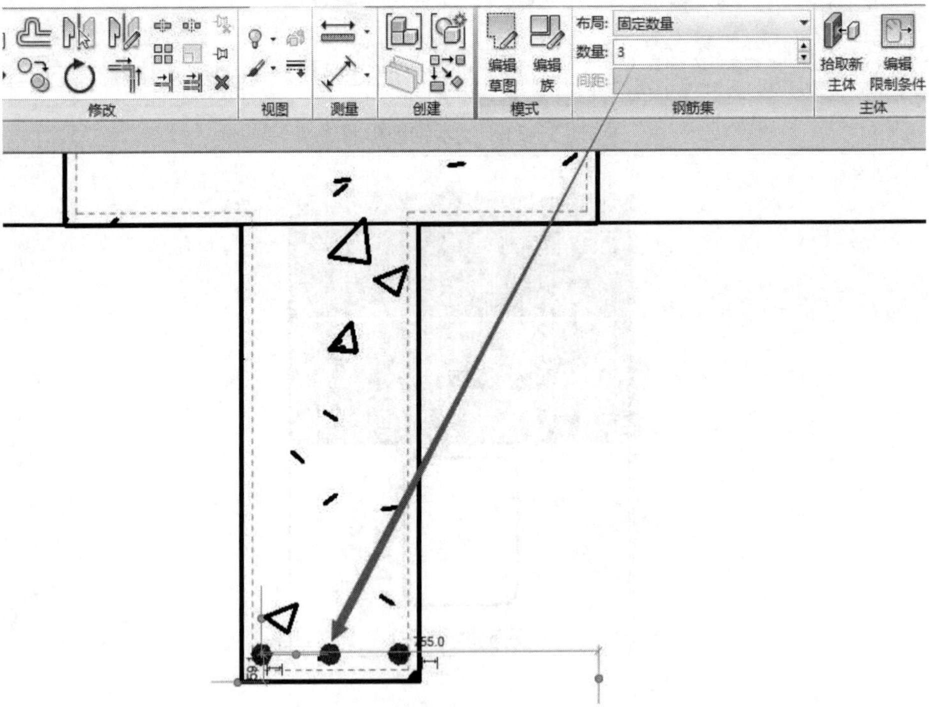

图 13-34　添加 3 根纵筋

（5）添加箍筋，选择直径为 8 的 HRB335 的钢筋。我们在这里添加了两个方向的箍筋，按空格键，箍筋接口可以转方向，箍筋间距可以调成最大间距为 100（图 13-35、图 13-36）。

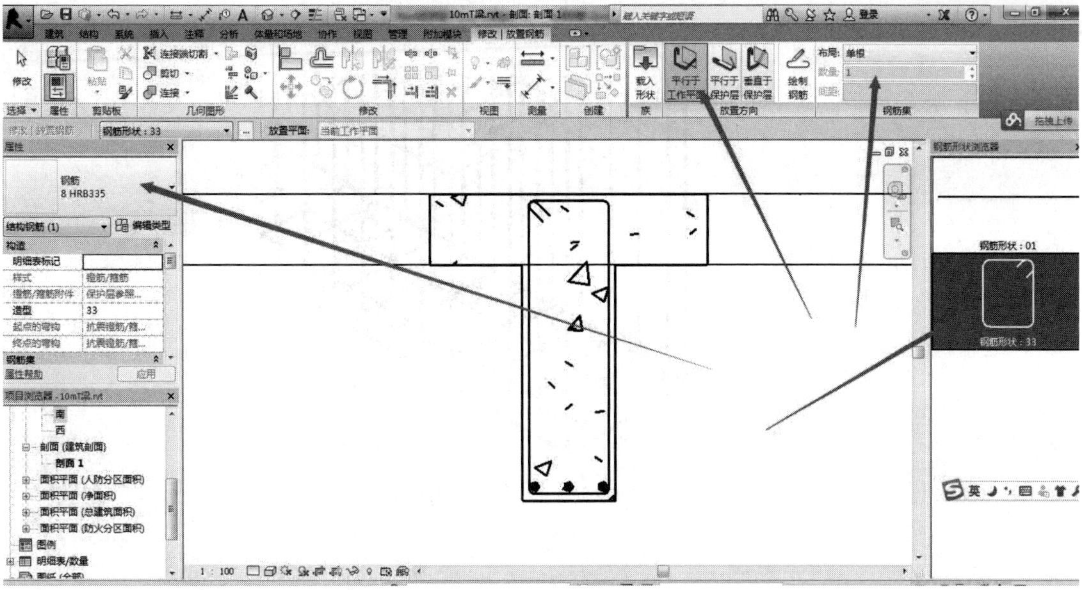

图 13-35 添加箍筋

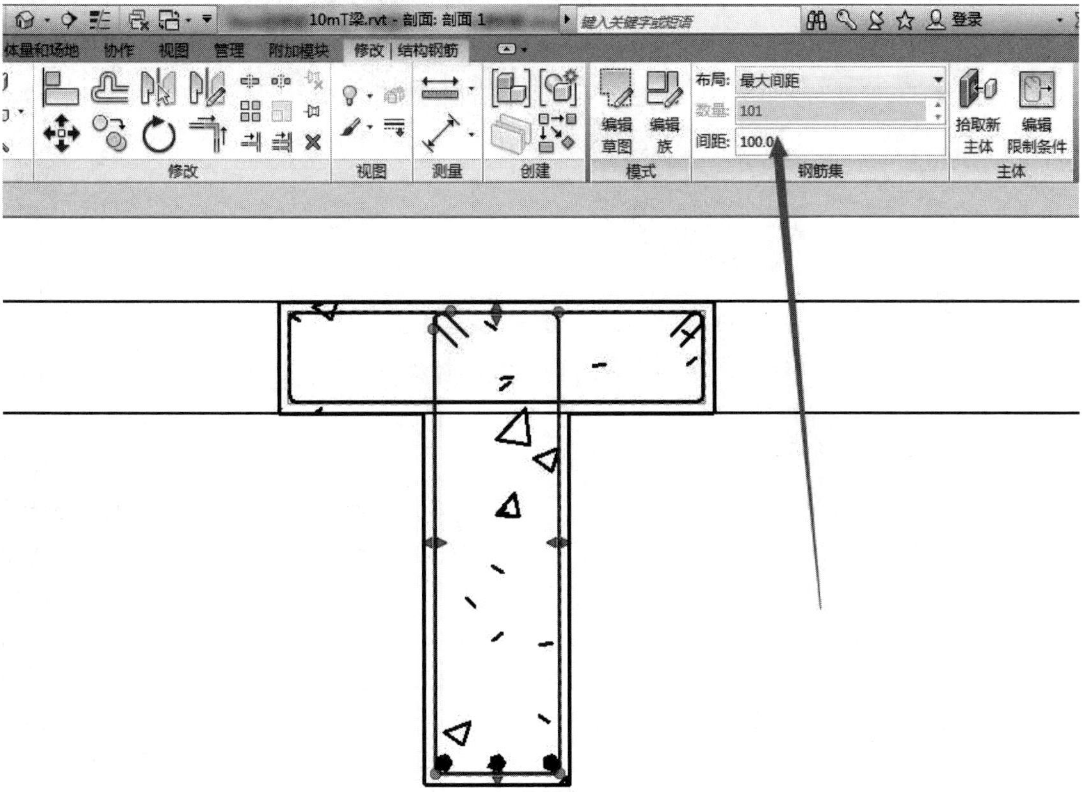

图 13-36 箍筋间距

（6）最后的模型如图 13-37 和 13-38 所示。

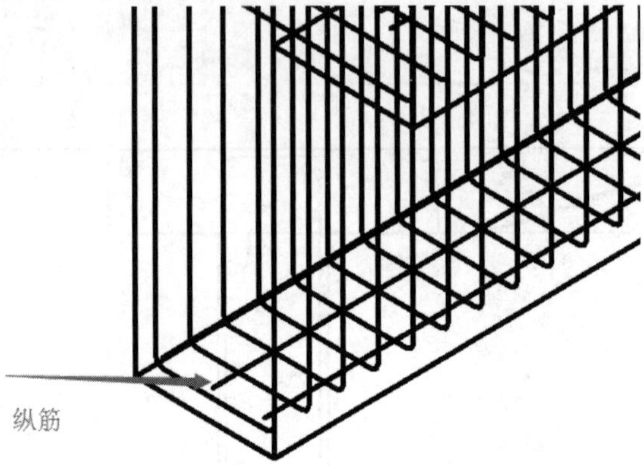

图 13-37　纵筋的结构

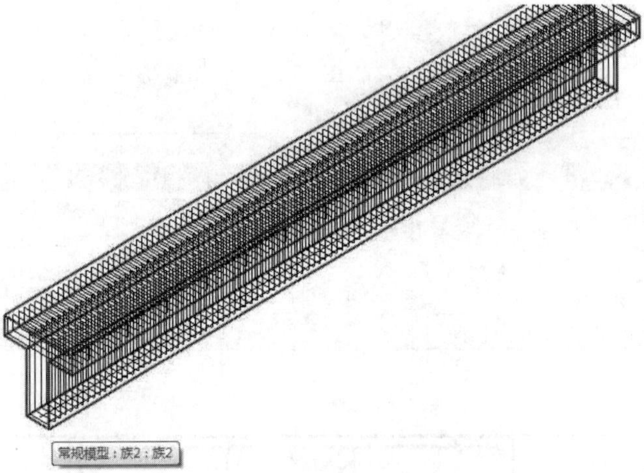

图 13-38　最终模型的结构

13.3.5　认识 Dynamo

Dynamo 是一个基于 Revit 的可视化编程平台，让设计师通过定义程序流程，探索参数化的方案设计和自动化建模与模型检查工作流。通过 Dynamo 帮助用户实现互操作性的工作流程文档管理，自动的模型创建、协调、模拟和分析。

前边已经提到 Revit 本质上是建模平台，其强项不在于创建复杂的形体，而是在于建筑信息的获取与管理。但相较于 3dMax 或是 Rhino 而言，Revit 提供的建模方式较为严谨且提供的方法也比较少，仅有拉伸、融合、旋转、放样、放样融合和空心放样等。所以如果在 Revit 中处理复杂曲面的造型问题，不仅需要花费大量时间通过繁复的程序逐步造型，有时还需要导入其他软件的实体模型作为参考来创建复杂形体。遇到上述情况时，大家都会思考，如果能有一套软件或是插件能够利用其内部参数调整控制曲面的形成，或者能够对参数进行调整，必然能够提升作业效率及生产力，同时也能激发更多的创意。Dynamo 的功能确实实现了我们的期望。

Dynamo 是一个运行在 Autodesk Vasari 和 Revit 上的开源插件，同时在最新的版本中亦可以独立运行。通过基于结点的可视化编程界面，Dynamo 可以让用户自由创建计算式设计模型或者其他自动化处理过程。用户可以使用完善的数据处理、关联性结构和几何控制功能。这些功能在基于传统 CAD 界面的软件中是很难做到的。更重要的是，Dynamo 让用户可以在 BIM 环境（Revit 平台）中充分发挥计算式设计能力。设计师完全可以自定义 Revit 中各种建筑构件的创建与修改流程。

Dynamo 提供了与 Autodesk Vasari 和 Revit 的全新交互思路。用户可以创建完整的几何体生成－定位－可视化流程。可视化编程界面在很大程度上扩展了使用 BIM 驱动设计迭代的方式方法。

作为插件，Dynamo 可以运行在 Revit 2013 及以后的各版本之上，还有 Vasari Beta 3。Dynamo 也可以独立运行，除 Revit 相关的结点无法使用外，其他功能都可正常使用。同时 Dynamo 也正在尝试集成到其他平台上，图 13-39 为 Revit 中打开 Dynamo 的菜单位置。

图 13-39　打开 Dynamo 的菜单位置

Dynamo“可视化编程语言”可以让设计师通过图形化界面创建程序。不必从白纸开始一行行地写程序代码，用户现在可以简单地连接预定义功能模块，轻松创建自己的算法和工具。或者说，设计师不用写代码就可以享受到计算式设计的好处，图 13-40 为 Dynamo 操作界面。

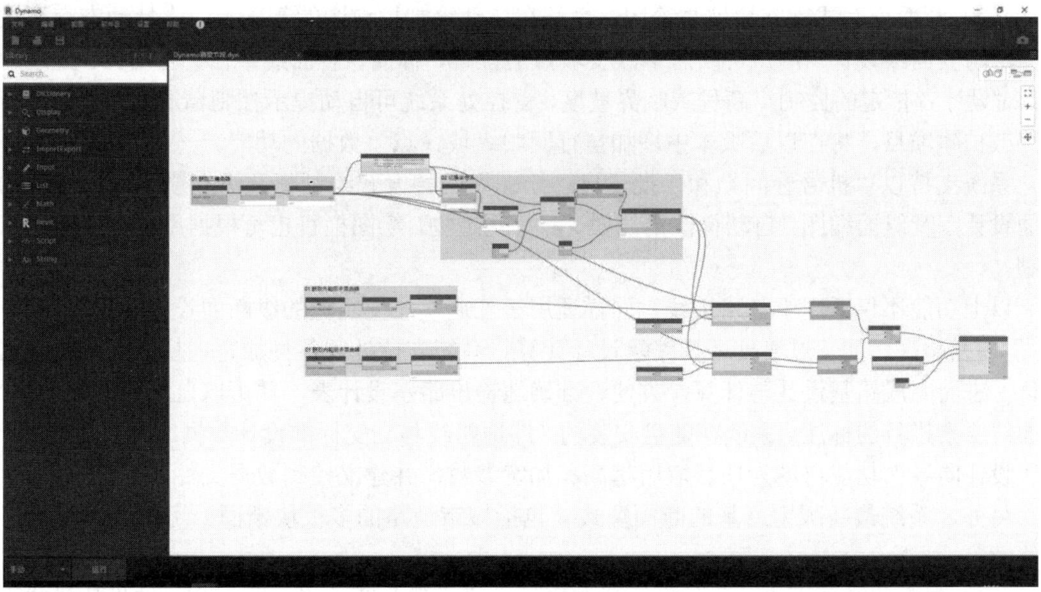

图 13-40　Dynamo 操作界面

由于篇幅原因，在这里就不一一细讲 Dynamo 的一些具体代码块和操作命令了。Dynamo 是使用 Revit 创建路桥 BIM 模型所必备的插件。但 Dynamo 毕竟属于一种编程语言，使用起来是有一定难度的，需要大家拿出时间来仔细研究。

第 14 章　纬地 HintCAD 道路 BIM

14.1　系统主要功能

14.1.1　路线辅助设计

（1）平面动态可视化设计与绘图。系统沿用传统的导线法（交点法）经典理论，可进行任意组合形式的公路平面线形设计计算和多种模式的反算。用户可在计算机屏幕上交互进行定线及修改设计，在动态拖动修改交点位置、曲线半径、切线长度、缓和曲线参数的同时，可以实时监控其交点间距、转角、半径、外距以及曲线间直线段长度等技术参数。而使用纬地智能布线技术，可以将已确定的直线、圆曲线等控制单元自动衔接为完整的路线，并可以对路线中任一控制单元（均为 CAD 的线元实体）方便地进行平移、旋转、缩放等操作调整，从而直观快捷并准确地确定出路线线位。在平面设计完成的同时，系统可自动完成全线桩号的连续计算和平面绘图。

系统支持基于数字化地形图（图像）上的上述功能，同时也可方便地将低等级公路外业期间已经完成的平面线形导入本系统。

（2）断面交互式动态拉坡与绘图。系统在自动绘制拉坡图的基础上，支持动态交互式完成拉坡与竖曲线设计。用户可实时修改变坡点的位置、标高、竖曲线半径、切线长、外距等参数；对设计者指定的控制点高程或临界坡度，受控处系统可自动提示控制情况。另外纬地针对公路改扩建项目，将在以后版本中增加自行回归纵坡（点）数据的功能。

系统支持以“桩号区间”和“批量自动绘图”两种方式绘制任意纵、横比例和精度的纵断面设计图及纵面缩图，自动标注沿线桥、涵等构造物，绘图栏目也可根据用户需要自由取舍定制。

以上功能不仅适用于公路主线，同样适用于互通式立交匝道的纵断面设计与绘图。

（3）超高、加宽过渡处理及路基设计计算。系统支持处理各种加宽、超高方式及其过渡变化，进而完成路基设计与计算，方便、准确地输出路基设计表，并可以自动完成该表中平、竖曲线要素栏目的标注。系统在随盘安装的“纬地路线与立交标准设计数据库”的基础上，通过“设计向导”功能自动为项目取用超高和加宽参数，并建立控制数据文件。

另外，系统最新版中路基的断面型式（包括城市道路的多板块断面）可由用户随意指定或修改。

（4）参数化横断面设计与绘图。系统支持常规模式和高等级公路沟底纵坡设计模式下的横断面戴帽设计，同时准确计算并输出断面填挖方面积以及坡口、坡脚距离等数据，并可以根据用户选择准确扣除断面中的路槽面积（包括城市道路的多板块断面的路槽）。用户可任意定制多级填挖方边坡和不同形式的边沟排水沟。新版中提供了横断面修改和土方数据联动功能。

系统直接根据用户设定自动分幅输出多种比例的横断面设计图，并可自动在图中标注断面信息和断面各控制点设计高程。

V4.0 以后版本中新增横断面设计中的支挡防护构造物处理模块，可自动在横断面设计图中绘出挡土墙、护坡等构造物，并可设置支挡构造物根据路基填土高度自动变换墙高度或自动变换填土高度，并在断面中准确扣除其土方数量。

（5）土石方计算与土石方计算表等成果的输出。系统利用在横断面设计输出的土石方数据，直接计算并输出 Excel 或 Word 格式的土石方计算表，方便用户打印输出和进行调配、累加计算等工作。系统可在计算中自动扣除大、中桥，隧道以及路槽的土石方数量，并考虑到松方系数、土石比例及损耗率等影响因素。

特别是系统直接为最新开发完成的纬地系列软件“纬地土石方可视化调配系统”提供原始数据，用户在方便、直观的鼠标拖拽操作中完成土石方纵向调配，系统自动记录用户的每一次操作（可无限制返回），并据此直接绘制完成全线的土石方纵向调配图表。

（6）公路用地图（表）与总体布置图绘制输出。基于公路几何设计成果，系统批量自动分幅绘制公路用地边线，标注桩号与距离或直接标注用地边线上控制点的平面坐标，同时可输出公路逐桩用地表（仅供参考）和公路用地坐标表。

同样，系统还可基于路线平面图，直接绘制路基边缘线、坡口坡脚线、示坡线以及边沟排水沟边线等，自动分幅绘制路线总体布置图。

新版系统中可区别跨径与角度，自动标注所有大、中型桥梁，隧道，涵洞等构造物。

（7）路线概略透视图绘制（以及全景透视图）。系统可直接利用路线的平、纵、横原始数据，绘制出任意指定桩号位置和视点高度、方向的公路概略透视图（线条图）。

另外，在系统的数模版中，系统可直接生成全线的地面模型和公路全三维模型，可得到任意位置的三维全景透视图，并可使用纬地实时漫游系统方便地渲染制作成三维动态全景透视图（三维动画），并模拟行车状态或飞行状态。

（8）路基沟底标高数据输出沟底纵坡设计。系统的横断面设计模块中可直接输出路基两侧排水沟及边沟的标高数据，新版软件中，用户可交互式完成路基两侧沟底标高的拉坡设计。

（9）平面移线。平面移线功能主要针对低等级公路项目测设过程中发生移线情况而开发，系统可自动计算搜索得到移线后的对应桩号、左右移距以及纵、横地面线数据。

14.1.2　互通式立交辅助设计

（1）立交匝道平面线位的动态可视化设计与绘图。系统采用曲线单元设计法和匝道起终点智能化自动接线相结合的立交匝道平面设计思路，方便、快捷地完成任意立交线形的设计和接线。特别是系统在任意曲线单元和起点接线约束时，可实时拖动其他曲线单元，匝道终点动态接线更为直观、灵活。立交匝道平面线位的动态可视化设计是纬地系统的核心和精髓。

与主线平面绘图相同，系统在立交平面设计完成的同时，完成立交平面线图的绘制，用户可根据出图需要控制其标注方向、内容和字体大小；同时可直接在线位图中绘制输出立交曲线表和立交主点坐标表。

（2）任意的断面型式、超高加宽过渡处理。系统采用独特而精巧的路幅变化描述和超高变化描述方式，可支持处理任意路基断面变化型式（如单、双车道变化，分离式路基等）和各种超高变化。

同样基于已随盘安装的“纬地路线与立交标准设计数据库”，“设计向导”功能也可为匝道项目自动建立超高和加宽变化控制数据。

（3）立交连接部设计与绘图。纬地系统除支持处理立交设计中各种形式的加宽和超高过渡外，还可自动搜索计算立交匝道连接部（加、减速车道至楔形端）的横向宽度变化。在绘制连接部图时根据用户指定可批量标注桩号及各变化段的路幅宽度，自动搜索确定楔形端位置及相关线形的对应桩号。

（4）连接部路面标高数据图绘制。在连接部设计详图（大样图）的基础上，系统可批量计算、标注各变化位置及桩号断面的路基横向宽度、各控制点的设计标高及横坡等数据。由于系统内部采用同一计算核心模块，所以自动保证立交连接部处路基设计表、横断面图和路面标高图等输出成果的一致性。

（5）立交绘图模板的设置与修改。在绘制连接部图和路面数据标高图时，系统内置有多套不同比例和不同型式的绘图模板供用户选用。用户还可以完全按照自己的要求，定制增加或修改标准模板，以得到不同风格的设计图纸。

（6）分离式路基的判断确定。用以自动判断确定互通式立交中主线与匝道之间、匝道与匝道之间或高速公路分离式路基左右线之间的路基边坡相交位置，准确计算出相交位置至中线的距离，并可在横断面图中搜索绘制出相邻路基断面的桩号和路基设计线。

纬地系统的开发设计首先是基于互通式立交设计的，系统 V1.0～V2.0 版只有互通式立交设计部分的内容，Hint3.0 以后版本发展为同时兼顾路线和互通式立交辅助设计两套功能的专业软件。前面所述及的关于路线设计部分的所有功能，如纵断面设计与绘图、路基设计、横断面设计与绘图、土石方计算等均同时适用于互通式立交设计，这里不再重复。

14.1.3 数字化地面模型应用（DTM）

（1）支持多种三维地形数据接口（来源）。系统支持 AutoCAD 的 dwg/dxf 格式、Microstation 的 dgn 格式、Card/1 软件的 asc/pol 格式，以及 pnt/dgx/dlx 格式等多种三维地形数据来源（接口）。三维地形数据既可以是专业测绘部门航测后提供的，也可以是用户自行对地形图扫描矢量化后得到的。

（2）自动过滤、剔除粗差点和处理断裂线相交等情况。系统自动过滤并剔除三维数据中的高程粗差点，自行处理平面位置相同点和断裂线相交等情况，免去繁多的手工修改工作。

（3）快速建立最优化三角网的三维数字地面模型（DTM）。以独特的内存优化模块和最快的点排序方法为引擎，纬地系统建立最优化三角网状数字地面模型的速度是国外其他同类软件的两倍以上，并且突破了其他软件在处理公路带状长大数模时存在的限制，没有可处理点数上限。

（4）系统提供多种数据编辑、修改和优化功能。系统不仅提供多种编辑三角网的功能，如插入、删除三维点，交换对角线或插入约束段，还专门开发了自动优化去除平三角形的数模优化等模块。

（5）系统快速、准确地完成路线纵、横断面地面线插值（或剖切）。系统可根据用户需求快速插值计算（或剖切），并输出路线纵、横断面的地面线数据。用户可立即在计算机上完成纵断拉坡设计、路基设计、横断面设计，进而直接得到土石方工程量，使大范围的路线方案深度比选和优化成为现实。

（6）系统提供对二维平面数字化地形图的三维化功能。系统提供多种命令工具，可快速将二维状态的数字化地形图转化为三维图形，进而建立数字地面模型。

14.1.4　公路三维真实模型的建立（3DRoad）

（1）基于三维地模快速建立公路全线地面三维模型。
（2）基于横断面设计建立真实的公路全三维模型（包括护栏、标线、波型梁等）。
（3）自动根据公路全三维模型完成对原地面模型的切割（挖除）。
（4）方便地制作公路全景透视图和公路三维动态全景透视图（三维动画）。
建立在数字化地面模型基础上的公路三维模型才是真正意义上的公路三维模型。

14.1.5　平交口自动设计

（1）可以自动计算输出平交口等高线图。
（2）自动标注板块的尺寸及板角设计高程等。

14.1.6　其他功能

（1）估算路基土石方数量与平均填土高度。
（2）外业放线计算。
（3）任意地理坐标系统的换带计算。
（4）桥位和桩基坐标表输出及设计高程计算。
（5）立交连接部鼻端（楔形端）位置自动搜索。
（6）任意桩号坐标自动查询等。
（7）绘制任意桩号法线。
（8）查询任意点至中线距离及桩号。
（9）查询任意桩号的设计高程及填挖。
（10）查询任意线元的信息。
（11）图纸的批量打印功能。
（12）路面上任意点位的标高计算功能。

14.1.7　数据输入与准备

纬地系统中所有的平、纵、横基础数据录入均开发有实用、方便的录入工具（软件），如平面数据（交点）导入/导出、纵断面数据输入、横断面数据输入等，减少了数据输入错误，方便用户使用。

14.1.8　输出成果

（1）绘图部分。
1）路线平面设计图。
2）路线纵断设计图。
3）横断面设计图。
4）公路用地图（表）。
5）路线总体布置图。

6）路线概略与全景透视图。

7）互通式立交平面线位数据图。

8）立交连接部设计详图。

9）立交连接部路面标高图。

纬地系统版可批量、高效输出路线平、纵、横等所有相关图纸，用户可单张、多张或一次性输出打印所有图纸。

（2）出表部分。

1）直线及曲线转角一览表。

2）主点坐标表。

3）逐桩坐标表。

4）立交曲线表与路线平面曲线元素表。

5）纵坡与竖曲线表。

6）路基设计表。

7）超高加宽表。

8）路面加宽表。

9）路基排水设计表。

10）公路用地表。

11）土石方计算表。

12）边沟、排水沟设计表。

13）总里程及断链桩号表。

14）主要经济技术指标表。

15）水准点表。

以上输出的表格均可由用户自由选择输出方式（AutoCAD 图形、Word、Excel 三种方式），并自动分页，方便打印。

14.2　系统应用常规步骤

使用 HintCAD V5.8 版进行公路路线及互通立交的设计工作，一般步骤如下所述。

14.2.1　常规公路施工图设计项目

对于工程可行性研究或初步设计项目，根据需要简略应用下述有关内容。

（1）单击“项目”→“新建项目”，指定项目名称、路径，新建公路路线设计项目。

（2）单击“设计”→“主线平面设计”（也可交互使用“立交平面设计”），进行路线平面线形设计与调整；直接生成路线平面图，在“主线平面设计”（或“立交平面设计”）对话框中单击“保存”按钮得到*.jd 数据和*.pm 数据。

（3）单击“表格”→“输出直曲转角表”，生成路线直线及曲线转角一览表。

（4）单击“项目”→“设计向导”，根据提示自动建立：路幅宽度变化数据文件（*.wid）、超高过渡数据文件（*.sup）、设计参数控制文件（*.ctr）、桩号序列文件（*.sta）等数据文件。

（5）单击“表格”→“输出逐桩坐标表”，生成路线逐桩坐标表。

（6）使用“项目管理”或利用“HintCAD 专用数据管理编辑器”结合实际项目特点修改以下数据文件：路幅宽度变化数据文件（*.wid）、超高过渡数据文件（*.sup）、设计参数控制数据文件（*.ctr）等。这些数据文件控制项目的超高、加宽等过渡变化和纵面控制条件等情况。

（7）单击“数据”→“纵断数据输入”，输入纵断面地面线数据（*.dmx）；单击“数据”→“横断数据输入”，输入横断面地面线数据（*.hdm），并在项目管理器中添加该数据文件。

（8）单击“设计”→“纵断面设计”，进行纵断面拉坡和竖曲线的设计调整，保存数据至*.zdm 文件中。

（9）单击“设计”→“纵断面绘图”，生成路线纵断面图，同时根据设计参数控制文件（*.ctr）标注各类构造物，单击“表格”→“输出竖曲线表”，计算输出纵坡、竖曲线表。

（10）单击“设计”→“路基设计计算”，生成路基设计中间数据文件（*.lj）；并可单击“表格”→“输出路基设计表”，根据路基设计中间数据文件计算输出路基设计表。

（11）单击“设计”→“支挡构造物处理”，输入有关挡墙等支挡物数据，并将其保存到当前项目中。

（12）单击“设计”→“横断设计绘图”，绘制路基横断面设计图，同时直接输出土石方数据文件（*.tf），并根据需要输出路基横断面三维数据文件（*.3DR）和左右侧边沟沟底标高数据文件（C:\Hint58\Lst\zgdbg.tmp）、（C:\Hint58\Lst\ygdbg.tmp）。

（13）单击“数据”→“控制参数输入”，修改设计参数控制数据文件中关于土石比例分配的控制数据，单击“表格”→“输出土方计算表”，计算输出土石方数量计算表和每公里土石方表。

（14）单击“绘图”→“绘制总体布置图”，绘制路线总体设计图。

（15）单击“绘图”→“绘制公路用地图”，可绘制公路占地图。

14.2.2　低等级公路设计项目

一般低等级公路项目需在外业期间现场进行平面线形设计，所以对于低等级公路项目应用纬地系统的步骤如下：

（1）单击“项目”→“新建项目”，指定项目名称、路径，新建公路路线设计项目。

（2）根据外业平面设计资料，单击“数据”→“平面数据导入”（或“平面交点导入”），输入平面设计数据，并单击“导入为交点数据”将平面数据导入为纬地所支持的“平面交点数据”（对应文件后缀*.jd）。

（3）单击“项目”→“项目管理器”中的“文件”管理页，选择“平面交点文件”一栏，指定平面导入生成的平面交点文件（*.jd）并添加到项目中，选择“项目文件”菜单的“保存退出”命令。

（4）启动“主线平面设计”便可自动打开交点数据，选择“计算绘图”后可直接在 AutoCAD 中生成平面图形。单击“保存”按钮，系统自动将交点数据（*.jd）转化为平面曲线数据（*.pm）。

（5）以下同 14.2.1 节中第 3）步以后的内容。

14.3 纬地设计向导

菜单：项目→设计向导

命令：Hwizard

纬地系统 V3.0～V5.8 版在国内首先建立起基于现行《公路工程技术标准》(JTG B01－2014）和《公路路线设计规范》(JTG D20－2017）的纬地路线与立交设计专用标准数据库，并研制开发“纬地设计向导”功能。该功能在路线平面设计确定后，引导用户完成整个项目诸多标准和参数的确定和取用，可自动为不同等级和标准的设计项目选取超高与加宽过渡区间、数值，以及填挖方边坡、边沟排水沟等设计控制参数，引导用户更加快捷、方便地完成路线与互通式立交设计工作。这些通用标准数据可由用户自行修改（结合《公路工程技术标准》(JTG B01－2014）和《公路路线设计规范》(JTG D20－2017）修改)。针对所取用的设计控制参数，用户还可使用“控制参数输入”功能结合实际工程情况加以修改调整。

该部分功能的研制开发成功是纬地系统向部分智能化辅助设计方向探索的重要一步。

在纬地系统 V5.5 以后，根据设计项目的要求，在设计向导中可以将一个项目划分为若干个不同公路等级标准的项目分段，从而避免用户将同一项目分成多个项目进行设计。还可根据同一项目不同的等级标准分段自动计算建立超高、加宽、路幅断面、填挖方边坡等技术参数。并且支持三四级公路不设置缓和曲线时自动在直线段和圆曲线内过渡等情况，系统能够根据超高渐变率和加宽渐变率自动计算并确定过渡段。

纬地设计向导启动后，第一步对话框如图 14-1 所示，程序自动从项目中提取“项目名称”“平面线形文件”以及“项目路径”等数据。用户需选择项目类型（公路主线或互通式立体交叉)，并且指定设置本项目设计起终点范围——进行最终设计出图的有效范围，该范围可能等于平面线形设计的全长，也可以是其中的某一部分。在其他设置栏中可以输入本项目的桩号标识（如输入 A，则所有图表的桩号前均冠以字母 A）和桩号精度（桩号小数的保留位数)。单击“下一步”按钮进入本项目第一个分段的设置。

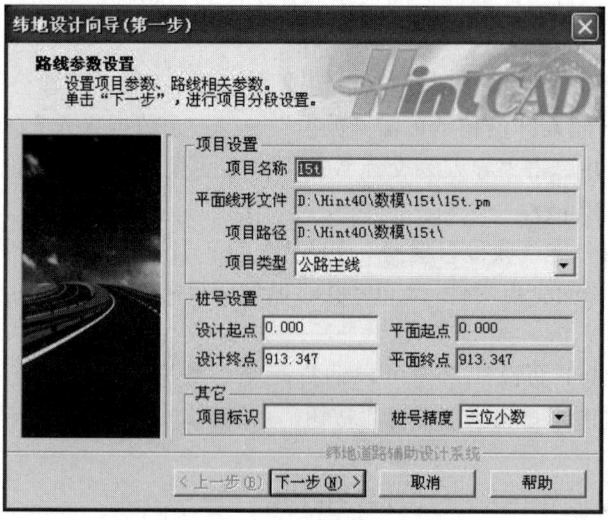

图 14-1 纬地设计向导

项目分段 1 第一步：首先输入本项目第一段的分段终点桩号，系统默认为平面设计的终点桩号。如果整个项目不分段，即只有一个项目分段，则不修改此桩号。其次选择“分段公路等级”，根据公路等级程序自动从数据库中提出其对应的计算车速，其对话框如图 14-2 所示。单击“下一步”按钮进入项目分段 1 第二步的设置。

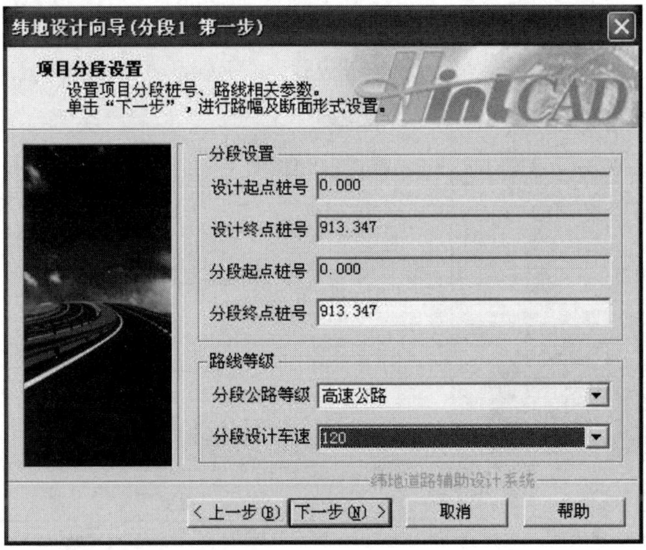

图 14-2　项目分段

项目分段 1 第二步：设计向导提示出对应的典型路基横断面型式和具体尺寸组成，用户可直接修改并调整路幅总宽；针对城市道路，用户还可在原公路断面的两侧设置左右侧附加板块，来方便地处理多板块断面。其对话框如图 14-3 所示。单击“下一步”按钮进入项目分段 1 第三步。

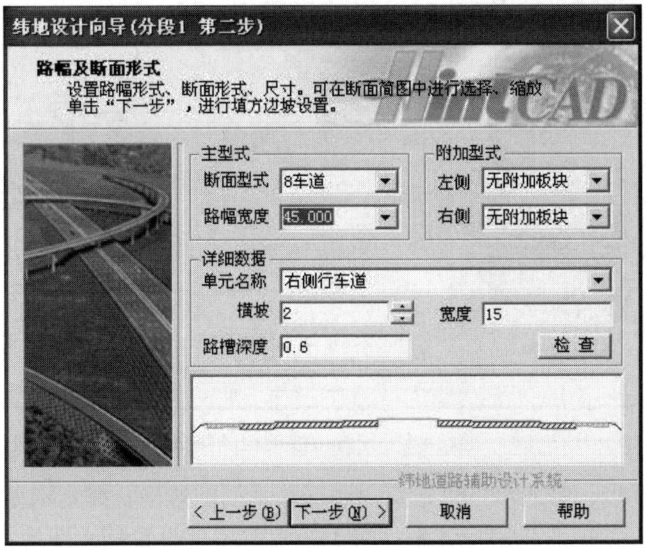

图 14-3　横断面参数设置

项目分段 1 第三步、第四步：引导用户完成项目典型填、挖方边坡的控制参数设置。用户可根据需要设置可处理高填与深挖断面的任意多级边坡台阶。其对话框分别如图 14-4 和图 14-5 所示。

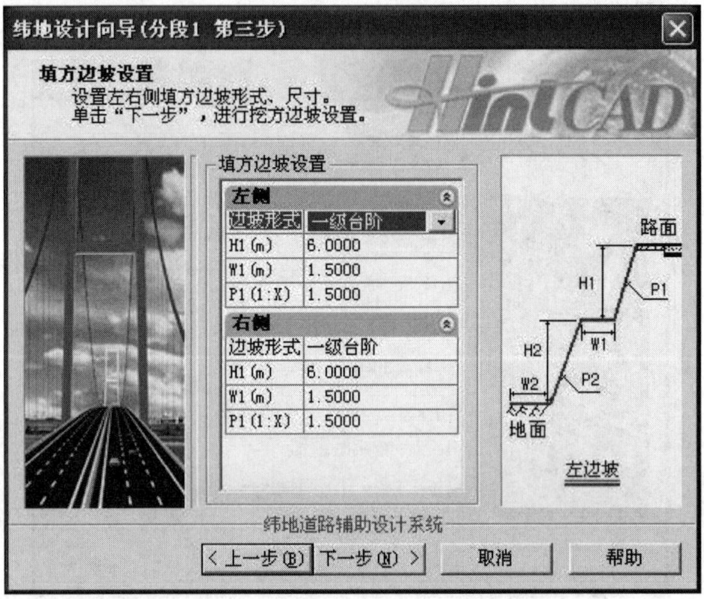

图 14-4　填方边坡的控制参数

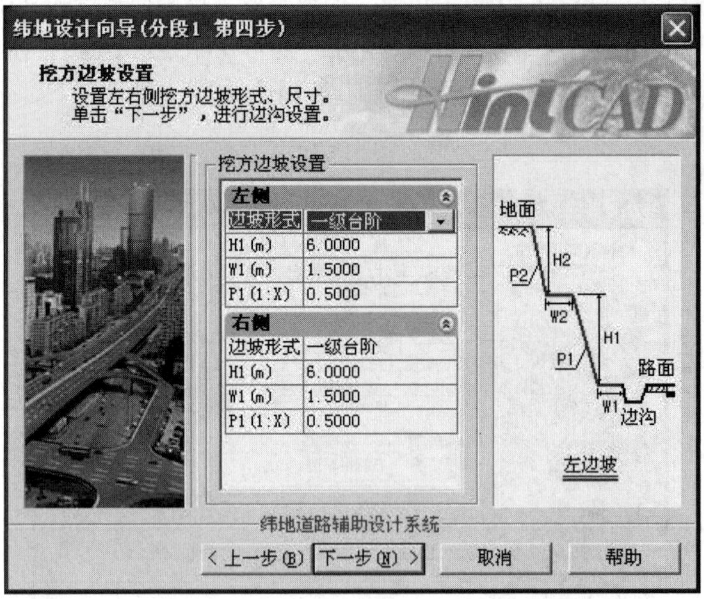

图 14-5　挖方边坡的控制参数

项目分段 1 第五步、第六步：引导用户进行路基两侧边沟、排水沟型式及典型尺寸设置，用户可以根据需要设置矩形或梯形边沟，对于排水沟还可设置挡土堰等。其对话框分别如图 14-6 和图 14-7 所示。

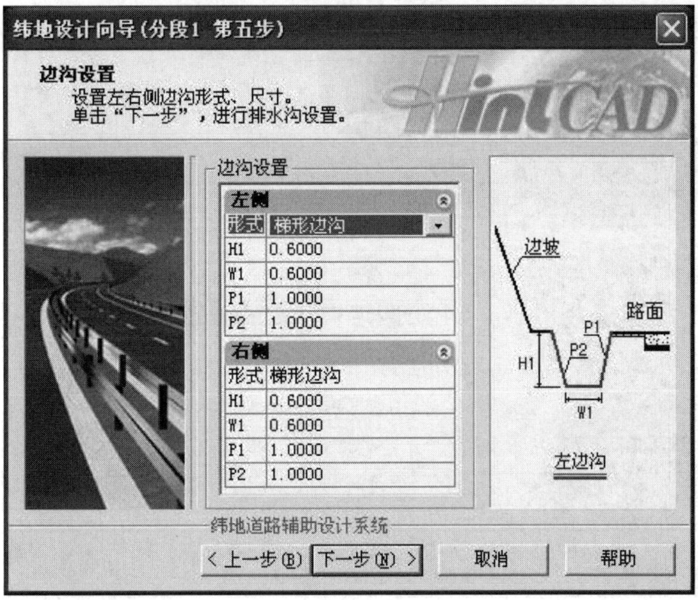

图 14-6 边沟设置

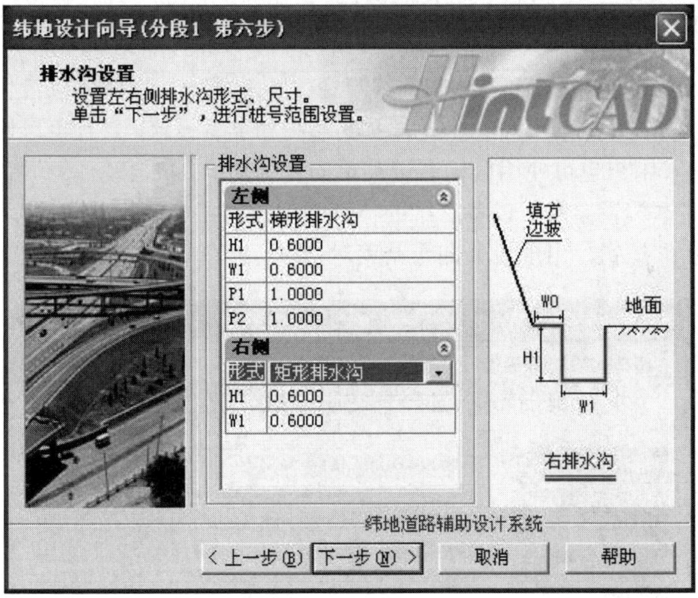

图 14-7 排水沟设置

项目分段 1 第七步：提示用户选择确定该项目分段路基设计所采用的超高和加宽类型、超高旋转、超高渐变方式及外侧土路肩超高方式（新版纬地中增加的功能，用户可以根据需要选取“曲线外侧土路肩不超高”和“曲线外侧土路肩随行车道一起超高”两种方式）、曲线加宽位置及加宽渐变方式，其对话框如图 14-8 所示。单击“下一步”按钮则开始项目的第二个分段的设置，如此循环直到所有项目分段设置完成，则进入纬地设计向导最后一步自动计算超高和加宽过渡段。如果只有一个项目分段，单击“下一步”按钮，则直接进入纬地设计向导最后一步。

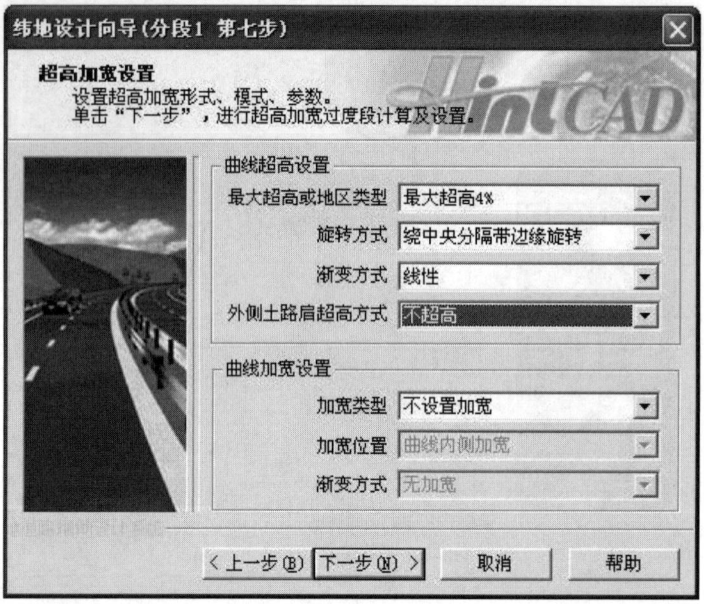

图 14-8　曲线超高与加宽设置

纬地设计向导最后一步：单击“自动计算超高加宽”按钮，系统将根据前面所有项目分段的设置并结合项目的平面线形文件自动计算出每个交点曲线的超高和加宽过渡段，其对话框如图 14-9 所示。对于过渡段长度不够或曲线半径太小的线元，系统将以红色显示，便于用户进行检查。用户可以展开每一个曲线单元查看其超高和加宽设置，并且可以修改超高和加宽过渡段的位置和长度（用户也可使用鼠标右键菜单的复制功能，将自动计算设置的超高与加宽等计算信息复制到文本编辑器中，以备后续的检查或修改时参考）。

单击“下一步”按钮，出现设计向导结束对话框。

图 14-9　自动计算超高加宽

“纬地设计向导（结束）”对话框如图 14-10 所示。用户可设定逐桩桩号间距（如 20m），程序将以此间距自动生成桩号序列文件，并增加所有曲线要素桩。程序把将要自动生成的四个数据文件列于对话框中，用户在这里还可以修改所输出数据文件的名称。单击“完成”按钮，系统即自动计算生成路幅宽度文件（*.wid）、超高设置文件（*.sup）、设计参数控制文件（*.ctr）和桩号序列文件（*.sta），并自动将这四个数据文件添加到纬地项目管理器中。

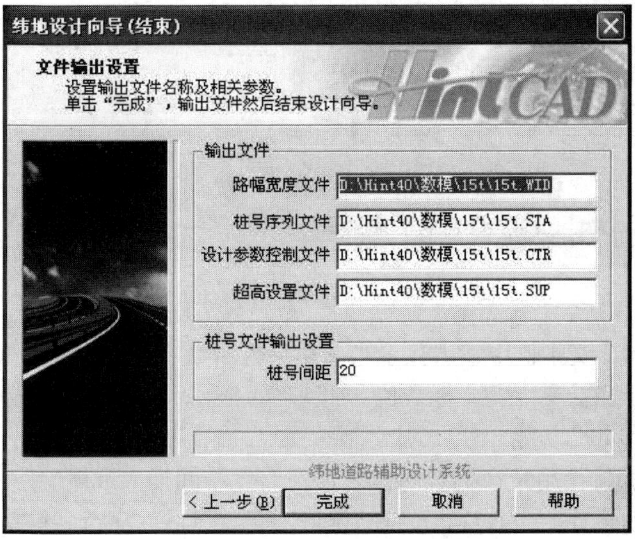

图 14-10　文件输出设置

14.4　平曲线的“交点设计法”

14.4.1　交点设计法简介

“交点设计法”是针对公路主线线形设计而开发的，这里将两段缓和曲线和一段圆曲线捆绑作为一个交点曲线的基本组合，其中前部缓和曲线和后部缓和曲线既可以分别是任意一种缓和曲线类型，也可以分别存在或不存在，并且相邻两交点曲线可以相互组合。也正是基于这样的组合，本交点设计法适用于公路主线设计中各种线形组合，如对称与非对称、S 型、凸型、卵型、C 型以及回头曲线的设计。“交点设计法”又可称为“导线设计法”。

14.4.2　主线平面设计主对话框功能介绍

此种方法适用于一般情况下利用交点转角进行公路主线的平面设计与计算、成图。

菜单：设计→主线平面设计

命令：jdpm

交点设计法主对话框如图 14-11 所示。

“存盘”和“另存”按钮用于将平面交点数据保存到指定的文件中。

在此对话框中，主要描述的是当前交点曲线的所有相关信息。下面叙述“交点数据输入”线形数据输入部分各项对话框控件的功能用途。

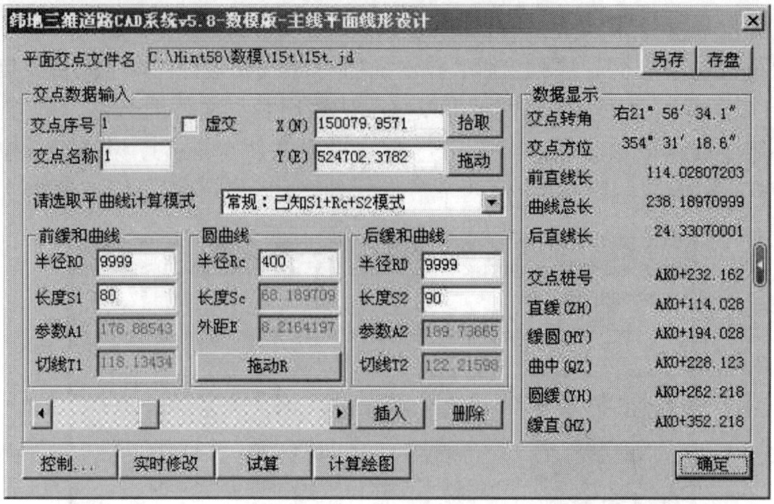

图 14-11　主线平面设计对话框

其中“交点名称”文本框中输入显示当前对话框所显示交点的人为编号；“X(N)”“Y(E)”文本框分别输入显示当前交点的坐标数值；“拾取”“拖动”按钮分别完成交点坐标的直接点取和交点的实时拖（移）动功能。

交点名称自动编排：用户在调整路线时，在路线中间插入或删除了交点，考虑到外业测量的交点编号和内业设计的一致性，系统默认增减交点以后的交点名称是不改变的。如果用户需要对交点名称进行重新编号，可在交点名称处右击，系统即弹出交点名称自动编号的选项菜单，如图 14-12 所示。用户可选择对当前项目的全部交点进行重新自动编号，或者只从当前交点开始往后重新编号。用户还可以选择按照当前交点的名称格式对所有交点重新进行编排。

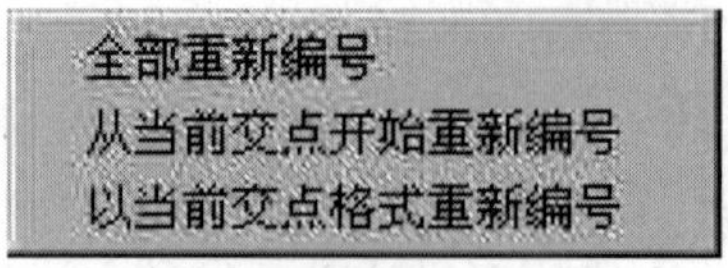

图 14-12　交点名称自动编排

“请选取平曲线计算模式”列表为本交点曲线组合的计算方式，其中包含基本的交点曲线组合和多种组合的切线长度反算方式，用户可以根据不同的需要选择适合的计算方式。而对于不同的计算方式，对话框均有不同的连锁控制，以提示用户应该输入的数据项目。

横向滚动条控制向前和向后翻动交点数据，“插入”“删除”按钮分别控制在任意位置插入和删除一个交点。

整个交点的曲线及组合的控制参数均在“前缓和曲线”“圆曲线”“后缓和曲线”中的文本框中显示和编辑修改，其中“S1”“A1”“RO”分别控制当前交点的前部缓和曲线的长度、缓和曲线参数值及其起点曲率半径；其中“Rc”“Sc”分别控制曲线组合中部圆曲线的半径和长度；“S2”“A2”“RD”分别控制当前交点的后部缓和曲线的长度、缓和曲线参数值及其终点曲率半径；“T1”“T2”“曲线总长”分别控制本交点设置曲线组合后第一切线长度、第二切线长度、曲线组合的曲线总长度。这些控件组将根据用户选择的不同计算方式，处于不同的状态，以显示、输入和修改各控制参数数据。

“拖动 R”按钮用于实时拖动修改中部圆曲线半径。

“实时修改”按钮使用户可以动态拖动修改任意一个交点的位置和参数。

“控制…”按钮用于控制平面线形的起始桩号和绘制平面图时的标注位置、字体高度等；注意在使用交点设计法进行路线平面设计及拖动时，将“控制…”对话框中的“绘交点线”按钮点亮。

“试算”按钮用于计算包括本交点在内的所有交点的曲线组合，并将本交点数据显示于主对话框。

“计算绘图”按钮用于计算和在当前图形屏幕显示本交点曲线线形。

“确定”按钮用于关闭对话框，并记忆当前输入数据和各种计算状态，但是所有的记忆都在计算机内存中进行，如果需要将数据永久保存到数据文件，必须单击“另存”或“存盘”按钮。

“取消”按钮可以关闭此对话框，同时当前对话框中的数据改动也被取消。

对于已有项目，“主线平面设计”启动后，自动打开并读入当前项目中所指定的平面交点数据。用户单击“计算绘图”后便可在当前屏幕浏览路线平面图形。

当用户新建项目后，可直接应用主线平面设计功能进行路线平面设计。首先应用 AutoCAD 打开数字化地形图（如果有的话），选择“设计”菜单下的“主线平面设计”命令，这时系统只为新建项目建立了一个交点（除了交点名称和交点坐标可输入外，其他控件将处于不可用状态），用户先输入第一个交点的 X(N)、Y(E)坐标或单击“拾取”按钮直接在图形屏幕中点取交点。单击“插入”按钮，按照对话框的提示，用户单击“是”按钮后，主对话框消失，用户可在图形屏幕中看到鼠标和第一个交点间有一条动态的连线，移动鼠标到合适的位置单击，系统即确定第二个交点的位置，根据需要用户可继续用鼠标拾取后面的交点直到完成交点的插入，右击，系统返回主对话框中。用户也可以在对话框中修改这些交点的坐标。

在新版纬地中，进一步加强了主线平面设计的“拾取”功能。用户可以使用 CAD 的“line（直线）”命令和“pline（多段线）”命令在当前屏幕直接绘制路线的交点导线，将导线调整好以后，打开主线平面设计对话框，单击对话框中的“拾取”按钮，在右键菜单中选择“E 拾取交点线”或根据 CAD 命令行提示输入 E 回车，鼠标箭头变为小方框，点取屏幕中绘制的交点导线，系统即自动将其转换为纬地系统当前项目的交点线坐标。

通过移动横向滚动条，分别给每个交点设置平曲线（圆曲线和缓和曲线），并可根据需要先选择交点的计算模式，输入已知参数，单击“试算”按钮进行各种接线反算（计算模式参见下文说明）。在计算成功的情况下，单击“计算绘图”按钮可直接实时显示路线平面图形；而当计算不能完成时，对话框中的数据将没有刷新，并且在 AutoCAD 命令行中将出现计算不能完成的提示信息，用户在调整参数后可继续进行计算。

另外，用户可单击“实时修改”和“拖动 R”按钮，根据命令行的提示实时拖动修改交点的位置和平曲线半径 R，以达到绕避构造物及路线优化等目的。实时修改是纬地道路辅助设计的一人特点和优势，也是完成许多特殊设计最快捷的工具。

请用户注意对话框右侧“数据显示”中的内容，以控制整个平面线形设计和监控试算结果。结合工程设计中的实际情况，主线平面设计允许前后交点曲线相接时出现微小的相掺现象，即“前直线长”或“后直线长”出现负值。但其长度不能大于 2mm，否则系统将出现出错提示。

新版纬地中，在对话框右侧边缘中部增加了一个蓝色小按钮，用于控制对话框右侧“数据显示”栏的折叠和展开，减少对话框在图形屏幕中的占用面积，以方便用户查看图形。另外还增加了主对话框停放位置的记忆功能，即用户在设计绘图时将对话框移动到其他合适位置，当再次打开此对话框时，对话框仍显示在刚才移动后的位置，也方便了用户查看图形。虽是小小的细微改动，却体现了纬地软件人性化、处处考虑用户设计习惯、方便用户设计的特点。

对于如何完成各种模式的平曲线反算及复曲线、卵形曲线设计，请参阅下文对计算方式的介绍。

14.5 纵断面地面线数据输入

纬地系统开发了专门的纵、横断面地面线数据输入程序，推荐用户使用它们进行纵、横断面地面线数据输入（特别是对于横断面地面线数据），以便将许多类似输入手误、桩号不匹配、桩号顺序颠倒、格式不符等错误排除在数据录入阶段。纵、横断面地面线数据均为纯文本文件格式，用户也可以使用写字板、edit、Word 及 Excel 等文本编辑器编辑修改，但请注意保存为纯文本格式。

菜单：数据→纵断数据输入

命令：DATTOOL

纵断数据输入对话框如图 14-13 所示，系统可自动根据用户在“文件”菜单“设定桩号间隔”设定按固定间距提示下一输入桩号（自动提示里程桩号），用户可以修改提示桩号，之后输入回车，输入高程数据，完成后再回车，系统自动下增一行，光标也调至下一行，如此循环到输入完成。输入完成后，单击最后一行的序号，选中该行，单击图标工具中的“剪刀”，便可删去最后一行多余的桩号。当用户需要在某一行插入一行时，先将光标移到该行，再单击图标工具中的“插入”按钮。系统会自动检查用户输入的每一桩号的顺序，错误时会自动提示。

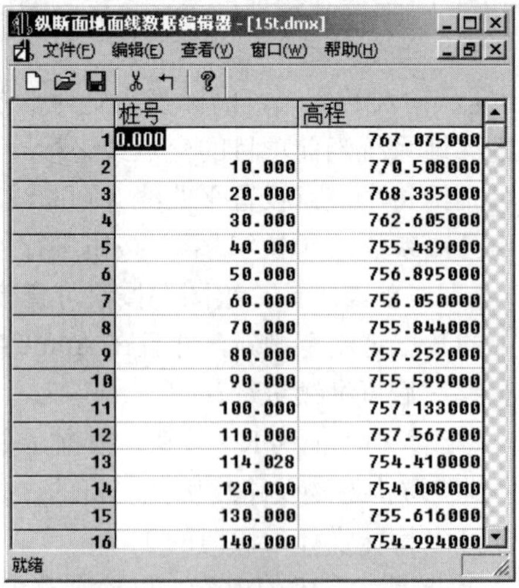

图 14-13 纵断数据输入对话框

完成输入后，单击“存盘”按钮，系统便将地面线数据写入到用户指定的数据文件中，并自动添加到项目管理器中。

14.6　横断面地面线数据输入

菜单：数据→横断数据输入

命令：HDMTOOL

横断数据添加和输入对话框如图 14-14 和图 14-15 所示，系统提供两种方式的桩号提示：按桩号间距或根据纵断面地面线数据的桩号。一般用户选择后一种，这样可以方便地避免出现纵、横断数据不匹配的情况。在图 14-15 的输入界面中，每三行为一组，分别为桩号、左侧数据、右侧数据。用户在输入桩号后回车，光标自动跳至第二行开始输入左侧数据，每组数据包括两项，即平距和高差，这里的平距和高差既可以是相对于前一点的，也可以是相对于中桩的（输入完成后，可以通过“横断面数据转换”中的“相对中桩→相对前点”转化为纬地系统需用的相对前点数据）。左侧输入完毕后，直接输入两次回车，光标便跳至第三行，如此循环输入。输入完成后点击存盘将数据保存到指定文件中，系统自动将该文件添加到项目管理器中。横断面数据格式请参见数据文件介绍一章的相关内容。

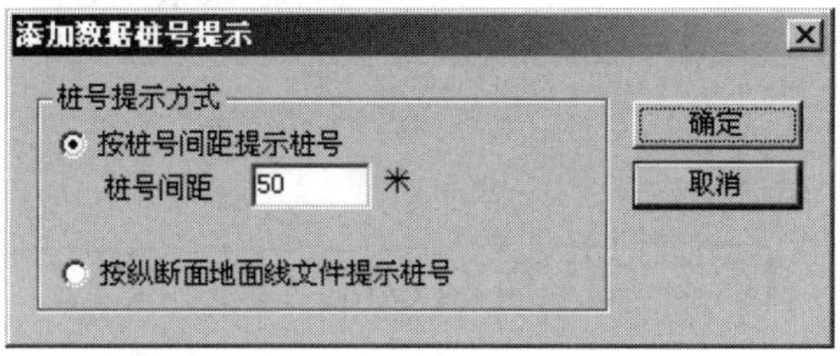

图 14-14　横断数据添加对话框

	平距	高差	平距	高差	平距	高差	平距	高差	平距	高差
桩号		0.000								
左侧	3.060	-0.683	1.572	-0.241	3.336	-2.252	3.616	-0.108	0.184	-0.
右侧	0.946	0.211	0.990	-0.094	5.738	-1.544	2.524	0.145	3.379	0.
桩号		10.000								
左侧	0.862	-0.163	0.089	-0.022	0.029	-0.017	1.430	-1.473	1.450	-0.
右侧	7.884	1.492	3.071	1.474	1.523	0.526	1.851	0.692	1.842	0.
桩号		20.000								
左侧	0.656	-0.159	1.994	-0.892	4.401	-2.717	0.089	-0.229	0.108	0.
右侧	1.604	0.390	1.025	1.356	0.910	0.610	4.491	1.201	2.965	0.
桩号		30.000								
左侧	6.477	-2.670	0.170	-0.061	3.174	-1.874	1.226	-0.483	0.679	-0.
右侧	0.189	0.078	1.449	0.249	3.466	1.843	1.521	0.136	0.878	0.
桩号		40.000								
左侧	0.324	-0.057	1.149	-0.334	2.376	0.172	4.363	-0.455	1.972	-0.
右侧	1.424	0.249	0.764	0.312	2.181	1.648	2.085	1.256	1.423	1.

图 14-15　横断数据输入对话框

另外，当项目管理器中未指定横断面数据文件或横断面输入工具中新建横断面数据文件时，V4.6 以后版本的横断面输入工具可直接读入德国的 Card/1 软件所输出的横断面格式文件和 HEAD 等软件的横断面格式文件，并转化为纬地系统的横断面文件格式。

关于纵、横断面的桩号匹配关系，纬地系统中是这样要求的：纵断面包含横断面，即纵断面数据中的桩号，在横断面中可以没有；但横断面数据中有的桩号，在纵断面中则必须有。另外当两种数据中的某一桩号相差小于 2cm，即 0.02m 时，系统会自动判断它们为同一桩号。为此，纬地道路 V5.6 以后版本增加了“检查纵横断面数据”工具，如图 14-16 所示。系统可自动检查出纵横断面数据文件中没有对应的桩号，以及重复出现的桩号数据等。

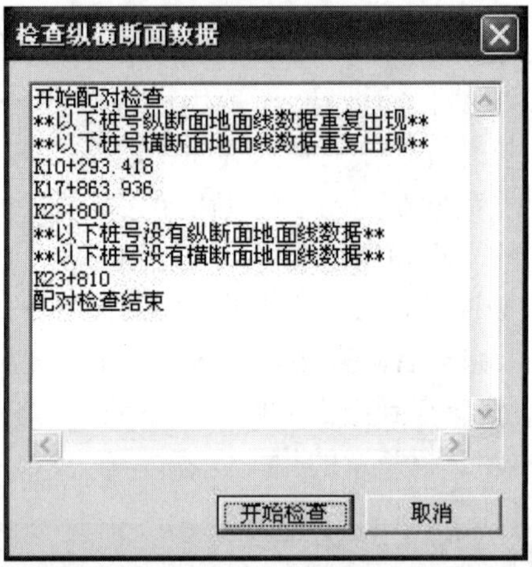

图 14-16　“检查纵横断面数据”工具

14.7　纵断面动态拉坡设计

系统在自动绘制拉坡图的基础上，支持动态交互式拉坡与竖曲线设计。用户可实时修改变坡点的位置、标高、竖曲线半径、切线长、外距等参数；对大、中型桥梁等主要纵坡，受控处系统可自动提示控制标高和相关信息。

菜单：设计→纵断面设计

命令：ZDMSJ

纵断面拉坡设计主对话框如图 14-17 所示。

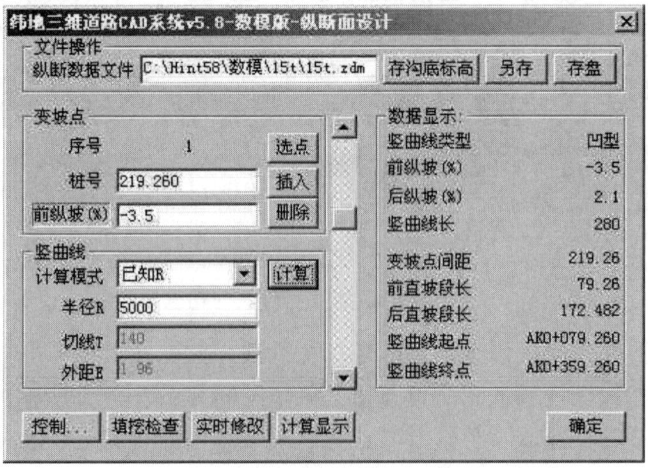

图 14-17　纵断面拉坡设计主对话框

启动此对话框后，如果项目中存在纵断面设计数据文件（*.zdm），系统将自动读入并进行计算，显示相关信息。“存盘”和“另存”可将修改后变坡点及竖曲线等数据保存到数据文件中去。

第一次单击“计算显示”按钮，程序将在当前屏幕图形中绘出全线的纵断面地面线、里程桩号和平曲线变化，同时屏幕图形下方也会对应显示一栏平曲线变化图，为用户直接在屏幕上进行拉坡设计做准备，如图 14-18 所示。

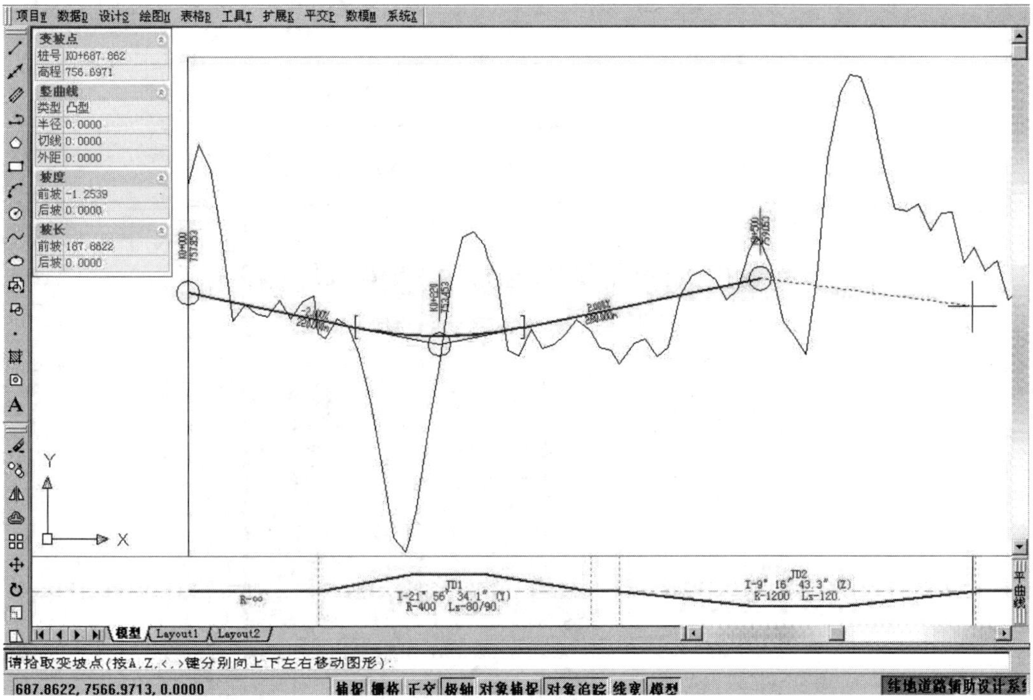

图 14-18　拉坡设计

在拉坡设计过程中，系统在屏幕左上角会出现一个动态数据显示框，主要显示变坡点、竖曲线、坡度、坡长的数据变化，随着鼠标的移动，框中数据也随之变动，动态显示设计者拉坡所需的数据。

平曲线图的窗口是固定不动的，并且可以将背景、字体、线形设置成不同的颜色。随着拉坡图的放大、缩小和移动等操作，平曲线也会随之在横向进行拉伸、缩短和移动，使其桩号位置始终和拉坡图桩号对应，以方便用户对拉坡位置进行判断和很方便地进行拉坡的平纵结合设计。

单击“控制”按钮后将出现图 14-19 所示的对话框，用于控制系统是否自动绘制纵断拉坡图和在拉坡图中标注桥梁、涵洞构造物的位置和控制标高，以方便在计算机屏幕上进行拉坡设计。如果用户使用纬地道路 CAD 数模版软件从数字地模中直接采集了路面左右侧边缘的地面高程，对话框中的“绘制路基左/右侧地面高程”复选框可以控制在拉坡图中同时绘出左/右侧的地面高程线图形。这样用户在拉坡时便可直接控制路基左/右侧边缘的填挖情况。“标注竖曲线”复选框是选择是否在拉坡图上显示变坡点桩号、高程、坡度、坡长以及竖曲线的起终点位置。

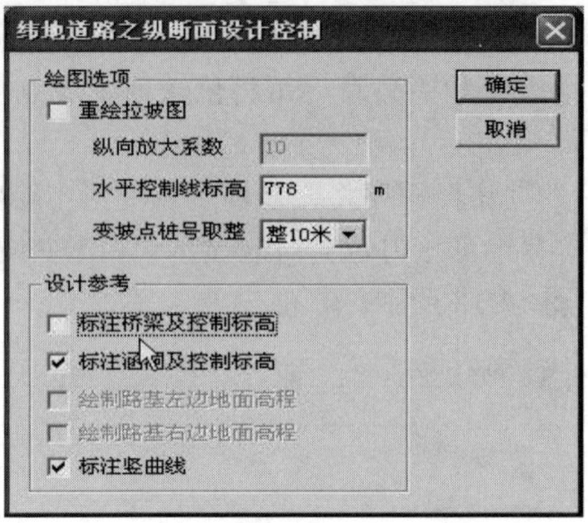

图 14-19　纵断面设计控制

“纬地三维道路 CAD 系统 v6.0-纵断面设计”对话框如图 14-20 所示。

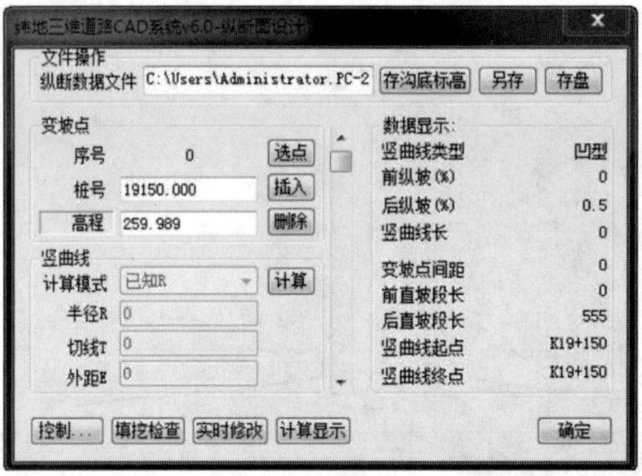

图 14-20　“纬地三维道路 CAD 系统 v6.0-纵断面设计”对话框

“变坡点”中各控件显示当前变坡点的“序号”“变坡点桩号”及“变坡点高程”等数据。“选点”用于在屏幕上直接拾取当前变坡点的位置；纵向滚动条控制向前或向后翻动变坡点数据。“插入”和“删除”按钮使用户可以在屏幕上通过鼠标点取的方式直接插入（增加）或删除一个变坡点及其数据。

为了使路线纵坡的坡度在设计和施工中便于计算和掌握，纬地系统还支持在对话框中直接输入坡度值。单击变坡点控件中的凹显“高程”按钮，右侧数据框中的变坡点高程值会转换为前（或后）纵坡度，用户可以将该坡度值进行取整或输入需要的坡度值，单击“计算显示”按钮，系统会自动算出新的变坡点高程并刷新图形。

在“竖曲线”中的“计算模式”包含五种模式，即常规的“已知 R”（竖曲线半径）控制模式、“已知 T”（切线长度）控制模式、“已知 E”（竖曲线外距）控制模式，以及与前（或后）竖曲线相接的控制模式，以达到不同的设计计算要求。根据用户对“计算模式”的不同选择，“竖曲线半径”“曲线切线”“曲线外距”三个文本框呈现不同的状态，亮显时为可编辑修改状态，否则仅为显示状态。

“数据显示：”中显示了与当前变坡点有关的其他数据信息，以供随时参考、控制。

“水平控制线标高”文本框可用于编辑修改用于拉坡设计时作为参考的水平标高控制线

（其默认标高为纵断面地面线的最大标高）。

“确定”按钮可在完成对对话框中数据的记忆后隐去对话框。

“计算显示”按钮用于重新全程计算所有变坡点，并将计算结果显示于对话框中；同时完成对拉坡图中纵断面设计线的自动刷新功能。

“实时修改”按钮是纵断面设计功能的重点，首先提示“请选择变坡点/P 坡段:”，如果用户需要修改变坡点，可在目标变坡点圆圈之内单击，系统提示“选择修改方式：沿前坡(F)/后坡(B)/水平(H)/垂直(V)/半径(R)/切线(T)/外距(E)/自由(Z)”，用户输入不同的控制键（字母）后，可分别对变坡点进行沿前坡(F)、后坡(B)、水平(H)、垂直(V)等方式的实时移动和对竖曲线半径(R)、切线长(T)，以及外距(E)等的控制性动态拖动。该命令默认的修改方式是对变坡点的自由(Z)拖动。这里系统仍然支持“S”“L”键对鼠标拖动步长的缩小与放大功能。如果用户需要将变坡点的桩号或某一纵坡坡度设定到整数值或固定值，可以通过实时拖动、直接修改对话框中变坡点的数据或直接指定变坡点的前、后纵坡值来实现。

当用户选择拖动“坡段”时，系统提示“选择修改方式：指定坡度且固定前点(Q)/固定后点(H)/自由拖动(Z)”。这里用户可以在指定坡段的前点或后点固定的前提下，直接输入一指定纵坡坡度，“自由拖动(Z)”使用户可以在坡段坡度不变的前提下，对整段纵坡进行平行移动。

在完成操作后，注意用“存盘”或“另存”按钮对纵断面变坡点及竖曲线数据进行存盘。

14.8　路线纵断面图绘制

该功能可根据用户的不同需求进行不同设置，从而绘制任意比例及不同形式的纵断面设计图，并可自动分跨径标注桥梁、涵洞等构造物。

菜单：设计→纵断面设计绘图

命令：ZDMT

纵断面计算与绘图程序主对话框如图 14-21 所示。

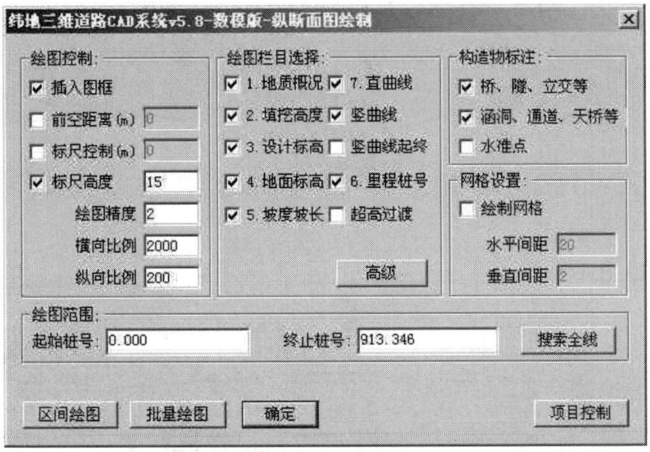

图 14-21　纵断面计算与绘图程序主对话框

“起始桩号”和“终止桩号”文本框用于输入用户所需绘制的纵断面图的桩号区间范围。单击“搜索全线”按钮，系统会自动搜索到本项目起终点桩号。

勾选“标尺控制”复选框后，可在其后的文本框中输入一标高值，程序将通过以此数值作为纵断面图中标尺的最低点标高来调整纵断面图在图框中的位置，另外可以控制“标尺高度”的高度值。

勾选“前空距离”复选框后，可在绘图时调整纵断面图与标尺间的水平向距离。

在“绘图精度”文本框中用户可以制定在绘图过程中设计标高、地面标高等数据的精度。

在“横向比例”和“纵向比例”文本框中分别输入指定纵断面的纵横向绘图比例。也正是因为纵横向比例可以任意调整，所以此程序还可以方便地用于路线平纵面缩图的绘制。

“确定”按钮可完成对话框数据的记忆功能。

“区间绘图”按钮将完成对话框输入，开始进行用户输入范围的连续纵断面图绘制，主要包括读取变坡点及竖曲线，进行纵断面计算，绘制设计线；读取纵断面地面线数据文件，绘制地面线；读取超高过渡文件，绘制超高渐变图；读取平面线形数据文件，绘制平曲线；将位于绘图范围内的地面线文件中的一系列桩号及其地面标高、设计标高标注于图中；将设计参数控制文件中 qhsj.dat 项及 hdsj.dat 项所列出的桥梁、分离立交、天桥、涵洞、通道，包括水准点等数据标注于纵断面图中。

“批量绘图”按钮用于自动分页绘制纵断面设计图。当所有设置均调整好以后，单击“批量绘图”按钮，系统根据用户的设置，自动调用纬地目录下的纵断面图框（纬地安装目录下的 /tk-zdmt.dwg）分页批量输出所有纵断面图，如图 14-22 所示。系统将自动确定标尺高度，当地形起伏较大时，系统会自动进行断高处理（但纬地系统中默认在同一幅图中最多断高三次，否则用户应压缩纵向绘图比例）。

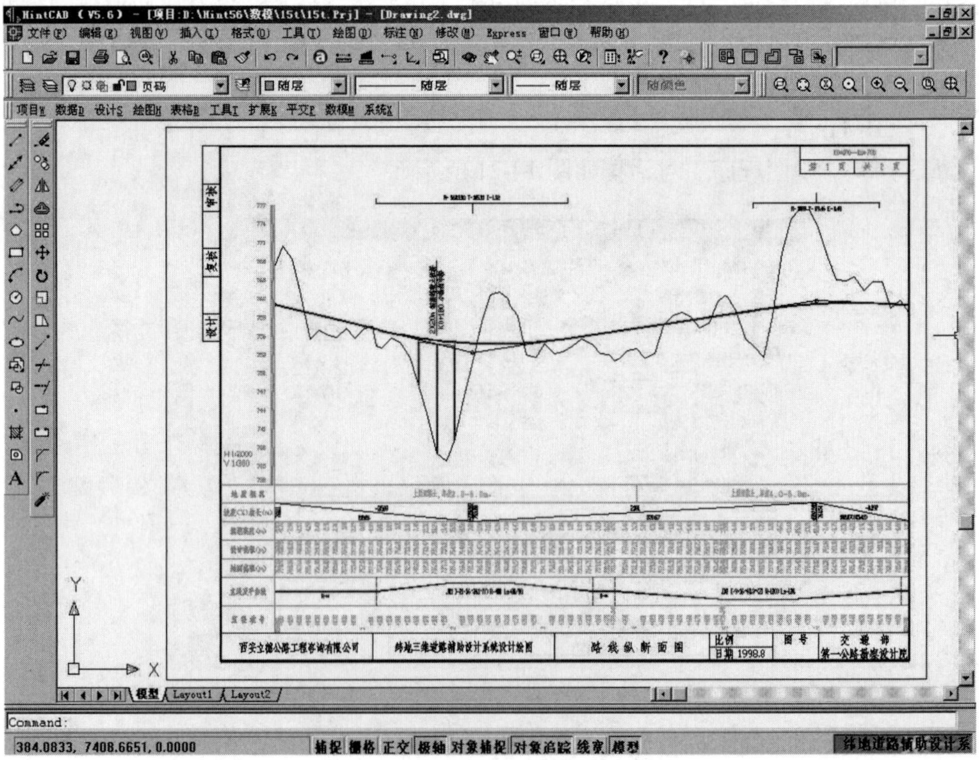

图 14-22　纵断面出图

“绘图栏目选择”中的一系列复选框分别控制纵断面图中诸多元素的取舍和排放次序，如：地质概况、里程桩号、设计标高、地面标高、直曲线、超高过渡、竖曲线等。“构造物标注”控制是否标注桥梁、涵洞、隧道和水准点等构造物，用户可以根据自己的需要随意控制。

单击“高级”按钮，出现如图 14-23 所示的对话框，用户可以对其进行详细的设置，其中“通用”设置可以选择里程桩号不重叠或者只绘制 5 公里、1 公里、500 米、100 米、50 米、20 米等桩号，通过此功能，用户可以很方便地绘制不同比例下的纵断面缩图。另外对纵断面图中的地质概况等每一项栏目都可以进行详细的设置，可以进行栏目名称、高度、选择是否绘制、绘制顺序以及图层和文字等各种修改。

图 14-23　纵断面图栏目详细设置

程序可在绘图时自动缩放并插入图框文件（纬地安装目录下的\tk_zdm.dwg），用户可以修改、替换该文件。应先修改该文件的属性，取消只读文件的设置，并将新的图框文件的插入点定位到内框的左下角，并注意标准图框模板的大小及位置不能改变。

14.9　横断面设计与绘图

主要功能：任意定制各种横断面类型、多级填挖方边坡、护坡道、边沟、排水沟，以及截水沟和路基支挡防护构造物，实现了横断面随意修改后的所有数据自动搜索刷新。针对不同公路等级和设计的不同需要，可随意定制横断面绘图的方式方法、断面各种图形信息的标注形式和内容。需要特别说明的是新的横断面设计模块可以方便、准确地考虑各种情况下路基左右侧超填、因路基沉降引起的顶面超填、清除表土以及路槽部分的土方数量增减变化（直接在断面数量中考虑），用户可以根据不同项目的特点选择应用。

菜单：设计→横断设计绘图

命令：HDM_new

横断设计与绘图主对话框如图 14-24 所示，主要分为三部分：设计控制、土方控制、绘图控制。

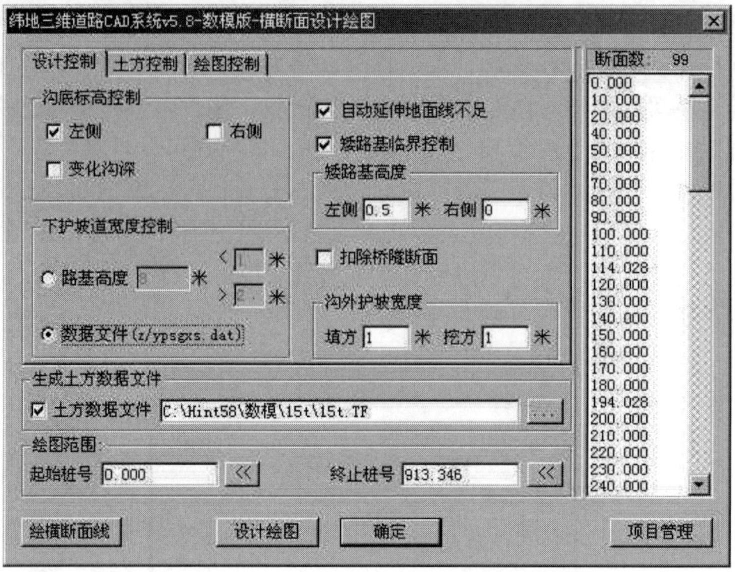

图 14-24　横断设计与绘图主对话框

14.9.1　设计控制

（1）自动延伸地面线不足。控制当断面两侧地面线测量宽度较窄，戴帽子时边坡线不能和地面线相交时，系统可自动按地面线最外侧一段的坡度延伸，直到戴帽子成功（当地面线最外侧坡度垂直时除外）。

（2）左右侧沟底标高控制。如果用户已经在项目管理器中添加了左右侧沟底标高设计数据文件（其格式参见数据文件介绍一章），那么“沟底标高控制”中的“左侧”和“右侧”控制将会亮显，用户可以分别设定在路基左右侧横断面设计时是否进行沟底标高控制，并可选择变化沟深或固定沟深。结合《公路工程基本建设项目设计文件编制办法》要求，纬地系统自V3.0 版起便已经支持路基两侧沟底标高控制模式下的横断面设计，在 V4.6 版中此功能有了进一步完善，更加灵活方便。

（3）下护坡道宽度控制。此功能主要用于控制高等级公路项目填方断面下护坡道的宽度变化，其控制支持两种方式，一是根据路基填土高度控制，即用户可以指定当路基高度大于某一数值时的下护坡道宽度和小于这一数值时的下护坡道宽度；二是根据设计控制参数文件（zpsgxs.dat 和 ypsgxs.dat）中左右侧排水沟形式中的具体数据控制，一般当排水沟控制的第一组数据的坡度数值为 0 时，系统会自动将其识别为下护坡道控制数据。如果用户选择了第一种路基高度控制方式，系统将自动忽略 zpsgxs.dat 和 ypsgxs.dat 中出现的下护坡道控制数据（如果存在的话，其后的排水沟形式不受影响）。

（4）矮路基临界控制。用户选择此项后，需要输入左右侧填方路基的一个临界高度数值（一般约为边沟的深度），用以控制当路基边缘填方高度小于临界高度时，直接设计边沟，而不先按填方放坡之后再设计排水沟。

利用此项功能还可以进行反开挖路基等特殊横断面设计。

（5）扣除桥隧断面。用户选择此项后，桥隧桩号范围内将不绘出横断面。

（6）沟外护坡宽度。用来控制戴帽子时排水沟（或边沟）的外缘平台宽度，用户可以分别设置沟外护坡平台位于填方或挖方区域的宽度。

系统首先将沟外侧边坡顺坡延长 1 倍沟深判断与地面是否相交。如果延长后沟外侧深度大于设计沟深的 0.5 倍或小于设计沟深的 2 倍，设计线则直接沿沟外侧坡度与地面线相交；反之则按原设计边沟尺寸绘图并在沟外生成护坡平台（按用户指定的宽度），系统继续判断平台外侧填挖，并按照控制参数文件中填挖方边坡第一段非平坡坡度（即坡度不为 0 的坡度）开始放坡交于地面线。

14.9.2 土方控制

“土方控制”对话框如图 14-25 所示。

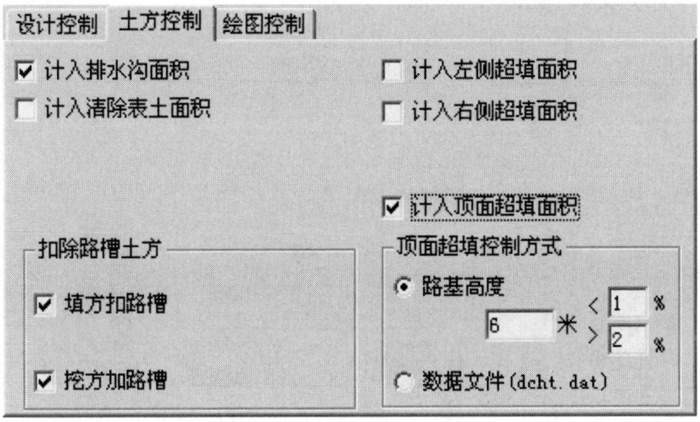

图 14-25　“土方控制”对话框

（1）计入排水沟面积。用以控制在断面面积中是否考虑计入左右侧排水沟的土方面积。

（2）计入清除表土面积。用以控制在断面面积中是否考虑计入清除表土面积。请参见图 14-26，其中 W1 的宽度即为清除表土的宽度。

（3）计入左右侧超填面积。用以控制在断面面积中是否考虑计入填方路基左右侧超宽填筑部分的土方面积。图 14-26 中左侧即为对路基超填部分土方面积的示意，B 宽度为超填宽度。

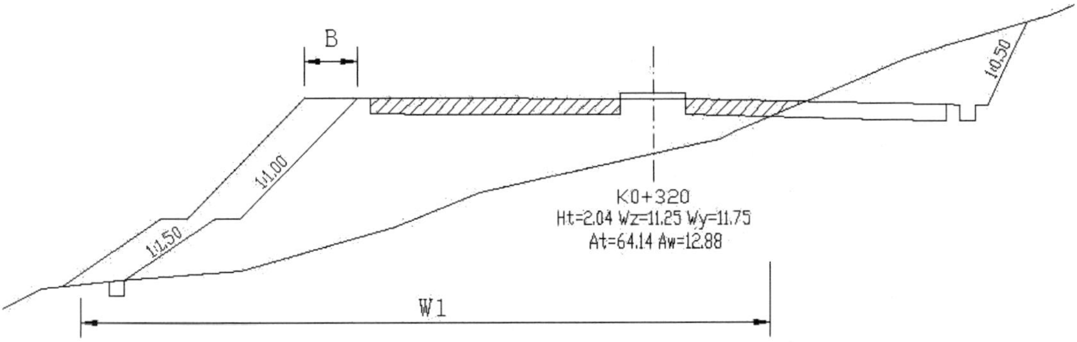

图 14-26　表土面积

（4）扣除路槽土方。用以控制在断面面积中考虑扣除路槽部分土方面积的情况，用户可以分别选择对于填方段落是否扣除路槽面积和挖方段落是否加上路槽面积。在新版纬地 5.6 中，系统支持在控制参数文件（*.ctr）中输入路基各部分（行车道、硬路肩、土路肩）路槽不同的深度，可选择在横断面图中绘出路槽图形，并精确扣除（或增加）路槽面积。

参见图 14-26，系统在进行断面面积计算时，将根据用户的选择，从断面填方面积中减去路槽部分（图中阴影部分）的面积，而对于挖方部分，系统将根据选择自动在断面挖方面积中增加路槽（图中空白路槽部分）的面积。

（5）计入顶面超填面积。这一控制主要用于某些路基沉降较为严重的项目，需要在路基土方中考虑因地基沉降而引起的土方数量增加。顶面超填也分为“路基高度”和“文件控制”两种方式，路基高度控制方式，即按路基高度大于或小于某一指定临界高度分别考虑顶面超填的厚度（路基实际高度的百分数）。当用户选择数据文件控制方式后，系统将自动控制参数文件中“顶超填”部分的分段数据来考虑顶面超填土方。

14.9.3 绘图控制

“绘图控制”对话框如图 14-27 所示。

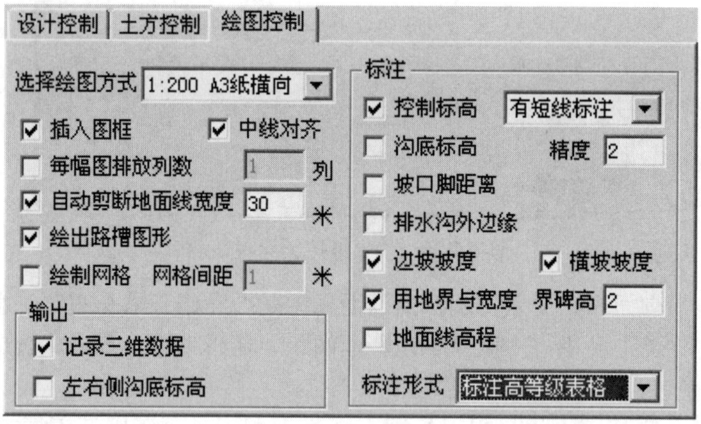

图 14-27　横断面绘图控制

（1）选择绘图方式。用户可以按项目需要自由控制绘图的比例和方式，其中包括“1:100 A3 纸横向”“1:100 A3 纸竖向”“1:200 A3 纸横向”“1:200 A3 纸竖向”“1:400 A3 纸横向”“1:400 A3 纸竖向”“自由出图”“不绘出图形”等，除“自由出图”“不绘出图形”两种方式外，其他方式的绘图系统均会自动分图装框。“自由出图”方式一般用于横断面设计检查和不出图等情况下，“不绘出图形”方式一般用在用户并不需要查看横断面设计图形，而是需要快速得到土方数据或其他数据等情况。

（2）插入图框。控制系统在横断面设计绘图时是否自动插入图框，图框模板为纬地安装目录下的 tk_hdmt.dwg 文件，用户可以根据项目需要修改图框内容，但不能移动、缩放该图框。

（3）中线对齐。用户可以勾选横断面绘图的排列方式是以中线对齐的方式还是以图形居中的方式来进行排列。

（4）每幅图排放列数。适用于低等级道路断面较窄的情况，用户可以根据需要直接指定每幅横断面图中断面的排放列数。

（5）自动剪断地面线宽度。用于控制是否需要系统在横断面绘图时根据用户指定的长度将地面线左右水平距离超出此长度的多余部分自动裁掉。当设计线超出此长度时，系统将保留设计线及其以外一定的地面线长度。

（6）绘出路槽图形。用于控制是否需要系统在横断面绘图时自动绘出路槽部分图形。

（7）绘制网格。用户可以选择在横断面设计绘图时是否绘出方格网，方格网的大小可以自由设定。

（8）标注部分。新版系统中用户可以根据需要，自由选择在横断面图中自动标注哪些内容，包括路面上控制点标高及标注型式、沟底标高及精度控制、坡口坡脚距离和高程、排水沟外缘距离和标高、边坡坡度、横坡坡度、用地界与用地宽度以及横断地面线每一个折点的高程等。对于每一横断面的具体断面信息参数绘制，系统可支持三种方式："标注低等级表格""标注高等级表格"和"标注数据"。

（9）输出相关数据成果部分。系统可根据用户选择在横断面设计绘图时直接输出横断面设计"三维数据"和路基的"左右侧沟底标高"。其中断面"三维数据"用于系统数模版直接结合数模输出公路全三维模型。

"左右侧沟底标高"数据输出的临时文件为纬地安装目录下的"\Lst\zgdbg.tmp"和"\Lst\ygdbg.tmp"文件，主要为高等级公路的边沟、排水沟沟底纵坡设计使用，用户可以直接以该文件作为某一新建项目的纵断面地面线数据，然后利用纬地系统的纵断面设计程序直接进行沟底拉坡设计，完成后直接单击"存沟底标高"按钮，即可将沟底纵坡数据保存为左右侧沟底标高文件（*.zbg 和*.ybg），以便再次进行沟底纵坡控制模式下的横断面设计。

14.9.4 生成土方数据文件

系统可以根据用户选择直接在横断面设计与绘图的同时输出土方数据文件，其中记录着桩号、断面填挖面积、中桩填挖高度、坡口坡脚距离等数据，以满足后期的横断面设计修改、用地图绘制、总体图绘制等需要，特别是路基土石方计算和调配的需要。用户在对话框中选择输出土方数据文件后（数据文件名称变为亮显状态）需输入土方数据文件的名称，也可以单击其后的"…"按钮，指定该文件的名称及存放位置。

最新版中土方数据文件还进行了许多修改，记录了横断面设计中更多的数据，如路基边缘宽度与高程、坡口坡脚宽度与高程、断面面积中已经考虑的分项土方面积等。这样用户不仅可以利用该数据文件进行土方计算，还可以从中提取出路基排水设计、挡土墙设计、分项土方计算等所需要的数据，大大方便了相关专业的设计与出图工作。

14.9.5 桩号列表和绘图范围

系统在启动横断面设计对话框时，便已经打开项目中的横断面地面线文件，并且读出地面线文件里面所有的桩号，同时绘制出桩号列表。

14.9.6 绘横断面地面线

单击"绘横断面地面线"按钮，可以在当前图形屏幕下绘出所有横断面地面线图形。

14.9.7 设计绘图

系统开始根据用户所有（以上）定制，开始横断面设计与绘图。单击"设计绘图"按钮，系统自动调用纬地安装目录下的横断面图框（tk-hdmt.dwg），批量自动生成用户指定的桩号区间的所有横断面图。如图 14-28 所示为系统根据用户的定制自动生成的一种横断面图，定制的格式为“A3 图纸横放、比例 1:400、中线对齐、断面图排放两列、自动裁剪地面线 25 米、绘出路槽图形、标注路面横坡、标注边坡坡度、绘出用地界并标注宽度、设计数据以表格形式输出”等。所有这些设置均可根据用户的不同需要自由定制。

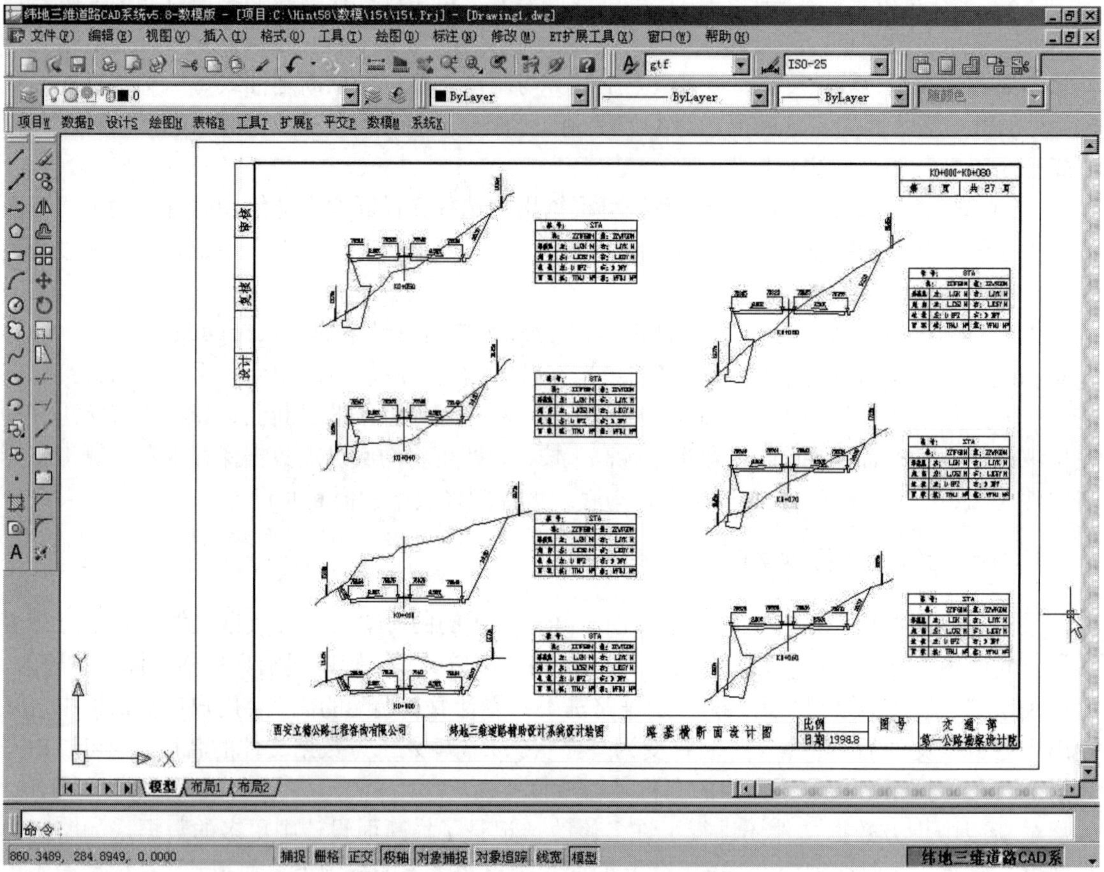

图 14-28 横断面出图

横断面设计绘图是根据路基中间数据文件（*.lj），每个桩号的路基数据对应相同桩号的横断面地面线进行戴帽。如果某个横断面桩号在戴帽时找不到对应桩号的路基数据，系统则会给出提示及相应的选项，如图 14-29 所示。

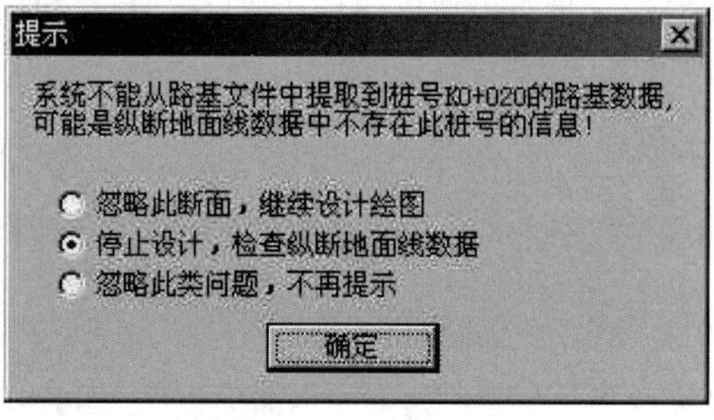

图 14-29 路基数据检查

用户可根据具体情况作出不同的选择，如选择第一项，单击“确定”按钮，则系统忽略此横断面，继续其他断面的设计绘图，至下一个出现同样问题的断面时继续提示用户进行选择；如选择第二项，系统自当前提示桩号的位置停止横断面设计绘图，用户可使用“纵横断面数据检查”工具检查完善纵断面地面线文件，并重新进行路基设计计算，然后再继续横断面设计绘图的操作；如选择第三项，则系统自动忽略此类问题不再提示，系统仅对所有有对应路基数据的横断地面线一次性完成设计绘图，而忽略没有对应路基数据的横断面地面线桩号。

参考文献

[1] 王喜仓，刘勇．计算机辅助设计与绘图（AutoCAD 2011）[M]．北京：中国水利水电出版社，2010.

[2] 刘勇，董强．画法几何与土木工程制图[M]．2 版．北京：国防工业出版社，2013.

[3] 于习法，杨惇，何培斌．土建工程设计制图[M]．南京：东南大学出版社，2012.

[4] 赵冰华，喻骁．土木工程 CAD+天正建筑基础实例教程[M]．南京：东南大学出版社，2011.

[5] 周雪峰，陈翔．土木工程 CAD 与计算软件的应用[M]．北京：机械工业出版社，2011.

[6] 郑益民．土木工程 CAD[M]．北京：机械工业出版社，2014.

[7] 郑益民，赵永平．桥梁工程 CAD [M]．2 版．北京：清华大学出版社，北京交通大学出版社，2012.

[8] 房屋建筑制图统一标准（GB/T 50001－2010）[S]．北京：中国计划出版社，2011.

[9] 混凝土结构设计规范（CB 50010－2010）[S]．北京：中国建筑工业出版社，2011.

[10] 公路工程技术标准（JTG B01－2014）[S]．北京：人民交通出版社，2015.

[11] 公路路线设计规范（JTC D20－2017）[S]．北京：人民交通出版社，2018.

[12] 麓山文化．SketchUp 2014 建筑、室内、景观设计从入门到精通[M]．北京：机械工业出版社，2014.

[13] 麓山文化．TArch 8.0 天正建筑软件标准教程[M]．北京：机械工业出版社，2010.

[14] 麓山文化．TArch 2014 全套建筑施工图设计项目实战[M]．北京：机械工业出版社，2015.

[15] 益埃毕教育组．Revit 2016/2017 参数化从入门到精通[M]．北京：机械工业出版社，2017.

[16] 李鑫．中文版 Revit 2016 完全自学教程[M]．北京：人民邮电出版社，2017.

[17] 王婷．全国 BIM 技能培训教程 Revit 初级[M]．北京：中国电力出版社，2015.

[18] BIM 技术人才培养项目辅助教材编委会．BIM 建模应用技术[M]．北京：中国建筑工业出版社，2017.

[19] 郭腾峰．道路三维集成 CAD 技术：纬地三维道路 CAD 系列软件教程[M]．北京：人民交通出版社，2006.

[20] 娄峰，王绥庆．道路三维集成 CAD 与 BIM 一体化技术[M]．北京：人民交通出版股份有限公司，2017.